短期气候预测基础

孙照渤　陈海山　谭桂容　李忠贤　编著
邓伟涛　曾　刚　彭丽霞

气象出版社
China Meteorological Press

内 容 简 介

本书用现代气候概念,总结了短期气候变化及其预测的最新理论研究成果和实践经验,以近40年长期预报教学为基础,构建了现代短期气候预测的理论框架。全书共10章和一个附录,分为五个部分:气候系统及其变化和预测;气候系统各个圈层的变化特征及其与短期气候变化和预测的关系;短期气候预测方法介绍,包括物理统计学方法、数值方法和评分方法,这部分还重点介绍了中国夏季降水的预测方法;年代际气候变化和人类活动对气候变化的影响简介,作为短期气候预测的背景;本书还包括了9个实习和相应的计算机程序。每一章都附有复习思考题。

本书可作为高等学校大气科学类专业及相关专业学生的教科书,也可供气象、海洋、水文、地理、环境、农业、林业、航空和航海等有关部门的专业人员、师生和研究生参考。

图书在版编目(CIP)数据

短期气候预测基础/孙照渤等编著.—北京:气象出版社,2010.10(2021.7重印)
ISBN 978-7-5029-5064-4

Ⅰ.①短… Ⅱ.①孙… Ⅲ.①短期天气预报 Ⅳ.①P456.1

中国版本图书馆 CIP 数据核字(2010)第 195621 号

出版发行:	气象出版社			
地　　址:	北京市海淀区中关村南大街 46 号		邮政编码:	100081
电　　话:	010-68407112(总编室)　010-68408042(发行部)			
网　　址:	http://www.qxcbs.com		E-mail:	qxcbs@cma.gov.cn
责任编辑:	李太宇　王萃萃		终　　审:	章澄昌
封面设计:	地大彩印设计中心		责任技编:	吴庭芳
责任校对:	永通			
印　　刷:	三河市君旺印务有限公司			
开　　本:	720 mm×960 mm　1/16		印　　张:	24.5
字　　数:	510 千字			
版　　次:	2010 年 11 月第 1 版		印　　次:	2021 年 7 月第 2 次印刷
定　　价:	75.00 元			

本书如存在文字不清、漏印以及缺页、倒页、脱页等,请与本社发行部联系调换

前　言

我校建校初期就在天气动力学专业开设了长期预报课程，以已故的中国工程院院士章基嘉先生为主，编写出版了相应的教材。该课程一直是我校大气科学专业的主干必修课程之一，为形成我校大气科学专业的特色做出了重要贡献。

20世纪70年代后期以来，气候变化及其预测引起了世界各国政府和科学家的高度重视，取得了突破性的研究成果，但是缺乏能够反映新成果的教材。本世纪之初，为了完成中国气象局的培训任务，我们编写了一本短期气候变化及其预测的讲义并多次应用。随后，根据本科生的教学要求，又听取了各方面的意见，反复修改，写成了这本教材，在近10年的教学实践中受到好评。

气候变化及其预测的研究成果涉及诸多方面。在一本主要为大学本科生使用的教材里如何构建课程框架和取材是一个很困难的问题。这需要考虑三个问题：培养目标和学时要求；学科自身的理论体系；实际应用的要求。我们根据国内外气候研究的进展和我国气候预测的现状，为本教材构建的框架是：在现代气候基本概念和气候变化理论的基础上，以短期气候变化和预测为主要内容。

为了既体现出学科自身的特点，又符合大学本科教材的要求，我们广泛听取了校内外专家学者的意见，提出了教学大纲和内容安排，几经修改，最后确定本教材共设10章。其中第1章讲述气候、气候系统、气候变化和气候预测的基本概念和性质。第2—5章分别讲述气候系统各成员的性质及其相互作用，并讨论了在短期气候预测中的应用。第6—9章讲述了短期气候预测方法，包括统计学方法、动力数值方法和统计与动力相结合的方法；作为各种方法的综合应用，特别介绍了我国夏季降水的成因和预测；还介绍了预测评分方法。第10章介绍了年代际和更长时间尺度的气候变化以及人类活动对气候变化的影响，作为短期气候变化及其预测的背景。最后的附录给出了9个实习和计算机程序。每一章还给出了复习思考题。

对于这本教材的框架和内容安排，作者非常感谢所有关心和支持这本书的专家学者，特别感谢教育部大气科学教学指导委员会的各位专家学者，在宜昌和福州的两次会上他们都提出了非常重要的建议。我校副校长管兆勇、陆维松、江志红三位教授，大气科学学院领导郭品文、徐海明和李栋梁三位教授，王盘兴、吴洪宝等教授都给出了很好的建议，作者衷心地感谢他们。

本教材以孙照渤为主先后邀请了朱伟军、闵锦忠、陈海山、谭桂容、李忠贤、邓伟涛、曾刚、彭丽霞、唐卫亚、秦正坤等参加了编写,刘向文,顾伟宗等也为这本教材做了很多工作。最近的这一稿是由孙照渤、陈海山、谭桂容、李忠贤、邓伟涛、曾刚、彭丽霞共同完成的。

本书可作为大气科学专业及相关专业学生的教科书和研究生的教学参考书,也可供气象、海洋、水文、地理、环境、农业、林业、航空和航海等有关部门的专业人员、师生和研究人员参考。

感谢大气科学学院和教务处的领导与同事们对本书的关心和支持。感谢气象出版社李太宇编审在出版过程中给与很多鼓励和帮助。

虽经多次修改,但是作者水平有限,错误和不足在所难免,欢迎读者和各方面的专家学者提出批评意见。

南京信息工程大学　孙照渤
2010 年 8 月

目 录

前 言

第 1 章 气候系统及其变化和预测 …………………………………… (1)
1.1 气候和气候状态 ……………………………………………… (1)
1.2 气候系统及其性质 …………………………………………… (3)
1.3 气候变化及其原因 …………………………………………… (11)
1.4 气候预测的性质 ……………………………………………… (19)
1.5 短期气候变化及其预测 ……………………………………… (23)
复习思考题 ……………………………………………………… (24)

第 2 章 大气环流的基本状况 …………………………………………… (25)
2.1 控制大气环流的基本因子 …………………………………… (25)
2.2 平均水平环流 ………………………………………………… (31)
2.3 平流层大气环流的若干问题 ………………………………… (35)
2.4 东亚大气环流和季风 ………………………………………… (43)
2.5 大气环流表征方法 …………………………………………… (49)
复习思考题 ……………………………………………………… (61)

第 3 章 大气低频变化及其遥相关 ……………………………………… (62)
3.1 大气低频变化的基本特征 …………………………………… (62)
3.2 大气遥相关 …………………………………………………… (66)
3.3 不同时间尺度的低频变化 …………………………………… (71)
3.4 大气低频变化的可能原因 …………………………………… (78)
复习思考题 ……………………………………………………… (81)

第 4 章　海气相互作用与短期气候预测 …………………………（82）
4.1　海洋的基本特性 ……………………………………………（82）
4.2　ENSO 及其对气候的影响 …………………………………（94）
4.3　不同海区海温对东亚气候的影响 …………………………（106）
4.4　海冰对气候变化的影响 ……………………………………（110）
4.5　海洋资料在短期气候预测中的应用 ………………………（117）
复习思考题 ………………………………………………………（119）

第 5 章　陆面过程与短期气候预测 ………………………………（120）
5.1　陆面过程在气候预测中的重要性 …………………………（120）
5.2　土壤湿度和土壤温度的影响 ………………………………（125）
5.3　植被的影响 …………………………………………………（131）
5.4　积雪的影响 …………………………………………………（135）
5.5　陆面资料在短期气候预测中的应用 ………………………（143）
复习思考题 ………………………………………………………（144）

第 6 章　气候模式及其在短期气候预测中的应用 ………………（145）
6.1　气候模式 ……………………………………………………（145）
6.2　当代气候模拟 ………………………………………………（166）
6.3　气候敏感性试验 ……………………………………………（179）
6.4　短期气候的数值预测 ………………………………………（186）
复习思考题 ………………………………………………………（193）

第 7 章　短期气候预测的物理统计方法 …………………………（194）
7.1　统计预测方法 ………………………………………………（194）
7.2　动力—统计预测方法 ………………………………………（207）
7.3　集成预报 ……………………………………………………（215）
7.4　短期气候预测业务系统 ……………………………………（219）
复习思考题 ………………………………………………………（222）

第 8 章　中国东部夏季降水预测 …………………………………（223）
8.1　中国夏季降水的主要特征及其三类雨型 …………………（223）
8.2　影响中国汛期降水的主要物理因子 ………………………（232）

8.3　中国夏季降水的预测 ……………………………………………… (247)
　　复习思考题 …………………………………………………………… (255)

第9章　预测评估方法 …………………………………………………… (256)

9.1　预测评估方法 ……………………………………………………… (256)
9.2　预测评估方法在短期气候预测中的应用 ………………………… (261)
　　复习思考题 …………………………………………………………… (263)

第10章　年代际与长期气候变化 ……………………………………… (264)

10.1　年代际气候变化 ………………………………………………… (264)
10.2　长期气候变化 …………………………………………………… (278)
10.3　人类活动对气候变化的影响 …………………………………… (285)
　　复习思考题 …………………………………………………………… (293)

参考文献 …………………………………………………………………… (294)

实　习 ……………………………………………………………………… (316)

实习1　大气环流状况的表征 ………………………………………… (316)
实习2　大气环流分型 ………………………………………………… (318)
实习3　大气遥相关 …………………………………………………… (319)
实习4　预测因子的选择(1)——合成分析方法 …………………… (320)
实习5　预测因子的选择(2)——奇异值分解方法 ………………… (322)
实习6　我国夏季降水雨型的预测 …………………………………… (323)
实习7　夏季区域降水的定量预测 …………………………………… (326)
实习8　数值模式结果在短期气候预测中的应用 …………………… (328)
实习9　预测评分 ……………………………………………………… (329)

附　录　实习参考程序 ………………………………………………… (331)

第 1 章 气候系统及其变化和预测

1.1 气候和气候状态

1.1.1 气候概念

长期以来,气候被看作表征地球大气的一些基本要素的平均值,一般认为 30 年的平均值就可以表征气候的基本特征了,并且认为这些平均值是基本稳定的。但是,随着科学的发展和观测资料的增加,人们发现气候是变化的,不是一个定常的物理特征量。经典的气候概念受到了挑战,气候概念得到了扩展。

经典气候概念受到的挑战主要是在两方面:一方面是气候平均值概念,大量观测事实表明,30 年平均的气候平均值是变化的,是不稳定的,这说明气候变化在时间域上是多尺度的;另一方面人们认识到气候变化与海洋、陆地、冰雪、生物和人类活动相互影响,引起了全球变化,在空间上具有全球性特点,并与区域性的气候变化相互影响,形成了气候系统概念。

现代气候概念是指气候系统在一个时间段内的平均状态及其变化或变率。气候一般可用气候系统的平均值和高阶矩统计量来表示,例如方差,协方差等。这些统计量表示了一段时间内气候系统的结构和行为。

常用的表示气候的要素有温度,降水,海平面高度等。

1.1.2 气候状态

对于大气而言,即使外强迫稳定不变,内部系统在时间和空间上也总是处在随机变化中。因此,可以把对应于同一外强迫作用下的所有可能的气候变化考虑为一个大的集合。对于固定的外强迫,可以假定统计量的极限值是唯一的,而且是各态历经的,所以就能用时间平均代替总体平均,那么我们就可以用平均值及方差、协方差等高阶矩统计量构成的一组总体上的平均量,连同对外部系统状态的描述来定义气候状态(Leith,1978)。

如果我们按传统把大气看作内部系统,就能按照大气的状态及海洋、冰雪圈、陆地和其他外强迫的平均条件来定义气候状态。因此,对于大气来说,平均时段必须至少超过天气系统的平均生命期。据此,我们就可定义一个月、一个季度、一年、十年等的气候状态。传统上用30年(由世界气象组织确定)的平均值和高阶矩来确定气候状态。这对大气来说虽是一个特例,却仍是一个有用的概念。

对于不同的外界条件,又可以得到内部系统的另一个不同的气候状态。因此,我们可以定义气候变化为同一种类的两个气候状态之间的差异。例如,两个典型的八月份的气候状态之差异、两个典型的十年的气候状态之差异,等,这种差异既包括平均值的差异,也包括高阶矩的差异。而气候距平则定义为一个给定时段的某个气候状态与同等状态的总体之偏差。

气候状态是不断变化的,气候变化是指气候平均状态(平均值)和离差(方差)两者中一个或两个一起出现了统计意义上显著的变化。平均值变化,表明气候变化进入另一个气候态;离差,则表示气候变化幅度。离差值增大,表明气候变化的幅度增大,气候状态不稳定性增加,气候变化敏感性也增大。图1.1.1以温度为例说明气候变化与平均值变化和离差值变化的关系。假定某一地区或地点的温度时间平均值(月、季或年)服从正态分布,则该地区的温度平均值在多年平均温度处出现的概率最大,偏冷和偏热的天气出现的概率较小;极冷或极热的天气(一般在2倍标准差σ以上)出现的概率很小,称为极端气候事件。假如由于气候变暖的作用,平均值增加(图1.1.1a),在离差不变的条件下,这时偏热天气出现的概率明显增加,并且极热天气出现的概率也明显增加,也就是说极端高温气候事件增加。图1.1.1b则说明平均值不变,但离差增加后,也会造成极端气候事件(偏冷或偏热以及极冷或极热)出现的概率增大。图1.1.1说明,对于一个服从正态分布的气候变量来说,气候变化可以由气候平均值或离差的变化描述,当其中的一个量变化而另一个不变化的时候,也能说明气候变化与极端气候事件出现的关系。但是应该指出,当平均值和离差同时变化的时候,气候变化与极端气候事件的关系就复杂得多了,当然,大多数气候变量并不服从正态分布,情况就更复杂了。

对天气和气候的研究表明,控制天气和气候变化的物理规律本质上是相同的。然而,方程在天气、气候这两类问题中的应用却是有区别的。对于天气预报,大气几乎依惯性运动,缓慢作用的边界条件可以忽略。例如,在一周以内的天气预报中,海表温度和雪、冰盖的扰动可不予考虑。可是,对于气候变化研究来说,当预报时间拉长时,这些外界条件的变化就会渐渐地影响大气,不仅要考虑大气的内部作用,还要考虑大气与外部系统之间复杂的相互作用,因此,对于气候变化来说,外界强迫作用就变得非常重要了。另外,对于气候问题来说,关心的是时间的平均值,而不是某一瞬时的大气状态。

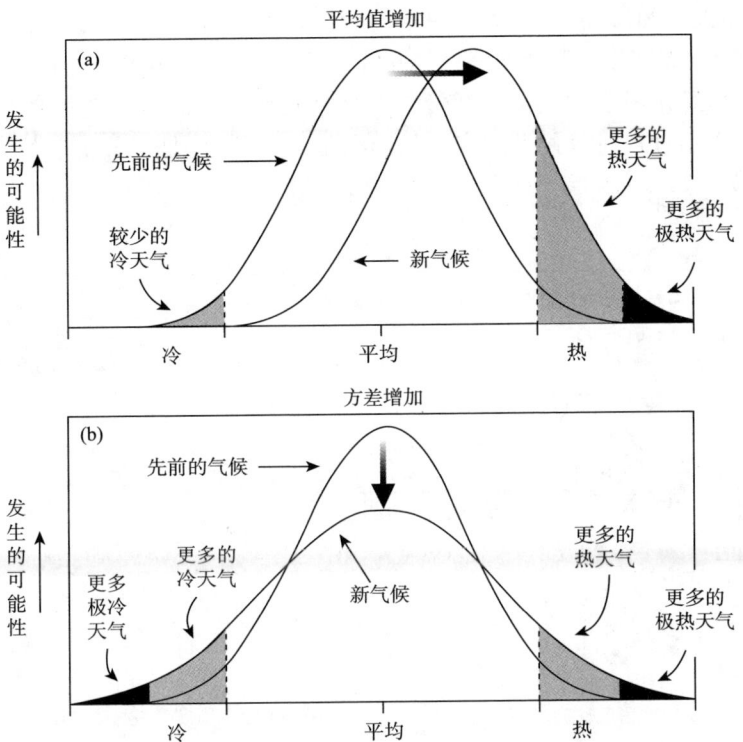

图 1.1.1 气候变化与气候平均值(a)和变化幅度(b)变化之间的关系
(横坐标表示温度,纵坐标表示出现概率,引自 IPCC 2001)

1.2 气候系统及其性质

气候系统的提出是气候学研究进入一个新阶段的重要标志之一。正如我们已看到的,气候系统是由五个主要分量构成的综合系统,这五个相互作用和相互联系的分量是:大气圈、水圈、冰雪圈、岩石圈和生物圈。在这个意义上,人们不仅要研究大气内部过程对气候变化的影响,同时也要考虑海洋、冰雪、地表以及生物状况对气候变化的作用。即把气候变化视为气候系统的总体行为。上述各子系统之间的各种物理、化学以及生物过程的相互作用,就决定了气候的长期平均状态、变化和变率的状况,以及各种时间尺度的变化。

1.2.1 气候系统分量

1974 年由世界气象组织和国际科学联盟理事会联合召开的国际讨论会所提出的气候系统的概念可以用图 1.2.1 表示。它既包括了大气和海洋等子系统内部的各种过程，例如大气和海洋环流、大气中水的相变以及海洋中盐度的变化等，也反映了各个子系统间的相互作用，例如海—气相互作用、陆—气相互作用、冰—海相互作用、大气—冰雪相互作用以及气候(大气)—生物相互作用等。越来越多的事实表明，上述各种相互作用过程对气候及其变化的影响是复杂的，也是十分重要的。

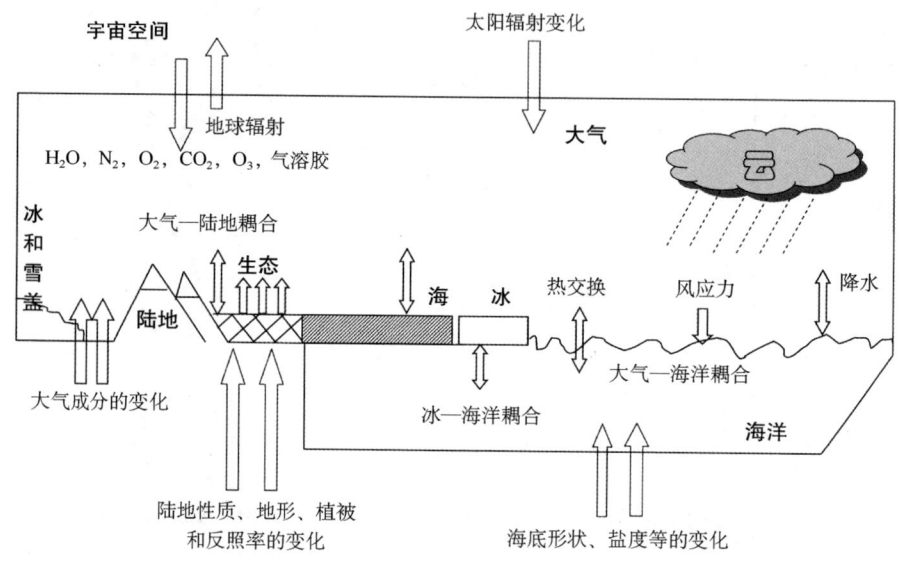

图 1.2.1　气候系统示意图

大气运动及气候的状态和变化都同太阳辐射有着非常重要的关系，因为太阳辐射为大气和海洋的运动以及生物活动提供了最基本的能源。太阳活动等所引起的太阳辐射的改变也必然对地球气候及其变化发生重要影响。因此，气候系统还应包括天文因素(主要是太阳活动)的影响在内。

下面我们简单介绍气候系统的各个分量。

(1) 大气圈

地球大气圈是指分布在地球表面上薄薄的一层气体混合物。在垂直方向上，大气质量的 99% 以上分布在仅仅 30 km 的高度内，在水平方向上，大气的水平尺度则以南北极之间的距离表示，具有 20 000 km 的量级。可以看出，大气圈的厚度相对于水平尺度来说是地球表面非常薄的一层。然而，尽管大气圈相对来说很薄，并且相对气候系统的其他成员来说具有小的质量和厚度，它却是气候系统的重要分量，其特性在时间和空间上多种多样，并具有很大的变率。可以把大气圈分为几层，各层在成分、温度、稳定性及能量学等方面都各有差异(图 1.2.2)，由地表面开始，主要有对流层、平流层、中间层和热层，每两层之间由称为顶的隔层(如对流层顶)分开。直到中间层顶，就氮、氧和其他惰性气体的浓度而言，大气的成分实际上是均匀的。在那些变化的成分中,水汽主要分布在对流层低层,臭氧分布在平流层中层,二氧化碳在中间层顶以下是充分混合的。大气成分由于诸如液态和固态水(云)、尘粒、硫酸盐气溶胶及火山灰等各种悬浮物的存在而进一步复杂化了。这些悬浮物的浓度也随时间和地点变化。

  大气圈对外部强迫的响应时间比气候系统中其他分量短得多。所谓响应时间,指的是施加一个小扰动到系统的边界条件或边界强迫上,该系统重新平衡到一个新状态所需要的时间。大气的响应时间达几天到几周的量级。响应时间短主要是由于大气有相对大的可压缩性,小的比热容和密度。这些特性使大气更易于流动,也更不稳定。大气中存在大尺度环流,如中纬度地区存在天气系统等涡旋运动,在行星边界层和急流附近存在随机、湍流运动。重力作用使大气分层,密度最大的层在地球表面。重力作用还使大气在垂直方向上处于准静力平衡状态。

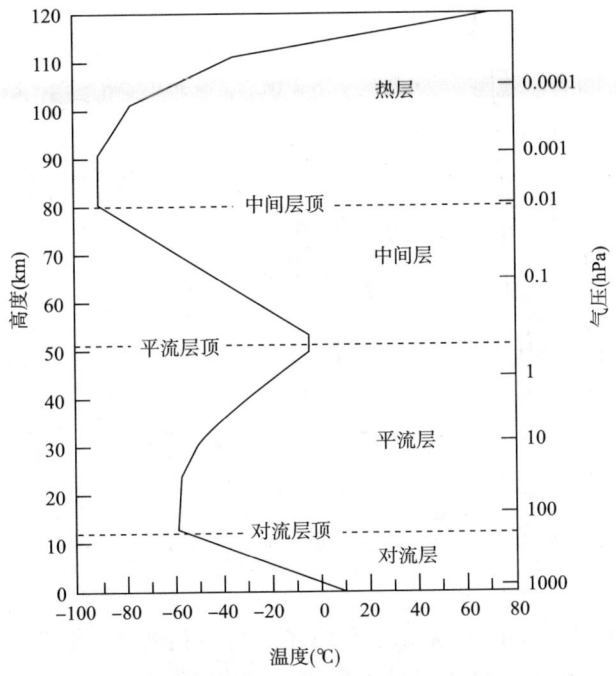

图 1.2.2 理想大气温度垂直廓线及大气垂直分层

  大气运动发生在旋转的地球上,通过太阳的不均匀加热使大气运动更为复杂。因此,大气运动的研究本质上是在旋转影响下的流体运动问题。由于除了地球旋转外,还有诸如不均匀的热力学和力学表面条件等许多因子影响,结果使得大气运动成为一个复杂的过程。然而,当我们忽略流动中不规则的细节时,就发现大气运动明显存在全球规模的有组织的倾向。在对流层内,主要特征是低纬度为东风气流,中高纬为西风气流,具有行星尺度特点,而且一个地区与另一个地区之间的大气运动有相互联系。

为了演示大气中各种过程的巨大差异性及不同尺度运动的相对重要性,在图 1.2.3 给出了周期从数秒到几年的动能谱。大部分的动能集中在低频段即在 10^0 d^{-1}、10^{-1} d^{-1} 附近及 10^{-2} d^{-1} 至 10^{-3} d^{-1} 之间。第一、三个峰值分别与年循环、日循环相联系,而第二个峰值(周期为几天至几周)与发生在中纬度沿极锋的大尺度瞬变扰动相联系,频率为约 10^3 d^{-1} 的相对极大值是由于小尺度的湍流运动所致,这些湍流运动与分子摩擦一起被包括在内能中。因此,在环流的动能中不包括这种尺度的贡献,尽管湍流运动在大气和海洋边界层中很重要。

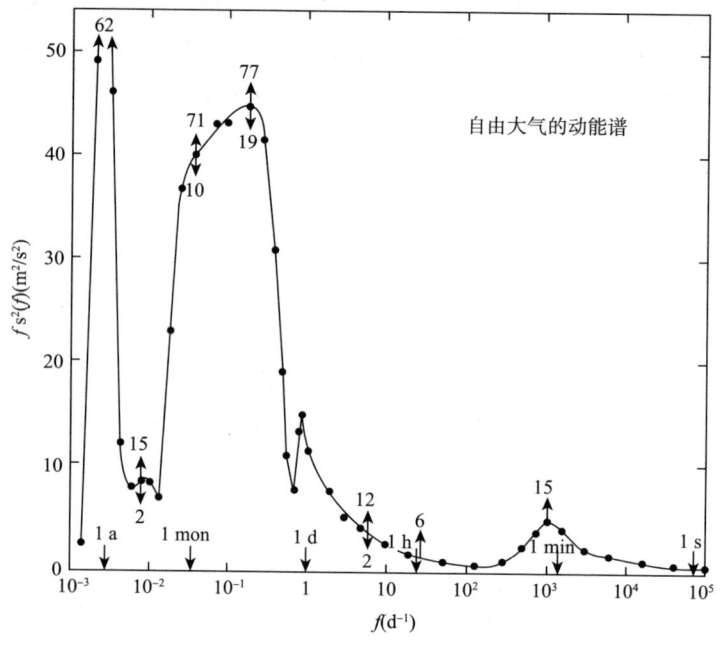

图 1.2.3 从 10^{-3} d^{-1} 到 10^5 d^{-1} 的大气动能谱(Peixoto 和 Oort,1995)

(2)水圈

水圈由分布在地球上的所有液态水构成。它包括海洋、内海、湖泊、河流及地下水。对于气候研究,海洋是水圈中最重要的,它们覆盖了约三分之二的地球表面。结果是到达地球的太阳辐射的大部分落在海洋上并被海洋所吸收。鉴于海洋有大的质量和比热容,它们构成一个大的存储器来储存能量。海洋对能量的吸收引起的海表温度变化比陆地上的温度变化要慢。由于海洋有大的热惯性,它对温度的变化起着缓冲器和调节器的作用。因为海洋的密度比大气大得多,它有更大的机械惯性和更显著的层结。海洋的顶层部分是活动性最强的,它包含厚度达 100 m 量级的表面混合层。

比起大气,海洋有更缓慢的环流。它构成了大尺度准水平环流圈,存在海流和缓慢的温盐环流(即与温度、盐分变化相联系的密度变化所引起的翻转)。在更小尺度上,环流呈现为扰动状,但湍流比大气中要弱得多。海洋的响应时间或张弛时间变化大,在顶层的混合层内为数周到几个月,在几百米深的斜温层响应时间达几个季度,而在深海甚至达几个世纪到几百万年。在热带地区,由于存在更强的直射太阳辐射,在海洋中形成了能量的盈余,海流则把存储的一部分能量从热带输送到较冷的中纬度和极区。

大气和海洋有很强的耦合。通过海气交界面能量、质量和动量的交换,海气相互作用发生在不同时空尺度上。这可以从海洋性气团到大陆性气团的变性看出来。通过蒸发进入大气中的水汽交换为水循环提供了水蒸气及部分能量,导致凝结、降水和径流。另一方面,降水强烈地影响海洋盐度的分布。

在某些地区及某一时间内,当海洋和大气的内涵特性(如温度和盐度)的梯度很大时,大气和海洋可存在各种内部相互作用。

湖泊、河流和地下水是水分循环中大陆分支的基本要素,因此也是全球气候中的重要因子。它们还影响区域性和局地性气候。例如,在靠近海岸的地方,河流是影响海洋盐度的重要因子。

(3) 冰雪圈

冰雪圈由地球表面积存的大量的雪和冰构成。它包括格陵兰和南极地区范围很广的冰原,以及其他的大陆冰川、雪原、海冰及永冻带。冰雪圈是地球上最大的淡水储存库,但它在气候系统中的作用主要在于其对太阳辐射的高反射率和很低的热传导性。大陆雪盖和海冰的季节性变化可以导致大陆地区的海洋表面混合层的能量收支有较大的年变化,有时也造成较大的年际变化。除了季节变化外,冰雪圈较大的变化还可以在更长的时间尺度上发生。由于雪和冰对太阳辐射的反照率高,而海冰相对于海水而言,其热扩散性又较低,在高纬度地区雪原和冰原均可充作其下层的陆面和水面的热绝缘层,阻止陆地和水体向大气中散失热量。近地面大气的强冷却作用使大气非常稳定,阻止了对流的发生,从而可形成更冷的局地性气候。

虽然大的陆地冰原不能以足够快的变化来影响季节或年际时间尺度的气候,在高达数万年的更长时间尺度的气候变化中,例如发生在更新世的冰期和间冰期中,它起了主要作用。冰川作用可使海平面发生变化,强度可达 100 m 甚至更多,这将影响大陆的形状和边界。由于冰原的质量和致密性很大,它们依自身动力学条件按很慢的速度移动,有时在海洋上的冰原可以破裂形成冰山,在重力作用下高山冰川慢慢下移,在几个世纪的进程中可以扩展和消亡,当然这取决于局地降雪的积累及温度条件。

(4) 岩石圈

岩石圈包括大陆和海床,其大陆地形可以影响大气运动。岩石圈的上层为活动层,那里的温度和含水量可随大气和海洋的运动而变化。除了这一层外,岩石圈的响应时间是气候系统所有分量中最长的,在本书所考虑的时间尺度内,认为活动层以下的岩石圈是不变的因子。

岩石圈与大气之间,通过质量、角动量、感热的输送以及通过大气边界层的摩擦对动能的耗散,有很强的相互作用。质量输送以水蒸气、降水和降雪形式为主,其次还通过其他粒子和尘埃的形式输送。火山从岩石圈向大气中喷射物质和能量,增加了空气的混浊度。增加的颗粒物质及喷射出的可在平流层中凝聚的含硫气体一起构成了所谓的气溶胶。它们可以显著地影响大气的辐射平衡,从而对地球的气候起重要作用。岩石圈和大气之间也有大尺度的角动量输送,这是通过大气与大陆地形之间的力矩作用实现的。

大陆岩石圈活动层内部的各种过程对气候及其变化也具有重要的影响。

(5)生物圈

生物圈由地面植被、大陆动物群、海洋的植物及动物群构成。植被改变了地表粗糙度、地表反射率、蒸发、径流及土壤的比热容。而且,通过光合作用和呼吸作用,生物还可以影响大气和海洋的二氧化碳平衡。整体来讲,生物圈对大气圈的气候变化是敏感的。人们正是通过过去这种气候变化在化石、树木年轮、花粉等中所留下的信号来获得地球古气候信息的。

特别应该指出人类还通过工业、农业、城市化、污染等活动与气候系统发生相互作用,因此,人类活动影响气候变化的研究受到了各国政府和科学家的重视。

气候系统各个分量之间有复杂的相互作用,图 1.2.1 给出了气候系统之间存在的相互作用过程。

1.2.2 气候系统的性质

气候系统的各分量都是非均匀的热力学—动力学系统。它们可以用化学成分、热力学及动力学状态加以描述。一般地说,化学成分可以用化学元素及分子式来表示,例如大气是由氮(N)、氧(O)、氢(H)、碳(C)等元素组成,热力学状态可以用温度、气压、比湿、比能、密度和盐度等来表示,而力学状态是由另一些表征运动的变量,例如力、速度和加速度等来表示。

组成气候系统的每个子系统都是开放的非孤立系统。作为一个整体,全球气候系统从能量角度而言是非孤立系统,对于与外层空间的物质交换而言则是一个封闭系统。大气圈、水圈、冰雪圈、岩石圈和生物圈构成了一个由复杂物理过程联系起来的串级系统。这些物理过程包括穿越边界的能量、动量和物质输送,并且存在大量的反馈机制。

气候系统各不同分量的变化是多时间尺度的。在不同子系统之间时间尺度变化很大,甚至在同一个子系统内变化的时间尺度差别也很大。大气边界层内的时间尺度从几分钟到数小时。自由大气的时间尺度由数周到几个月。海洋表面混合层的时间尺度是数周到几年。对于深海水则从几十年到几千年。海冰是几周到几十年。内陆水和植被由几个月至几百年。对冰川来说其时间尺度为世纪量级,而冰原的时间尺度是几千年甚至更长。地壳构造现象的时间尺度在千万年的量级。

气候系统可以看作内部系统和外部系统组成。由于气候系统内部的复杂性以及不同的系统有不同的响应时间,为方便起见,可依序考虑内部系统。首先,总把那些具有最短响应时间的系统看成是同一级的内部系统,于是就可把所有其他分量看成是外部系统。例如,对于由数小时到几个月的时间尺度,大气可以看成是气候系统的唯一内部分量,而海洋、冰雪、陆地表面、生物圈都可处理成边界条件和外强迫。对于由数月到几百年的时间尺度,气候内部系统必须包括大气和海洋,也应考虑雪盖、海冰和生物圈。对于时间尺度超过几百年的气候变化研究,还必须再加上整个冰雪圈和生物圈,而把岩石圈看成是外强迫。

图1.2.4给出了气候系统不同分量的时间尺度示意分布。该图还列出了一些能在气候系统中产生扰动的外部过程。因而,整个气候系统必须看成是连续演变的,在时间上系统的某些部分领先,而另一些部分则滞后,各个子系统之间的强非线性相互作用在许多时间和空间尺度上都可以发生。因此,气候系统的各个子系统之间并不是永远处于相互平衡中,即使在各个子系统内部也不是永远处于平衡中。特别重要的是各个子系统存在相互反馈作用,这在后面将要介绍。

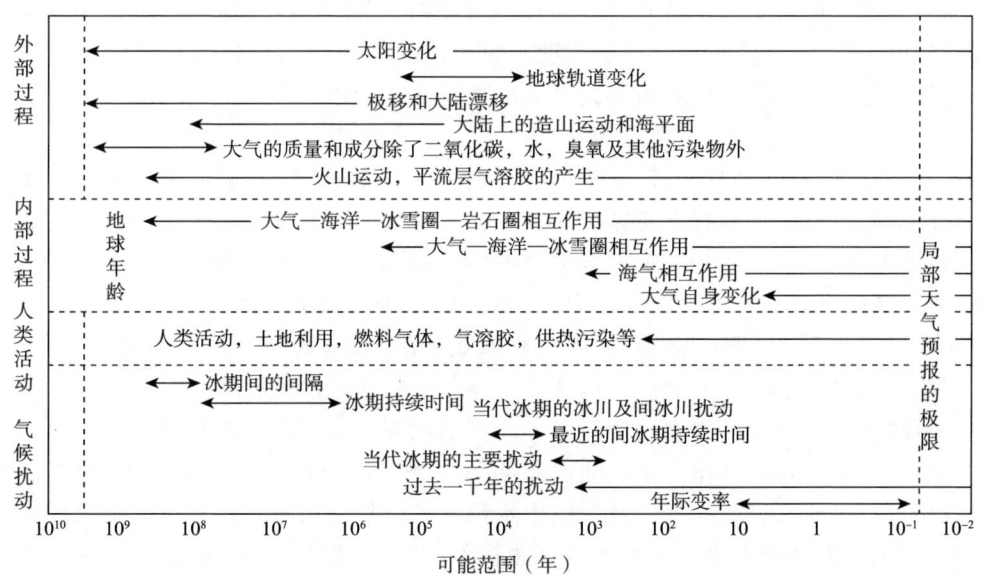

图1.2.4 在10^{-2}年至10^{10}年范围内,气候系统不同分量及其某些外部强迫因子的特征时间尺度
(根据美国国家科学院1975;Bergman等,1981资料重新绘制)

气候系统是一个高度耗散系统。主要由两个外强迫来制约其全球行为。它们就是太阳辐射和重力作用。在外强迫中必须把太阳辐射看成是主要因子,因为它提供了驱动气候系统的几乎所有能量。到达大气顶的太阳辐射有一部分传输下来,传输下来的太阳辐射一部分转换成供大气和海洋环流耗散掉的能量,另一部分则用于化学和生物过程。在气候系统内部,能量以多种形式存在,如热能、位能、动能、化学能,以及短波太阳辐射能和长波地面辐射能。如果把地球作为一个整体,观测表明,这一系统通过红外辐射失去的能量差不多等同于由入射太阳辐射得到的能量。然而应当指出,有时候也有小的不平衡发生(Sahzman,1977)。必须强调的是,由于摩擦、扩散及其他不可逆过程的发生,气候系统必须看成是一个高度耗散的系统。

1.2.3 气候系统的反馈过程

(1)反馈的概念

在一个具有输入和输出的系统中,如果一部分的输出结果又能返回来修正输入信号,这样的过程就称为反馈过程。输出信号中能返回来修正输入信号的部分占输出信号的比率就称为反馈因子。

反馈概念在气候系统的各个子系统中非常重要,它来自于两个或更多子系统之间一种特殊的耦合或调整。反馈机制对系统内部起控制的作用。由于在反馈过程中一部分输出又返回来充作输入的一部分,其结果使得系统的净响应有了变化。反馈机制既可以增强最终输出结果(正反馈),也可以减弱输出结果(负反馈)。在气候系统的各个分量内和子系统之间有大量的反馈机制在起作用。

(2)气候系统中反馈过程的例子

地表对太阳辐射的反射率是能量平衡的一个非常重要的因子,在极地区域冰雪的高反射率对极区气候有重要影响。极地冰雪的范围主要依赖于大气的近地表面温度,若发生降温,冰雪量一般来说会增加或持续时间更长,这将导致行星反照率的增加,结果是反射掉更多的太阳辐射,只有更少的能量用来加热大气,大气—冰雪系统的温度进一步下降。另一方面,若雪盖或冰盖范围变小,则导致反照率降低,反射的太阳辐射减小,就会有吸收较多的太阳辐射,使温度增加,从而导致冰盖或雪盖会进一步减少。上述两种冰雪—反照率—温度的相互作用就属于正反馈的例子。

水汽—温室效应可作为正反馈机制的另一个例子。若没有其他变化,地表温度的升高可导致地球表面的蒸发及大气中水汽量的增加。由于水汽是长波辐射的强吸收体,水汽增加又会吸收更多的地球长波辐射,并加热低层大气,从而导致温度的进一步升高,并进一步导致地表蒸发及大气中的水汽含量增加。另一方面,如果由于某些其他的原因(如冰—反照率反馈)温度变得更低,水汽量就要减小,温室效应将变得不那么有效了。应该注意到这里所谓水汽—温室效应实际上是在有水汽的情况下发生的,加热是由于水汽吸收红外辐射所致,与通常的温室效应中的加热是不同的。

大气中的温度—长波辐射耦合则是内部负反馈的一个例子。若温度增高,大气一般都射出更多的长波辐射到太空中,结果是温度下降了。

气候系统中多重反馈相互作用的极端复杂性在海气交换的情形下也是很明显的。此时,海表温度距平能强烈地影响低层大气的热力结构,最终通过大气环流又影响表面风应力。这些异常的风应力导致海洋环流的变化,回过头来又改变海表温度距平,从而完成了一个循环,构成了由大气回到海洋的反馈机制。

应该注意到上述的分析仍有一些局限性,因为在不同过程之间考虑没有相互作用或非线性响应,实际上,不同过程之间的相互作用是存在的,有时是非常重要的。因为其复杂性,目前还很难考虑。

正如我们已看到的,自然界中存在许多正、负反馈过程。然而必须指出,一个反馈过程不能无限制地发展,否则,它将导致脱离控制的情形,虽然这种情形可能在金星上发生,但目前地球上还没有观测到。所以,正/负反馈过程之间的补偿作用必须占主导。有一些地质资料(Crowley,1983)表明气候状态发生过大的灾变(例如,在白垩纪结束的时候以及更新世的突然冰川化期间),这可能涉及一些反馈失控过程。此时,原来的气候状态变成另一个新的、不同的状态。

1.3 气候变化及其原因

1.3.1 气候变化的性质

气候变化是指气候平均值和其高阶矩中至少有一个量发生变化。

为了认识气候变化的机制及物理过程,需要有一个关于气候结构及其行为特征的图像。

大气是一个热力—动力系统,可以用大气成分、热力状态以及动力学状态来表达。大气状态的完整描述还应包括一些其他的变量,如影响大气大尺度行为的云量、降水和非绝热加热。传统上最重要的气候要素是温度和降水,因此,考虑气候状态的时候,必须考虑不同纬度的影响,低纬度是暖湿的、副热带是暖干的、中高纬地区是温湿的、而极区是冷干气候。与此同时,我们还必须考虑海陆对比及海洋调节作用对温度的影响,山脉的影响,冰雪覆盖的影响,以及其他类似的影响,从而给出气候的区域分布特征。

作为一个热力学系统,不能把大气与邻近的系统孤立起来进行研究(图1.2.1)。这些相邻的系统有水圈、冰雪圈、下垫面的岩石圈和陆地生物圈。其中水圈包括海洋、湖泊与河流;而冰雪圈由地球上的雪和冰组成。虽然这些自然界中的系统在其成分、物理特性、结构和行为等方面非常不同,但它们都通过质量、能量和动量的通量联系在一起,构成了一个世界范围的气候系统,它的各分量之间存在非线性相互作用,整个气候系统是极其复杂的。

这里,区别天气与气候的差别是很重要的。天气主要关心大气详尽的瞬时状态及个别天气系统的逐日演变,所以用每一给定时刻大气的状态可以表示天气连续不断的变化。另一方面,气候可以看成是"平均天气",能用平均值、变率及极端事件发生的信息来表示。然而,气候问题与天气问题存在差别,气候略去大气状态中逐日扰动的细节,而代之由瞬时状态(总体)所导出的各种统计特征量。所以,气候与那些刻画任一个别现实的随机扰动无关。当然,作为研究大气瞬时状态(即天气)的物理基础的质量、动量及能量守恒律,对于研究气候物理学也基本相同。

1.3.2 气候变化特征

气候变化具有多时间尺度特性、阶段性和突变性。

为了说明大气变化的时间范围很大,这里给出了近地面温度(内能)的谱分布。图 1.3.1 是 Mitchell(1976)利用历史资料信息估计的大气温度理想化方差谱。分析表明,这个谱分布中存在几个脉冲峰和稍宽一些的峰值。脉冲峰对应气候变化中受天文因子控制的严格周期分量,如日变化、年变化及它们的谐波。而较宽的峰值按 Mitchell 的观点是表示准周期或非周期的变化,但具有优先选择的激发时间尺度。许多宽的峰值不能直接用已知的外强迫来解释。它们说明在系统内有强的自由变化存在。

图 1.3.1 中对应 3—7 天的峰值与主要发生在中纬度的天气扰动有关。在 100—400 年处谱线略为上升,它与小冰期有关,此小冰期差不多在 17 世纪初期开始,此时高山冰川在欧洲迅速扩张。2500 年左右的谱峰值也许是由于在约 5000 年前的最佳气候期出现过后开始的变冷所致,这种"最佳气候"支配了伟大的古代文明时期。紧接着的三个峰值可能与地球轨道参数的以下几个确定性天文变化有关:(a)地球轨道的偏心率存在约 100 000 年的循环;(b)地轴岁差约有 22 000 年的循环和(c)黄赤交角或地轴倾斜约有 41 000 年的周期变化。据推测这些变化是冰期形成的主要原因。最后,按 Mitchell(1976)的观点,在 4500 万年和 3.5 亿年左右的谱峰值可能与由造山运动或地壳构造引起的冰川作用有关,也可能与大陆漂移有关。

(1)气候变化的多时间尺度性

气候及其变化具有不同时间尺度的变化特征。

归纳已有的研究结果,我们可以粗略地把气候变化按时间尺度分为六类,即短期气候变化,其时间尺度为月,季,年;中期气候变化,其时间尺度为几年(年际变化);长期气候变化,其时间尺度为几十年(年代际变化);超长期气候变化,其时间尺度为几百年(世纪际变化);历史时期气候变化,其时间尺度为千年;地质期气候变化,其时间尺度为万年或更长。由于有气候资料记载的时间不过几百年,对于气候变化研究也就主要集中在前四个时间尺度,尤其是前三个时间尺度的变化。但是,为了深入认识气候演变规律,探索气候变化的原因,历史时期和地质时期的气候变化问题也是很值得研究的。当然,对于研究后三类时间尺度,特别是后两类时间尺度的气候变化,需要通过一些特殊的办法获得气候变化的信息。

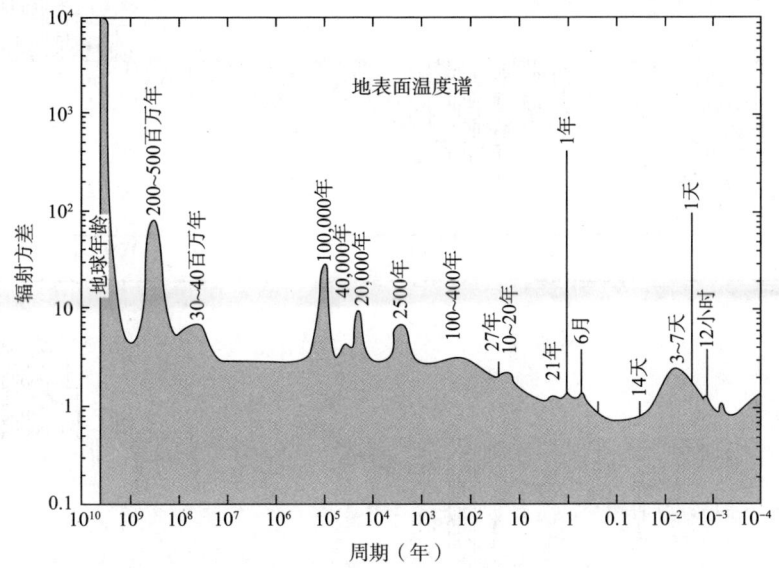

图 1.3.1 在 10^{-4} 年到 10^{10} 年间,大气温度谱的理想示意图(Mitchell,1976)

本书主要是针对月、季和年时间尺度,统称为短期气候,为了说明短期气候的变化背景,也涉及部分长期趋势。

图 1.3.2 给出的是 1850—2006 年全球以及南北半球年平均地面气温距平图,它可以反映近 150 年来平均温度变化的时间演变。显然,它们的年平均温度不仅有明显的年际变化,而且还表现出了较明显的年代际变化特征。例如,20 世纪 80 年代以后全球平均气温持续偏高,而在 20 世纪 40 年代之前全球的平均温度偏低,非常清楚地反映了气候的年代际(几十年时间尺度)变化。另外,近百年来气温增加的趋势也很清楚。

图 1.3.3 是近 1 000 年以来欧洲东部地区冬季平均温度的估计量的时间变化,极为清楚的特征是在 1300—1800 年期间出现了"小冰期"。小冰期现象的出现,是超长期(百年时间尺度)气候变化的明显反映。在过去 50 万年以来冰期和间冰期的交替出现(间隔为 10 万年左右)则清楚地反映了地质气候变化的特征(图 1.3.4)。最

近的一次冰期发生在距今 2 万年前,当时加拿大和大部分欧亚地区都为冰雪所覆盖。由于海冰面积的扩大,当时的海面高度差不多比现在低 80 m,足见当时气候的恶劣程度。

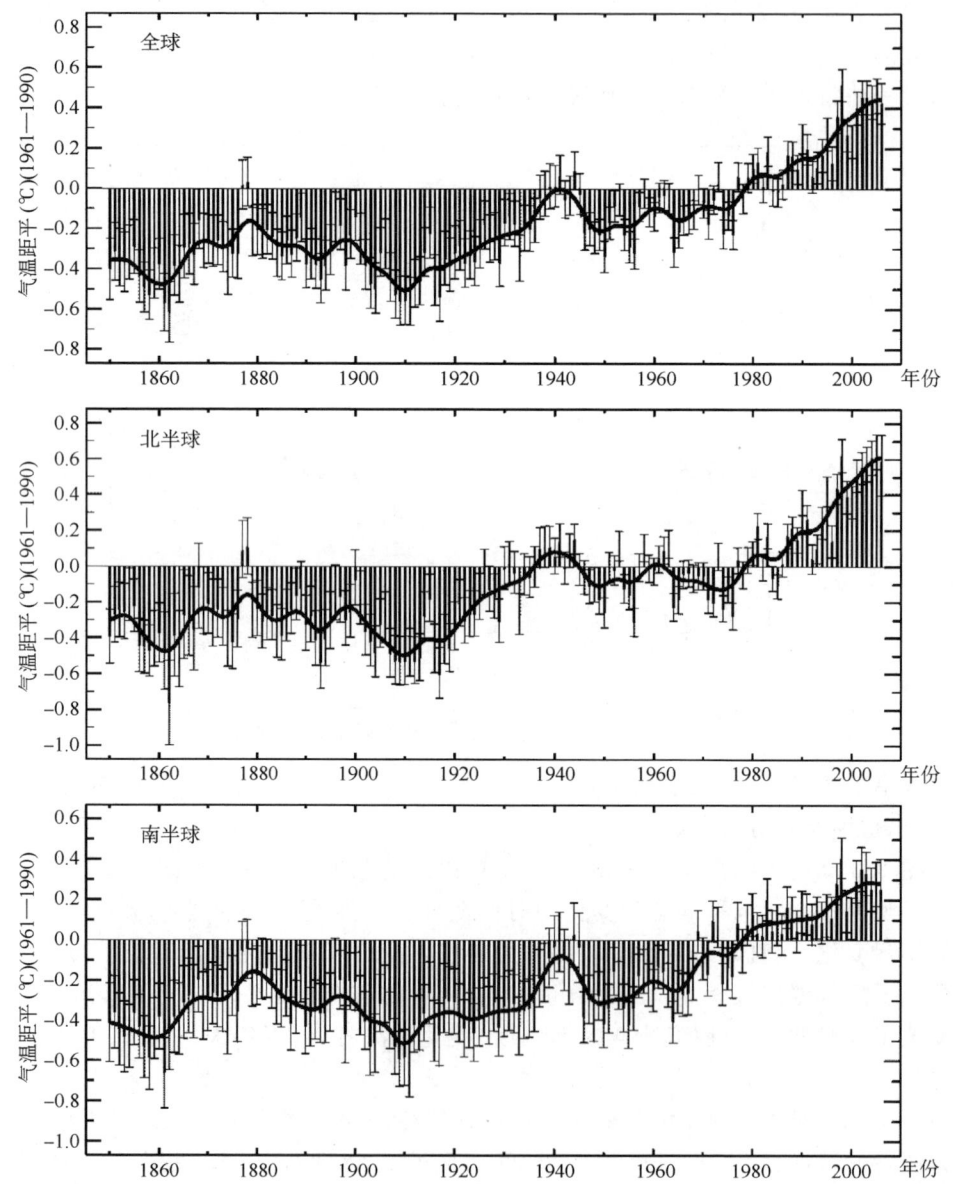

图 1.3.2 1850—2006 年全球和南北半球的年平均地面气温距平(℃)图
(IPCC,2007,平滑曲线表示年代际变化)

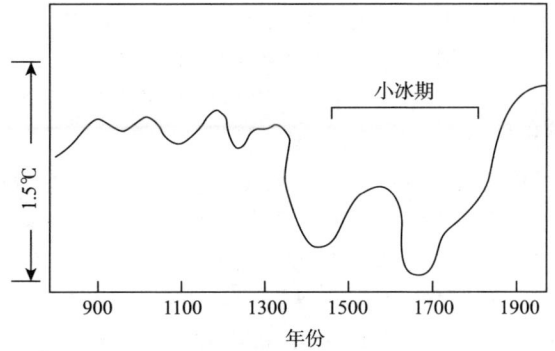

图 1.3.3　近 1 000 年以来欧洲东部地区冬季平均温度的
估计量的时间演变(Lamb,1966)

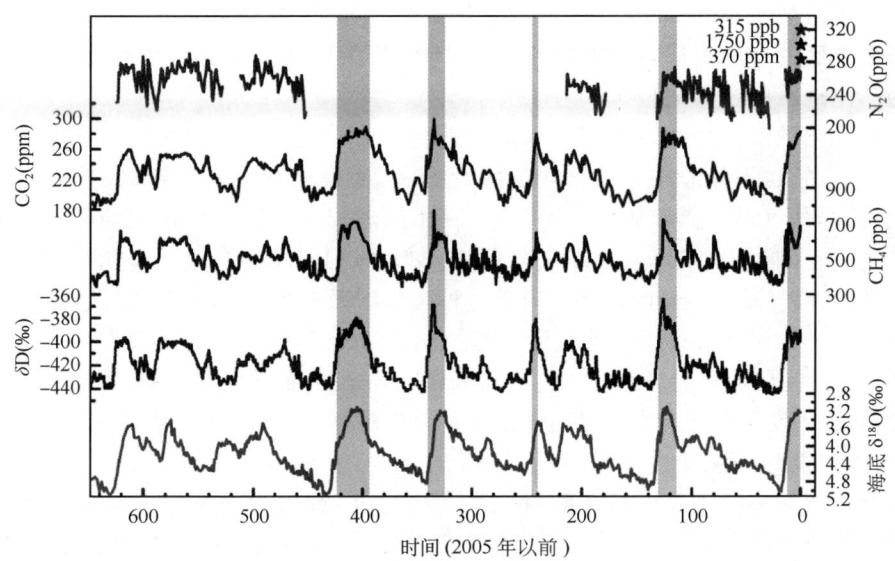

图 1.3.4　南极冰芯中氘的变化(δD)(局地温度的代用资料),海底氧同位素比值($\delta^{18}O$)的变化以及来自冰芯资料和近期观测资料的大气温室气体二氧化碳(CO_2)、甲烷(CH_4)和氧化亚氮(N_2O)浓度的变化。资料覆盖 65 万年,阴影带状区域表示当前和以前的间冰期暖期(IPCC,2007)

(2)气候变化的阶段性

除了多时间尺度特征之外,阶段性是气候变化的又一特征。气候变化的阶段性同气候变化的时间尺度是紧密联系的,不同时间尺度的变化也就有不同的阶段性。在过去的 50 万年的时间里,冰期和间冰期有交替出现的现象,这是气候变化阶段性的明显特征。因为冰期的寒冷气候与间冰期较温暖的气候是两种差别较大的状况,也可以认为气候变化分别处于不同的阶段,在冰期阶段气温普遍偏低,而在间冰期阶段气温普遍偏高。同样,近千年来的气候变化也有其阶段性,在 1300—1800 年间的小冰期,气温长时间偏低,尽管其间气温还有相对较高或较低的时期,但整个时段的平均温度相当低。而在小冰期前后的一段相当长的时期里,平均温度却相当高,同小冰期相比无疑可视为另一个气候变化阶段。

从上面的讨论可以清楚地看到,全球尺度的气候变化具有阶段性特征。同样,局地区域的气候变化也有阶段性。另外,不仅气温的变化如此,其他气候要素的变化也如此。图 1.3.5 是 1900—2001 年我国华北、长江中下游以及华南地区夏季(6—8 月)降水量距平的 9 年滑动平均图。显然,20 世纪 50 年代至 70 年代末是华北地区的多雨时段,而 20 世纪 10 年代后期至 40 年代末以及 20 世纪 80 年代以后均为华北地区的少雨时段;20 世纪初至 10 年代末以及 20 世纪 80 年代以后是长江中下游地区的多雨时段,而 20 世纪 20 年代至 40 年代末以及 20 年代 60 年代至 70 年代末均为长江中下游的少雨时段;从 20 世纪 10 年代中期至 20 年代中期以及 90 年代以来都为华南地区的多雨时段,而 20 世纪初至 10 年代中期和 20 世纪 70 年代末至 90 年代初为华南地区的少雨时段。

气候变化的阶段性体现出了气候的振荡特征,这种振荡并不像正弦曲线一样有固定的周期,它也不是总在某一平均值附近振荡,而是存在一定的趋势,并且对于某些气候要素(如气温),其趋势性尤为明显。在图 1.3.2 中,无论北、南半球还是全球的地面气温在近百年来均有极清楚的上升趋势。参照图 1.3.3 我们还可以认为自小冰期结束以来,全球气温有上升的趋势。对于这种全球增暖趋势,许多人认为是人类活动造成大气中 CO_2 含量增加的温室效应所引起的;也有人认为是气候超长期振荡的自然变化特征。这个问题的解答尚需进一步的深入研究,从已有的研究结果看,上述两个因素都有影响,但主要是由于人类活动造成的温室效应加剧了气候自然变化的增温。

(3) 气候变化的突变性

气候变化除多时间尺度特征和阶段性特征之外,突变也是其重要特征。尤其是从一个气候阶段变化到另一个气候阶段时,气候往往发生较为快速的剧烈变化,即突变。在图 1.3.4 中,冰期和间冰期之间的转换,尤其是由冰期向间冰期的变化有明显的突变特征。图 1.3.2 中气温的变化也明显地表现了突变的特征。

根据气候突变的情况,我们可以把气候突变归并为三种类型(图 1.3.6),即均值突变、趋势突变和变率突变。从一个气候基本状态(以某一平均值表示)向另一个气候基本状态的急剧变化,就是均值突变。这类突变相对较多,影响也较大。两个气候阶段有完全相反的变化趋势,例如,某个气候阶段温度一致持续下降,其后一个气候阶段的温度一致持续上升,这样两个气候阶段的急剧转变,称为趋势突变。两个气候状态(阶段)的平均值并无明显差异,但其变率有极明显的不同,这样两类气候状态间的急剧变化,成为变率突变。变率突变包括两种情况,其一是振幅有明显差异的突变;其二是频率有明显差异的突变。

第1章 气候系统及其变化和预测

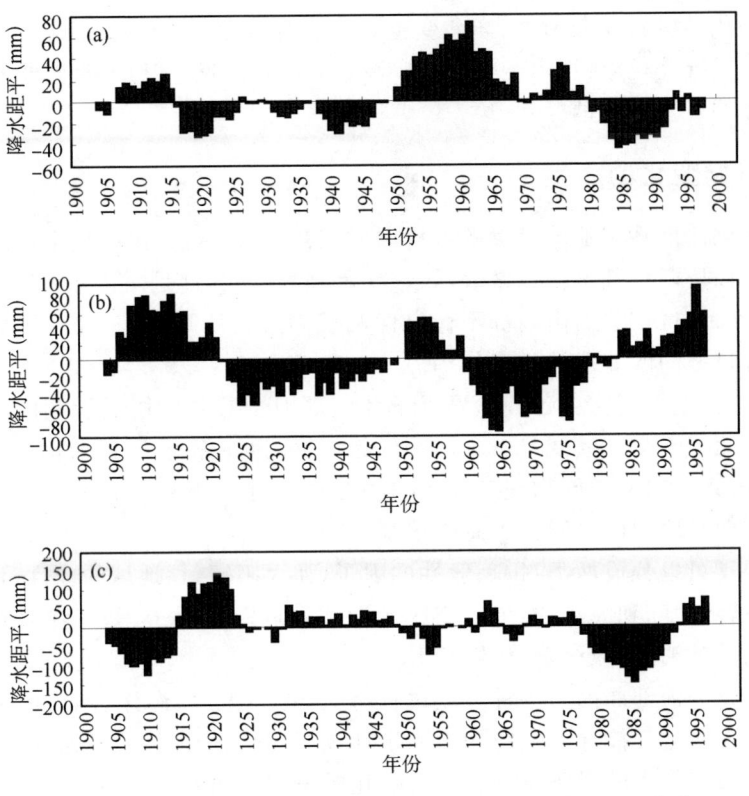

图 1.3.5　1900—2001 年我国华北(a)、长江中下游(b)和华南(c)地区夏季降水距平(mm)的 9 年滑动平均

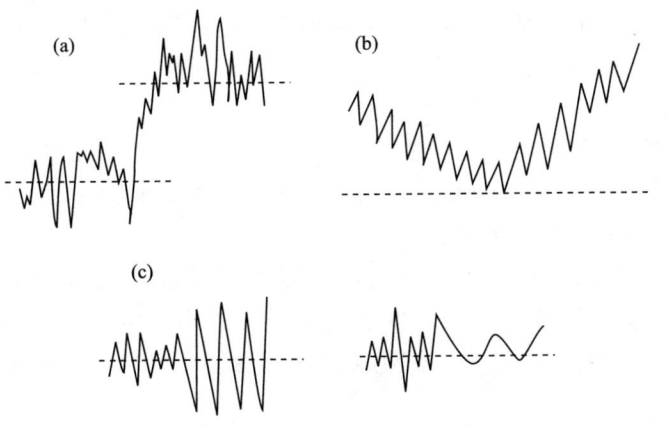

图 1.3.6　三类气候突变示意图
(a)均值突变;(b)趋势突变;(c)变率突变

气候变化是极其复杂的，气候突变也一样。对实际资料分析表明，气候突变往往会出现这三类突变现象：均值突变，趋势突变和变率突变。但是，有时也可以看到几类突变同时综合发生的情况。

1.3.3 气候变化的原因

在由年到冰期甚至地球年龄的各种时间尺度上，气候存在连续不断的变化。气候变化性可以用两种基本模态来表示：一种是强迫变化，这是气候系统对外部强迫的响应；另一种是自由变化，由内部不稳定性和反馈过程所致，这种变化可以导致气候系统不同分量之间的非线性相互作用。

由此可见，气候变化由各种外界因子和内部因子共同作用而引起的。能影响气候系统的变化但不受气候变量本身影响的因素，称为外部因子，即所谓气候变化的外因；而那些与系统内部不同物理过程中的相互作用有关的变化称之为气候变化的内因。当然这两类原因的界限并不总是很清楚的。

外界因子可以分成两类：①一般性的因子，如太阳辐射、地球的球性、地球绕太阳的运动及自转、大陆和海洋的存在；②区域性和局地性的因子，如海洋、地形、下垫面性质、植被、及湖泊对邻近地区的影响等。

气候变化的内部原因与各种反馈过程有关，也与大气、海洋、冰雪圈之间的相互作用有关。这些过程能导致系统的不稳定性或振荡，它们能够直接影响气候变化，有时也能对外源有较大的影响作用。气候变化的事实说明外界强迫变化与内部自由变化之间是有区别的。众所周知，气候的季节变化和日变化与天文强迫因子有关，但是，逐日变化则与外源变化无关。这些时间尺度为几天到一周的不规则扰动与移动性大气扰动（天气图上的高低气压系统）或锋面系统的过境有关。它们被看成是内部自由变化，因为主要是由纬向环流的内部斜压不稳定所致，这又依赖于温度的南北梯度。

对于线性系统，外强迫变化导致简单的因果关系。若外强迫是振荡过程，系统的响应有完全相同的振荡频率。但是实际情况并不是这样，因为气候的内部系统本质上是不稳定的，且从未达到平衡状态。

总而言之，由于气候系统是一个耗散的、强非线性系统，强迫和自由变化之间的相互作用，因此造成气候变化性。由于气候系统的不稳定性和反馈机制的相互影响，以及通常的非线性的特性，要对其因果关系作简单明了的解释是十分困难的。

1.4 气候预测的性质

气候变化及其原因十分复杂,而且气候噪声也会随时间变化。因此,对气候预测来说就存在着一个问题:即能够在多大程度上预测未来的气候。也就是常说的气候可预测性问题。为了清楚地认识气候预测的性质,科学家把大气运动分为三类,把预测误差分为两类。

1.4.1 大气运动分类

冯·纽曼(von Neumann,1955)早就指出,从预报角度看,大气运动可以分为三类:第一类运动主要决定于大气运动的初始场,不必考虑外部强迫的作用,因此可以从初始场外推。第二类运动几乎完全与初始场无关,因此只考虑外部强迫的作用,可以不考虑初始场做预报。而最困难的是第三类运动,即距初始时刻相当远,因此不可能完全从初始场外推,但初始场的影响又没有小到可以忽略不计的程度,还要考虑外部强迫的作用。第一类即目前的短、中期天气预报。第二类即目前的敏感性试验。第三类大约相当于现在的短期气候预测。

1.4.2 气候可预报性分类

Lorenz(1975)把气候的可预报性分为两类,第一类可预报性是初始误差(扰动)随时间增长问题,直接与大气统计性质的预报有关,主要表现为按时间顺序预报气候状态的可能程度;第二类可预报性是指外强迫发生变化后,气候变化的模拟和预报能力。

(1)第一类气候可预报性

第一类气候可预报性实际上就是关于确定性预报的时效问题,因为预报时效总会存在极限,超过这个极限时,因误差太大,预报将毫无意义。由于在确定初始状态时不可避免地会产生误差,而这些误差又必然随时间增长,尤其是这些误差还会向低频谱段传播,从而使局地性小范围的误差变为全局性误差,气候状态因此而发生改变,预报只在某时段内(时效极限)是确定性的。这与一般的确定性"短期"或"中期"天气预报相类似,预报误差达到一定程度后,预报成为无用的或无意义的。这里我们利用 NCAR 大气环流模式的数值试验结果来看一下初始误差随模式积分时间的增长情况(图 1.4.1)。试验中仅在 13.5 km 高度层上分别引进纬向风的小扰动(振幅为 1 m/s 和 3 m/s),试验得到的纬向风和温度的全球均方根误差都随时间明显增大,尤其是在积分的初始阶段。在 13.5 km 高度纬向风出现 1 m/s 的误差应该是很小的,但 15 d 之后全球均方根纬向风误差已超过 4.0 m/s,全球均方根温度误差也超过 2.0℃,充分显示了微小误差随时间的急速增长。显然,即便使用较完善的模式,并有较好的初始场,非常微小的误差也使预报存在时效极限,更何况是一般的观测资料,加之预报模式又不能完全符合实际大气的演变。这样就不仅存在可预报性的上界问题,还有模式和资料对其影响的问题。

图1.4.2是以500 hPa高度的均方根误差表示的不同预报方法所做预报的误差示意图,图中分别显示了持续性预报、现有模式预报和理想化模式预报的误差增长情况。虽然是对天气预报的可预报性而言的,但也可作为第一类气候可预报性的图示。可以看到模式预报一般会优于持续性预报,而现用模式预报与可预报性的理论极限之间还有一段差距。

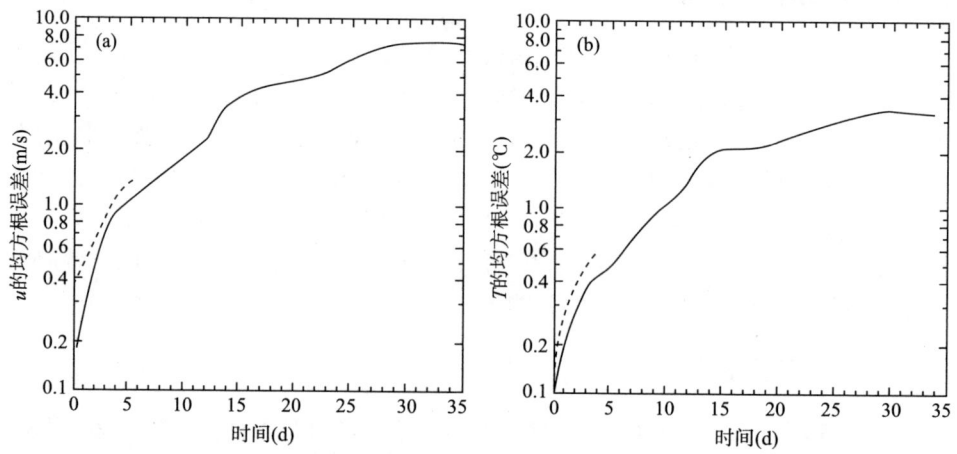

图1.4.1 NCAR大气环流模式试验中,13.5 km高度层纬向风误差所引起的纬向风(a)和温度(b)的全球(包括6个模式层)均方根误差增长(Williamson和Kasahara,1971)(图中实线和虚线分别是初始误差为1 m/s和3 m/s的情况)

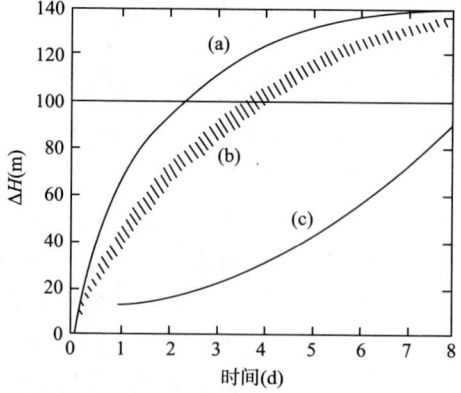

图1.4.2 500 hPa的高度的均方根误差的增长示意图
(a)持续性预报;(b)现有模式预报;(c)理想化模式预报

(2) 第二类气候可预报性

大气是一个开放系统,同外界存在着能量及其他交换。如果把外界的各种影响看成外强迫的话,气候状态则是大气运动与外强迫共同作用的产物。由于外强迫的改变,尤其是一些持续性的外强迫异常,必然使大气环流和气候状态发生变化。怎样估计以及在多大程度上可以较好地估计出这种异常外强迫的影响,是第二类气候可预报性问题。对于这个问题,一般都用数值模拟的办法进行数值试验,看模式大气对外强迫源的响应及其敏感性。用两层全球大气环流模式,Gates(1976)对18 000年前的7月份气候状态进行了数值模拟(图1.4.3),18 000年前冰期的平均地面边界条件和现在的平均地面边界条件如表1.4.1所示,可以看到有很大的差异存在。这样的不同外界条件是否对应着不同的数值模拟气候态呢?根据模拟试验得到的纬向平均的降水率和蒸发率的分布,显然,冰期和现在虽然有类似的纬向基本特征,例如降水率在赤道附近地区最强,而在副热带地区存在相对弱区,但两种气候态的差异也很清楚,尤其是在热带地区。

表1.4.1 冰期(18000年前)和现在的区域平均地面边界条件

变量	冰期		现在		全球差
	北半球	南半球	北半球	南半球	(冰期—现在)
冰盖面积(10^6 km^2)	31.7	17.2	4.3	13.1	31.5
海冰面积(10^6 km^2)	9.7	34.5	10.4	19.8	14.0
陆地面积(10^6 km^2)	84.5	37.3	97.6	35.6	−11.4
海面和湖面(10^6 km^2)	129.1	166.0	142.7	186.5	−34.1
海面温度(℃)	22.2	15.8	23.0	16.9	−1.0
地表反照率					
海面	0.062	0.063	0.065	0.064	0.002
非海面	0.331	0.568	0.184	0.410	0.152
整个下垫面	0.195	0.240	0.118	0.157	0.080
地面海拔高度(m)	963	892	737	915	152

研究结果指出,气候变化受到外界强迫、内部动力学过程以及人类活动的影响,是非常复杂的。但是,如果能够搞清楚某种外强迫所能造成的影响,那么,对于气候变化及其预报也是十分有意义的。这也正是第二类气候可预报性研究的主要目的。

关于大气对外源强迫的响应问题,我们将在第4章和第5章分别讨论海洋和陆面过程的作用,并指出外源强迫总会在大气中激发产生一定的遥响应。但是,长期以来,人们一直都认为大气的"记忆"较差,外强迫的影响会在较短的时间内消失。研究表明,情况并非完全如此。在有关大气对海面温度异常的强迫响应的数值模拟试验中，我们发现，大气对外强迫的响应主要是低频遥响应，由于这是通过大气自身动力学过程而产生了准周期振荡型响应，从而使得外强迫的影响可以持续很长的时间，或者说大气的"记忆"实际上并不是很短。

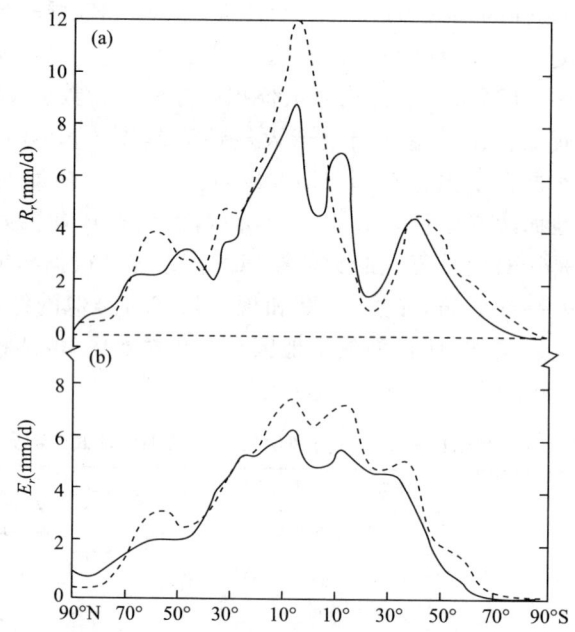

图 1.4.3 数值模拟得到的冰期（18 000 年前）和现在的 7 月份纬向平均降水率 R_r（a）和蒸发率 E_r（b）的分布（Gates，1976）（实线和虚线分别表示冰期和现在的情况）

上面的分析表明，在考虑了大气对外强迫的低频遥响应特征之后，大气的所谓"记忆"无疑将比经典的"记忆"要长得多，并且外强迫造成的影响又存在准周期的演变性质。这些对于认识外强迫的影响有重要意义，将使第二类气候可预报性有更加喜人的前景。

应该强调指出的是，对于短期气候变化及其预测来说，一方面，要考虑预报起始时刻及其以前的气候状态，即不仅要考虑初始值的影响，还应考虑历史资料的影响，因为历史资料中存在着演变规律；另一方面，还要考虑外强迫作用的影响，因为在短期气候变化的时间尺度内，外强迫有充分的时间影响气候的变化。由此可以看出，短期气候预测更困难，更具有挑战性。

此外，还有一个气候噪声问题。这是指由天气气候变率造成的气候不确定性。研究指出，这一部分是不可预报的。因此，从这种角度讲，完全气候预报是不可能的，这也是气候预测的一个重要特点。

1.4.3 非线性动力系统与可预测性

自从 Lorenz(1963)在一个简单的确定性非线性耗散系统中发现混沌现象以来,特别是从 20 世纪 70 年代中期开始,非线性动力系统的研究进入了一个全新的时代,在数学、物理、化学、生物学和地学等各个领域都进行了广泛的研究。人们已经发现,随着系统参数的变化,非线性动力系统的解不仅有稳定与不稳定的差别,而且还会在某些奇异点出现所谓分岔和突变现象;甚至原来的周期解会变成非周期解,最后完全成为混沌状态。从前面已有的讨论可以清楚地看到,气候系统是极其复杂的,气候及其变化实际上是一个非线性耗散系统的状态和行为,气候的可预测性问题也就可以从研究非线性耗散动力系统的性质找到某些答案。因为周期性变化是完全可预测的,而非周期现象是不完全可预测的,对于范围无限大的情况则是完全不可预测的。

1.5 短期气候变化及其预测

基于气候变化的特征以及气候系统中各成员的作用,WCRP 把气候变化主要归纳为三个时间尺度,即月和季时间尺度、年际时间尺度以及年代际时间尺度。当然还有更长时间尺度的气候变化。随后,1995 年公布的国际 CLIVAR 科学计划,它不仅包括大气,而且包括海洋、极冰、积雪以及其他陆面过程,是当前(1995—2010 年)世界气候研究计划中最活跃的研究计划之一。随后,又专门设立了一个子计划 GOALS,研究全球海洋—大气—陆面系统的季节到年际时间尺度的气候变化及预测问题。

应该明确,气候变化是指气候平均值及其高阶矩的变化,气候预测是指对气候平均值及其变化或变率的预测。因此气候预测与天气预报是根本不同的两类预报问题。而短期气候变化及其预测的"短期"指的是时间的概念。

目前,我国和世界上一些国家和地区把月、季和年的气候变化和预测称为短期气候变化和预测。在我国还专门有跨季节预报,即在每年冬季需制作来年夏季的降水等要素的预报。而世界气象组织(WMO)把两年以内的气候预测称为长期预测(Long Range Forecast)。

短期气候预测对象应根据气象要素和现象的特点取为:平均值(例如气温)、总量(例如降水)或者距平(例如位势高度场)等。有时,只预测在预报时段内的倾向、趋势或等级。这样做是符合可预测性理论研究结果和现状的。

选择短期气候预测的预测因子是极端重要的,应该选择那些与预报对象关系密切,并且有物理意义的要素作为预测因子。实践证明,对一个预报对象的预测不应该用很多预测因子,过多的预测因子尽管会增加拟合效果,但是会使得实际预测效果很不稳定。

制作短期气候预测的方法有很多,目前主要分为三大类:(1)物理统计方法(也有人称为经验方法);(2)动力数值方法;(3)动力—统计相结合的方法。我们将在本课程里对上述方法进行介绍。

应该指出,经济建设、社会发展和公众需求对短期气候预测的要求很高,但是由于气候可预报性的限制和当前的科技水平还不够高,因此,目前的短期气候预测水平还比较低。要真正认识短期气候的变化规律,并能客观定量地预测月、季、年的气候变化,还需要长期努力才行。

最后应该指出,对于气候及气候变化的认识和预测,目前主要依赖于实际观测资料,这些观测资料的来源主要有三个方面。一是对于大气、海洋和气候系统各成员的定时和非定时的日常观测;二是有关科学研究计划和野外试验的观测资料;三是实验室对于气候系统成员的取样分析或档案分析所得的代用资料。

现代的气候观测主要包括实地观测和空基观测。实地观测是指在地球表面对表征气候系统分量的要素特征进行采集;空基观测是利用卫星遥感对地球气候系统分量的观测。随着科学技术的发展,空基观测起着越来越大的作用,不仅在人类难于达到的地点起主要作用,而且对很多常规观测也发挥了越来越大的作用。

可以看出,在获取的资料中,由于观测仪器不同,观测地点的变更,观测规范的变化以及空基观测资料校准等原因,有效使用这些不同来源的资料就成为一个应该专门研究的课题,即要对资料进行校准和同化。目前,一些业务和研究中心都做了大量细致的工作,提供了一些可用的资料。但是,这仍然是有待于进一步努力研究解决的课题。

复习思考题

(1)现代气候概念的要点是什么?
(2)说明气候系统的组成及其主要性质。
(3)举例说明气候反馈过程及其意义。
(4)气候变化的含义是什么?
(5)气候变化的性质是什么?气候变化的原因有哪些?
(6)气候可预报性怎样分类?
(7)什么是短期气候预测?预测方法有几类?

第 2 章 大气环流的基本状况

大气环流是指全球大范围大气运行的现象,它的水平尺度在上千千米以上,垂直尺度在 10 km 以上,时间尺度在几天以上。从气候的角度来看,一般取某个时段的平均来描写大气环流,平均时段的取法可以不同,但是要求滤去个别的天气尺度系统,保留月、季以上时间尺度的变化。由此可见,大气环流表达了大气运动的基本状态,不仅制约着大范围天气系统的变化,而且是气候及其变化的基本条件之一。在短期气候预测中,大气环流状态既是短期气候变化的背景,有时也把大气环流作为预测对象。可见在讨论短期气候预测之前,先对大气环流的基本状况作一些了解是完全必要的。

2.1 控制大气环流的基本因子

大气环流最基本的状况是盛行以极地为中心的纬向环流,图 2.1.1 给出了冬季和夏季的平均纬向气流的垂直结构,可以看出急流轴都在 200 hPa 附近,夏季略低些。西风极大值冬季位于 30°N 附近,中心强度可达 40 m/s 以上,夏季位于 45°N 附近,中心强度可达 30 m/s。在极地近地面层冬夏都存在一个东风薄层,冬半球比夏半球薄;在低纬度无论冬夏,对流层都存在东风。

大气运动基本上是地转的,沿纬圈平均的经向风速代表了非地转风分量,它是很小的。图 2.1.2 给出了平均经圈环流的剖面图。从中可以看出,无论冬夏对流层都为三圈环流,在低纬度为哈得莱环流圈,是直接环流圈;中纬度是费雷尔环流圈,这个环流圈很弱,方向与哈得莱环流圈相反,是间接环流圈;高纬度的极地环流圈较弱,方向与低纬哈得莱环流圈相同。

上述环流是对所有经度上的平均值,描写了大气环流的最基本状态。实际上在不同的经圈上,气流在时间和空间上都是不均匀的。控制大气环流这种特征的主要因子有 5 个。

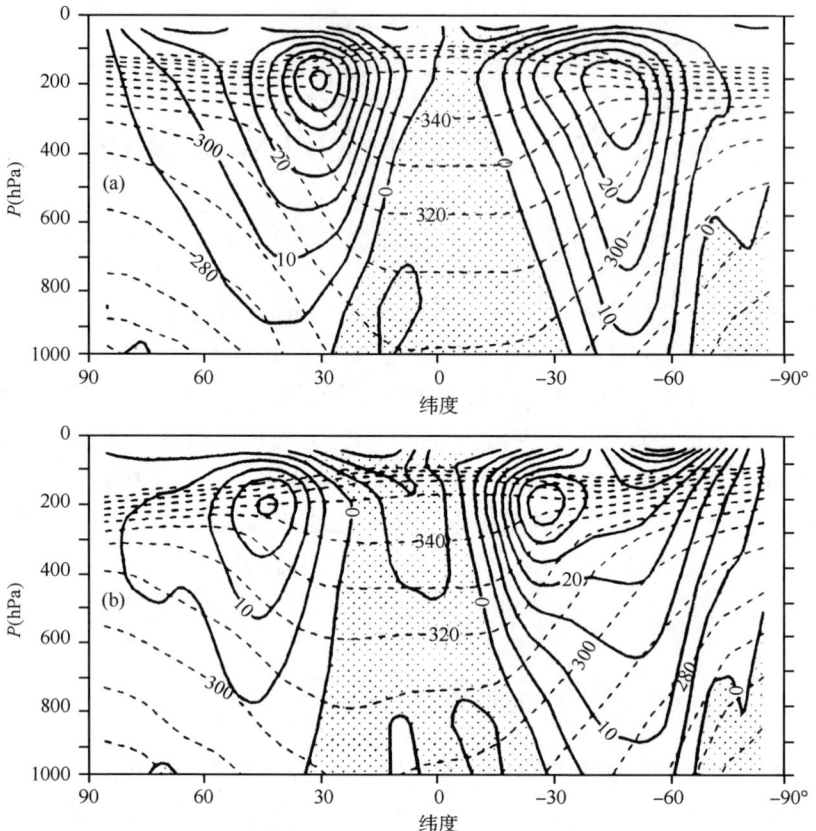

图 2.1.1　冬(a)、夏季(b)平均的纬向风的垂直结构(Hoskins 1989)

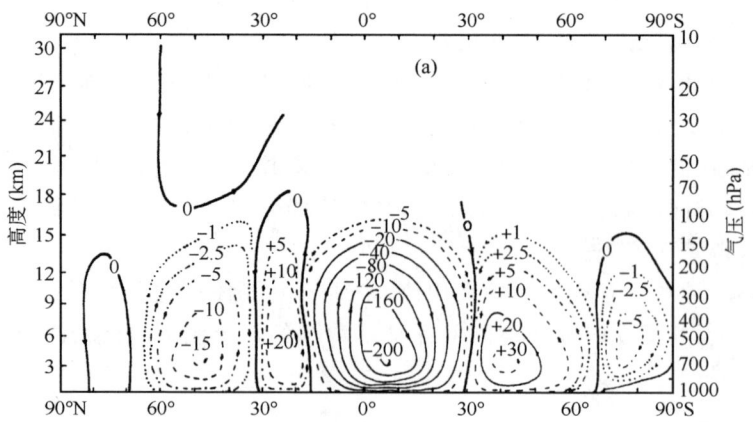

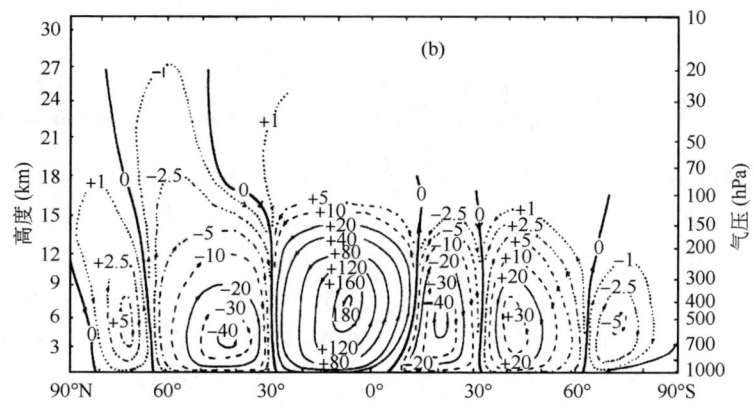

图 2.1.2 平均经圈环流的剖面图(Newell 等,1972)(质量通量,10^{12} g·m/s)
(a)夏季;(b)冬季

2.1.1 大气本身的特殊尺度

观测表明,整个大气质量的 99% 集中在离地 30 km 高度以下的气层中,大气环流的水平尺度可以用地球半径来度量。因此,在讨论大气环流时可以把大气看成是覆盖在地球表面上极薄的一层气体。这个现象具有原则性意义:它决定了大气环流中垂直速度和水平速度之比与大气垂直尺度和水平尺度之比相当,即垂直运动是非常小的,比水平运动约小两个量级,这表明大气环流具有准水平性。应该指出垂直运动虽小,却具有重要的动力学意义,在讨论大气环流的某些问题时不能忽略。由于大气环流具有准水平性,所以采用若干标准等压面图就能够表示大气环流的主要特征。

2.1.2 太阳辐射随纬度分布的不均匀性

太阳辐射是大气运动的最终能源,但驱动大气运动的真正原因是太阳辐射在地表面上的不均匀分布。如果太阳辐射在地表面上的分布是均匀的话,那么就不会产生两极与赤道之间的温差和海陆之间的温差,从而也就不会产生水平气压梯度力和空气的水平运动。

地气系统一方面吸收太阳辐射,同时又放射长波辐射。大约在 30°S—30°N 的低纬度地区,吸收大于放射,辐射差额为正,大气被加热;而在中高纬度及极地区域,放射大于吸收,辐射差额为负,大气被冷却。在形成这种辐射差额随纬度的不均匀分布中,地气系统吸收的太阳辐射随纬度变化很大,极大值在赤道,极小值在两极;而返回太空的红外辐射随纬度的变化却不大。因此造成低纬度和赤道地区有辐射净收入,而在高纬度和极地有辐射净支出。这种不均匀加热的结果,形成了由赤道指向极地的温度梯度和气压梯度。可见辐射差额随纬度的不均匀分布是大气环流的真正原动力。

应该指出,辐射差额的梯度随纬度分布也是不均匀的,它在两个半球的中高纬度附近达到最大。这一点也是决定大气环流现有状态的一个重要因素,可以说明为什么平均而言温度水平梯度(行星锋区、急流)总是在中纬度保持最大。辐射差额还随季节变化,除赤道地区的季节变化很小以外,其他纬度吸收的太阳辐射都存在明显的季节变化,一般而言,夏季吸收最强,冬季吸收最弱,春秋季节则为过渡季节。

如果地球表面完全是均匀的,那么由于辐射差额随纬度分布的不均匀性形成的温度场将是纯纬向场,即等温线完全平行于纬圈分布。在这种情况下若地球没有自转,低纬度空气由于受热而垂直上升,高纬度空气由于冷却而垂直下沉,结果形成极赤之间的热力环流圈,即所谓"单圈环流"。但是,这种单圈环流实际上是不可能存在的,这说明太阳辐射能随纬度分布的不均匀性所造成的非绝热加热虽然是决定大气环流的重要因子,但不是唯一的因子,大气环流的状态还取决于其他因子。

2.1.3 地球自转

地球自转的作用与大气运动本身的尺度有关。根据流体相似理论,这种关系可用罗斯贝数 Ro 来估计,此动力学参数为水平运动方程中平流加速度项与科氏加速度项之比值。当 $Ro \geqslant 1$ 时,亦即对于尺度小、速度快的运动,平流加速度的作用比地球自转引起的科氏加速度重要得多;反之,当 $Ro < 1$ 时,亦即对于尺度大、速度慢的运动,科氏加速度的作用要比平流加速度重要得多。运动尺度愈大,地球自转的作用亦愈大。在极限的情况下,平流加速度项可以从水平运动方程中略去,而空气运动就呈地转风运动。实际上,大尺度的空气运动正是气压梯度力和地球自转偏向力基本平衡但又不能完全平衡的准地转运动。这也就说明地球自转是决定大气环流的基本因子之一。

前面已经指出,在非旋转流体中,不均匀加热只能产生垂直环流,空气在加热的地方上升,在冷却的地方下沉。现在要问:在旋转的地球上情况又是怎样呢?理论研究和实际观测都表明,在旋转的地球上,垂直环流的运动转变为准水平的运动。在实际大气中,从赤道加热上升的空气,在高空向北流动的过程中,因受地球自转的作用在北半球要向右偏,到了30°N附近就转变为偏西风了。这样就使低纬度高层空气不能继续向北流,并在那里堆积起来,并因辐射冷却而下沉。这支下沉的气流在中纬度低层分成两支分别向南及向北流去。向南流动的一支受地球自转作用逐渐向右偏转,变为低纬度地面层中的东北信风。在南半球地面层中流向赤道的那支气流逐渐向左偏转,变成南半球的东南信风。这两支信风气流在赤道地区汇合上升,再在高空分别流向南北两半球的较高纬度。结果在南北半球的低纬度地区各自形成一个热力环流圈,称为哈得莱环流圈或信风环流圈。两支信风气流汇合的地带则称为赤道辐合带(ITCZ)。

从纬度30度的高空下沉接着在低空转向高纬度的那支气流在北半球也要向右偏转,变为中纬度低空的西南气流。南北两半球纬度30度附近空气下沉的区域,由于空气质量的堆积形成环球状的副热带高压带。

在北极上空因辐射冷却而下沉的气流,在低空转向较低纬度流动,在它向南流动的过程中也因地球自转作用而转变为高纬度地面层的东北气流。它和从中纬度向北流来的西南气流在55°N附近相遇。由于这两支气流的温湿度不同,暖湿的西南气流在干冷的东北气流上爬升形成了极锋(又称极锋辐合带)。这支向北爬升的气流在极锋上空分为两支,一支向北到达北极上空补偿那里下沉南流的空气,于是在两半球的高纬度地区各自形成一个极地环流圈;另一支向南流到副热带补偿那里下沉的空气,完成中纬度的闭合环流圈,这就是费雷尔环流圈。这个环流圈的方向与低纬度的信风环流圈和高纬度的极地环流圈相反,亦称强迫环流圈。可见,在不均匀加热和地球自转的共同作用下,在南北两半球的经圈剖面内各自形成三圈环流,而在水平面上则形成了东、西风带和分隔它们的极锋辐合带、副热带高压带和赤道辐合带。但经圈环流要比水平的东西风带状环流弱得多。可见,地球自转对于东西风带和三圈环流的形成是一个极为重要的因子。

另一方面,地球自转角速度在各纬度上的垂直分量($f=2\Omega\sin\varphi$)又是纬度的函数,在两极最大,赤道上为零。因此,大气运动的基本状态也随纬度而异。在中高纬度大气的大尺度运动是准水平的,并且上下层运动的型式比较相似(尤其在冬季);在低纬度上下层的运动却有显著不同。

科氏参数随纬度的变化对于大气运动还有其他的动力学作用。罗斯贝(Rossby)得到,大气运动的水平特征尺度为$L=2\pi\sqrt{u/\beta},\beta=\mathrm{d}f/\mathrm{d}y$,其量级为$10^{-16}$ m/s,u为西风特征速度,它是由辐射差额造成的南北温度梯度所决定的。根据热成风原理,如设地面上$u\approx0$,则在10 km高度上的$u\approx10\sim30$ m/s,由此求得$L\approx7000$ km。这是由外部因子决定的大气行星波的特征尺度,对于大气环流中的许多现象有着很重要的意义。短期气候预测所要考虑的环流系统就是具有这类特征尺度的大气长波和超长波。

地球自转还是一个稳定因子,它减小了大气运动中的不稳定性,同时也减小了大气中位能释放的可能性。本来在非旋转流体中可以释放出来的位能,在旋转的地球大气中就变为不可能了。最明显的例子是由于地球自转,锋面保持一定的倾斜度,致使一部分斜压位能不能转变为动能。

2.1.4 地球表面的不均匀性

地球表面的状况对大气环流产生显著的影响,南北两半球环流状态的不同就有力地说明了这一点。地球表面状况的不均匀性对大气环流的作用主要表现在下列两个方面:

(1)海陆分布产生的不均匀加热。上面已经指出,辐射差额随纬度和季节的不均匀分布主要造成沿经线方向的温度梯度(以下称辐射温度梯度)。海陆分布及其热力性质不同所造成的不均匀加热和温度梯度(以下称海陆温度梯度)则包括沿经向和纬向两种情况,其影响不只限于地面层,可以影响到整个对流层,进而反映到气压场的变化。

以北半球的东半球对流层中部经向的情况为例。冬季大陆为冷源,使其上面的空气变冷,而海洋是热源,使其上面的空气变暖。在中低纬大陆南侧辐射温度梯度和海陆温度梯度方向均由低纬指向高纬,两者一致而加强,这是冬季西风急流强且位置偏南的重要原因。夏季与冬季情况相反,辐射温度梯度和海陆温度梯度均由中纬指向低纬,两者一致而加强,有利于大陆南侧东风急流的出现。

由于海陆不均匀加热有明显的季节变化,在海平面气压场上,冬季大陆腹地为冷性高压盘踞,夏季有强大的热低压,造成海陆季风现象。尤其在南亚地区,冬季受蒙古冷高压底部东北风控制,夏季受印度热低压前部的西南风控制,季风现象明显,为世界上最著名的季风区。

(2)大地形所产生的热力和动力作用。大地形(山脉起伏)在大气中作为一个固定的不规则的边界必然要对大气运动产生热力的和动力的作用。首先,在动力方面,大地型对气流的影响包括爬坡和绕流两种作用,哪一种占优势要看山脉的形状和大气的稳定度而定。气流爬坡的效应能在山脊的迎风坡产生"地形高压脊",在背风坡产生"地形低压槽";地形绕流会产生强迫性槽脊,例如在青藏高原北侧形成脊区,南侧形成槽区。其次,在热力作用方面,像青藏高原这样的大地形矗立在大气之中,由于其热力性质与四周大气迥然不同,一般而论,冬季它是一个冷源,夏季是热源。这种热力扰动使大气温度场产生扰动,并进而使气压场产生相应的槽脊。

大地形作用是在固定的地理位置上发生的,它使得大气在这些固定地区受到强迫,影响大气环流的状态。

2.1.5 地面摩擦

地面摩擦经常作用于大气的下边界上。一般认为摩擦作用仅限于地面的摩擦层(1~1.5 km)内,其实并不如此,地面摩擦的影响常常能传递到大气上层中去。地面摩擦一方面会影响高空槽脊的地理位置和向西的倾斜,另一方面,在大气能量平衡中有重要作用,对大气角动量的制造和平衡具有重要作用。可见地面摩擦对大气环流系统是有重要影响的。

以上讨论了决定大气环流基本状况的五个主要因子。前三个因子的作用形成了大气环流的准水平性、准地转性以及对流层的经向三圈环流和东西风带状环流,第五个因子有利于东西风带的维持,第四个因子则促使纬向环流破坏,有利于产生经向环流分量。这些因子的共同作用形成了大气环流的多年平均状况。

近年来对大气低频变化的研究表明,大气内部动力学过程也是影响大气环流的重要因子,像大气固有的振荡现象,不同气候态的过渡,波动与基本气流的相互作用和波动之间的相互作用,以及各种反馈过程,也都是决定大气环流的重要因子。

一定地区的气候异常起因于大气环流的持续异常。因此,研究大气环流的异常发展规律是短期气候预测的主要物理基础。而要弄清大气环流的异常发展,首先必须弄清大气环流的多年平均状况。

2.2 平均水平环流

大尺度的大气运动是准地转和准水平的,因此大气环流的基本状况能够用水平面或等压面的特征反映出来。更由于大气水平运动在垂直方向上的变化基本上满足热成风原理,因此在分析水平环流时只需选择有限几个有代表性的标准层次等压面图就行了。

2.2.1 平均海平面气压场

图 2.2.1 是 1 月和 7 月多年平均的海平面气压场和风场,它们代表了冬夏近地面层大气环流的气候背景状况。表现出沿纬圈的不均匀性,呈现出闭合的高低压系统,称为大气活动中心,如果常年存在就称为永久性活动中心,有季节变化的就称为半永久性活动中心。由图可以看到下列特征:

(1) 1 月北半球中高纬海平面气压场中清楚地存在四个大范围的气压系统,它们是阿留申低压、冰岛低压、蒙古高压和加拿大高压。所以人们把它们称作大气活动中心。冬季蒙古高压前部的偏北气流就是亚洲稳定的冬季季风。在低纬度两大洋的东南有减弱的东太平洋副热带高压和大西洋副热带高压。

到了 7 月,北半球两大洋上的副热带高压大大加强,同时在亚洲大陆和北美大陆出现大范围的低压,称为亚洲低压和北美低压,其中尤以南亚的低压最为强大,通常称南亚热低压。夏季冰岛低压和阿留申低压不仅中心显著填塞,而且范围也大大缩小,只有冰岛低压尚能保持独立的闭合中心。所以夏季北半球的大气活动中心有五个,即太平洋副高、大西洋副高、南亚热低压、北美热低压和冰岛低压。

(2) 南北半球之间的赤道地区是一个低压带,称赤道槽或赤道辐合带(ITCZ)。1月,它的位置偏在南半球,表现为由南非、澳大利亚和南美三个大陆热低压组成的低压带。7月,赤道辐合带移到北半球,在南亚与大陆热低压合并,使这个地区出现强大的西南风。我国夏季的热带气旋活动和南方的降水天气过程与赤道辐合带的活动有密切关系。

(3) 南半球 40°S 以南,无论冬夏,等压线几乎与纬圈平行,明显地呈带状分布,在它的北侧副热带的三个大洋上终年保持三个高压中心,它们就是南太平洋副高、南大西洋副高和印度洋高压。由于南半球的下垫面比北半球均匀,所以那里海平面气压场的季节变化不像北半球那样明显,只有澳大利亚由 1 月低压区到 7 月变化为高压。

上述大气活动中心是大气环流中稳定持久、尺度巨大的成员,它们的存在和演变对于大气环流和天气气候的变化有显著影响。因此研究大气活动中心位置和强度异常的演变规律与短期气候预测有着密切联系。

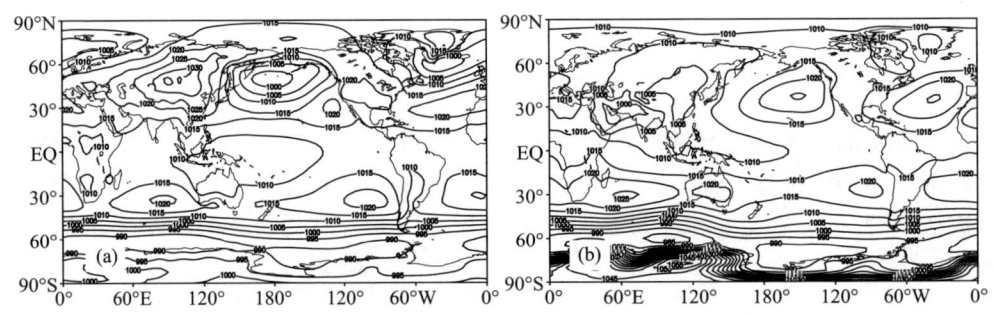

图 2.2.1　NCEP/NCAR 再分析资料(1960—2009 年)多年平均的
1 月(a)和 7 月(b)海平面气压(单位:hPa)

2.2.2　对流层中部的平均环流

500 hPa 等压面平均在 5.5 千米高度附近,因此可用它来表示对流层中部的环流状况。图 2.2.2 为 1 月和 7 月 500 hPa 多年平均的高度场。因为在高空地转风原理更加适用,所以 500 hPa 等高线可近似地看成流线,平均高度场亦可看作平均流场。由图可以看到冬夏对流层中部的平均环流有以下特征:

(1) 北半球西风带及其平均槽脊

北半球大气环流的基本特征之一是西风基本气流上叠加了行星尺度的平均槽脊。在青藏高原和落基山上空为一致的西北气流,其下游分别为一个大槽。可以看出,冬季 500 hPa 平均环流呈三槽三脊型:三个平均槽分别位于亚洲大陆东岸、北美大陆东岸和乌拉尔山以西的欧洲上空,但后者远较前二者为弱。三个平均脊分别位于阿拉斯加、西欧沿岸和贝加尔湖地区的经度上,其中两大洋东部的平均脊较强。

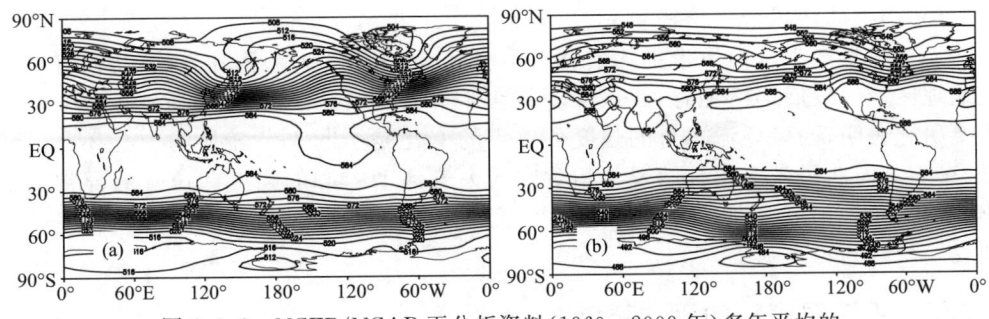

图 2.2.2 NCEP/NCAR 再分析资料(1960—2009 年)多年平均的
1月(a)和7月(b)500 hPa 位势高度(单位:dagpm)

把500 hPa 高度场和海平面气压场相比较,高低空气压系统是互相对应的,冬季阿留申低压和冰岛低压分别位于东亚大槽和北美大槽前部流线散开区的下面,而蒙古高压和加拿大高压则分别位于大槽后部流线汇合区的下方。这说明在对流层中层以下大气活动中心的位置主要受海陆的热力差异影响,在对流层中层以上主要槽脊位置是受大地形动力作用的影响。

7月北半球西风带的平均槽脊增加到四个。北美大槽冬夏之间位置少变,而东亚大槽由冬入夏向东移了20个经度,移到堪察加半岛以东地区,结果使这两个大槽之间的距离拉长,引起季节性的长波调整。调整的结果在它们之间出现了两槽两脊,使整个北半球呈现四槽四脊型。

(2)极涡

南北半球无论冬夏环绕极区都是一个气旋式涡旋,但是这两个极涡的中心都不在南北极。1月,北半球的极涡有两个中心,其中较强的一个位于格陵兰西边的巴芬湾上空,较弱的一个位于东部西伯利亚的北冰洋沿岸。7月,只有一个中心偏在西半球的加拿大极区。南半球极涡无论冬夏都只有一个中心,偏在南太平洋一侧。两半球的极涡都是冬季强于夏季,冬季极涡向低纬度扩张,夏季向极地收缩。这种季节变化在北半球更为明显,冬季环绕极涡的西风环流约比夏季强一倍。

(3)地转风速

由平均高度场可以算出平均地转风场。1月平均最大地转西风轴线比7月偏南。环绕北半球最大地转西风轴线上风速的分布是不均匀的,在它上面有三个强西风中心,一个在日本东南,一个在北美东岸,还有一个较弱的中心位于北非阿拉伯地区。西风在青藏高原的南北侧发生明显的分支现象,北侧形成脊,南侧形成槽。7月北半球最大平均地转西风轴线向北推移约20个纬度,强西风中心的风速显著减弱,仅及1月中心风速的一半。

(4)副热带高压

7月副热带高压比冬季显著增强,平均约增强80 gpm。副高脊线冬季约位于15°N,夏季则向北推移到25°—30°N 附近。西太平洋副高脊线由冬入夏的这种季节性北移,与我国平均雨带的向北推移,从气候学上看是非常一致的。

(5)南半球西风带平均槽脊

无论冬夏南半球西风带平均槽脊都不明显,这是由于下垫面比较均匀,没有在固定地理区域内发展锚槽锚脊,西风带多移动性系统,平均后互相抵消所致。

研究表明,西风环流本身的强度和位置的变化是引起季节转换的中心环节。同时,在季节内西风带上超长波及其相对应的大气活动中心的强度和位置的异常又是季节预报和月预报的中心问题。可见,研究大气环流各种时空尺度的演变规律是短期气候预测的物理基础。

2.2.3 平流层底部的平均环流

100 hPa 等压面平均位于 16 千米高度附近,故可用它来代表平流层底部的大气环流状况。图 2.2.3 为冬季和夏季 100 hPa 的平均高度场。由图可以看到平流层底部平均环流具有下列特征:

(1)西风带平均槽脊

冬季整个对流层里水平温度梯度都是由赤道指向北极的,所以按热成风原理,西风风速向上增大,到了平流层底部西风速度约为对流层中部的 2 倍。由于平均西风增大,所以 100 hPa 面上的西风带准静止波波长增长,波数减少,一般呈 2 波型。两个平均槽分别位于亚洲和北美大陆东岸;两个平均脊位于太平洋和大西洋的中部。夏季西风环流显著减弱,准静止波的振幅显著变小。

(2)极涡

与对流层相同,在 100 hPa 等压面上,在南半球无论冬夏,环绕极地的是一个气旋式涡旋,盛行西风气流。在北半球,冬季极涡有两个中心,主要中心位于新地岛以东的西伯利亚北冰洋沿岸,另一个中心较弱,位于东西伯利亚北冰洋沿岸。夏季只有一个中心,偏在西半球,中心强度比冬季弱得多。

(3)南亚高压

又称为青藏高压。值得注意的是,夏季南亚上空的反气旋显著增强,其中心位置冬季位于我国南海上空,到了夏季向北移到我国青藏高原上空,并发展成为一个西起大西洋,横跨亚非大陆,东至西南太平洋的巨大高压系统。

近年来的研究表明,青藏高压的活动和我国夏季降水天气过程有着密切的联系。例如,当青藏高压脊线的季节性北跳发生得早,且其中心偏在我国东部大陆上空,则我国夏季东部地区少雨,西部地区多雨。反之,若其脊线北跳迟,同时高压中心常稳定在高原上空,则我国夏季东部地区易涝,西部地区少雨。

(4)南半球环流特征

无论冬夏,槽脊都不如北半球明显,季节变化的唯一显著特征是西风气流的强度由冬入夏明显减弱。冬季南半球的低纬度被环绕赤道的低压带所控制,夏季这里转变为高压带,并在南美和南非的东岸形成闭合的副高中心,但是它们远远不及北半球南亚高压那样得到强大的发展。

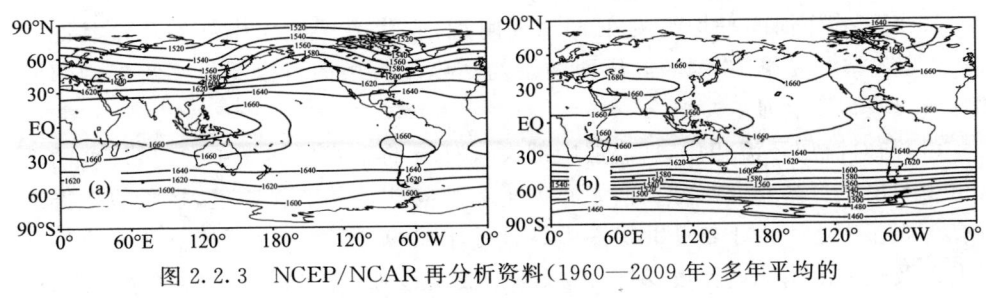

图 2.2.3 NCEP/NCAR 再分析资料(1960—2009 年)多年平均的
1 月(a)和 7 月(b)100 hPa 位势高度(单位:dagpm)

2.3 平流层大气环流的若干问题

2.3.1 平流层大气环流的主要特点

从平流层直至中间层,冬夏风系完全相反,冬季从平流层到中间层几乎全是西风,夏季则全部转为东风,这与冬夏水平温度梯度反转相关联(图 2.3.1)。

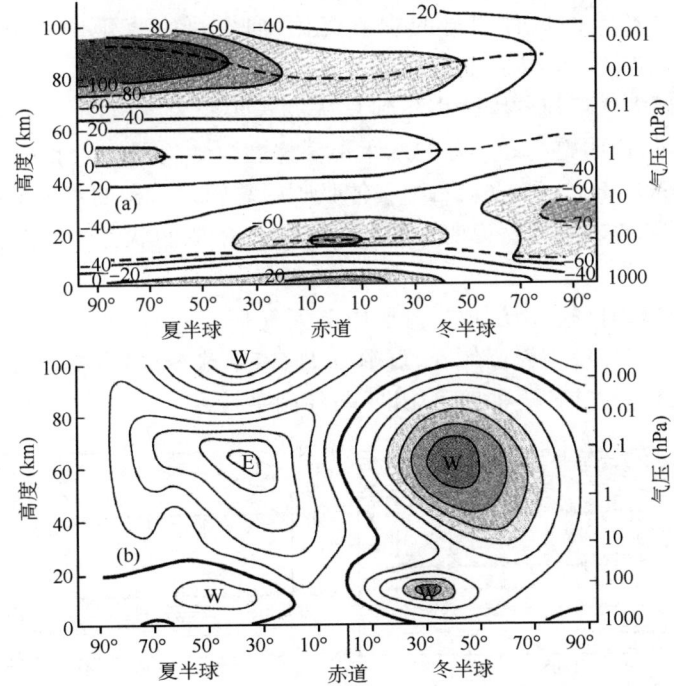

图 2.3.1 冬、夏季期间纬向平均的温度(上图,单位:℃)和纬向风(下图:单位:m/s)
的经向高度剖面图。温度数值标注在等值线上,虚线分别表示对流层顶和平流层顶;
纬向风图上粗线为 0 线,等值线间隔为 20 m/s(Wallace,2006)

10 hPa 等压面的平均高度在 31 km 附近,它代表平流层中部的环流状况。图 2.3.2 是冬季和夏季 10 hPa 等压面的平均高度场。由图可以看出平流层中部的平均环流具有以下特征:

(1)与对流层环流相比,平流层中部大气环流的型式更加简单,行星尺度的超长波更为突出了。冬季北半球极涡中心位于新地岛北部的北极附近,在阿留申群岛附近有一高压中心。由于冬季北极圈内终日处于黑夜,辐射冷却可使极区形成最低的温度以及较大的南北向温度梯度,所以冬季极涡很强,并形成平流层冬季极夜急流。在强大的西风气流上叠加着两槽两脊。北美和亚洲两大陆东岸的平均槽与对流层中部相比向西移上了大陆。这说明两个平均槽都是向上西倾的,属于不对称的冷性系统。阿留申群岛的高压脊与下层相比是最强大的,出现了闭合的高压中心。这个高压脊也是向上西倾的,属于不对称的暖性系统。而西欧沿岸的平均脊则不如低层明显。

(2)平流层中部大气环流的一个显著特点是季节变化十分明显。到了夏季北半球的极涡不见了,代之以环绕北极的反气旋,盛行偏东气流。这是在对流层和平流层下部所没有的。此外,冬季在阿留申群岛附近的强大暖高压到了夏季消失不见了。平流层中部大气环流的这种明显的季节变化,向上可一直延伸到中间层顶(80~85 km高度);而在 60 km 高度上达到最大。

平流层中部大气环流的型式由冬到夏从极涡转变为绕极反气旋,盛行气流由偏西风转为偏东风,说明整个北半球的水平温度梯度由冬到夏发生了方向相反的转变,这一点,可以从 O_3、H_2O 和 CO_2 三种气体吸收的总辐射差额的水平梯度由冬到夏发生方向相反的转变来解释,这说明平流层中部大气环流的状况主要是由直接吸收太阳辐射来决定的。

(3)与北半球相比较,南半球平流层中部大气环流的季节变化也很明显,冬季(1月,南半球夏季)为环绕南极反气旋,夏季(7月,南半球冬季)为绕级气旋。所不同的是南半球的气流纬向特征更加明显,几乎与纬圈平行。

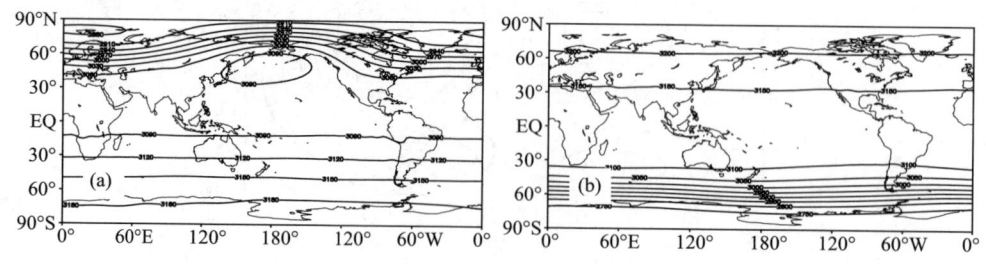

图 2.3.2　NCEP/NCAR 再分析资料(1960—2009 年)多年平均的
1月(a)和 7月(b)10 hPa 位势高度(单位:dagpm)

2.3.2 平流层臭氧

平流层臭氧作为温室气体不仅参与平流层化学过程,起温室气体作用;大气中的臭氧还能直接吸收太阳紫外辐射,保护了地球生物圈免遭紫外辐射的伤害;臭氧不仅吸收太阳短波辐射,还能吸收20%的地球向上长波辐射,形成平流层热源,加热大气,决定了平流层大气温度的垂直分布。臭氧的作用直接关系到平流层以及全球气候变化。

臭氧分布与高度、纬度、季节和气象条件有关。

(1) 臭氧层的空间分布

图 2.3.3 给出了不同纬度观测到的臭氧总量垂直分布。臭氧总量是指在标准温度和气压情况下,将垂直气柱内的臭氧分子"压缩"在一起所具有的厚度,常用单位为一个陶普生(Dobson)单位(1DU)。

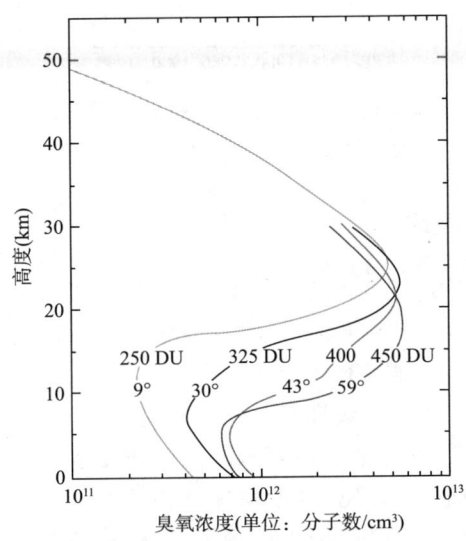

图 2.3.3 不同纬度观测到的臭氧总量垂直分布(Wallace,2006)

由图可以看出对流层和平流层 30 km 以上,臭氧含量比较少,臭氧含量集中在 15~30 km,称为臭氧层。观测和研究表明臭氧总量年平均值在赤道地区最小,在两半球向极增加,北半球比南半球更大,而且出现在更为向极的纬度,在中低纬,臭氧总量随经度变化不大;而在中高纬,臭氧总量随经度变化明显,北半球最大值在东西伯利亚和加拿大北部上空,在欧洲还有一个相对高值区,南半球在印度洋中、澳大利亚西南方,存在弱的臭氧高值中心。应该指出,臭氧主要由热带平流层光化学过程产生的,上述的空间分布特征主要是由于赤道向两极和向下输送形成的。

(2)臭氧总量随时间的变化

因为臭氧主要由热带平流层光化学过程生成,因此随不同时间尺度变化。图 2.3.4 给出臭氧总量的年际变化特征。可以看出,过去 20 多年以来北半球春季臭氧总量在减小,南半球臭氧总量比北半球明显小,而且在 20 世纪 90 年代出现了明显的低值期,称为臭氧空洞。1995—1996 年以前,北半球没有南半球那样的臭氧空洞,1997 年 3 月是北半球臭氧总量最小的年份。

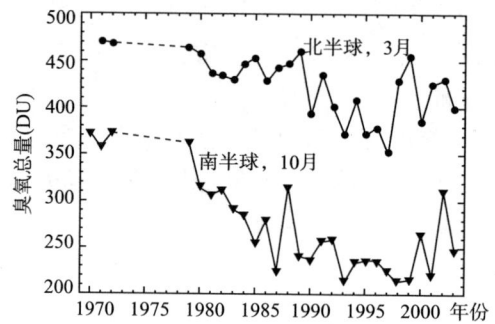

图 2.3.4　北半球 3 月和南半球 10 月在 63°～90°间臭氧总量年际变化(Wallace,2006)

2.3.3　平流层爆发性增温

在平流层底部,赤道上空的温度是最低的,比较而言,夏半年的极地和冬半年的 45°附近各有一个极大值。冬半年从 45°向极地减小,达到与赤道平流层的低温相当,根据热成风原理,冬半年极地就有一个西风垂直切变很强的西风涡旋。

大约每隔 1 年,北半球平流层具有西风的极地冷涡旋流型就会在冬季中以特有的方式中断,仅仅几天之内,这个极地西风冷涡旋便发生变形而崩溃,与此同时,极地平流层大尺度增暖很快地使得经向温度梯度转换成相反方向,并建立一支绕极的东风气流。在 50 hPa 层上有时候几天之内增温能达到 40K。这种现象就称为平流层爆发性增温。

从图 2.3.5 可以看出 1979 年 2 月北半球 10 hPa 位势高度上爆发性增温状况。2 月 11 日环流属于冬季平流层正常型,到 2 月 16 日,形势发生了变化,极涡向两大陆拉长,阿留申高压加强,大西洋亦建立高压环流,绕极环流在两个大陆上都呈现大槽,显然与对流层的两个大槽相对应。这是增暖前期的特点。等到 2 月 21 日,太平洋上暖性的阿留申高压加强并向极区扩张,使得极涡分裂为二。通过这个过程,北极地区形成东风气流,完全为暖中心控制。

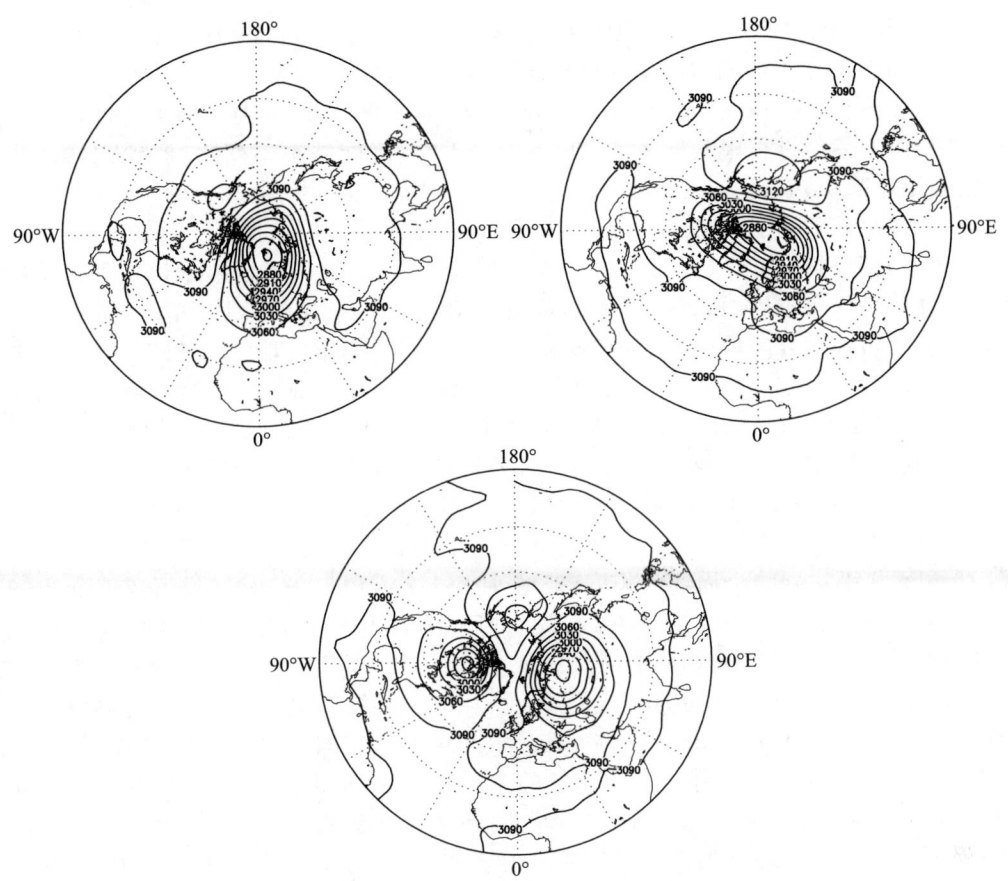

图 2.3.5 1979 年 2 月 10 hPa 上平流层爆发性增温伴随的极地西风
涡旋崩溃过程（根据 Holton,2004 重新绘制）
(a)1979 年 2 月 11 日 12 时分析结果；(b)1979 年 2 月 16 日 12 时分析结果；
(c)1979 年 2 月 21 日 12 时分析结果

平流层爆发性增温的发生机制问题,早期从不同侧面进行了研究,但是都不能解释观测到的现象。近期的研究指出,对流层纬向波数为 1 和 2 的行星波异常发展并向上传播是平流层爆发性增温最基本的条件。因为爆发性增温主要发生在北半球,强调对流层波动向上传播到平流层,这是由于大地形强迫引起的,这一点北半球的地形作用远远强于南半球。即使在北半球,也只有在某些冬季符合一定的条件,才能发生平流层爆发性增温。

2.3.4 准两年振荡(QBO)

赤道平流层低层,从对流层顶到大约 32 km 的范围,纬向对称的西风和东风每两

年左右交替出现,这种纬向风的准周期性变动称为准两年振荡(QBO)。其主要特征为:

(1)纬向对称的东风和西风有规律地交替出现,周期在 24～30 个月之间;

(2)振荡首先出现在 30 km 以上高度,并以每月约 1 km 的速度向下传播;

(3)向下传播过程中其振幅从 30 km 到 23 km 之间基本不变化,但到 23 km 以下振幅迅速减小;

(4)这种振荡相对于赤道是对称的,半宽约为 12 个纬度,最大振幅约为 20 m/s。

利用赤道测站纬向风速的时间—高度剖面图(图 2.3.6)可以显示出这种振荡特征。可以看出,在东风西风转换层上,风的垂直切变是很强的,因为 QBO 是纬向对称的,经向和垂直方向运动很小,这表明纬向风和温度场很好地满足热成风平衡。

尽管 QBO 是迄今为止在大气中发现的最具有周期性的运动现象,但是由图可以看出:(1)QBO 的周期在不同层次上有很明显的变化,观测到的最长周期大约为 3 年,而最短的周期小于 2 年。东风位相的平均持续时间随高度下降明显地变短,在 70 hPa 高度大约只有 10 hPa 高度的一半。在较高层次,东风最长时期近于 2 年,而在 70 hPa 最短时期少于半年。西风位相的持续时间与之相反,随高度降低而增加,在 70 hPa 几乎达到整个周期的长度(27 个月)。(2)QBO 的位相转换所需时间也随高度和位相不规则的变化,从 10 hPa 到 15 hPa,东风和西风之间的位相转换与西风和东风间的位相转换需要相同的时间。从 50 hPa 到 70 hPa,西风和东风间转变的向下传播需要两倍于相反方向的向下传播。西风向下传播较快,在 11 个月里从 10 hPa 到 70 hPa,它相当于 1.2 km/月的平均速率,东风通过相同的层次需要 17 个月,它相当于 0.8 km/月的平均速率。(3)QBO 的东西风的平均振幅,标准差以及平均风速和最大风速也有很大的变化。在 70 hPa,两种风系达到近于相同的速度,但随着高度的增加,东风强烈地增加而西风仅随高度渐增,两者均在 20 hPa 和 15 hPa 间达到它们的最大速度,东风大约为西风强度的两倍。

关于准两年振荡的产生机制研究,Lindzen 和 Holton(1968)提出垂直上传的混合罗斯贝—重力波,开尔文波与平流层基本气流相互作用来解释准两年振荡现象。Holton 和 Lindzen(1972)利用数值模式的计算结果与观测结果相当一致。

2.3.5 平流层和对流层大气环流的相互关系

我们已简要地讨论了平流层臭氧、冬季平流层爆发性增温和赤道平流层低层纬向风的准两年振荡。平流层大气环流和对流层大气环流的关系也是非常重要的问题,事实上,这个问题很早就引起人们的重视。

20 世纪 60 年代以来对平流层和对流层相互作用的研究结果表明,一方面,对流层的行星波在一定条件下向上传播,对平流层有重要影响,特别是纬向波数 1 和 2 的行星波,对流层和平流层是一个变化整体,相互影响。另一方面,由于平流层臭氧等直接吸收太阳辐射以及冬季的爆发性增温,平流层会放射出红外辐射,使得进入对流层高纬红外辐射能增加,产生增温效应。这种增温效应在高纬度更有效,这是因为平流层中的增温随纬度而增加,比较而言高纬度对流层接收的平流层长波辐射更多,而且,冬季极地为极夜阶段,接收不到太阳辐射,接收到平流层的红外辐射就更重要。

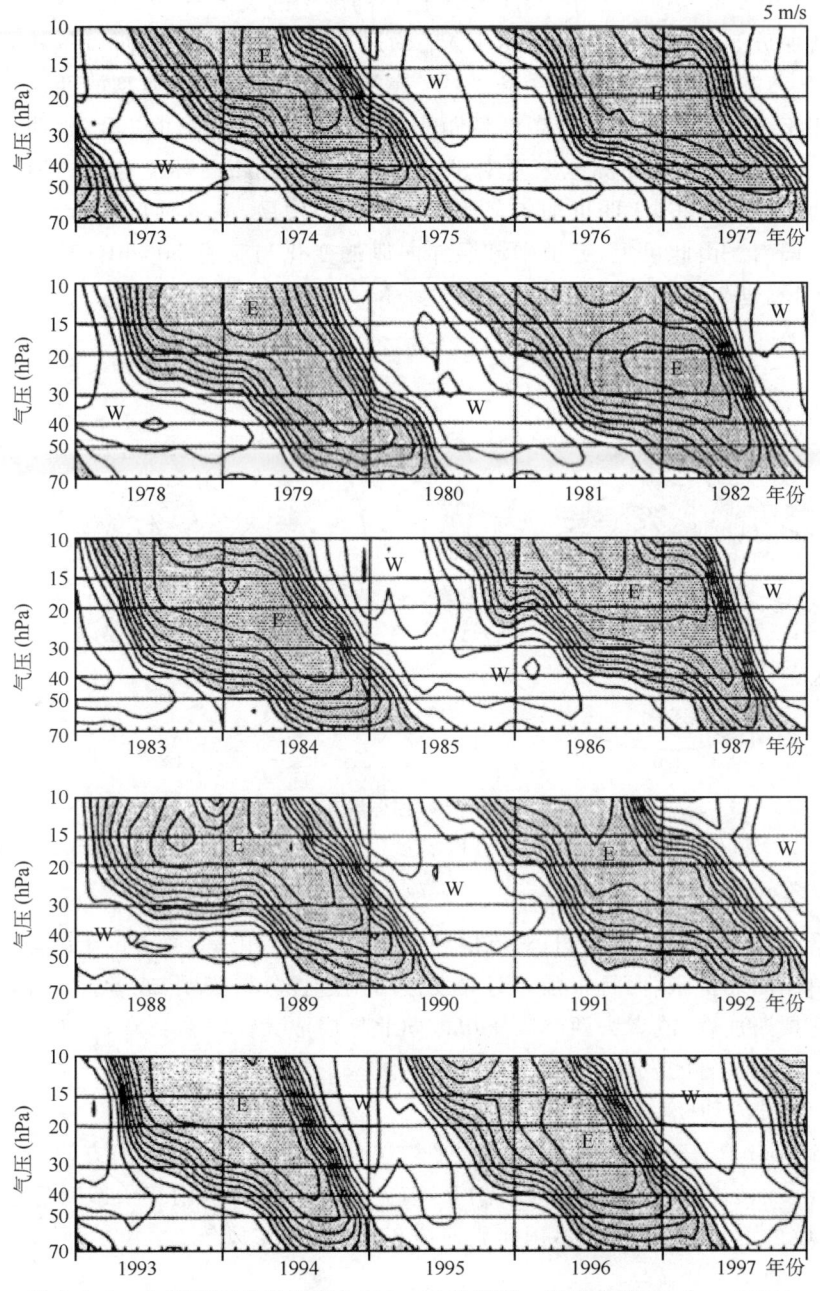

图 2.3.6 赤道附近月平均纬向风(m/s)的时间—高度剖面(Holton,2004)

从短期气候预测角度来说,如何应用平流层的变化特征信息一直是令人关注的课题,目前的研究大多是探讨平流层和对流层的关系。下面介绍几个例子供参考。

(1) 50 hPa 层 QBO 位相与 500 hPa 位势高度场的关系

用新加坡 50 hPa 层夏季(6—8月)平均风速的风向,来定义西风位相和东风位相。1954—1996 年,共有西风位相 22 年,东风位相 21 年。对典型的西风位相年和东风位相年 7 月 500 hPa 位势高度场距平合成图(图 2.3.7)可以看出,西风位相年 500 hPa 高度距平场在亚洲地区呈南正北负分布,盛行纬向环流;而东风位相年,中高纬呈两槽一脊分布,表明贝加尔湖地区阻塞形势发展,东亚地区盛行经向环流,副热带高压偏南。由此可见,赤道平流层纬向风的变化与 7 月 500 hPa 位势高度有一定关系,当然也与东亚 7 月降水有一定关系。

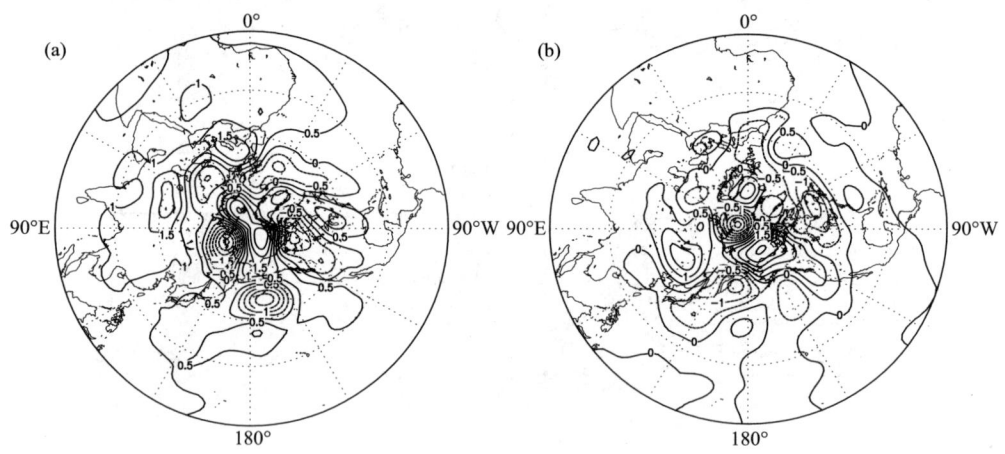

图 2.3.7 对应于 50 hPa 层西风位相年(a)和东风位相年(b)7 月 500 hPa 高度位势距平合成图(单位:dagpm)

(2) 爆发性增温与对流层高压

在平流层爆发性增温期间,对流层环流最盛行的变化是:通常位于副热带海洋上的高压单体向北扩张,而且很强。对爆发性增温过程分析表明:或者太平洋高压向北扩展成阿拉斯加脊,或者大西洋高压单体向北扩展成大西洋东部脊,或者两个脊同时发展。由于这些脊的发展,容易出现持续的阻塞形势。

(3) 南方涛动(SO)与 QBO 的关系

Van Loon 等(1981)将冬季平流层平均位势高度场与对流层南方涛动的极值进行了组合。他们发现在赤道南太平洋上,南方涛动的高压少雨年一般对应于 50 hPa 赤道 QBO 的西风年,而低压多雨年则对应于 QBO 的东风年。

2.4 东亚大气环流和季风

2.4.1 东亚大气环流的主要特征

东亚地区东临太平洋,西部有青藏高原,地形复杂,海陆热力差异和高原的热力、动力作用,使得东亚成为全球最著名的季风区,冬季干冷,夏季湿热。大气环流特征和气候都有明显的季节变化。

(1) 冬季

冬季北半球近地面层两个大陆为蒙古高压和北美高压,洋面上为阿留申低压和冰岛低压控制;对流层中部西风带有3个槽脊,极地为强大的极地涡旋。由于大地形作用,两大陆上盛行西北气流,西风急流轴位于200 hPa附近。极地低空有浅薄的东风,称为极地东风;低纬度整个对流层都存在东风气流。

东亚地区,不仅海陆热力差异对比明显,而且受青藏高原影响,高空西风急流分为南北两支,是一年中最强的,整个中国大陆在西风环流控制之下。500 hPa层上是一脊一槽(脊位于高原北部,槽位于东亚沿岸),东亚大槽平均位于140°E附近,青藏高原北部90°E为脊的平均位置。地面图上,蒙古冷高压稳定地控制了整个东亚地区。我国北部盛行西北风,南方盛行东北风,这就是东亚冬季风。每当高空有大槽移来时,就诱导一次冷空气入侵形成寒潮爆发。而华南则受南支急流和南下的冷空气影响,多阴雨天气。

(2) 夏季

夏季北半球近地面层两个大陆分别为印度低压(又称为亚洲低压)和较弱的北美低压,洋面上为北太平洋副热带高压和大西洋上的亚速尔副热带高压;对流层中部西风带由冬季的3个槽脊变化为4个槽脊,经向度比冬季减小。极地涡旋比冬季减弱。西风急流北退,强度减小,急流轴位于200~300 hPa之间。副热带高压以南为东风气流控制。

东亚地区,南支急流消失,与北支急流合并成一支急流,位于40°N附近。500 hPa层上为一槽一脊,即冬季的脊,夏季变为槽,冬季的槽,夏季变为脊。高空基本气流在30°N以北为西风,以南为偏东风。西太平洋副热带高压脊线向北移到25°N以北。南亚高压向北挺进到亚洲南部,中心位于伊朗高原上空,在100 hPa层最强,受其影响,青藏高原南侧为偏东气流控制。在近地面层上,东亚北部冷空气势力大大减弱,范围缩小,路径偏西。由于夏季大陆比海洋暖,整个亚洲大陆为低压控制,中心位于印度附近。受印度季风、西太平洋副热带高压和越赤道气流的影响,东亚盛行偏南风,这就是东亚夏季风。随副热带高压不连续地向北推进,东亚夏季风也会影响我国北方地区,并带来夏季降水。

春季和秋季的东亚大气环流是冬季和夏季之间的过渡季节,也是比较短促的,有两次显著的变化,一次在6月,相当于夏季来临;一次在10月,相当于冬季来临。这两次变化对于大气环流来说,具有突变的性质。事实上,这种具有突变性质的变化,不仅是在东亚地区,而是具有半球或者全球尺度的现象,但是亚洲地区最明显。

2.4.2 季风

(1)季风的定义及其地理分布

季风是一个古老的概念,一般将其定义为:一个地区冬、夏的盛行风向有明显的季节变化,盛行风向的夹角达120°～180°,冬季的盛行风称为冬季风,夏季的盛行风称为夏季风。如果一个地区的盛行风向出现的平均频率达到40%以上,就称该地区为季风区。根据这个定义,研究表明亚洲、非洲和澳大利亚的热带和副热带地区为世界最大的季风区。

在亚洲地区,风场有以下三个特点:首先,冬季盛行东北风(华北和东北为西北风),为干季;夏季盛行西南风,中国东部到日本盛行东南风,为雨季;其次,冬、夏季风各有不同的源地,气团性质不同;第三,带来的天气现象也不相同,东亚地区的冬季寒冷干燥,夏季炎热湿润、多雨,尤其多暴雨。综合看出,印度地区和东亚地区的季风具有不同特点,因此又分为南亚季风(也称为印度季风)和东亚季风。

(2)季风的成因

通常认为有三个原因:

1)海陆热力差异

由于海洋和陆地热容量的差异,夏季大陆成为大气的热源,大陆为热低压,而海洋则为冷源,为高压,冬季则相反。夏季风从海洋吹向大陆,冬季风从大陆吹向海洋,形成季风环流。

2)大尺度行星环流影响

在表面均匀的地球,行星风带基本上是纬向的,即热带为东风带,中高纬西风带。冬夏之间,这些行星风带有显著的南北位移,强度也有很大变化。在两支行星风带交替的区域,环流发生季节转移,这种现象在低纬区30°N～30°S最为显著,盛行风向往往近于相反。这种现象与海陆热力差异共同作用,对亚洲季风区作出贡献。

3)高原大地形影响

巨大而高耸的青藏高原与周围自由大气之间同样存在着季节性热力差异。冬季高原是冷源,高原低层形成冷高压,盛行反气旋环流,其东南侧盛行北—东北风,与东亚冬季风一致。在夏季高原是热源,低层形成热低压,盛行气旋性环流,其东侧出现西南风,使夏季西南风加强。夏季青藏高原巨大的热源有助于高层南亚高压和东风急流的形成和维持,与印度西南季风爆发有直接关系。应该说明的是,由于高原的影响,使得原有的季风环流结构更加复杂。

(3) 亚洲季风分区

陶诗言和陈隆勋把亚洲季风区划分为南亚季风(也称为印度季风)区和东亚季风区。根据 Wang 和 Lin 最近的研究,亚洲季风可以向东延伸并划分出西太平洋季风区,成为亚洲—太平洋季风区。图 2.4.1 为亚洲季风区的分区示意图,可以看出,南亚和西太平洋季风区是热带季风区,而东亚季风区是一种由热带与副热带和中高纬度系统相互作用构成的季风区。由于亚洲季风区通过越赤道气流作用,与澳洲季风区有密切关系,有人又把亚洲季风区和澳洲季风区统称为亚澳季风区。

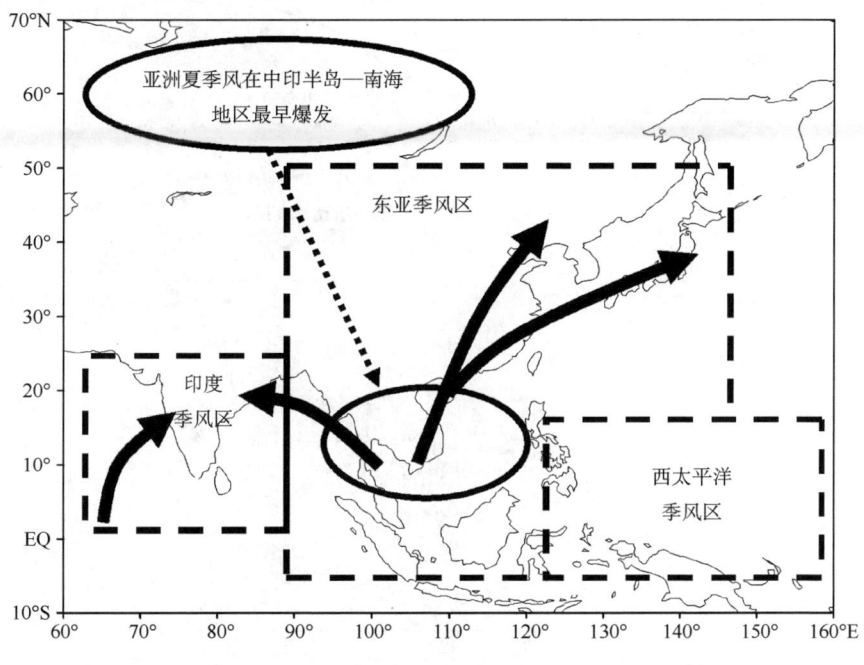

图 2.4.1　亚洲季风区分区示意图(丁一汇,2005)

2.4.3　亚洲季风

亚洲季风包括印度夏(冬)季风,东亚夏(冬)季风,我们重点介绍印度夏季风、东亚夏季风和东亚冬季风

(1) 印度季风

印度季风又称为南亚季风,是盛行于阿拉伯海及印度半岛一带的季风。夏季盛行来自印度洋和阿拉伯海的西南季风;冬季盛行来自亚洲大陆的东北季风。更值得

关心的是印度夏季的西南季风。

季风是行星环流的一部分,与周围的大气环流系统有密切联系。图2.4.2b给出印度夏季风环流系统结构示意图,它的主要成员为南半球的马斯克林高压、索马里低空越赤道急流、西南季风气流、印度季风槽、热带高空东风急流、南亚高压和高空自北半球向南半球的越赤道气流。研究表明,印度夏季风的变化是印度夏季风环流系统变化的一部分,该系统中的任一成员的变化都会影响其他成员的变化,从而影响印度夏季风的变化。

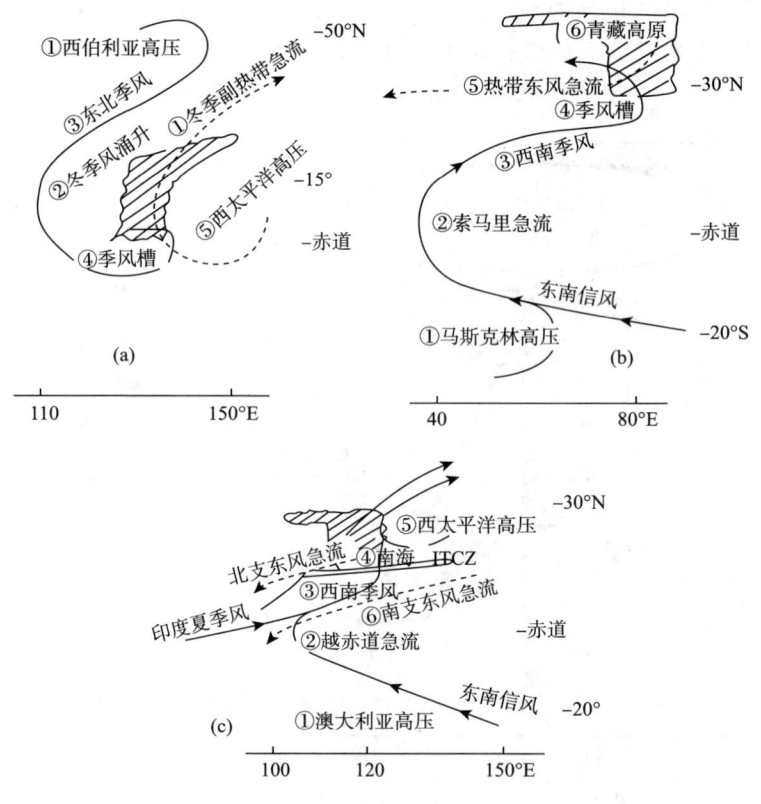

图2.4.2 季风环流系统结构示意图

(a)东亚冬季风;(b)印度夏季风;(c)东亚夏季风(Krishnamurti,1979,转引自 丁一汇)

印度季风的爆发,是以印度为中心的低层季风低压的建立和加强、底层强烈的西—西南风到达印度半岛、印度北部进入雨季为标志。一般于5月底或6月初在印度南部爆发并迅速向北推进(图2.4.3),到7月中遍及整个印度半岛。9月初西南季风开始向东南撤退。6月到9月盛行印度夏季风,是印度的雨季,年降雨量的70%~80%集中在这段时间。11月到来年4月是印度东北季风盛行期,降水减少,气温下降。

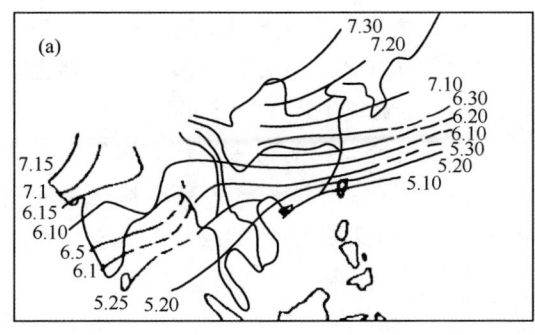 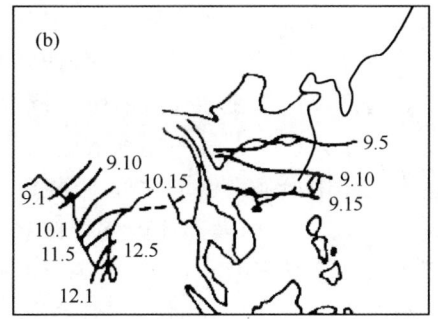

图 2.4.3 印度季风和东亚季风爆发和撤退日期(月.日)
(a)爆发日期;(b)撤退日期(Tao 和 Chen,1987)

(2)东亚夏季风

东亚夏季风是指夏季盛行东亚地区的季风,中国、朝鲜和日本都属于东亚季风区。亚洲夏季大陆为一个巨大的热低压控制,低压中心位于印度西北部。位于印度低压南部和东南部的南亚和东南亚盛行西南风;而东亚位于印度低压的东部,面临西太平洋,夏季风主要来源于海洋,有东南风、南风和西南风。

东亚夏季风系统的成员(图 2.4.2c)主要有:南海和赤道西太平洋的季风槽(或赤道辐合带)、印度的西南季风气流、100°E 以东的越赤道气流、西太平洋副热带高压和赤道东风气流、中纬度扰动、梅雨锋以及澳大利亚冷高压。可以看出东亚季风是与印度季风相对独立的环流系统。东亚季风主要由三支气流组成,即与印度季风有关的西南气流、印度尼西亚附近的越赤道气流和西太平洋副高南侧的东南气流,与中高纬度系统相互配置,决定了东亚夏季风的爆发、强度和影响范围。

东亚季风的爆发比印度季风要早(图 2.4.3a),5 月上旬已经控制了南海北部,称之为南海季风,6 月中旬印度季风爆发并控制印度中部的时候,东亚季风已经向北推进到长江流域和日本。东亚季风的向北推进既不是连续的,也不像印度季风那样爆发,而是跳跃性的,一般说有 3 次北跳和 4 次相对稳定阶段,对应了华南前汛期、长江流域梅雨、黄淮雨季和华北雨季。这种特点与东亚大气环流调整有关,特别是与西太平洋副热带高压北跳关系密切。东亚夏季风的南撤是很迅速的,一般 8 月底到 9 月初开始从华北撤退,9 月底到 10 月初就已经撤回华南,前后约 1 个月(图 2.4.3b)。

(3)东亚冬季风

冬季亚洲大陆由蒙古冷高压控制,它的中心位于中高纬度的西伯利亚地区,又称西伯利亚高压。受其影响,冬季亚洲地区盛行偏北风,主要有三支偏北气流,分别位于:东亚及其沿海至菲律宾和印度尼西亚地区;孟加拉湾至印度半岛;以及阿拉伯海至东非。其中位于东亚地区的气流称为东亚冬季风,其盛行风向在我国华北及日本北部和中部为西北风,我国黄河以南和日本南部为东北风。受其影响,冬季风向南侵入东亚大陆造成大风降温时,称之为寒潮;当它继续南侵影响较低纬度时,则称为冷涌。东亚冬季风影响时,大部分地区寒冷少雨雪,只有到达南方时与暖空气相遇会产生雨雪现象。东亚冬季风的影响范围广、强度大、变化多,受到广泛重视。

  冬季风也是大气环流季节变化的结果。冬季近地面层的蒙古高压和阿留申低压达到一年中最强最稳定的阶段,控制了亚洲大陆和北太平洋。蒙古高压边缘可向南延伸到南海,我国大部地区盛行偏北风,冬季风达到最强最稳定的程度。在对流层中部大气环流是3槽3脊,其中东亚大槽发展到最强。在东亚大陆和日本上空,西风急流稳定在30°N左右的位置上,整个东亚中高纬上空为西北气流控制,呈现出典型的冬季风形势(图2.4.2a)。

  冬季风一般开始于每年10月的大气环流调整,东亚大槽开始建立,东亚地区高空西风急流开始分为南北两支,并逐步加强,副热带高压向东南撤退。地面图上冷空气势力加强,蒙古冷高压在亚洲大陆稳定建立,冷空气活跃,东亚地区被偏北气流控制,冬季风爆发。冬季风的撤退过程正好相反,一般在3月开始,南支急流有两次显著减弱并向北移动,并于6月完成大气环流调整,逐步建立东亚夏季风。

  (4) 东亚季风的季节进程

  东亚季风区位于西藏高原以东,季风活动主要受四个大气活动中心控制:冬季是蒙古高压和阿留申低压,夏季是印度低压和西太平洋副热带高压。这四个大气活动中心的强弱和位置变化以及它们之间的相互消长演变过程引起我国季风强弱变化从而也影响了我国各地的天气气候变化。下面就控制亚洲季风活动的四个大气活动中心的季节变化讨论东亚季风区的季节进程。

  隆冬:自12月初开始,我国大陆完全在蒙古高压控制之下,阿留申低压在太平洋北部。中高纬度这两个大气活动中心处于全年中最强大稳定的时期,低纬度两个活动中心(印度低压和西太平洋副高)在我国大陆上匿迹,我国开始进入了隆冬季节。与这种气压场相配合,东亚大陆冬季风达到全年最强最稳定的时期。

  晚冬:3月初蒙古高压和阿留申低压表现自冬季以来的第一次明显的减弱,而印度低压和西太平洋副高在低纬度地区渐露头角,这时开始了晚冬。冬季风开始第一次明显减弱伴随着夏季风开始在华南出现。

  春季:4月中蒙古高压迅速减弱西退,阿留申低压则迅速东移,在这两个系统中间涌现出东北低压,这是春季开始的象征。低纬的印度低压和西太平洋副高已全部建立并加强。在这种气压形势下,冬季风再度减弱,夏季风在华南盛行,雨季开始。华中开始受其影响,雨量增多。

  初夏:6月中四个活动中心发生了显著变化,蒙古高压和阿留申低压只残留一点痕迹,西太平洋副高和印度低压发展成控制系统。鄂霍次克海高压的出现和维持显示着冬夏季节转换时地面气压形势的突变。四个活动中心的生消是初夏季节开始的标志。这时冬季风退缩到北方,已达到最弱的程度;夏季风在华南进入极盛期,降水量略减,东南沿海丘陵或南岭附近出现相对干季;华中盛行夏季风,并开始影响华北。

盛夏:7月中蒙古高压和阿留申低压已完全消失,西太平洋副高和印度低压有了更大的发展,成为地面气压场上的主要角色,特别是西太平洋副热带高压出现了一次明显的向西北移动,表示盛夏季节的开始。隆冬与盛夏的海平面气压场完全相反,在大陆上印度低压取代了蒙古高压,在海洋上太平洋高压取代了阿留申低压,形成了夏季风最盛期的气压场形势。这时冬季风全部退出大陆,夏季风在华中达到极盛,梅雨结束,相对干季开始;华北开始盛行夏季风,雨季开始;华南受赤道辐合带影响,雨量增多。

秋季:9月初蒙古高压迅速加强,阿留申低压和东北低压再度出现,印度低压和太平洋高压南移减弱。春秋两季地面气压分布形式相像。东北低压再次出现就是秋季开始的象征。入秋后冬季风迅速南下,不出一个月,我国大陆几乎全受到冬季风的影响,而在同样大的范围内,夏季风北进却用了三个多月的时间。

初冬:10月中蒙古高压和阿留申低压再次加强,印度低压和太平洋高压退出大陆,大气活动中心的分布又恢复到冬季的形势。这时初冬季节开始,夏季风完全退出我国大陆,冬季风势力增强。直到初冬季节结束,则是冬季风达到稳定最强的季节,这就是第二年隆冬的开始。

2.5 大气环流表征方法

我们已经讨论了大气环流的多年平均状况,给出了大气环流的气候状态,这个气候状态随着平均时段不同而有变化的。各年的大气环流状况与这个气候平均是有偏差的,这个偏差就是距平,也称为异常。应该注意的是,在很多情况下,这个偏差或距平要达到一定程度才称为异常。

大气环流的表征是一个古老而困难的课题。这是因为大气环流在时间和空间上的变化是非常复杂的,而对大气环流状况的表达需求既可能是整体的,也可能是局部的;而且对任何的表征方法都要求简洁、定量并正确描写大气环流状态。

根据目前的常用方法,我们分别介绍定性表征方法,大气环流指数和环流场的表征方法。

2.5.1 大气环流定性特征的表示

(1)分型法

根据实际需要,对大气环流或气象要素的演变特征进行分析,按照有关气象原理,把特征相似的个例归并为一类,就称为分型。例如,国家气候中心就根据我国东部夏季降水距平百分率分布特点,划分出 3 个雨型,并给出了各个雨型对应的 500 hPa 高度距平环流型(参见图 8.1.3)。为我国夏季降水预测建立了基础。其后的研究证明,尽管这种分型是经验的,但是这 3 个型之间基本是相互正交的,具有科学基础。

数理统计学提供了有效的分类方法,聚类分析就是其中之一。

(2)相似法

相似法不仅在经验天气预报中广泛应用,在短期气候预测中也得到广泛应用。相似法的原理是指若当前及其此前的大气环流特征与历史同期状况相似的话,其未来演变也应该与历史相似,从而按照历史状况做出预测。可以看出,相似法是一种统计学方法,能在一定程度上表征大气环流特征及其演变趋势,其主要缺陷是没有考虑物理原理,不可能预测出历史上没出现的情况。但是在目前的条件下,相似法仍有应用价值。

相似法的关键是确定选相似的指标,一般是根据实际需要设计选相似指标。常用的方法是计算两个场的相关系数,当相关系数 R 大于某一个正临界值 M 时,定义两个场相似;当相关系数 R 小于某一个负临界值的时候,定义两个场相反;当 $R = 0$ 时,定义两个场不相似。

在实际应用中,常常把 R 简化为两个场的距平符号相同率 P:

$$P = n/N$$

式中,n 为距平符号相同的点数,N 总格点数。可以看出:$P = 1$ 两个场距平符号完全一致;$P = 0$ 时,两个场距平符号相反;$P = 0.5$ 时,距平符号相同和相反的格点数各占一半。因此,可以根据实际需要定义相似或者相反的临界值,确定两个场的相似性。

(3)模态法

用现代数理统计学方法,例如自然正交函数分解法,可以计算出并选定若干个气象场的正交函数,称之为模态。这些模态就很好地表达了气象场的主要特征,它的时间系数则描写了气象场主要特征随时间的演变。

目前,这种方法得到了广泛的应用,而且在实际应用过程中有很多改进。实践表明,这是一种很好的表征大气环流的方法。

2.5.2 大气环流指数

大气环流的定性特征,缺乏数量概念。为了获得环流形势的若干定量特征,可以定义大气环流指数。

(1)西风指数

西风环流指数的概念最早由罗斯贝(Rossby)提出,他把沿纬度 35°和 55°的平均高度差:

$$I_R = [H]_{35°} - [H]_{55°} = \frac{1}{36}\sum_{\lambda=1}^{36} H(\lambda, 35°) - \frac{1}{36}\sum_{\lambda=1}^{36} H(\lambda, 55°) = \frac{1}{36}\sum_{\lambda=1}^{36} \Delta H_\lambda$$

(2.5.1)

定义为大气环流西风指数,其中 λ 为沿纬圈取定的等距经度数,间隔为 10 个经度。由于沿两个纬围的平均高度之差正比于这两个纬圈内的平均西风风速,所以称为西风指数亦称罗斯贝指数。

(2)区域西风指数

上述行星尺度的西风指数反映了整个北半球纬向环流的强弱,由于所取范围很大,许多区域性的环流特点就被平滑掉了。为了弥补这种缺陷和揭露特定区域的环流特点,可以计算给定区域的西风环流指数。计算这种有限区域的西风环流指数的方法有许多种,但大同小异,故这里只介绍卡茨提出的方法。众所周知,在给定区域中平均纬向环流的强度是与位势高度的平均经向梯度成正比的,而平均经向环流的强度则与位势高度的平均纬向梯度成正比。所以可用平均经向位势高度梯度作为纬向环流指数,而用平均纬向位势高度梯度作为经向环流指数。

卡茨提出计算这两种指数的公式如下:

$$I_a = \frac{b(n_{\lambda 1} + n_{\lambda 2} + \cdots + n_{\lambda j})}{(\Phi_i - \Phi_1)j} \quad (2.5.2)$$

$$I_M = \frac{b(k_1 m_{\Phi 1} + k_2 m_{\Phi 2} + \cdots + k_i m_{\Phi i})}{(\lambda_j - \lambda_1)i} \quad (2.5.3)$$

式中 I_a 为纬向环流指数,I_M 为经向环流指数,b 为等高线的间隔,通常取 40 位势米。$n_{\lambda j}$ 为通过经线 λ_j 在纬度 Φ_1 到 Φ_i 范围内的等高线的数目。$m_{\Phi i}$ 为通过纬线 Φ_i 在经度 λ_1 到 λ_j 范围内的等高线数目。$K_i = \dfrac{1}{\cos\Phi_i}$ 是考虑到经线向北极点辐合引起的纬圈线性长度缩小而应加的订正系数。

比值 $I = I_a/I_M$ 叫做总环流指数。

本方法计算简便,又可用于任意有限区域,因此得到了广泛的应用。

显然,用某种环流指数的距平值就可表示该种环流分量的异常发展程度。这是目前表示环流异常的一种重要方法。

(3)大气环流局地特征指数

对大气环流特征及其演变规律的研究表明,正确表征局地大气环流特征或者大气环流系统具有重要意义。为此,在深入研究的基础上,定义了很多有用的特征指数,例如季风指数、副热带高压指数等(见第 8 章)。这里介绍几个常用的指数,既有实际应用价值,又有借鉴作用。

1)阻塞高压指数

中纬度 500 hPa 层上,鄂霍次克海、贝加尔湖和乌拉尔地区的阻塞高压对我国夏季降水有重要影响,为了定量表征它们,定义如下:

阻塞高压指数:选择三个关键区:(40°—50°N,40°—70°E)代表乌拉尔阻塞高压区,(50°—60°N,80°—110°E)代表贝加尔湖阻塞高压区,(50°—60°N,120°—150°E)

代表鄂霍次克海阻塞高压区,计算各区域平均的历年 500 hPa 月平均高度距平的标准化值,作为阻塞高压指数。

可以看出,当阻塞高压指数≥1.0 时,该区域高度距平异常,超过 1 个均方差,有明显的阻塞高压存在。

2)南亚高压指数

南亚高压是平流层底部和对流层上部强大的大气活动中心,在 100 hPa 最强,对北半球,特别对我国夏季大范围旱涝有重要影响,其表征如下:

南亚高压指数定义:使用 1680 dagpm 等值线作为南亚高压特征线,定义夏季南亚高压的面积指数、脊线指数和东伸指数。

面积指数:北半球 10°×10°正方网格的 100 hPa 月平均图上,10°N 以北、30°E 及其以东范围内 1680 dagpm 包围的网格点数称为南亚面积指数。

脊线指数:用逐日 20 时(北京时)100 hPa 环流图上,100°E,110°E,120°E 三个经度上东西风零线所在纬度值的平均来表示逐日脊线指数,月的逐日脊线指数的平均值就作为月的南亚高压脊线指数。

东伸指数:在月平均图上,南亚高压 1680 dagpm 等值线的最东位置定义为南亚高压东伸指数。

可以看出,面积指数越大,南亚高压体越大;脊线指数越大,说明南亚高压脊线越偏北;东伸指数越大,南亚高压越向东扩展。

2.5.3 平均图、距平图和纬偏图

每日天气图上表现出来的大气水平扰动是由不同时空尺度的波动组成的,对于研究短期气候变化及其预测来说,要把时空尺度较短的波动滤掉,突出长波和超长波部分。对流层主要等压面的时空平均图和平流层等压面形势图就可以达到这种滤波的目的。下面着重介绍时间平均图与距平图。

(1)时间平均图

在短期气候预测业务中主要采用月平均图、候平均图、旬平均图。我国最常用的等压面是 1000 hPa、500 hPa 和 100 hPa 三个等压面。这些时间平均图都能把移动性短波系统过滤掉,从而突出长波和超长波的特点。一般地说,候平均图保留了长波及其时空尺度更大的波动,月平均图上则主要反映了平均超长波的特点。

上述时间平均图的主要优点是:与天文日月历一致,制作简单,与世界各国所用的图表工具相同,有利于交流;同时,也能适合目前短期气候变化及其预测的需求,突出了发生在大气中时空尺度较大的运动。主要缺点是求平均的时间长度有时与天气过程的时间长度不完全一致,对时间或者空间平均会使得波动的振幅有所削弱,往往也不便考察长波扰动对超长波活动的影响。在实际应用中,根据研究和预测对象的

特点,有时也按环流演变过程的时间来制作分段平均图,例如长江流域梅雨阶段的雨量和大气环流特点的分析等就属于这种过程平均图。

应该指出,如何正确地描写各种短期气候过程的变化规律,是一个有待进一步研究的问题,因此表达短期气候变化规律的图表也会随之发展。

(2) 距平图

距平图就是用给定时段的平均图减去同时段的多年平均图所得的差值图。显然,距平图表示这时段的平均状况与其多年平均状况的偏差,描写了异常变化的特点。

(3) 纬偏图

纬偏图是用给定时段的平均图减去同时段的纬圈平均值所得的差值图。它表示了该时段的平均环流状况与纬圈平均状况的偏差,表征了定常波的状况。显然,纬偏图上的槽脊位置与该时段的平均槽脊位置一致,且两者沿纬圈的相对强弱也是定性一致的。

在上述各种平均图中,到目前为止,在短期气候变化研究和预测中,对候平均图和月平均图研究得最多,应用也最广。

2.5.4 典型场分析

用大气环流指数描述环流形势的特征,虽然简单,也能提供一定程度的定量概念,但是不能描述大气环流场上主要环流系统的相互配置。随着统计学和数据处理方法的发展,气象学不断地引进了一些典型场分解的方法来定量地表示气象要素场的结构特征。常用的方法有:谐波分析法、切比雪夫正交多项式法、混合多项式法、自然正交函数法和勒让德函数法等。这些方法的基本思想是,把实际的气象要素场看成是由许多正交函数代表的典型分量场按不同的权重系数叠加的结果。显然当代表各种典型场的函数一经选定后,问题便归结为将给定的气象要素场按这些函数进行展开。由于函数已经给定,所以展开的任务就是求出各函数所代表的典型场在构成该气象要素场中所占的比重,即计算它们的权重系数。对于位势高度(或气压)场来说,这种权重系数就是该典型场所代表的环流分量场在整个环流场中所占的比重,所以权重系数从某种意义上说,也可看成是表征各种环流分量场的环流指数。

本节主要介绍自然正交函数分解方法,其他方法读者可以参考相应的统计预报教科书和文献。

众所周知,在典型场分解中,谐波分析法、切比雪夫正交多项式法、混合多项式法由于计算简便,且收敛性较好,在分析气象场的特征中得到广泛应用。但是这些方法也有不足之处,即某种气象要素场总是按照一系列事先规定好的典型场进行分解,所以存在某种程度的人为性,尤其是它们的高阶项物理意义不够清晰。鉴于这种原因,在统计预报方法中又提出一种用自然正交函数展开气象要素场的新方法;所谓自然正交分量是指用来分解气象要素场的特征向量是由给定的气象要素场的序列本身的特征所决定的,而不是事先人为地规定好的;所以又叫做经验正交函数。下面对用自然正交分解展开气象要素场的序列的方法作一介绍。

假设给定了气象要素场的序列,也就是在某区域内某种气象要素按照时间排列的分布图,每一张分布图由一组任意选定的空间离散点 $x = 1,2,3,\cdots,n$ 上该要素的观测来表示的。这些点可以任意选取;但是选定以后,在各张图上空间点必须保持一致,不能随意变动。这些点可以选取均匀分布的经纬线相交的网格点,但按照天气气候学方面的考虑,这些点最好选在某些有代表性地区的中心。例如,对气压场来说最好选在大气活动中心附近或者选在气压系统最常见的路径上。此外,还应注意网格间距应与天气系统的时空尺度相适应。这样给定的所有气象要素场的集合可以通过某一个函数 $F(t,x)$ 来描写,其中 t 为时间,取固定的离散值,即 $t = 1,2,3,\cdots,m$,函数 $F(t,x)$ 可以由下列矩阵(数表)的形式给出:

$$\begin{bmatrix} F_{11} & F_{12} & F_{13} & \cdots & F_{1n} \\ F_{12} & F_{22} & F_{23} & \cdots & F_{2n} \\ \cdots & \cdots & \cdots & \cdots & \cdots \\ \cdots & \cdots & \cdots & \cdots & \cdots \\ F_{m1} & F_{m2} & F_{m3} & \cdots & F_{mn} \end{bmatrix} \tag{2.5.4}$$

现在的问题是要求将这个场的集合按某些函数 $X_h(x)(h=1,2,3,\cdots)$ 来展开,其展开系数 $T(t)$ 是时间的函数。换句话说,需要找到这样的函数,以便使下列展开式存在

$$F(t,x) = \sum_h T_h(t) X_h(x) \tag{2.5.5}$$

其中函数 $X_h(x)$ 是事先没有给定的,是需要根据矩阵(2.5.4)的资料自然地来确定的。这样做使函数 $X_h(x)$ 反映了给定场的集合的性质和特点,所以这样定义的函数叫做给定场的集合的特征函数。

为确定未知函数义 $X_h(x)$ 我们只提出一个条件,即在给定场的集合的所有点上,展开式(2.5.5)的误差平方和

$$\Delta = \sum_t \sum_x \Big[F(t,x) - \sum_{n=1}^h T_h(t) X_h(x) \Big]^2 \tag{2.5.6}$$

对于给定的 h 应为最小,也就是说,我们是在最小二乘方意义上来寻求未知函数 $T_h(t)$ 和 $X_h(x)$ 的。今后为书写方便,采用下列简化符号:

$$F(t,x) = F_{ij} \quad (i=1,2,3,\cdots,m)$$
$$X_h(x) = X_{hj} \quad (j=1,2,3,\cdots,n)$$

$$T_h(t) = T_{hi} \qquad (h = 1, 2, 3, \cdots)$$

采用简化符号后,可将(2.5.6)式改写为:

$$\Delta = \sum_i \sum_j \left[F_{ij} - \sum_h T_{hi} X_{hj} \right]^2 \tag{2.5.7}$$

上式中对时间的求和总是从 1 到 m,对空间的求和总是从 1 到 n,而对 h 的求和上限暂时还不确定。

为确定函数和,我们选择最简单的自然途径,亦即从 $h=1$ 开始,寻求函数和,然后依次地寻求函数……。这时($h=1$)公式(2.5.7)给出

$$\Delta = \sum_i \sum_j F_{ij}^2 - 2 \sum_i \sum_j F_{ij} T_i X_j + \sum_i T_i^2 \sum_j X_j^2 \tag{2.5.8}$$

根据最小二乘法的条件可得:

$$\begin{cases} \dfrac{\partial \Delta}{\partial T_i} = -2 \sum_j F_{ij} X_j + 2 T_i \sum_j X_j^2 = 0 \\ \dfrac{\partial \Delta}{\partial X_j} = -2 \sum_i F_{ij} T_i + 2 X_j \sum_i T_i^2 = 0 \end{cases} \tag{2.5.9}$$

这两个条件也就是确定未知函数和的方程。将此方程组写成下列形式:

$$\begin{cases} \sum_j F_{ij} X_j = T_i \sum_j X_j^2 & (i = 1, 2, 3, \cdots m) \\ \sum_i F_{ij} T_i = X_j \sum_i T_i^2 & (j = 1, 2, 3, \cdots n) \end{cases} \tag{2.5.10}$$

方程组(2.5.10)共含 $m+n$ 个方程,共有 $m+n$ 个未知函数,所用是一个闭合方程组。从第一个方程解出,并将下标 j 改为 k,得:

$$T_i = \sum_k F_{ik} X_k \Big/ \sum_k X_k^2 \tag{2.5.11}$$

代入式(2.5.10)的第二个方程的左端,得到:

$$\sum_k X_k \sum_i F_{ij} F_{ik} = X_j \sum_i T_i^2 \sum_j X_j^2 \tag{2.5.12}$$

这就是为确定未知函数所要求解的方程组。引进下列符号:

$$\lambda = \frac{1}{m} \sum_i T_i^2 \sum_j X_j^2 \tag{2.5.13}$$

$$A_{jk} = \frac{1}{m} \sum_i F_{ij} F_{ik} \tag{2.5.14}$$

其中 λ 的意义后面还要讲到,A_{jk} 就是矩阵(2.5.4)给定的场序列在 j 和 k 取定值时的互相关函数(时间上无滞后),也就是矩阵(2.5.4)中各列数值两两相乘(包括自乘)并对 i 求和后除以 m 所得之值。A_{jk} 的集合组成下列协方差矩阵:

$$\{\boldsymbol{A}\} = \begin{pmatrix} A_{11} & A_{12} & A_{13} & \cdots & A_{1n} \\ A_{21} & A_{22} & A_{23} & \cdots & A_{2n} \\ \cdots & \cdots & \cdots & & \cdots \\ \cdots & \cdots & \cdots & & \cdots \\ A_{n1} & A_{n2} & A_{n3} & \cdots & A_{nn} \end{pmatrix} \quad (2.5.15)$$

容易看出，协方差矩阵 $\{\boldsymbol{A}\}$ 是一个对称的方阵。

引进这些符号后，就可以将方程组(2.5.12)写成以下形式

$$\sum_k A_{jk} \boldsymbol{X}_k = \lambda \boldsymbol{X}_j \quad (j = 1, 2, 3, \cdots, n) \quad (2.5.16)$$

或写出展开的形式

$$\left. \begin{aligned} (A_{11} - \lambda)\boldsymbol{X}_1 + A_{12}\boldsymbol{X}_2 + \cdots + A_{1n}\boldsymbol{X}_n &= 0 \\ A_{21}\boldsymbol{X}_1 + (A_{22} - \lambda)\boldsymbol{X}_2 + \cdots + A_{2n}\boldsymbol{X}_n &= 0 \\ &\cdots\cdots \\ &\cdots\cdots \\ A_{n1}\boldsymbol{X}_1 + A_{n2}\boldsymbol{X}_2 + \cdots + (A_{nn} - \lambda)\boldsymbol{X}_n &= 0 \end{aligned} \right\} \quad (2.5.17)$$

因此，确定未知函数 X_j 的问题可以归结为求解齐次线性方程组(2.5.17)。

由线性代数的知识可知，这种方程组只有当它的行列式等于零的场合，也就是说存在下列方程时：

$$\begin{vmatrix} A_{11} - \lambda & A_{12} & A_{13} & \cdots & A_{1n} \\ A_{21} & A_{22} - \lambda & A_{23} & & A_{2n} \\ \cdots & \cdots & \cdots & \cdots & \cdots \\ \cdots & \cdots & \cdots & \cdots & \cdots \\ A_{n1} & A_{n2} & A_{n3} & \cdots & A_{nn} - \lambda \end{vmatrix} = 0 \quad (2.5.18)$$

才有不等于零的解。用矩阵的形式，这方程可以写为

$$|\boldsymbol{A} - \lambda \boldsymbol{E}| = 0 \quad (2.5.19)$$

其中 $\boldsymbol{E}$ 为单位方阵。这方程叫做给定协方差方阵 $\{\boldsymbol{A}\}$ 的特征方程，它只含一个未知量 λ，它的 n 个解 $\lambda_1, \lambda_2, \cdots, \lambda_n$ 叫做方阵 $\{\boldsymbol{A}\}$ 的特征值。

由于方阵 $\{\boldsymbol{A}\}$ 是对称的，所以它的所有特征值均为实数，而且都是正数。这样在方程组(2.5.17)中分别令 $\lambda = \lambda_1$（第一特征值），$\lambda = \lambda_2$（第二特征值），$\cdots$，我们将得到问题的 n 个不同的解：

对 λ_1 有 $X_{11} \quad X_{12} \quad \cdots \quad X_{1n}$ 第一特征向量；

对 λ_2 有 $X_{21} \quad X_{22} \quad \cdots \quad X_{2n}$ 第二特征向量；

$\cdots\cdots$

对 λ_n 有 $X_{n1} \quad X_{n2} \quad \cdots \quad X_{nn}$ 第 n 特征向量。

这 n 个不同的解叫做协方差矩阵 $\{A\}$ 的 n 个特征向量。对于每个特征向量，现在可以确定相应的时间函数 T_{hi}，其值可按式(2.5.11)计算，而现在可将它改写为

$$T_{hi} = \sum_k F_{ih} X_{hk} / \sum_k X_{hk}^2 \qquad (2.5.20)$$

这样我们就求得了原先提出的确定未知函数 $X_h(x)$ 和 $T_h(t)$ 的 n 个解。这 n 个解可取作 $F(t,x)$ 展开式(2.5.5)的各个分项，也就是我们所要求的。

按照矩阵的一般理论，对称矩阵的特征向量组成正交系，因此，在我们的场合，这就是指

$$\sum_j X_{hj} \cdot X_{gj} = 0 \qquad (2.5.21)$$

函数 $X_h(x)$ 的正交性允许将式(2.5.5)的两端乘以 $X_g(x)$，然后按变量 x 求和以便得出函数 $T_h(t)$。这种运算的结果就是式(2.5.20)。

函数 $T_h(t)$ 也可以看成是 m 维向量，显然，函数 $T_h(t)$ 也是正交的，也就是说，

$$\sum_i T_{hi} \cdot T_{gi} = 0 \qquad (2.5.22)$$

因此函数 $X_h(x)$ 和 $T_h(t)$ 称为场序列的自然正交分量。

现在我们来讨论这种展开的精确度问题，为讨论由 n 个点组成的场按式(2.5.5)展开的精确度，可以采用下列指标

$$R_i^2 = 1 - \sum_j \delta_{ij}^2 / \sum_j F_{ij}^2 \qquad (2.5.23)$$

其中 δ_{ij} 为利用展开式(2.5.5)，取 $h = H (H \leqslant n)$ 项时，展开的误差。容易看出，$R_i^2 = 0$ 时，展开完全不成功；$R_i^2 = 1$ 时，展开完全精确。总误差显然为

$$\sum_j \delta_{ij}^2 = \sum_j \left[F_{ij} - \sum_{h=1}^H T_{hi} \cdot X_{hi} \right]^2 \qquad (2.5.24)$$

将式(2.5.24)右端方括号展开，同时考虑到函数的正交性，便得

$$\sum_j \delta_{ij}^2 = \sum_i F_{ij}^2 - \sum_{h=1}^H \left[2 T_{hi} \sum_j F_{ij} X_{ij} - T_{hi}^2 \sum_j X_{hj}^2 \right] \qquad (2.5.25)$$

利用式(2.5.20)就可将式(2.5.25)右端方括号内两项合并，结果得到

$$\sum_i \delta_{ij}^2 = \sum_i F_{ij}^2 - \sum_{h=1}^H T_{hi}^2 \sum_j X_{hj}^2 \qquad (2.5.26)$$

再把式(2.5.26)对时间(按下标 i)求和，得到

$$\Delta = \sum_i \sum_j \delta_{ij}^2 = \sum_i \sum_j F_{ij}^2 - \sum_{h=1}^H \sum_i T_{hi}^2 \sum_j X_{hj}^2 \qquad (2.5.27)$$

利用式(2.5.13)和式(2.5.14)的符号，上式可写为

$$\frac{1}{m}\Delta = \sum_j A_{jj} - \sum_{h=1}^H \lambda_h \qquad (2.5.28)$$

此式就是集合(2.5.4)中的场的序列展开的均方误差。这里右端的第一项显然是协方差矩阵(2.5.15)对角线上诸元素之和,而第二项当 $H=n$ 时是矩阵的所有特征值之和。按线性代数知识,这时这两个和均等于协方差矩阵 $\{A\}$ 之迹,于是式(2.5.28)右端等于零。这就是说当取所有 n 个分项时,对场的序列的展开达到完全精确的程度。

对于单个场展开的精确度,只需将式(2.5.26)代入式(2.5.23),便可按下式估计:

$$R_i^2 = \frac{\sum_{h=1}^{H}\sum_{i}T_{hi}^2\sum_{j}X_{hj}^2}{\sum_{j}F_{ij}^2} \tag{2.5.29}$$

而对于场的整个序列(2.5.4)的展开的精确度,利用式(2.5.28),就可用下式估计:

$$R_i^2 = 1 - \frac{\sum_{i}\sum_{j}\delta_{ij}^2}{\sum_{i}\sum_{j}F_{ij}^2} = \frac{\sum_{h=1}^{H}\lambda_h}{\sum_{j}A_{jj}} \tag{2.5.30}$$

容易看出,若函数 $X_h(x)$ 是协方差矩阵 $\{A\}$ 的特征向量,那么,任何一个 $S \cdot X_h(x)$ 也应是它的特征向量,其中 S 为某个实数。为了消除这种不确定性,可以令函数 $X_h(x)$ 满足下列条件:

$$\sum_{j}X_{hj}^2 = 1 \quad (h,j=1,2,3,\cdots,n) \tag{2.5.31}$$

若函数 $X_h(x)$ 满足这个条件,则前面的许多公式可以显著简化,特别是式(2.5.13)简化为

$$\lambda_h = \frac{1}{m}\sum_{i}T_{hi}^2 \tag{2.5.32}$$

特征值 λ_h 总是按降序排列的,所以 h 愈大,该项所占的"权重"愈小。换言之,展开式(2.5.5)右端各项的大小是随着项的序号增大而减小的。若 λ_h 的减小进行得足够快,则在式(2.5.5)右端只需取不多的项数,便可以获得较好的近似结果。所以这种展开的基本优越性在于整个场的序列所含的主要信息可以集中在为数不多的前几项中,而这前几项在最小二乘法的意义上以最优的方式符合原始场的特征。

我们知道函数 $X_h(x)$ 只是空间坐标的函数,所以一经求出后是不随时间变化的,而它的系数 $T_h(t)$ 却是时间的函数。因此,场随时间的变化,就反映在函数 $T_h(t)$ 的时间变程中。由于 $T_h(t)$ 又是整个场的平滑量,所以它的变程要比单站要素的变程有规律得多,从而能反映气象要素场随时间变化的主要规律。所以,在这种情况下将函数 $T_h(t)$ 的序列

$$T_{h1},T_{h2},T_{h3},\cdots,(h=1,2,3,\cdots)$$

作外推显然是和预告整个场等效的,同时要比将场的单点上的要素值作外推更容易一些。至于将函数 $T_h(t)$ 作外推的方法,可以用近代数理统计学中的平稳随机过程

外推理论和多元分析理论所推演出的预报方法。

表 2.5.1 给出日平均海平面气压场和 500 hPa 日平均以及候平均位势高度场按自然正交函数展开的精确度的估计。展开时先把气压值和位势高度值换算成它们的距平值，这样一来，A_{ij} 就是 j 点上的方差，而 $\sum_j A_{ij}$ 就是总方差 D 了。展开范围大体上为北半球亚太自然天气区域，在展开的日平均海平面气压场和 H_{500} 场时，所用天气图是 1957—1962 年冬季(12,1,2,3 四个月)的资料，图上共选取 25 个分布不规则但考虑了环流天气气候特征的点。在展开 500 hPa 候平均图时，在上述范围内选取了分布规则的 29 个经纬线交点，所用资料是 1964—1973 年每个候的 500 hPa 位势高度平均图。

表 2.5.1 气压场和位势高度场自然正交函数展开的精度估计

h	日平均海平面气压场			日平均 500 hPa 高度场			五天平均 500 hPa 高度场		
	λ_h	$\dfrac{\lambda_h}{D}$ %	$\sum_{h=1}^{H}\dfrac{\lambda_h}{D}$	λ_h	$\dfrac{\lambda_h}{D}$ %	$\sum_{h=1}^{H}\dfrac{\lambda_h}{D}$	λ_h	$\dfrac{\lambda_h}{D}$ %	$\sum_{h=1}^{H}\dfrac{\lambda_h}{D}$
1	490	21.8	21.8	647	17.8	17.8	431.8	32.3	32.3
2	325	14.4	36.2	540	14.8	32.6	247.2	18.5	50.8
3	249	11.0	47.2	449	12.3	44.9	145.6	10.9	61.7
4	201	8.9	56.1	393	10.8	55.7	124.4	9.3	71.0
5	152	6.8	62.9	260	7.1	62.9	92.5	6.9	77.9
6	134	6.0	68.9	229	6.3	69.1	47.7	3.6	81.5
7	101	4.5	73.4	178	4.9	74.0	41.7	3.1	84.6
8	91	4.0	77.4	160	4.4	78.4	39.3	2.9	87.5
9	86	3.8	81.2	134	3.7	82.1	30.2	2.3	89.8
10	73	3.2	84.4	122	3.3	85.4	22.8	1.7	91.5
D	$\sum_{h=1}^{25}\lambda_h = 2252\ \text{hPa}^2$			$\sum_{h=1}^{25}\lambda_h = 3654\ \text{dagpm}^2$			$\sum_{h=1}^{29}\lambda_h = 1335\ \text{dagpm}^2$		

由表 2.5.1 可见，在三种场展开时，以五天平均图的展开式收敛最快，仅前 10 项就达到场的总方差的 91.5%。所以在实际应用自然正交函数展开时，没有必要取全部的特征向量。

当特征值 λ_h 按降序排列时，它与序号 h 近似有 $\lambda_h = ah^{-b}$ 的关系，亦即在对数坐标中 λ_h 与 h 近于线性关系：

$$\lg\lambda_h = \lg a - b\lg h \tag{2.5.33}$$

经过分析，我们发现从 $h=5$ 到 $h=6$ 之间，式(2.5.33)的图形上斜率较大，这意味着第 5 项以后的各项在高度场所占比重明显减小，是一些相对次要的项。此外，第 5 项以后特征向量场上的系统尺度明显缩小，对于大范围环流而言也已经不重要。所以，为表征大尺度的环流系统可只选取前 5 个特征向量，它们的图形依次列于图 2.5.1a～e。由图可见，这 5 个特征向量场所代表的环流形势是：

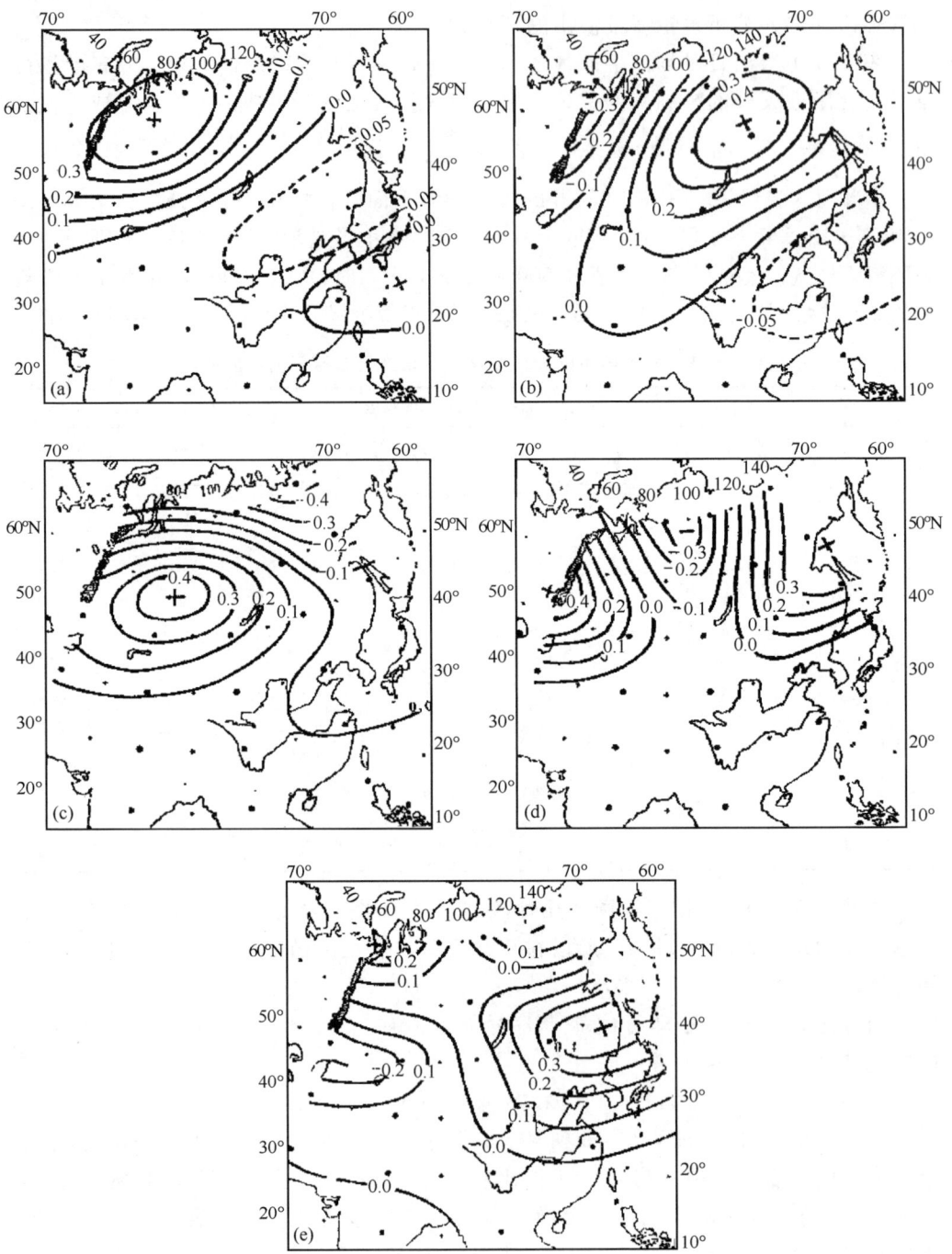

图 2.5.1 前 5 个特征向量形势场（a~e：第 1~5 特征向量）

第一特征向量表征乌拉尔山阻塞高压强烈发展,副高偏强,极锋在我国华北一带。

第二特征向量表征乌拉尔山阻塞高压崩溃,代之以高空低压槽,西伯利亚中部和东部高压脊异常发展,副高减弱东退。

第三特征向量表征高空脊在亚洲西部发展,东亚沿海高空槽加深。

第四特征向量表征在亚洲中高纬度范围内,对流层中部呈现两脊一槽型。

第五特征向量表征对流层中部呈现变形场流型。

这5个特征向量表示了5种典型流场。它们与时间系数(有正有负)相配合,基本上可以表示出亚洲500 hPa候平均环流的各种状况。

像环流指数一样,用各种展开的权重系数的距平值同样可以表示各种环流分量场的异常情形。

复习思考题

(1)控制大气环流的主要因子是什么?

(2)冬夏季海平面气压场的主要差异是什么?形成原因是什么?

(3)冬夏对流层中部位势高度场的主要差异是什么?形成原因是什么?

(4)冬夏平流层低层大气环流的主要差异是什么?

(5)平流层大气环流的主要特点是什么?

(6)东亚大气环流的主要特征是什么?

(7)亚洲季风的主要特征是什么?

(8)大气环流的表征方法有哪些?各有什么特点?

第3章 大气低频变化及其遥相关

地球大气的运动是极其复杂的,我们知道大气中有各种类型的运动。按照大气运动的时间尺度,可以将其分为以下几类:大气低频变化(指时间尺度为10天以上的变化)、天气尺度变化(指2.5天—6天的变化)和高频变化(小于2天的变化)。

目前,气象学家已能较好地解释逐日天气图上系统的三维结构及其随时间的演变,但对一周以上时间尺度的环流系统结构和随时间的演变认识得还比较浅。20世纪70年代后半期,运用了谱分析和滤波分析技术,再加上一些传统方法,研究了大气低频变化的统计特征。这个时间尺度与短期气候预测所要求的尺度是一致的,逐步受到了重视。进入20世纪80年代,大气遥相关型和球面上Rossby波传播理论的研究,为深入认识大气低频变化提供了条件,并进一步探讨了大气低频变化产生的可能原因及其可能维持机制。

本章主要介绍大气低频变化的特征及其产生的可能原因;并简单介绍几种常见的遥相关现象。

3.1 大气低频变化的基本特征

3.1.1 数字滤波器

数字滤波是分离不同频带大气变化的常用方法,本节主要介绍几个常用的数字滤波器。

(1)Blackmon滤波器

为了把大气变化分离为大气低频变化、天气尺度变化和高频变化,Blackmon设计出了三个时间滤波器。该数字滤波器是对每12小时一次测量值的序列资料作滤波的。表3.1.1给出三个滤波器的系数。每个滤波器的频率响应曲线绘在图3.1.1中。

表 3.1.1　Blackmon 滤波器系数(Blackmon,1976)

系数	低通	带通	高通
a_0	0.097 472 641 9	0.277 687 753 4	0.476 259 923 6
a_1	0.095 467 670 2	0.143 349 684 0	−0.318 600 063 8
a_2	0.089 632 973 1	−0.102 009 757 8	0.019 748 999 0
a_3	0.080 487 689 2	−0.194 770 155 1	0.100 981 088 6
a_4	0.068 828 315 4	−0.092 325 726 4	−0.018 597 247 3
a_5	0.055 635 600 4	0.028 304 115 1	−0.054 675 005 0
a_6	0.041 962 625 0	0.041 933 501 5	0.016 783 434 3
a_7	0.028 819 106 7	0.003 346 674 8	0.033 305 669 9
a_8	0.017 067 047 9	0.004 107 555 7	−0.014 454 214 1
a_9	0.007 340 715 3	0.032 807 203 4	−0.020 725 112 5
a_{10}	0.0	0.030 430 671 5	0.011 792 414 7
a_{11}	−0.004 878 900 7	−0.002 001 714 6	0.012 570 410 3
a_{12}	−0.007 476 988 9	−0.019 170 964 1	−0.008 997 899 0
a_{13}	−0.008 176 610 7	−0.009 672 301 6	−0.007 149 056 7
a_{14}	−0.007 486 403 1	−0.000 134 177 3	0.006 267 245 7
a_{15}	−0.005 959 160 6	−0.003 038 485 7	0.003 619 374 3

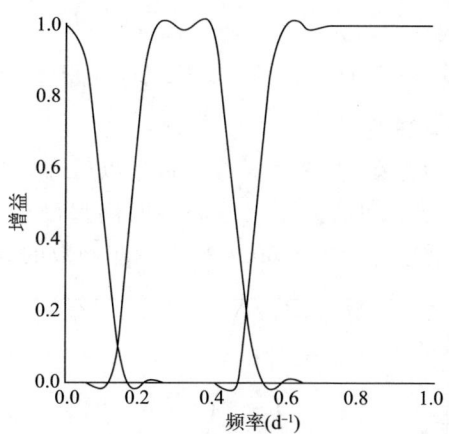

图 3.1.1　Blackmon 滤波器频率响应曲线(Blackmon,1976)

(2)逐日资料 31 点低通滤波器

Blackmon 的数字滤波器是针对每 12 小时一次观测资料设计的,而在实际应用中经常遇到每日一次观测资料。据此情况,孙照渤等设计了逐日资料 31 点低通滤波器,表 3.1.2 给出数字滤波器系数,图 3.1.2 给出了频率响应曲线。在近年来的研究工作中,该滤波器得到了较广泛的应用。

表 3.1.2 低通滤波器系数(31 点)(孙照渤,1992)

$a_0 = 0.233\,464\,06$	$a_{\pm 8} = -0.011\,654\,24$
$a_{\pm 1} = 0.212\,092\,34$	$a_{\pm 9} = 0.007\,670\,48$
$a_{\pm 2} = 0.155\,330\,30$	$a_{\pm 10} = 0.016\,968\,40$
$a_{\pm 3} = 0.082\,099\,91$	$a_{\pm 11} = 0.015\,301\,37$
$a_{\pm 4} = 0.014\,981\,40$	$a_{\pm 12} = 0.007\,195\,03$
$a_{\pm 5} = -0.028\,710\,97$	$a_{\pm 13} = -0.001\,199\,05$
$a_{\pm 6} = -0.042\,826\,51$	$a_{\pm 14} = -0.005\,676\,31$
$a_{\pm 7} = -0.032\,893\,22$	$a_{\pm 15} = -0.005\,533\,60$

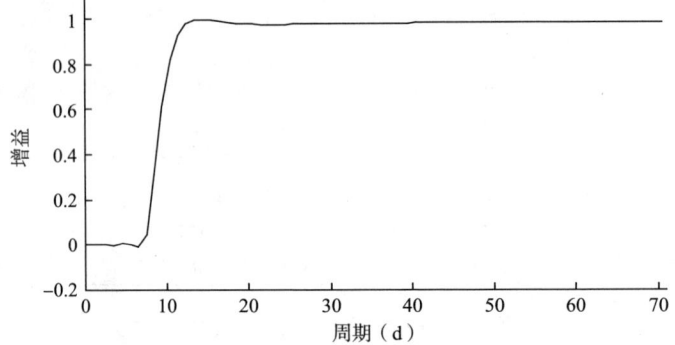

图 3.1.2 逐日资料 31 点低通滤波器频率响应(孙照渤,1992)

(3) Butterworth 带通滤波器

自从发现热带大气中存在 30～60 天振荡现象以后,越来越多的气象工作者对这个时间尺度变化进行了分离和研究。在分离该时间尺度的变化中,Butterworth 的带通滤波器得到比较广泛应用。30～60 天频率响应函数的分布如图 3.1.3 所示。

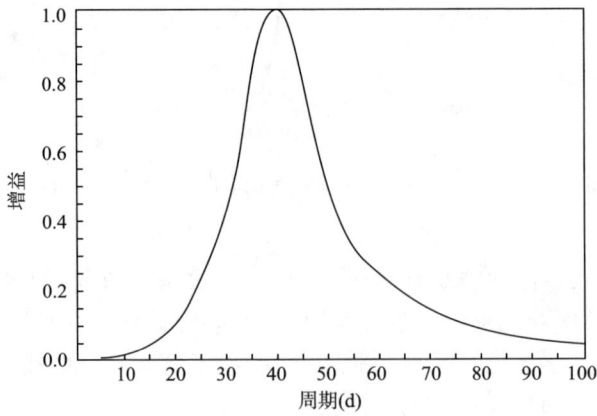

图 3.1.3 30～60 天 Butterworth 带通滤波器的频率响应函数分布(Murakami,1979)

3.1.2 低频变化的地理分布

用逐日资料 31 点滤波器对冬季 500 hPa 位势高度资料进行滤波,图 3.1.4 分别给出不同频带的均方差地理分布。所用的资料为 18 个冬季,即从 1962—1963 年到 1979—1980 年的冬季,所谓冬季是指从 12 月 1 日开始的 90 天。

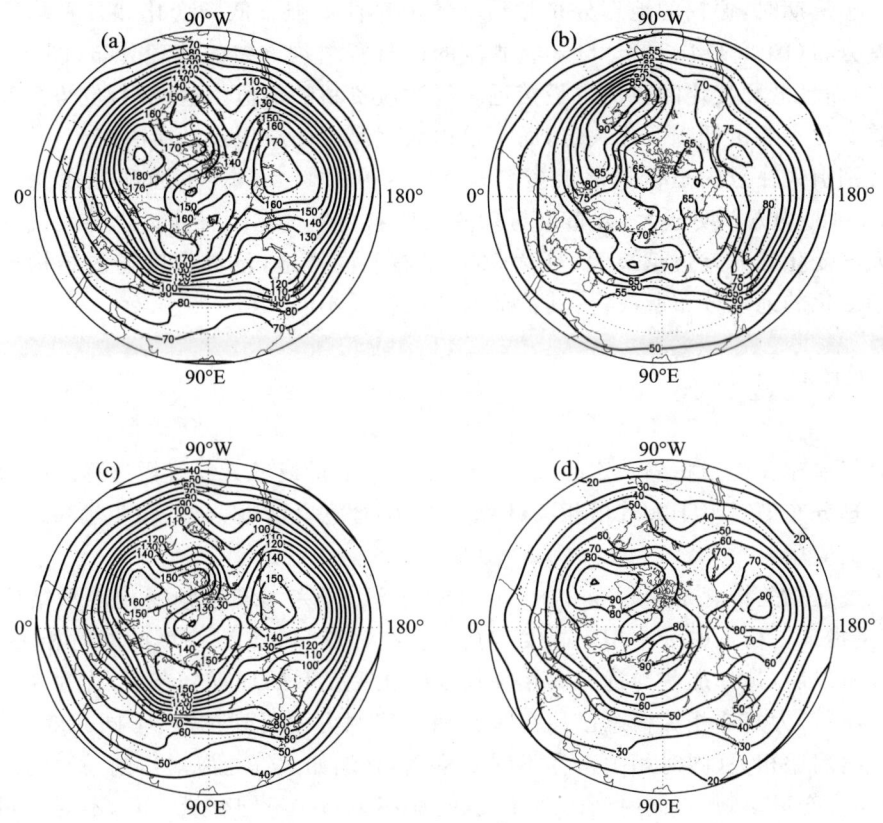

图 3.1.4　不同频带的冬季 500 hPa 位势高度均方差分布(单位:gpm)
(a)未经过滤波资料,等值线间隔 10 m;(b)带通和高通滤波资料,通过周期为 10 天以下的振荡;(c)低通滤波资料,通过周期为 10 天以上的振荡;(d)30 天平均资料(由 NCEP/NCAR 再分析资料计算得到)

图 3.1.4b 中反映了时间尺度为 10 天以下的大气振荡分布特征，在 45°N 附近的大西洋和太平洋各有一个东—西向伸长的均方差极大值区，该区域与风暴轴有关，该处斜压波活动最强。其余三张图与此不同，高值中心不那么被拉长，分别位于北大西洋，北太平洋和西伯利亚北极区，这三个均方差高值区与阻塞形势频繁活动区相接近。图 3.1.4c 和 d 的分布类型十分相似，只是中心的极值不相同，表明当时间尺度超过一个星期时，振幅的地理分布对频率的依赖性不强。低频变化和月平均资料的均方差分布（图 3.1.4c 和 d）与未经滤波的逐日资料均方差的地理分布（图 3.1.4a）更相似，而且低频变化的数值也最接近未经滤波资料的数值。这说明：位势高度场的均方差变化主要由低频变化决定，而不是由天气尺度的斜压扰动所决定。

特别引人注意的是低通滤波资料均方差（图 3.1.4c），比带通和高通滤波资料（图 3.1.4b）均方差明显大，分布也与未滤波资料（图 3.1.4a）相同，说明大气低频变化对大气变化均方差贡献最大，可达 90% 左右。同样地，位势高度场的结构也主要由低频变化的地理分布所决定，其特征与斜压扰动不同。

3.2 大气遥相关

大气遥相关是指相隔一定时间和空间的气象变量或者天气气候过程之间稳定相关的地理分布型。由于大气遥相关计算简单，物理意义清晰，在气候变化和预测中得到了广泛应用。

大气遥相关概念是 Wallace 和 Gutzler(1981) 研究大气低频变化水平结构时引入的，是指某一格点的 500 hPa 高度与其他所有格点 500 hPa 高度的同时相关系数，经过分析以后，选择那些与远距离相关最强的相关系数的地理分布型，称为大气遥相关型。目前，大气遥相关概念已经在时间和空间两方面得到扩展：①同一变量空间，同一时间的遥相关（同时相关）；②不同变量空间（例如大气与海洋），同一时间的遥相关；③同一变量空间，不同时间的遥相关（时滞相关）；④不同变量空间，不同时间的遥相关。

3.2.1 北半球冬季海平面气压遥相关型

北大西洋涛动（North Atlantic Oscillation, NAO）：在 65°N 附近的冰岛低压和接近 30°N 附近位于大西洋上空亚速尔高压的海平面气压存在反相关（图 3.2.1），与此相配合，地面附近的温度也存在反相关。

北太平洋涛动（North Pacific Oscillation, NPO）：在北太平洋南北方向上阿留申低压和太平洋高压也存在着一个类似于跷跷板的振荡结构，与北大西洋涛动有着类似的海平面气压结构（图 3.2.2）。

第3章 大气低频变化及其遥相关 · 67 ·

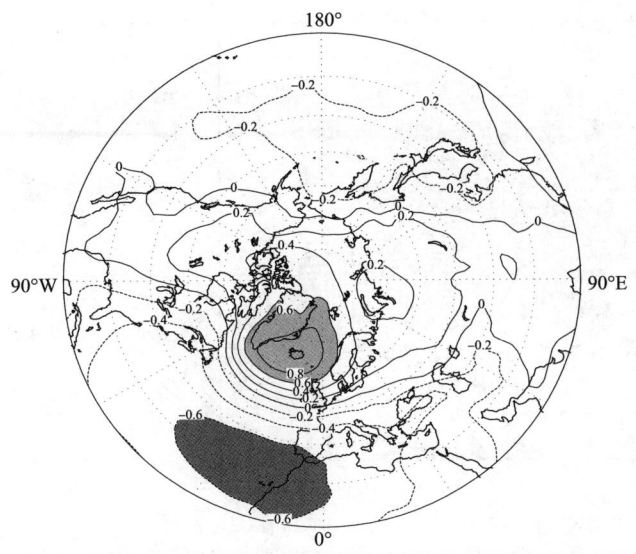

图 3.2.1 海平面气压场上基点($65°N,20°W$)处气压与其他各点气压之间的单点相关系数分布(等值线间隔为 0.2,根据 Wallace 和 Gutzler 的定义重新计算、绘制)

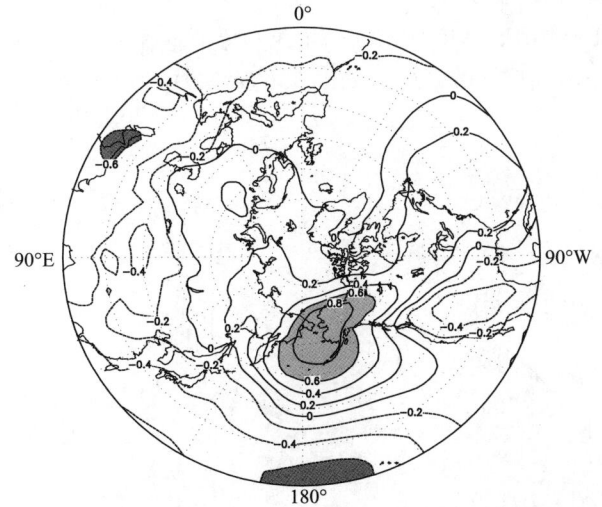

图 3.2.2 海平面气压场上基点($65°N,170°W$)处气压与其他各点气压之间的单点相关系数分布(等值线间隔为 0.2,根据 Wallace 和 Gutzler 的定义重新计算、绘制)

南方涛动(Southern Oscillation,SO):热带地区从印度洋到太平洋西部与热带太平洋东部的海平面气压之间,也存在东西方向的反相关结构,称为南方涛动(SO)(图 3.2.3)。

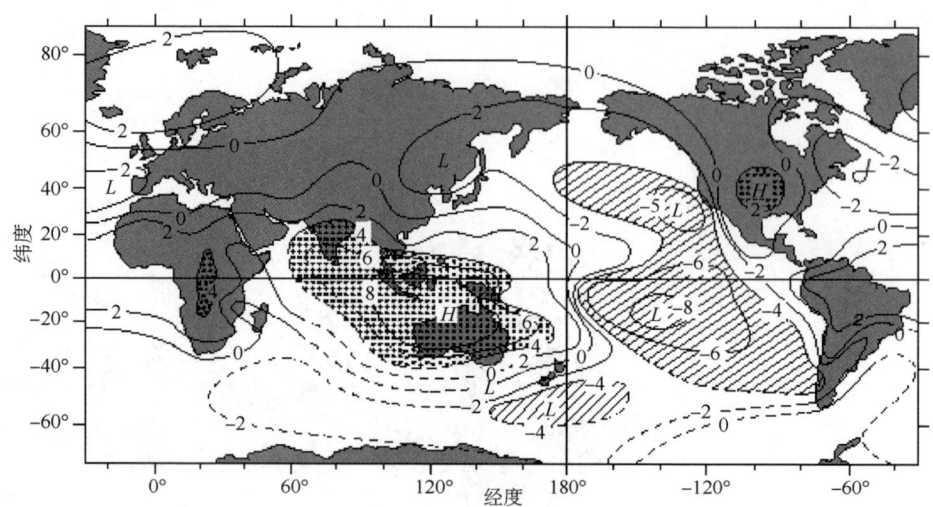

图 3.2.3 热带海平面气压场上 Darwin 气压与其他各点气压之间的单点相关系数分布
(数值扩大了 10 倍,等值线间隔为 0.2,Trenberth 和 Shea,1987)

北极涛动(Arctic Oscillation,AO):北半球极地地区与北半球中高纬度地区的海平面气压之间,存在南北方向的反相关结构,称为北极涛动(AO)(图 3.2.4)。北极涛动被定义为 1000 hPa 高度场 EOF 的第一特征向量场。类似北极涛动(AO)在南半球还存在南极涛动(Antarctic Oscillation,AAO)。

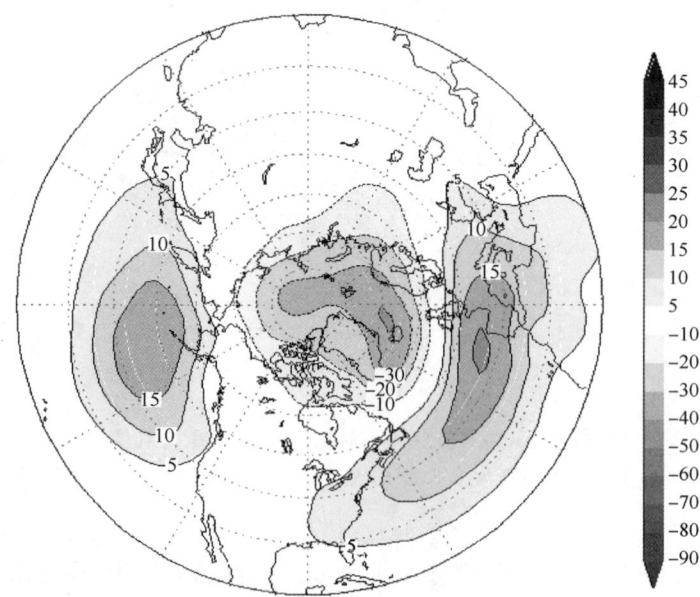

图 3.2.4 1000 hPa 高度场 EOF 的第一特征向量场(Thompson 和 Wallace,1998)

此外,近年来还提出了北方涛动(Northern Oscillation,NO)等其他一些海平面气压遥相关型。

3.2.2 北半球冬季 500 hPa 高度场遥相关

太平洋北美型(Pacific-North American pattern,PNA):这种遥相关型表现为热带和副热带太平洋位势高度与北美西北部的位势高度正相关,而与阿留申地区和美国东部的位势高度之间的反相关。定义 PNA 指数为:

$$\text{PNA} = \frac{1}{4}[Z(20°N,160°W) - Z(45°N,165°W) + Z(55°N,115°W) - Z(30°N,85°W)]$$

西大西洋型(Western Atlantic pattern,WA):该型表现为在大西洋西部,副热带高压与冰岛低压之间位势高度的反相关。定义 WA 指数为:

$$\text{WA} = \frac{1}{2}[Z(55°N,55°W) - Z(30°N,55°W)]$$

大西洋东部型(Eastern Atlantic pattern,EA):在非洲以西的大西洋东部与英国以西的大西洋东部的位势高度之间反相关,而与欧洲上空的位势高度正相关。定义 EA 指数为:

$$\text{EA} = \frac{1}{2}Z(55°N,20°W) - \frac{1}{4}Z(25°N,25°W) - \frac{1}{4}Z(50°N,40°E)$$

欧亚型(Eurasian pattern,EU):西欧上空位势高度与西伯利亚之间反相关,而与中国东北和日本一带则为正相关。定义 EU 指数为:

$$\text{EU} = -\frac{1}{4}Z(55°N,20°E) + \frac{1}{2}Z(55°N,75°E) - \frac{1}{4}Z(40°N,145°E)$$

太平洋西部型(Western Pacific pattern,WP):当西太平洋副高加强时,阿留申低压加深,表现出这两个地区位势高度的反相关的特点。定义 WP 指数为:

$$\text{WP} = \frac{1}{2}[(60°N,155°E) - Z(30°N,155°E)]$$

图 3.2.5 给出冬季北半球 500 hPa 高度的主要遥相关型示意图。

3.2.3 北半球夏季 500 hPa 高度场遥相关

迄今,对北半球夏季大气环流遥相关的研究尚不充分。Nitta 以及黄荣辉等曾研究了 500 hPa 高度场的东亚—太平洋(EAP)遥相关关系。它表示了从菲律宾沿海—我国东部和日本沿海—白令海—阿拉斯加—太平洋北美沿海一系列的遥相关型波列。定义 EAP 指数为:

$$\text{EAP} = \text{Nor}\left[-\frac{1}{4}Z'_s(20°N,125°E) + \frac{1}{2}Z'_s(40°N,125°E) - \frac{1}{4}Z'_s(60°N,125°E)\right]$$

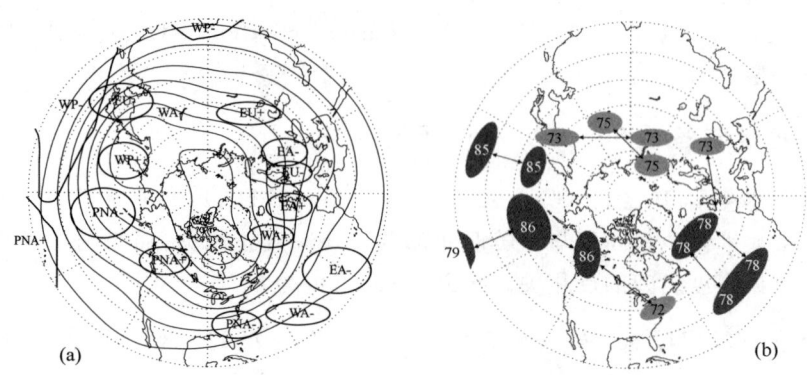

图 3.2.5 北半球冬季月平均 500 hPa 高度的遥相关型示意图

(a)粗线包围的区域表示在相关统计分析中得到的 5 个最强的分布类型的中心;PNA——太平洋北美型;WA——大西洋西部型;EA——大西洋东部型;EU——欧亚型;WP——太平洋西部型;正号和负号表示每个类型内部相关的含义;相同(不同)的负号中心相互之间正(负)相关;细线表示冬季 500 hPa 平均高度。(b)阴影表示与远处格点强的负相关区(浅阴影区高达 -0.6,深阴影区高达 -0.75);箭头指出与远处的格点有很强负相关的区域。例如,美国东南部的格点与加拿大西部格点有很强的负相关(高达 -0.72),甚至于与太平洋中部地区的负相关更强(高达 -0.86)(Wallace 和 Gutzler,1981)

其中 $Z' = Z - \bar{Z}$(Z 为某年夏季该点 500 hPa 位势高度,$\bar{Z}$ 为气候态),$Z'_s = Z'\sin45°/\sin\varphi$,$\varphi$ 为纬度,$\mathrm{Nor}(X)$ 为对 X 进行标准化处理。

3.2.4 遥相关在短期气候预测中的应用

资料分析和数值试验都表明 EAP 波列的活动直接与菲律宾周围的对流有关。在菲律宾周围对流活动强的年份,容易出现 EAP 正位相,强的副热带高压位于日本及我国江淮流域上空,我国江淮流域及日本高温少雨,而在鄂霍茨克海上空有 500 hPa 高度负距平出现。在菲律宾周围对流活动弱的年份,则容易出现 EAP 负位相,正负距平的分布几乎与强年相反,江淮及日本上空为负距平区控制,江淮流域往往降水量偏多(图 3.2.6)。

通过观测资料分析发现,当冬季北太平洋涛动偏强时,我国夏季主要多雨带位于黄河流域及其以北地区(即 I 类雨型,详见第 8 章);当冬季北太平洋涛动偏弱时,夏季主要多雨带位于黄河与长江之间,中心在淮河流域一带(即 II 类雨型)。从而根据这种关系,可以利用前期冬季的北太平洋涛动作为预报因子,对夏季我国东部降水进行预测。

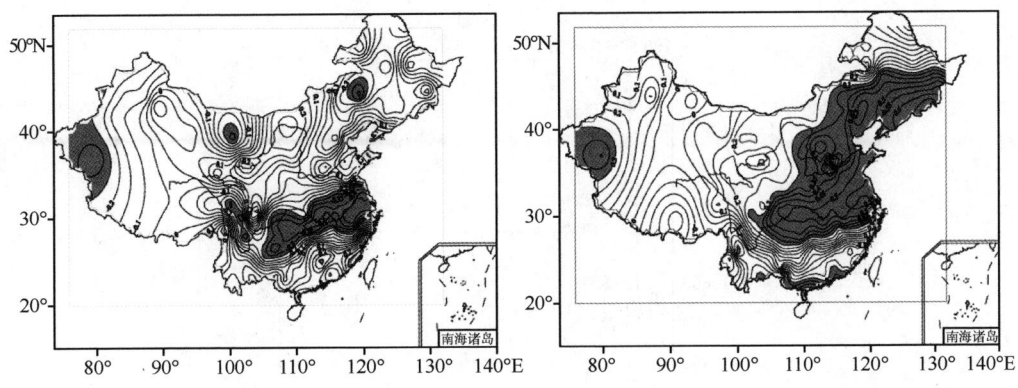

图 3.2.6 EAP 指数与我国夏季降水和气温的相关系数分布图（Huang,2004）

3.3 不同时间尺度的低频变化

大气低频变化包含不同时间尺度的变化，本节主要介绍大气季节内振荡（ISO）、对流层准两年振荡（TBO）以及大气中的韵律。

3.3.1 大气季节内振荡（ISO）

大气中的季节内振荡（ISO）是指大气中时间尺度为 30～60 天的准周期变化，因此也称大气中的 30～60 天振荡。

ISO 最先是在热带被发现的，根据 1957—1967 年在坎顿岛的 10 年观测资料，Madden 和 Julian 通过谱分析首先发现太平洋地区热带大气在风场和气压场的变化中存在 40～50 天的周期振荡现象（图 3.3.1）。其后，他们又证明这种准周期低频振荡在全球热带大气中普遍存在。因此，又有人把热带 ISO 称为 Madden-Julian 振荡（简称为 MJO）。

自从 Madden 和 Julian 开创性地研究了热带大气中存在 ISO 现象后，气象工作者们的研究工作越来越深入，研究结果不断地证实热带大气中存在这种现象。近年来的研究还指出，ISO 不仅是热带中的现象，也是全球性的现象。

(1) 热带大气季节内振荡

热带 ISO 具有明显的地域特征。在热带大气中季节内振荡的主要大值区有：赤道东太平洋地区（160°—100°W），其次是南亚热带地区（50°—110°E），赤道西太平洋地区（140°—160°E），赤道东大西洋（20°W 附近）。尤其是在前三个地区，存在强烈的季节内振荡活动。

根据波谱分析可知，热带 ISO 不论在位势高度场还是风场，主要表现为纬向 1 波扰动形势，同时纬向 2 波和 3 波的扰动有时也很明显。

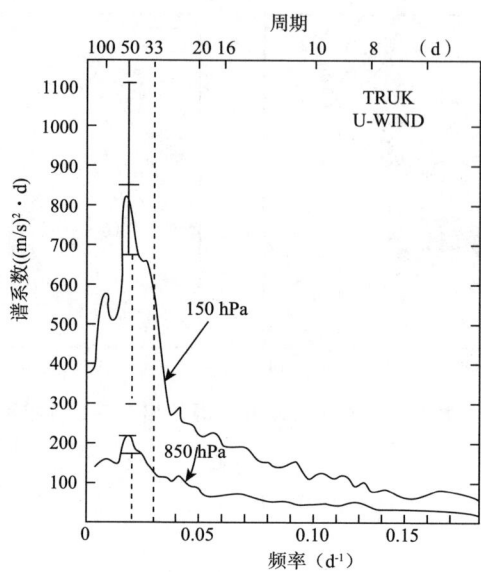

图 3.3.1　Truk 岛 850 hPa 和 150 hPa 的 u 分量谱分析结果
（两条垂直虚线为 33 天和 50 天周期，在 50 天周期垂直虚线上
还给出了 0.05 显著水平区间）(Madden 和 Julian, 1972)

热带 ISO 纬向 1 波基本上在垂直方向上主要表现为"斜压"结构特征，其纬向风和温度场随高度明显西倾，以至对流层上层与对流层下层呈反相特征。垂直速度场上，

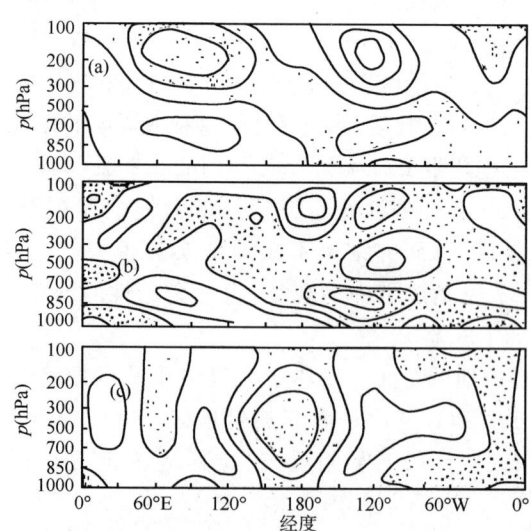

图 3.3.2　赤道地区 ISO 的纬向风 u(a)、温度 T(b)和垂直速度 ω(c)的高度—经度剖面
（图中等直线间隔分别为 2.0 m/s, 0.2℃和 5×10^{-5} hPa/s)(Murakanu 和 Nakazawa, 1985)

ISO 在对流层上下有一致的垂直运动,最大垂直速度位于对流层中层(图 3.3.2)。在尺度比纬向 1 波小的扰动在垂直上也有西倾的结构,上下却不反相。

赤道地区的 ISO 主要表现为向东传播,图 3.3.3 给出了 200 hPa 上 30~60 天带通滤波的纬向风在不同振荡位相沿 5°S 的经度分布。显然,从振荡位相 1 到 8 的演变可以很清楚地看出纬向风的东传特征。图 3.3.4 给出了季节内振荡的典型周期过程,以及海平面气压、沿纬向的垂直环流、对流层顶高度和热带积云对流的关系示意图。

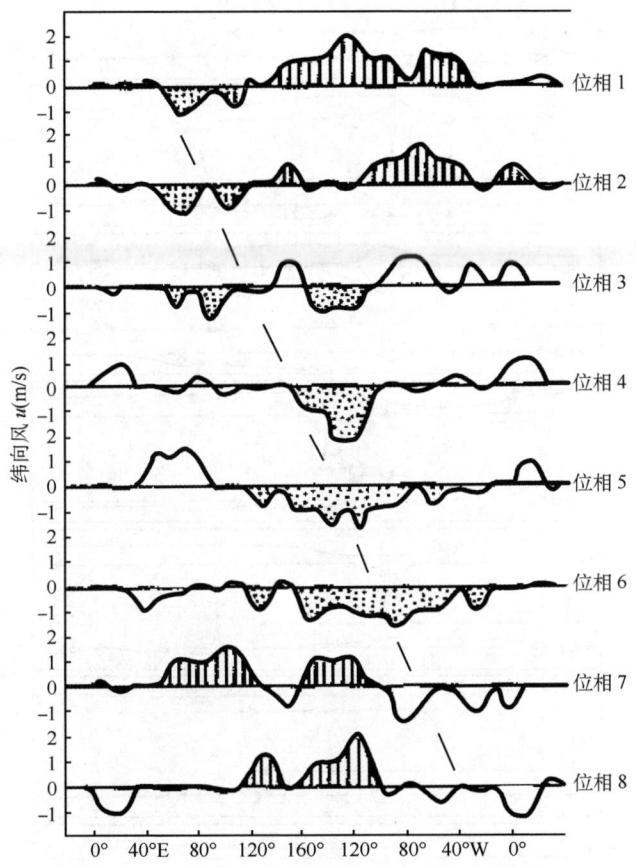

图 3.3.3 200 hPa 上 30~60 天带通滤波纬向风在不同振荡位相沿 5°S 的经度分布(李崇银,1991)

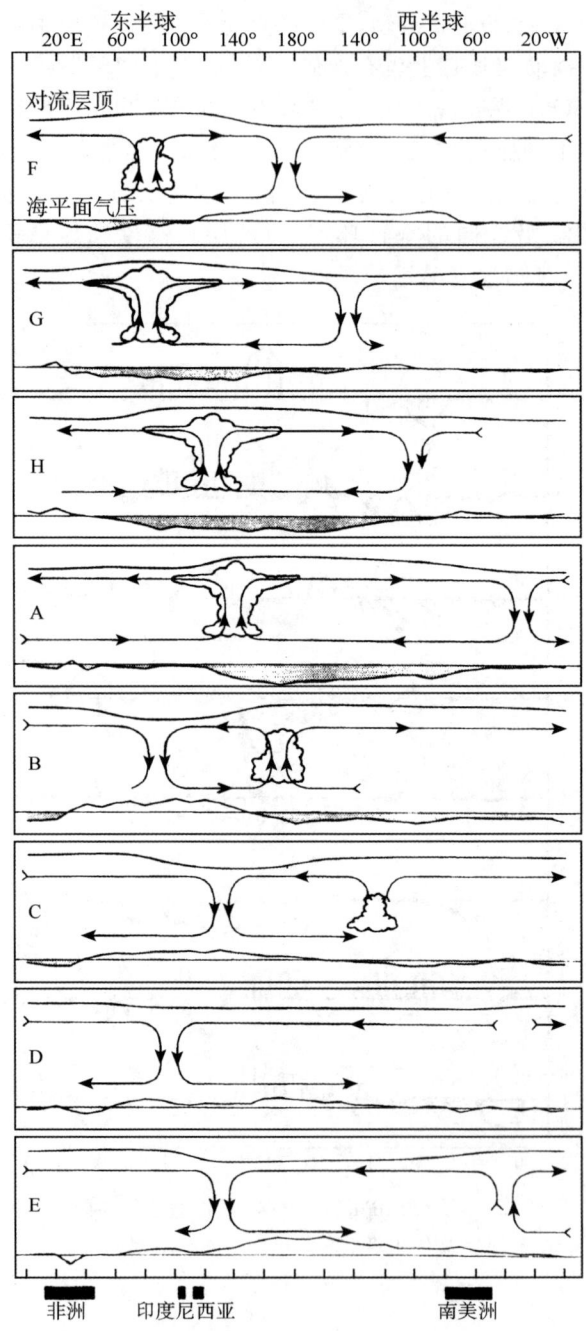

图 3.3.4 ISO 的传播的特征(Madden 和 Julian,1972)

以前人们较一致地认为向北传播是热带 ISO 的经向传播特征。但是后来人们发现,在不同地区不同季节,热带 ISO 的经向传播特征却是不一样的。

在 OLR 资料中也发现了 ISO 有非常明显的反映。图 3.3.5 给出 250 hPa 速度势和 OLR 资料在冬季时的 30~60 天生命史概图,每图之间约有 10 天间隔。第 1 型时,负速度势(辐散)中心位于印度洋,用了约 30 天时间移到了南美(第 4 型)。速度势和 OLR 在印度洋上空时是同位相的,但是到了第 3 型时,速度势中心就位于 OLR 最大距平的东部。研究结果还指出,大气环流和 OLR 资料表示出的 ISO 的生命史循环是类似的。

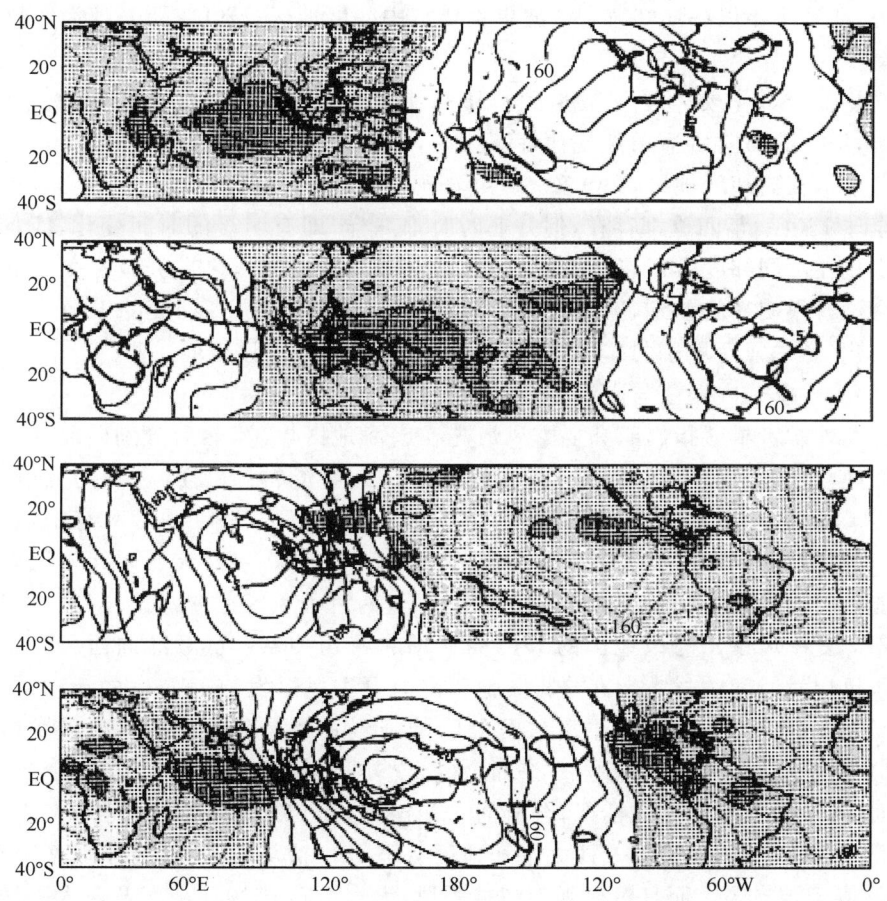

图 3.3.5　冬季(11 月—4 月)250 hPa 速度势和 OLR 的 30~60 天生命史循环(Knutson,1987)

(2)中高纬大气季节内振荡

同热带大气中存在 ISO 一样,中高纬度地区的大气运动也有明显的 ISO,尤其在高纬度地区。通过对东亚和北美急流的演变、极地涡旋的变化、东亚大槽的变化以及阿留申低压系统等的功率谱分析，都可以发现在 30～60 天周期谱带存在着显著的谱峰，说明 ISO 在中高纬度地区是普遍存在的。

中高纬 ISO 主要位于欧亚大陆和北美大陆的东部并延伸到邻近大陆的海洋上。这两个区域分别与北半球的两个大槽有关，位于风暴轴的西南方向，说明 ISO 与大气角动量从较低纬度向较高纬度输送有关。

在中高纬度的 ISO 中有典型的正压垂直结构特征，其高度场（温度场）和风场扰动在对流层上层和下层有一致的分布形势。

在高纬度地区，ISO 主要表现为纬向 1～3 波的扰动，冬半年以纬向 1 波和 2 波占优势，在夏半年以纬向 2 波和 3 波更重要。中纬度地区，ISO 主要表现为波数 3～4 的扰动。

同热带 ISO 主要为缓慢东移不同，中高纬度 ISO 主要表现为向西传播。在中纬度地区，ISO 的纬向传播虽然规律性不明显，但是向西传播的特征还是清楚的，尤其是在冬季。在高纬度地区，ISO 在冬半年明显西移，而在夏半年却表现为明显东移。

全球 ISO 一年四季都存在，但并非时时都一样，即有明显的时间变化，而且这种时间变化在不同纬度带还有所不同。资料分析清楚地表明，热带 ISO 在冬季和夏季的强度没有很明显的差别，但却有极为清楚的年际变化。中高纬度的 ISO 有极显著的年变化（冬季强而夏季弱），但年际变化相对其年变化却显得弱一些。

(3) 大气季节内振荡与南海夏季风的关系

国内外学者早就指出亚洲夏季风最先在南海地区爆发，然后分别向北和向西北推进而建立起东亚夏季风和南亚夏季风。根据风场资料和 TBB 资料的分析表明，1998 年南海夏季风于 5 月 21 日爆发，夏季风的爆发还与 ISO 的活动有密切关系。从南海地区（5°—20°N，105°—120°E）850 hPa 纬向风、30～60 天低频纬向风以及低频动能随时间的演变（图 3.3.6）可以看出，不仅南海季风区存在明显的 ISO 的活动，而且南海夏季风爆发与该地区的 ISO 的活动有密切关系。低频纬向西风出现的时间比季风爆发时间约早 2 天。分析其他年南海夏季风爆发前后 ISO 的活动情况，其结果与 1998 年类似，说明菲律宾东面 ISO 的强烈发展及其向西扩展对南海地区大气季节内振荡活动有重要作用，并进而激发夏季风的爆发。

对应强、弱南海夏季风情况，合成的 850 hPa 大气 ISO 的流场差异形势表明，强南海夏季风情况下，在南海及西太平洋地区有强 ISO 流场；弱南海夏季风情况下，大气 ISO 流场相当弱。而且对应强南海夏季风，大气 ISO 流场在南海及西太平洋地区为强气旋性环流，对应弱南海夏季风却为弱反气旋环流。因此可以认为，ISO 在南海及附近地区的活动对于南海夏季风形势的建立起着重要作用。

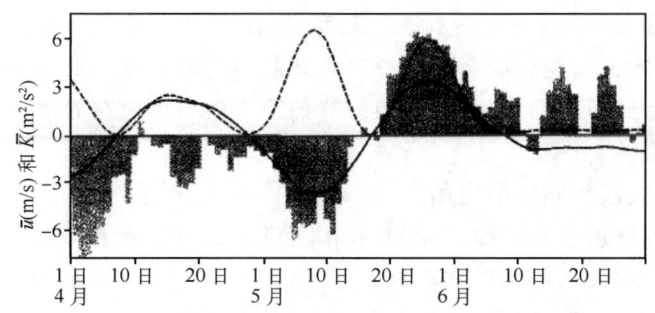

图 3.3.6　1998 年南海地区(5°—20°N,105°—120°E)850 hPa 纬向风(阴影)及 30~60 天低频纬向风(实线)和 ISO 动能(虚线)随时间的演变(Li 和 Wu,2000)

3.3.2　对流层准两年振荡(TBO)

自 20 世纪 60 年代发现热带平流层下层的纬向平均气流存在周期为准 26 个月的东风和西风互相交替出现的年际变化以来,准两年周期振荡(QBO)的研究引起了国内外气象学者的普遍关注。愈来愈多的观测事实表明,在对流层大气环流以及地面气象要素的变化中几乎普遍存在着 QBO 现象。人们通常把季风环流、降水、海温等具有 2~3 年周期的年际变化称之为对流层准两年振荡(TBO)。

TBO 是亚(主要指南亚)澳季风区海气耦合系统变化的基本特征和主要分量,广泛存在于亚澳季风区的各个子系统中。印度季风降水、亚澳季风环流等系统都存在明显的 TBO 现象。大家认为海气相互作用、陆气相互作用、以及热带外大气与热带大气间的相互作用是产生亚澳季风 TBO 的主要原因。

东亚季风区同样也存在显著的 TBO 现象,特别是东亚地区的降水。中国南海—西太平洋暖池地区的海气相互作用对东亚夏季降水的 TBO 有重要影响。黄荣辉等提出热带西太平洋暖池的局地海气相互作用会使得暖池海温异常出现 TBO,相应的暖池对流活动也出现 TBO,对流激发 EAP 型波列会影响西太副高的南北位置,从而影响中国的长江、淮河流域以及日本、韩国的降水,它们都表现为 TBO。

3.3.3　大气中的韵律

大气变化除了在空间上会存在稳定的联系,即上面介绍的大气遥相关外,在时间上大气的变化也会存在稳定的联系,即大气中的韵律。

(1)韵律的概念

韵律指两种天气现象或天气过程相距一定的时间间隔发生重演的规律性。韵律具有 3 个基本特点:①两种天气现象或者天气过程之间的时间间隔具有准稳定性,研究指出有 90±2 天、150±2 天、180±2 天等，具有类似于周期的特点，但它不像周期那样稳定；②两次天气现象或者天气过程之间的中间过程并不清楚，不可能从开始的现象或过程追踪到对应的现象或者过程；③韵律一般只出现在固定季节，一般不能继续重复推演下去。

(2) 韵律在气候预测中的应用

气候中的韵律现象是多种多样的，我国劳动人民在生产活动中发现了大量的天气现象之间的韵律关系。例如，"八月十五云遮月，正月十五雪打灯"，"不得春风，难得秋雨"，"发尽桃花水，必是旱黄梅"等。根据这些天气谚语，寻求前期的预报信息，在气候预测中取得了一定的预报效果。

中央气象台研究过影响我国的冷空气活动的韵律关系，得出 1 月份出现冷空气活动以后，经过 60 天左右，9 月份经过 180 天左右，11 月份经过 40 天左右再出现冷空气活动的韵律较明显。王绍武等统计研究了我国短期气候预测有一定效果的气象指标，指出有一半多的指标出现在预报前 6 个月左右，具有 180 天左右的韵律关系。这些指标主要集中在三个地区，即北太平洋、北大西洋和亚洲南部到西太平洋地区。

通过对 500 hPa 环流分析发现，隔季相关是一个重要现象，具有明显的纬度效应和季节变化，即以中高纬度冬季对夏季的隔季相关最为明显。

研究表明，月平均海表温度变化也存在韵律关系，北太平洋海温在春季有 6～12 个月左右的韵律，秋季则有 14～20 个月左右的韵律。夏季的韵律不明显。

(3) 韵律产生的原因

迄今为止，对韵律产生的原因还没有形成有共识的结论，目前的看法主要有以下几种：①由于大气活动中心的控制作用，韵律反映了大气活动中心的位相；②根据流体力学实验得出韵律与带状环流自振荡有关；③认为地球大气中韵律是由太阳活动韵律引起的；④海气相互作用是形成韵律的重要原因。

3.4 大气低频变化的可能原因

虽然球面二维定常罗斯贝波传播的概念在解释大气低频变化的结构和时间演变中是有用的，但是应该指出，从本质上说，它不是大气低频变化的成因，换句话说，应该研究大气低频变化的机制问题。迄今为止，对大气低频变化的成因有很多研究成果，但是很多问题还有待于进一步研究。总体来看，可从下面几个方面来看大气低频变化的成因。

3.4.1 大气对外源强迫的响应

把大气低频变化看作来自下垫面缓慢变化的热力强迫的响应，是大气科学研究中的传统课题。大量的观测研究已经证明,赤道东太平洋海表温度异常升高会引起整个北半球大气环流的响应,数值试验也表明,会产生类似 PNA 遥相关型的分布。图 3.4.1 给出了一列由赤道热源发出的二维罗斯贝波的简单示意图。可以看出,在热带的热力强迫,可以产生一支波列,从热带一直向中高纬地区传播,类似于一个大圆路径。有证据表明,大西洋地区海表温度距平和年际气候变化之间也有联系。近年来的研究成果表明,热带外地区海表温度异常同样可以作为年际气候变化的原因来考虑,而且数值模拟结果也证实了这种看法。

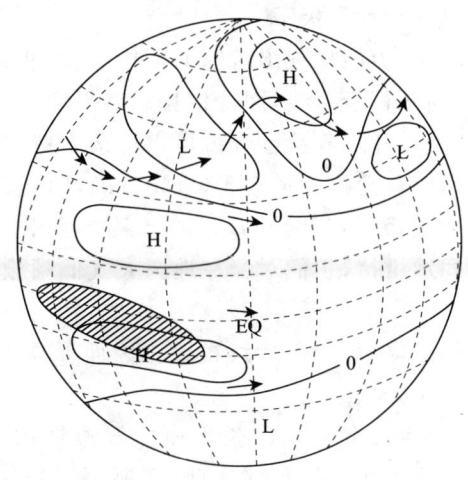

图 3.4.1 北半球冬季对流层上层位势高度场对赤道太平洋海表异常增暖响应的示意图
(阴影区表示降水增强区,Horel 和 Wallace,1981)

海表温度异常并不是导致短期气候变化的外部强迫作用的唯一形式,夏季土壤湿度的变化也同样能引起大气低频变化。近年来的研究还表明,大地形强迫也能引起波列结构,在球面上按二维 Rossby 波射线路径传播。

极地海冰和陆地积雪作为大气热机中的一个冷源,它也会对大气产生强迫作用,引起大气低频变化。研究结果表明冬季戴维斯海峡的海冰面积变化,会引起 500 hPa 高度场上 WA 型和 EU 型遥相关的产生;欧亚中高纬冬季积雪面积的变化,也会引起欧洲西部—西伯利亚—中国东部及日本附近洋面上冬季 500 hPa 高度场异常的变化。

3.4.2 大气内部过程的作用

应该指出,外部强迫作用只能解释大气低频变化的一部分方差,因此,还有必要考虑大气内部的动力学和热力学过程的作用,有以下几个方面。

(1) 振荡现象

在大气内部存在着指数循环现象,表现为准周期振荡,这种现象是一种类似于在一定控制条件下转盘中流体的振荡现象。在北半球冬季对流层环流中指数循环的振荡是由于气候平均的静止波和低频瞬变之间的相互作用而交替产生和破坏的。

(2)不同气候流型之间的过渡——多平衡态

观察到的某些大气低频变化可能与两种或更多种不同的"天气流型"的存在有关。这些不同的天气流型对应于同一种外部强迫作用,但各有它自己的纬向平均气流和定常波结构,也有它本身的瞬变变化形式。在一定条件下,环流可能突然地从一种天气流型转变为另一种流型。

(3)稳定闭合涡旋、孤立子和偶极子

在一定条件下,一部分环流能呈现出特殊的结构,在这些结构中气流是相当正压的,绝对涡度等值线近似地平行于流线,因此位势涡度平流和位势高度的倾向都比较小。这样,一些闭合的气旋性和反气旋性环流可以持续维持,其生命史可以很长。一般把单独长时间存在的涡旋环流称为孤立子(Solitons),而把长时间同时并存的气旋性和反气旋性涡旋对称为偶极子(Modons)。由于孤立子和偶极子这类涡旋系统在大气环流中可以较长时间地维持,它们对所在地区大气低频振荡有相当大的贡献。

在极地附近,β效应小,平均纬向气流和斜压性弱,闭合的气旋和反气旋的环流是经常有的一种结构,而且其生命史也持续很长。因而孤立子和偶极子对大气低频振荡的产生具有重要的作用。

在中纬度地区,为了产生如此稳定的长生命史气流结构,就有一些更特殊的条件。这样的条件经常能在两个大洋的东部实现,在那里气候平均纬向气流和斜压性是最弱的,而瞬变波的振幅却是足够大的,以致闭合环流或闭合等值线经常出现,甚至可能出现在强的西风带中。在这些纬度上,这种生命史特点是常常呈现出偶极子形式,高纬度的反气旋总是配合以较低纬度的气旋。图3.4.2给出了两个例子,一个是1980年12月1—5日在大西洋东部环流占主导地位,另一个是12月6日在日变更线东部发展起来并维持达一周之久。

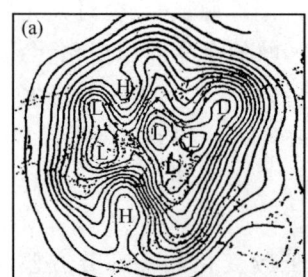 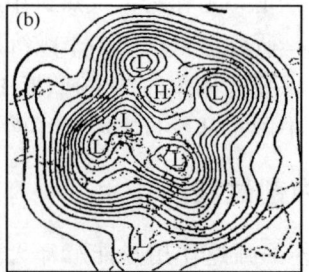

图3.4.2 根据欧洲中期天气预报中心逐日资料得出的500 hPa高度综合平均

(a)1980年12月1—5日;(b)1980年12月6—12日

(等值线间隔为60 gpm,Hoskins和Pearce,1987)

(4) 波动相互作用

对限制于中纬度 β 平面通道中的气流而言,地形强迫波和缓慢移动的瞬变行星波之间相互作用能产生类似于阻塞形势那样生命史长、振幅大的形势。因此,通过大气中波与波的相互作用,也是产生大气低频变化的机制之一。

(5) 高频瞬变波的强迫作用

高频瞬变波能通过它们的涡度通量持续作用以维持已存在的低频环流距平,同时它的热量通量会引起阻尼减弱作用。这两种效果都说明高频瞬变波对定常波和低频瞬变波有作用。因此,大气中的瞬变涡动对时间平均气流的非线性强迫作用,或者瞬变波对准静止行星波的非线性强迫作用,将导致平均气流或准静止行星波的变化,从而成为大气低频振荡的产生机制之一。

(6) 气候反馈过程的作用

研究指出,大气中广泛存在的反馈过程能引起大气低频变化。例如,对流凝结加热是大气运动的重要能源之一,特别是在热带大气中,对流凝结加热的反馈是热带天气系统形成和维持的关键因素。作为大气内部热力学过程,它是引起激发产生热带大气 ISO 的重要物理机制之一。

综上所述,无论是外源强迫还是大气内部过程的作用都能引起大气低频变化,这方面的研究工作还在继续,我们还需要进一步深入探讨。

复习思考题

(1) 大气运动按照时间尺度划分,可以分为几类?

(2) 如何利用大气原始资料提取低频变化部分?

(3) 大气低频变化的地理分布具有哪些特点?

(4) 热带大气季节内振荡具有哪些特征?而中高纬大气季节内振荡具有哪些特征?两种振荡有何不同?

(5) 什么是大气遥相关?可以利用哪些方法研究大气遥相关?

(6) 冬季北半球海平面气压有哪些遥相关型?

(7) 冬季北半球 500 hPa 高度场有哪些遥相关型?

(8) 大气低频变化的可能原因有哪些?

第4章 海气相互作用与短期气候预测

海洋和大气同属地球流体，它们的运动规律有很多类似之处；同时，它们又是相互联系相互影响的，尤其是海洋和大气都是气候系统的成员，大尺度海气耦合作用对气候的形成及变化都有重要影响。因此，气候研究必须考虑海洋的存在及海气相互作用。

地球表面积有 5.10×10^8 km^2，其中海洋面积为 3.62×10^8 km^2，约占地球表面积的 70.8%，相当于陆地面积的 2.5 倍。占地球表面积三分之二以上的海洋由于其几何和物理学特性，如海温异常的时空尺度都很大，会对大气环流、长期天气过程和气候变化产生深远的影响。早在 20 世纪 20 年代人们就开始重视海洋对天气、气候影响的重要性。20 世纪 60 年代后期开始的"全球大气研究计划"(GARP)、70 年代后期开始的世界气候计划(WCP)和 80 年代的热带海洋与全球大气(TOGA)计划利用通过卫星气象、海洋观测，为测站十分稀少的广阔的海洋区域提供了十分丰富的资料，因而推动了海气相互作用研究的进展。随着社会的发展和科学技术的进步，人类加强了海洋上观测试验活动和有关海气相互作用过程的研究，人类对于海气相互作用、特别是热带海洋与全球大气和气候变率关系的理解有了很大的进步，揭露出许多重要的观测事实，为开展气候预测奠定了坚实基础。

20 世纪 60 年代以来，气象学家对海气相互作用进行了广泛的研究，其中，纳米阿斯(J. Namias)及皮叶克尼斯(J. Bjerknes)从广泛的资料和物理观点方面比较有力地论证了这种关系的存在，使由来已久的海气相互作用的研究向前推进了一大步。近年来，国内关于海气相互作用的研究工作相当活跃，以致在气候动力学中形成了内容深刻而广泛的一个分支。大尺度海气相互作用及其在短期气候预测中的应用已成为短期气候预测的一个重要课题。

4.1 海洋的基本特性

非绝热性是短期气候变化中最本质的物理特性，海洋是比陆地更为重要的热源，海洋热源的异常分布是短期气候异常的重要原因，因而在研究短期气候预测理论时，必须把大气和海洋的环流作为一个整体来考虑。在这一节里，我们将讨论具有气候意义的海洋特性以及海洋在地球—大气系统热量平衡及水分平衡中的作用。

4.1.1 海水的温度分布

(1)海温的水平分布

海洋的热状况主要由太阳辐射决定,那么它的分布自然是从低纬度向高纬度降低的,等温线基本上呈纬向分布。由于地球表面海陆分布不均匀,并存在盛行风系和海流,所以海水温度的分布就变得很复杂。从年平均的海水温度分布图(图4.1.1)可以看到,赤道附近是25~28℃,南北纬50°附近是10℃左右,80°附近是−1~−2℃左右,形成冰水共存的现象。因此,从赤道到两极,海水温度大约下降30℃,平均每3个纬度降温1℃。

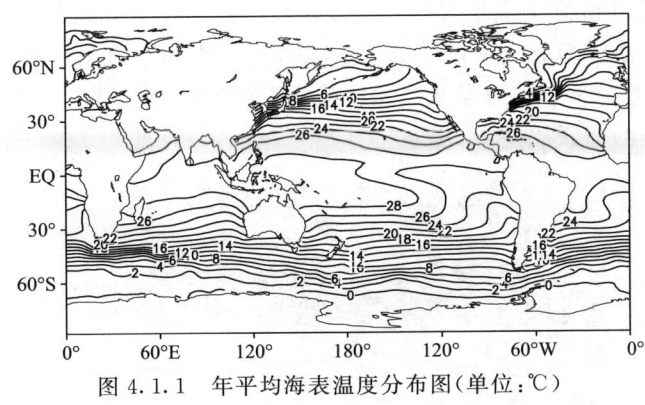

图4.1.1 年平均海表温度分布图(单位:℃)

海温的水平分布,除了取决于纬度外,还受海陆分布、海流运行、大气环流和入海河流等因素的影响,因此,实际上海水等温线并不严格与纬度一致。例如,在大西洋的墨西哥湾流的强大暖流影响下,等温线的走向几乎是沿子午线方向。在太平洋、大西洋和南印度洋中自40°N到40°S地方,东部等温线靠近于赤道,而它的西部则分离,这是由于大洋西岸均为向高纬度流动的暖流的缘故。寒流迫使等温线移向赤道,而暖流相反地使等温线移向高纬度。特别需要指出的是,在赤道带的某些区域的海温并非最高,这是由于赤道冷水带的存在对海温的影响。其中,赤道东部太平洋的冷水带和赤道印度洋的冷水带强度和伸展范围的变化直接影响低纬度的气温及大气环流的变化。在同样的纬度上,北半球平均海温高于南半球,这是因为北半球的陆地较多,而云量又比南半球为少的缘故。

全世界海洋平均温度为17.4℃,而空气的平均温度为14.3℃,在平均情况下,海洋表面比相邻的空气层温度高,因此,海洋对大气的加热过程影响较大。

(2)海温的垂直分布

海洋表层海水可以直接吸收太阳辐射来增加温度。但是,在几米之内,太阳的辐射热量几乎全部被吸收,所以直接吸收太阳辐射而增温的海水仅限于表面以下极薄的一层。海水温度的垂直分布和大气不一样,海水温度总是向深处降低的。海水表层以下温度的调节是靠直接的热传导和由风应力引起的海水垂直方向上的扰动。据估计,海水扰动的最大深度仅及 200 m 左右,在这个深度以下,海水温度一般变化很小,在 1500 m 以下几乎无变化。大洋底部的温度无论在什么纬度均在 $2\sim-1℃$ 之间。

海水温度在海面上高,而随着垂直方向深度的增大呈不均匀递减。在海洋上表层,由于受到大气的影响、风浪和海流所引起的湍流混合十分强烈,在海洋中数十米厚的表层维持接近等温的状态,称为混合层,其深度约为 50 m。混合层之下,温度随深度递减,是垂直温度梯度最大的水层,这一层称为温跃层,再往下温度垂直分布又趋于均匀,到 $500\sim1000$ m 之间又出现另一个温跃层。图 4.1.2 为赤道太平洋($2°S\sim2°N$)平均的上层海洋温度垂直剖面图,从图上可以看出,赤道东太平洋海表水温要低于赤道西太平洋,赤道东太平洋的温跃层非常浅,而在西太平洋深度可达 200 多米,自西向东赤道太平洋的温跃层呈上升趋势。

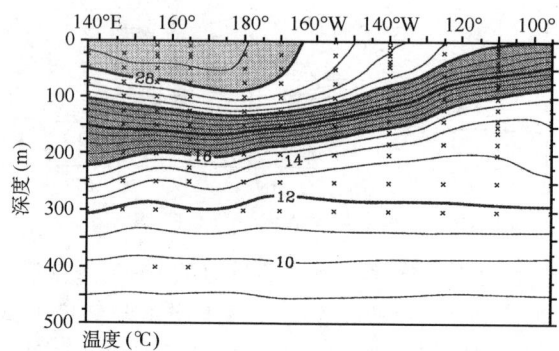

图 4.1.2　赤道太平洋上层海洋的温度垂直分布(引自 www.pmel.noaa.gov)

(3)海温的年变化与日变化

水是地球上比热容最大的一种物质。由于海洋比陆地、尤其是空气具有更大的热惯性,因而海水温度的日变化和年变化都比同纬度的陆地小得多,也慢得多。由表 4.1.1 可见,温带海洋温度的年、日较差最大,热带和寒带的年、日较差很小。在全球海洋里,水温变化超过 5℃ 的只占海洋总面积的 26% 左右,显然比陆地小多了。影响水温日变化的因子是天空状况(晴朗、阴霾)及海况(平静、海浪)。岸边表层水温日较差较大,在深度为 30 m 处尚能观测到日变化。海温年变化是由于太阳辐射年变化引起的,在影响海温年变化的各种过程中,最重要的是海面热辐射及蒸发。

表 4.1.1 各纬带海水温度的平均年、日较差(单位:℃)

	热带海洋	温带海洋	寒带海洋
年较差	2～3	5～10	1～2
日较差	0.1	4	0.5～1

4.1.2 海洋环流

洋流(又称海流),是海洋中海水水平地或垂直地从一个地区向另一个地区的大规模、非周期性的运动。海流形成的原因很多,但其中主要的原因有两个:一为作用于广大洋面的风力;二为由于广大洋面受热、冷却、蒸发和降水不均匀所造成的海水温度、盐度以及密度分布的不均匀。由前一个原因,即动力学原因所生成的洋流称为风生环流。大洋中由盛行的稳定的风系所生成的海流,自成循环体系。由于后一种原因,即热力学原因所生成的海流称为热盐环流。风生环流及部分热盐环流仅仅发生在海洋 1～2000 米左右以上的海洋上、中层,即海洋斜压层(又称海洋对流层)中,而海洋深层(即海洋平流层)全部为热盐环流。

图 4.1.3 给出了世界大洋表层环流图,从图上可以看出,世界大洋环流与地球稳定的风系之间有相当密切的关系。

太平洋、大西洋、印度洋的海洋环流具有下列基本特点:在近赤道地区有一支从东向西的赤道海流,即北赤道海流和南赤道海流,只有印度洋北部除外,那里的北赤道海流仅在冬季出现。北赤道海流与南赤道海流之间有一支自西向东的赤道逆流,近赤道海流状况与近赤道地区盛行风系有关。在西风带中,海流基本上自西向东,在南半球三大洋的这支西风海流彼此沟通,形成一个密集的水环,在水环的表层有一支从西向东越过大洋的横流。除了在季风作用下的印度洋北部外,大尺度海洋环流一般具有反气旋流动的特征。在北半球中纬度,海流作顺时针迴转,即在南、北半球的大洋西岸是向极流动的洋流,在东岸是向赤道流动的洋流。

大洋两岸的海流在强度上是不对称的,大洋西边界的海流要比东边界的海流窄而强。在北半球,如北大西洋西岸的湾流、北太平洋西部的黑潮都是强洋流。在南半球,如非洲东海岸外莫桑比克—阿古拉斯海流、大西洋南美洲东海岸外的巴西海流和南太平洋的东澳大利亚海流等都是一些向极流动的强洋流。实际的海流比上述基本特征要复杂得多,下面分三大洋作介绍。

(1)北太平洋

北赤道海流从加利福尼亚尖端的东南方开始,从东向西横越太平洋,其宽度从 10°N 到 20°—22°N,长达 14 000 km。北赤道海流到台湾省东岸便向右分出一支流,称黑潮暖流,它在琉球群岛的西面时深度达 700 m,速度每小时 5.2 km。再往东北到了日本列岛时，一支进入日本海，但主要的一支流向日本列岛以东，变成北太平洋海流，流量达到每秒 $7 \times 10^7 \, m^3$。这支洋流越过大洋达到美洲西岸时，大部分转向东南，参加北太平洋南部的水循环。另一支转向北去，参加太平洋北部的水循环。

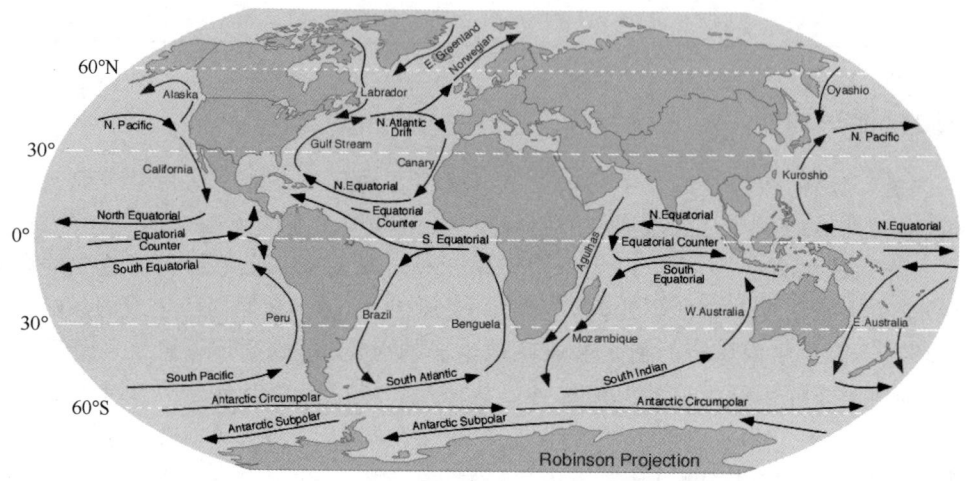

图 4.1.3　世界大洋中的表层海流（引自 www.geni.org）

（图中，Alaska：阿拉斯加海流；N. Pacific：北太平洋流；California：加利福尼亚海流；North Equatorial：北赤道流；Equatorial Counter：赤道逆流；South Equatorial：南赤道流；Peru：秘鲁海流；South Pacific：南太平洋流；Antarctic Circumpolar：南极绕极流；Antarctic subpolar：南极副极地流；E. Greenland：东格陵兰海流；Norweigian：挪威海流；Labrador：拉布拉多海流；N. Atlantic Drift：北大西洋漂流；Gulf Stream：墨西哥湾流；Canary：加那利海流；N. Equatorial：北赤道流；S. Equatorial：南赤道流；Brazil：巴西海流；Benguela：本格拉流；South Atlantic：南大西洋流；Agulhas：阿古拉斯海流；W. Australia：西澳大利亚海流；Mozambique：莫桑比克海流；South Indian：南印度洋流；Oyashio：亲潮；Kuroshio：黑潮；E. Australia：东澳大利亚海流；Robinson Projection：罗宾逊投影）

　　黑潮的感热、潜热通量很大，净热量释放是全球海洋中最大的，这种热量释放向北半球大气输送了大量的能量。据杰柯布斯（W. C. Jocobs）计算，在平均情况下，黑潮感热通量超过 90 cal*/(cm² · d)，潜热通量最大值 300 cal/(cm² · d)。可见，黑潮对天气、气候是有影响的。

　　亲潮是一支寒流。它来自白令海，顺着千岛群岛和日本列岛的大洋边缘行进，直抵 38°N。冬季它的流速比夏季大得多。这支寒流对大洋西北沿岸地区的气候有显著的影响。太平洋赤道逆流全部都在北太平洋行进，它的方向自西向东，范围约在 5°—10°N 之间，在北半球的夏季速度增大，冬季减小。

　　(2) 南太平洋

　　南赤道海流以加拉帕果斯群岛附近为起点，从东向西直达印度尼西亚群岛。它

---

* 1 cal = 4.1855 J。

的宽度约在 1°—10°S，流速比北赤道海流大 2 倍以上。南赤道海流接近澳洲东岸时便转而向南，经新西兰之南而与南太平洋的西风海流合并，沿 40°—50°S 的纬圈向东行进，横越南太平洋，然后沿南美洲西岸折向北，称为秘鲁海流。秘鲁海流尚未到达加拉帕果斯群岛时就转而向西，与南赤道海流合并，闭合成南太平洋的海流循环。

(3) 印度洋

北印度洋受季风影响，10 月开始吹东北季风，11 月开始发生北赤道海流。它由苏门答腊开始一直向西流往非洲东岸的索马里，从这里向南转成索马里海流。索马里海流再向东转，并入自西向东的赤道逆流。从 4 月到 9 月，北印度洋受西南季风影响，海流系统变得完全与冷季不同。夏季北印度洋没有北赤道海流，由西南季风造成的季风海流自西向东朝苏门答腊行进。

印度洋的南赤道海流以澳洲西岸为起点，从东向西横越大洋，范围为 10°—35°S。当它接近马达加斯加岛时，一部分海流转而沿该岛的东岸折向南，然后与印度洋的西风海流合并，形成南印度洋的闭合环流圈；另一部分折向北，遇到非洲海岸时又分为两支，右支沿索马里海岸向北前进，并入北印度洋的夏季季风海流，左支向南进入莫桑比克海峡，形成莫桑比克海流。再往南称阿古拉斯海流，然后转向东并入印度洋西风海流。

(4) 北大西洋

北赤道海流约在佛得角群岛开始，一般从东向西，宽度从 8°N 到 23°N，接近安地列斯群岛时，便形成了安地列斯海流。北大西洋著名的墨西哥湾海流是从佛罗里达海峡开始的，海峡宽 39 海里*，深 700 m 左右，海流在整个海峡的深度中行进，这里的流量达到每秒钟 26×10^6 m^3，相当于全世界所有河流总流量的 22 倍。在佛罗里达和墨西哥沿岸之间测得的海面高度差为 19 cm，这个水位差与大西洋信风有关，在信风的影响下，北赤道海流把大量暖的海水带进墨西哥湾，结果形成上述水位差。

墨西哥湾海流是一支暖流，它在纽约的纬圈上转向东，并入北大西洋海流，朝欧洲西岸行进。北大西洋海流未到欧洲海岸之前便分支了，南支转向南，形成加那利寒流，然后和北赤道海流混合在一起。另一支朝冰岛海岸方向流去，它是墨西哥湾海流的延续。再往东北方向流去便称挪威海流，一直流进巴伦支海和喀拉海。据统计，由于墨西哥湾海流的存在，每年约有 4×10^5 km^3 的海水从大西洋进入北冰洋，使巴伦支海一带海水冬季不结冰，成为 60°N 以北冬季唯一的不冻洋面。据舒列金计算，喀拉海全年获得的热量中 44% 来自暖洋流，并超过了来自太阳和天空的热辐射。舒列金还把喀拉海同它以南相距约 30 个纬度的黑海相比较，黑海没有洋流输入热量，平均每年热量收入与喀拉海相差不多。可见，暖流所起的作用与 30 个纬度的差距基本相当，说明湾流对西北欧甚至整个欧洲的天气、气候是很有影响的。

---

* 1 海里＝1.852 km。

东格陵兰海流向南冲刷格陵兰东岸,它从北冰洋带来大量冰块。西格陵兰海流沿格陵兰西岸向北流动,在巴芬湾中途转而向西,然后又向南与拉布拉多寒流合并,将大量冰山带往纽芬兰浅滩,对航海有很大危害。当拉布拉多寒流与墨西哥湾暖流相接触时,便在纽芬兰浅滩以南一带造成很浓的海雾。

(5)南大西洋

南赤道海流在布兰科角分成两支海流:向南的一支沿巴西海岸前进,叫做巴西海流,它是一支暖洋流,在流到45°S地方转而向东,和西风海流汇合。向北的一支叫圭亚那海流,它和北赤道海流汇合后注入墨西哥湾,造成那里的水位差,对墨西哥湾暖流的形成有明显作用。

以上介绍的是世界三大洋的海流基本情况。根据"吹流学说",海流虽然是大气环流中的稳定风系造成的,但是,海流对海水温度的分布有巨大的影响,而通过海温的异常分布对大气环流产生反馈效应,成为造成大气环流异常的一个重要因素。

4.1.3 具有气候意义的海洋特性

(1)海洋的巨大面积与质量 海洋面积占地球表面积的70.8%,全球海洋吸收的太阳辐射,约占进入地球大气顶的总太阳辐射量的70%左右,因此,到达地球表面的太阳辐射能大部分被洋面吸收再转化成其他形式的能量稳定地加热大气。海水的质量为大气的250倍,海面蒸发量约占地表总蒸发量的84%,因此,海洋也是大气中水汽的主要源地。

(2)海水的辐射特性 海水对太阳的短波辐射具有吸收率高、透过率高的特性。海水对太阳短波辐射的吸收率约在84%~95%之间,比陆面高出10%~20%,另一方面,陆地表面对太阳辐射的吸收仅在地表,而海水可达几十米深。由于太阳辐射的加热可达海水的一定深度,有利于热量的储存。

(3)巨大的热惯性 表4.1.2给出了海水、土壤、空气和海冰的平均比热容及热容的数值。可见,海水比空气与土壤的比热容大得多。1 g海水升温1℃所需热量为0.932 cal,此热量可使同质量的土壤升温1.9℃,可使同质量的空气升温3.9℃。可见,海洋比陆地,特别是比空气具有更大的热惯性,可以成为巨大的热量"储存器"。海洋的这一特性,一方面使其具有较强的"记忆"能力,可以通过海气相互作用,把大气的变化信息储存于海洋中,然后再对大气运动产生作用;另一方面,海洋的热惯性使得海洋状况的变化具有滞后效应。

(4)海水的流动性 海水是一种流体,有水平与垂直方向的运动,因而可使它获得的热量通过平流与乱流向其他地方和海洋深层传播,这也是造成海洋热惯性大的一个原因。

表 4.1.2 海水、空气等的平均比热容及热容

	比热容(cal/(g·℃))	热容(cal/cm³)
海水	0.932	0.956
空气	0.237	0.000 306
土壤	0.491	0.525
海冰	0.502	0.460

(5) 海洋热源的时、空尺度 由于海洋热惯性大,使海洋热状况的变化具有持续时间长、空间尺度大的基本特征,这对短期气候变化有重要意义。

纳米阿斯(Namias)分析了 1947—1966 年共 20 年的太平洋海表温度(SST)的距平图后指出,整个太平洋(20°N 以北)的海表温度距平区最长能持续 6 个月以上,而同一时期西风环流指数的季节性相关一般持续性很短。克劳斯(Kraus)计算了大西洋船舶 I 站的 SST 和气温的自相关系数,若以 1% 的显著水平为标准($r=0.24$),则海温距平能持续到 8 个月,而气温不到 4 个月。图 4.1.4 给出了热带太平洋海温、北太平洋海温、北极海冰和 700 hPa 高度月平均自相关系数。700 hPa 高度滞后 1 个月的相关系数不足 0.2,持续性很差;而北太平洋海温和海冰滞后一个月的相关系数还可以达到 0.7 左右,2 个月还接近 0.6,热带太平洋海温滞后 4 个月的相关系数依然大于 0.6。

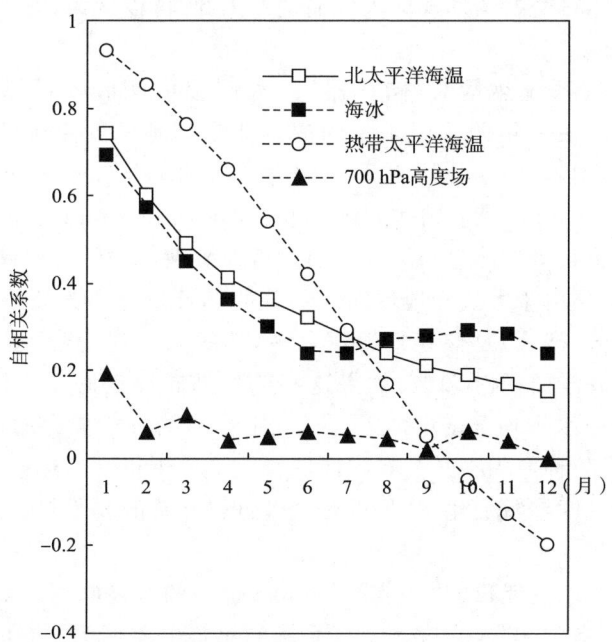

图 4.1.4 热带太平洋海温、北太平洋海温、北极海冰和 700 hPa 高度月平均自相关系数
(横坐标表示时间,单位:月份;纵坐标表示相关系数)

索耶(Sawyer)指出,对于一个能造成长期天气异常(短期气候异常)的热源,必须具备三个条件:(1)在几何的广度上应大到与温度、气压异常的空间尺度相当的量级,即至少要大于 10^3 km;(2)在时间上的持续性要具有与天气异常同量级的周期,即要持续到月的量级;(3)在强度上要大到长波辐射量的 1/10,即 5 cal/(cm² · d)。

上述对海洋的特性的分析表明,海洋完全符合 Sawyer 提出的异常热源的三条标准。海水是一种巨大的热惯性系统,是对大气进行非绝热加热的主要热源。

4.1.4 海洋在地球—大气系统热量平衡及水分平衡中的作用

既然大气运动的能量大部分直接来自下垫面,因此,讨论海洋在地球—大气系统热量平衡和水分平衡中的地位,对于进一步了解海—气能量交换在短期气候变化中的作用是有益的。

(1)海洋在地—气系统热量平衡中的作用

海洋是大气热机运转的主要燃料供应地 地—气系统年平均辐射平衡中,太阳短波辐射的 51% 被地表吸收,然后再转换成其他形式的能量加热大气。这部分能量占运转大气热机的能量的 73%。由于海洋占地表面积的 70.8%,那里对太阳辐射的吸收率又较陆地表面大。因此,到达地表的太阳辐射,绝大部分被洋面吸收,然后以长波辐射、潜热、感热交换等形式向大气输送。因此,可以认为,海洋是大气热机运转的主要燃料供应地。

海洋是地—气系统热量的"储存器" 太阳辐射能收支的差额,简称辐射差额(或辐射平衡),在一年四季中是不同的。北半球地—气系统的辐射差额,春季平均为 0.052 cal/(cm² · min),夏季平均为 0.072 cal/(cm² · min),秋季平均为 -0.044 cal/(cm² · min),冬季平均为 -0.085 cal/(cm² · min)。因此,就全年而论,北半球地—气系统获得的热量与失去的热量近似平衡,即春、夏将储存大量的热能以弥补秋、冬的亏空。由于大气和地球固体部分的热容量比海洋要小得多,所以春、夏盈余的热能大部分(89%)是储存在海洋之中,其效果表现为春、夏两季海水温度升高。因为北半球海洋面积占 61%,如果这些热量都储存在海洋之中,也只能使海洋上层 200 m 深的海水平均温度增加 1.2℃。因此,在海洋中储存的这些热量在秋、冬释放时,如果由于某种原因在某一有限区域释放了异于正常的热量,致使某一海域发生了零点几度的温度异常变化,就足以对大气进行异常的非绝热加热,使大气环流产生明显的异常变化。

海洋是地—气系统能量的"调节器" 大气运动的最终原因是太阳辐射能随纬度的不均匀分布,北半球 40°N 以北地—气系统的年辐射差额为负,在这纬度以南的年辐射差额为正。但是在 40°N 以北地区并没有出现年复一年地变冷,而在 40°N 以南地区也没有年复一年地变暖。这说明在一年以内北半球地—气系统在高、低纬度之间存在热量自动调节的过程。即为了保持各纬带热量平衡,必须通过大气和海洋这两个流动介质中发生的复杂过程将低纬盈余的热量输送到高纬去。对于地球大气的热量平衡来讲,在中低纬度,主要由海洋环流把低纬度的多余热量向较高纬度输送,到了中纬度,通过海气间的强烈热交换,把相当多的热量输送给大气,再由大气环流的特定形式和活动将能量向更高纬度输送,人们称之为海—气的"接力输送过程"。

(2)海洋在地—气系统水分平衡中的作用

海洋蒸发的重要性 海洋在地—气系统热量平衡中,通过水分循环还有间接作用。根据鲁德洛夫(Rudloff)估计,整个大气包含的水汽平均约为 1.24×10^{19} g,相当于 24 mm 厚的水层。地球的年平均降水量为 3.96×10^{20} g,其中 2.97×10^{20} g 降在洋面上,0.99×10^{20} g 降在陆面上,总降水量相当于 780 mm 厚的水层。因此,大气中的水汽平均每年要更替约 32 次,或者,平均每隔 11 天就要更替一次。对于全球来讲,由于水分平衡,年蒸发量应当和年降水量具有同一量级,但来自海洋的蒸发量占总蒸发量的 84%,即 3.34×10^{20} g,来自大陆的蒸发量仅为 0.62×10^{20} g。如果取蒸发潜热为 2.4×10^3 J/g,则消耗在蒸发上的功率为 3×10^{13} kW,相当于地球吸收太阳辐射的 30%,或 15 倍于大气中动能的制造率(2×10^{12} kW)。由此可见,海洋蒸发的水汽在大气中凝结而放出的潜热在海—气能量交换中的重要性。

热带海洋信风区在水分平衡中的作用 根据地—气系统年平均降水量、蒸发量随纬度分布的统计可知:从极地到南、北纬 40°和从赤道到南、北纬 10°纬度范围内降水量大于蒸发量,而在两半球副热带地区蒸发量大于降水量。副热带地区的蒸发量 50%以上发生在海洋信风区;这部分潜热形式的能量向赤道辐合区输送,在那里通过积云对流,在对流层上部把潜热释放出来,再向高纬度输送。所以,热带海洋信风区提供的潜热形式的能量在推动大气热机中有重要贡献。

4.1.5 海气相互作用的基本特征

大气和海洋是两种不同的介质,它们之间紧密联系,它们的运动相互作用、相互制约。一方面,海洋对大气加热影响大气运动;另一方面,大气运动通过切应力对海流产生影响,使海水产生风吹流和上翻运动,使海温分布发生变化,以致改变海洋对大气的加热作用。这样海洋对大气产生热力影响,而大气对海洋产生动力影响,使海气相互作用过程复杂化。

海洋影响大气主要通过海洋向大气的感热和潜热输送,这些加热不但能形成对大气运动的边界强迫源,而且通过积云对流的凝结加热可以形成对大气的三维空中热源。这些对大气的非绝热强迫效应不但会在大气中产生局地的响应,而且可以通过热带的纬向 Walker 环流和经向 Hadley 环流以及行星波的传播在大气中产生范围十分宽广的遥响应。

海气之间的感热交换主要取决于两个因素,一是海面的风速,二是海气之间的温差。风产生大气湍流和垂直的湍流热输送,风速的大小影响感热输送的强度,海气的温差则既影响感热输送的大小,还决定感热输送的方向。当气温高于水温时,大气向海洋输送热量,但这时近海面大气的层结是稳定的,热量的输送相对缓慢而微弱;相反,如果水温高于气温,则近海面大气的层结不稳定,这时会发展强烈的湍流和自由对流运动,它们将会把来自海洋的热量迅速而有效地向大气输送;同时,表层海水因失热而密度增大,也形成不稳定层结,从而产生自由对流,贮存于海洋内部的热量也源源不断地向上输送。正是由于大气和海洋中同时进行着上述的垂直湍流热量输送,使得海洋中的热量迅速地、不断地向大气输送。

通过蒸发,一部分海水变成水汽进入大气,海水的一部分热量也同时以潜热的形式被水汽带入大气。当这些水汽在大气中凝结时,这些潜热又释放出来,成为大气的重要热源。因此,蒸发对海洋和大气的热交换也起着重要的作用。蒸发的速率与近海面大气中水汽的垂直梯度成正比,通常认为紧贴海面的空气是饱和的,如果海面以上空气的水汽含量比贴水面空气的小,这时通过扩散,水汽将向上输送,蒸发将得以继续进行;否则,蒸发将停止,甚至产生凝结过程。因此,在海面垂直方向上的水汽压差是维持蒸发的先决条件。

由于饱和水汽压随着温度的升高而增大,因而,气温愈高,空气中容纳水汽的能力就愈强,有利于蒸发的进行。但是,气温对蒸发的影响主要不是它的绝对值,而是它的垂直梯度,近海面大气的垂直温度梯度(海气温差)及风速是影响海面蒸发速率的两个重要因素。

大气环流影响海温的具体过程,是牵引、上翻和辐射。对于高压,如果中心气压愈高,则一般反气旋环流愈强,牵引作用必大,因为牵引作用产生的海温距平是西南暖、东北冷。但假如认为高压中心低层辐散也增强,则造成的海水下翻也必然强,海温应该高,同时下沉气流强,云少,太阳辐射强烈,海温亦应在高压中心较高。因此,一个气压系统对海洋的影响,究竟是牵引为主,还是以上翻和辐射为主,可以从相关系数的分布来进行分析。图4.1.5a为冬季太平洋高压(160°—130°W,15°—40°N)强度与北太平洋海温的相关系数分布,从图上可以看出,在高压中心西部是正相关区,在高压中心东部是负相关区,说明太平洋高压对海温的影响与牵引作用有很大的关系。图4.1.5b给出了冬季阿留申低压强度与北太平洋海温的相关系数分布,如图所示,在阿留申低压中心西南部是正相关区,在低压中心东北部是负相关区,说明冬季阿留申低压对海温的影响与牵引作用有关。此外,冬季阿留申低压与太平洋海温的相关系数分布,在低压中心附近是正相关的,这表明在阿留申低压范围内不但有牵引作用,而且上翻作用也比较重要。

热带海气相互作用表现最为强烈,热带海洋对于气候的年际变化具有突出贡献。

大量事实表明,低纬度大气各种尺度的运动,都受到海气相互作用过程的影响。热带大气的大尺度运动基本上是对海洋加热的响应,而次表层以上海洋的运动,则是对大气风应力的响应。

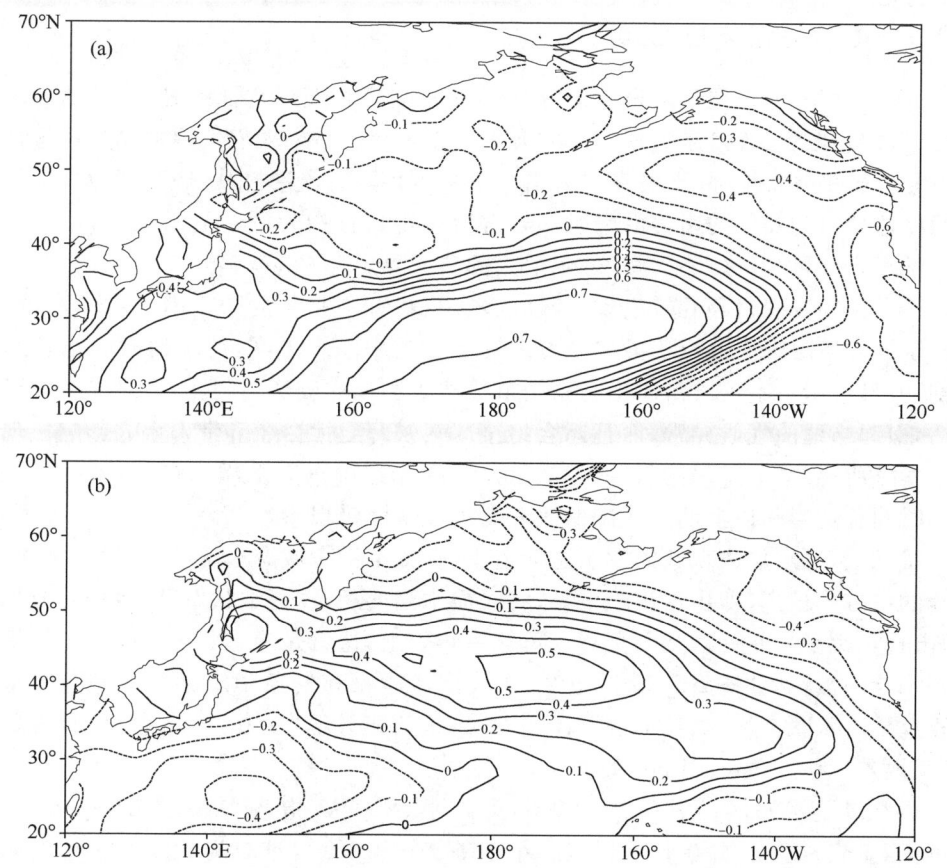

图 4.1.5 1979—2007 年冬季北太平洋高压(a)和阿留申低压(b)与北太平洋海温的相关系数

需要指出的是,和热带海洋不同,冬季中纬度海洋上的海气相互作用,主要表现为大气对海洋的强迫作用,而不是相反。在冬季北太平洋的大部分区域,特别是西北太平洋,大尺度的大气环流异常在很大程度上决定着 SST 异常,这种决定作用是通过它对湍流热通量的强烈影响来实现的。另外,在北太平洋的中部,海水的平流作用对海气相互作用也有重要影响,特别是在北太平洋中部从副热带到中纬度的过渡带上,上层海洋的平流过程对 SST 变率具有重要贡献。

4.2 ENSO 及其对气候的影响

4.2.1 厄尔尼诺与拉尼娜

厄尔尼诺一词来源于西班牙语"El Niño"的音译,原意为"耶稣之子——圣婴"。厄尔尼诺最初是指秘鲁沿岸每年一度的海水增暖现象。后来人们发现每隔几年这种增暖现象会异乎寻常地强,同时在秘鲁沿岸一带也伴随着出现极其异常的降水。因此,人们将这种每隔几年的南美沿岸海水异常增暖现象特指为厄尔尼诺现象,才使之成为科学术语。可是,这还只是对厄尔尼诺的狭义界定。

科学家们发现每隔几年出现一次的暖水现象并不是只局限于南美沿岸水域,这种海水异常增暖现象从南美沿岸一直发展到赤道中东太平洋,持续的时间也长达数月到一年以上,它不仅对沿岸生态系统造成严重影响或破坏,扰乱了沿岸渔民的正常生活,引起当地的气候异常,而且还会给全球气候乃至社会经济带来重大影响。现在气象学家所说的"厄尔尼诺"指的是就是这种在赤道中东太平洋每隔几年发生一次、持续时间长达半年以上的大范围的海表温度异常增暖现象。

实际上,厄尔尼诺现象的发生是赤道中、东太平洋海域海水温度相对"正常状态"向暖的一方的偏离(即出现正距平)。有时海水温度相对"正常状态"向冷的一方偏离(即出现负距平),并持续几个月甚至可达一年以上,这就是冷水状态。因为该海域处于暖水状态被称为"圣婴",20 世纪 80 年代海洋学家和气象学家又把这一与暖水状态相反的冷水状态称为"拉尼娜"(La Niña),是西班牙语"小女孩"之意,也有人称之为"反厄尔尼诺"(Anti-El Niño)。

通常以监测海区的月平均海表温度距平(SSTA)指数来表示 El Niño 和 La Niña,当 SSTA 大于或等于 0.5℃(或小于等于 -0.5℃),且时间长度至少达到两个季度以上(中间允许中断一个月),便可以定义一次厄尔尼诺(拉尼娜)事件。

图 4.2.1 给出了 1 月份热带太平洋海表温度距平的均方差。可见,海温距平变率在 0.5℃ 以上的区域从南美沿岸一直向西延伸至热带中太平洋的 160°E 附近。

目前国际上各国定义 ENSO 事件的标准并不统一。美国气候预测中心(CPC)把赤道中、东太平洋海域划分为以下几个海区(图 4.2.2),即赤道东太平洋的 Niño 1 区(5°—10°S,90°—80°W)、Niño 2 区(0°—5°S,90°—80°W)、Niño 3 区(5°N—5°S,150°—90°W)和中太平洋的 Niño 4 区(5°N—5°S,160°E—150°W)以及 Niño 3.4 区(5°N—5°S,170°—120°W)。由于 Niño 1 区和 Niño 2 区范围较小,所以一贯合成一个区称为 Niño 1+2 区(0°—10°S,90°—80°W)。Niño 3.4 区是后来增加的一个新区。这是因为在实际工作中,人们发现用 Niño 3 区与 Niño 4 区的平均比较有代表性。

但是用两个区跨越的经度范围又过大,因此,取乎其中。

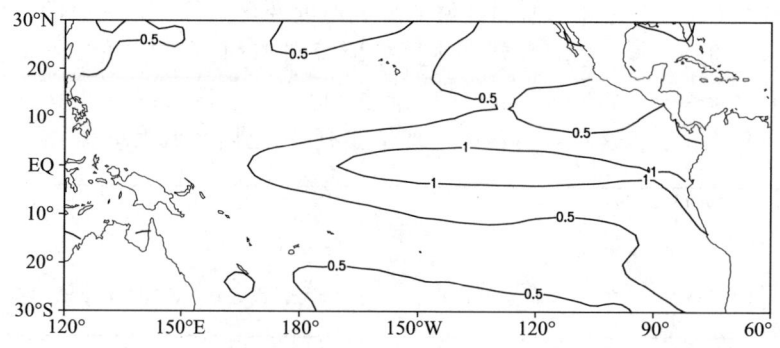

图 4.2.1　1月份热带太平洋海表温度距平的均方差(单位:℃)

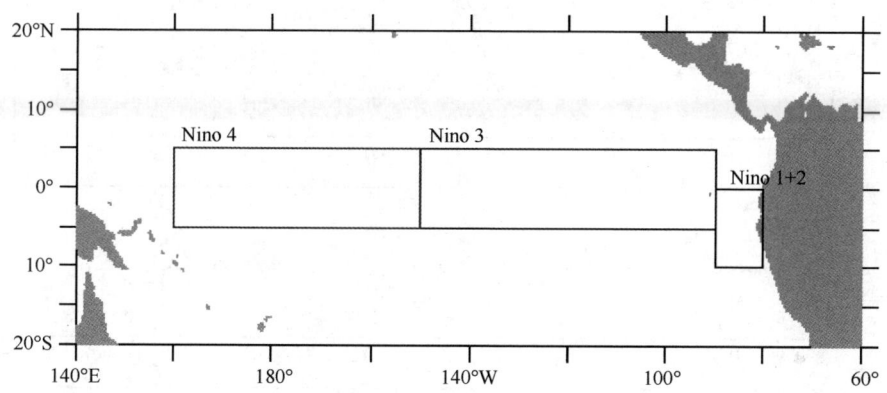

图 4.2.2　美国气候预测中心的赤道中、东太平洋 SST 监测区域划分

(引自 www.pmel.noaa.gov)

由于使用4个区定义厄尔尼诺不方便,所以过去多用 Niño 3 区,近来又用 Niño 3.4 区。中国气象局国家气候中心多年来在 ENSO 诊断预测业务中以 Niño 3 区为主。

ENSO 事件是一个至少涉及整个赤道中、东太平洋的大尺度海洋大气异常事件,发生时海表温度变化一般有两种类型:一种是从赤道东太平洋开始,然后向西发展至中太平洋,称为东部型事件;另一种是海表温度变化从中太平洋开始,先向东扩展到东太平洋沿岸,然后再向西扩展至中太平洋,称为中部型事件。这些过程海水温度的变化在区域和强度上存在一定的差异,但都属于同一事件过程,都会对大气环流和气候产生巨大的影响。过去常用的 Niño 3 区的海表温度异常的代表性明显不足,近年来一些国家在 ENSO 诊断中也逐渐由单一海区增加为多个海区。李晓燕和翟盘茂(2000)提出将 Niño 1+2,Niño 3 和 Niño 4 区 SST 距平按照各海区所占面积大小进行加权平均,合成一个厄尔尼诺监测综合区来计算 SSTA 值。

图 4.2.3 是美国气候预测中心所用的 4 个定义域 1989—2008 年海温距平曲线。由图 4.2.3 可以看出,这几个监测区域的海表温度变化大体上是一致的。但是,仔细分析就会发现仍有一些差异。例如升温开始时间不同,1997/1998 年事件中 Niño 1+2 增温开始略早;增温的幅度也不同,一般 Niño 1+2 区增温幅度最大,Niño 3 区次之,Niño 4 区最小。这主要与各区地理位置有关,也同区域大小有关。

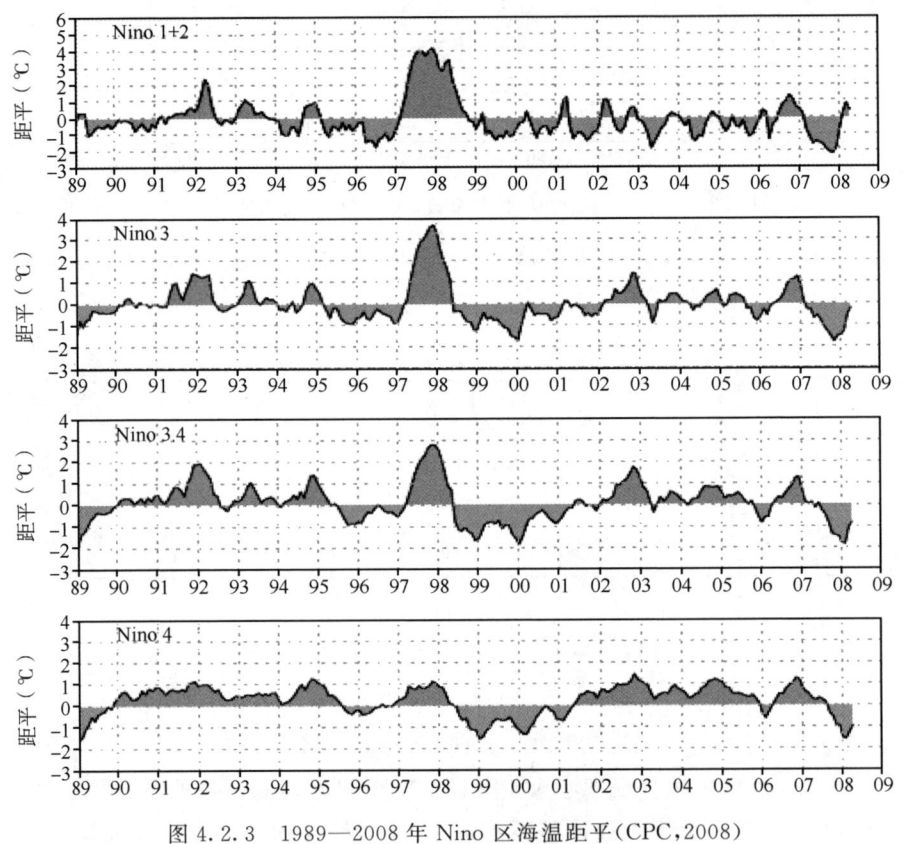

图 4.2.3　1989—2008 年 Nino 区海温距平(CPC,2008)

距平达到多大才定义为厄尔尼诺,不同的作者采用了不同的标准。但大体上月平均海表温度距平连续半年超过 0.5℃ 认为是 1 次厄尔尼诺事件。根据这个标准定义的 1950 年代以来的厄尔尼诺事件,不同作者的结果无大的出入。拉尼娜即冷事件,一般可采用与厄尔尼诺类似的定义,不过把正海温距平改为负海温距平。

表 4.2.1 是 1951—2002 年历次厄尔尼诺事件和拉尼娜事件的爆发、结束时间及强度等特征(翟盘茂等,2003)。表中事件的起止时间是根据赤道中、东太平洋海域(5°N—5°S,160°E—90°W 和 0°—10°S,90°—80°W)的平均海表温度确定的,海温距平峰值和南方涛动指数峰值分别是整个事件期间赤道中、东太平洋平均海表温度和

南方涛动指数偏离正常的最大值,事件强度是根据整个事件期间赤道中、东太平洋海域的平均温度距平的总和来确定的,反映了事件的异常程度和持续时间的综合特征。

从表 4.2.1 中我们可以看出,1951—2000 年共发生了 15 次厄尔尼诺事件,11 次拉尼娜事件。这些事件虽然有一定的规律性,但并没有固定的周期,一般来说厄尔尼诺每 2~7 年发生一次,并常与拉尼娜交替着发生。

厄尔尼诺和拉尼娜的发生还有明显的阶段性,一段时间厄尔尼诺比较频繁,强度也比较大,一段时间拉尼娜又相对更占优势。1980 年代以来,厄尔尼诺事件发生非常频繁,强度也比过去明显增大。这期间不仅发生了 1997/1998 年、1982/1983 年两次 20 世纪最强的厄尔尼诺事件,而且在 1991—1995 年期间还连续发生了 3 次强度不等的厄尔尼诺事件,有人也称它为一次长的厄尔尼诺事件。另外,1970 年代上半叶拉尼娜事件十分频繁而且强度大,此后明显减小。1976 年到 2000 年间包括强度最弱的 1995/1996 年拉尼娜事件总共才发生了 4 次,厄尔尼诺事件却发生了 8 次。

表 4.2.1 1951—2002 年 ENSO 事件表(翟盘茂等,2003)

事件起止年月 (年.月)	事件类型	赤道中、东太平洋 海温距平峰值(℃)	南方涛动指数峰值	事件强度
1951.6—1952.1	暖	1.0	−1.4	弱
1953.4—1953.11	暖	0.9	−2.2	极弱
1954.4—1956.4	冷	−1.7	1.8	极强
1956.7—1956.12	冷	−0.7	1.9	极弱
1957.4—1958.7	暖	1.4	−2.3	强
1963.7—1964.1	暖	0.8	−1.6	弱
1964.3—1965.1	冷	−1.1	1.4	中等
1965.5—1966.3	暖	1.3	−2.2	中等
1967.8—1968.5	冷	−0.7	1.1	弱
1968.10—1970.1	暖	1.1	−2.0	中等
1970.6—1971.12	冷	−1.4	2.1	强
1972.4—1973.2	暖	1.9	−2.1	强
1973.6—1974.5	冷	−1.4	2.9	中等
1974.9—1976.3	冷	−1.5	2.4	强
1976.7—1977.1	暖	0.9	−1.4	弱
1979.9—1980.2	暖	0.9	−1.0	极弱
1982.5—1983.9	暖	2.5	−4.6	极强
1984.10—1985.10	冷	−0.9	1.0	中等
1986.9—1988.1	暖	1.6	−2.0	极强
1988.4—1989.5	冷	−1.6	2.1	强
1991.5—1992.7	暖	1.4	−3.4	强
1993.3—1993.11	暖	1.1	−1.6	弱

续表

事件起止年月（年.月）	事件类型	赤道中、东太平洋海温距平峰值（℃）	南方涛动指数峰值	事件强度
1994.9—1995.2	暖	1.2	-1.8	弱
1995.9—1996.4	冷	-0.5	1.0	极弱
1997.4—1998.5	暖	2.8	-3.5	极强
1998.10—2000.3	冷	-1.3	2.0	强

4.2.2 厄尔尼诺的发展过程

早期研究厄尔尼诺时,人们认为厄尔尼诺的发生发展只有一种形式,即最早由东太平洋南美沿岸的海表温度升高开始,随后向着中太平洋西传。1982/1983年的事件,使人们认识到,厄尔尼诺还可以从一年中的其他月份开始。有时秘鲁沿岸的升温,发生在中太平洋升温之前,有时则紧随其后。尽管根据海表温度异常升高的起始时间和位置,存在不同类型的厄尔尼诺事件。但是它们的发展历程却大致相同,都要经过从开始到消亡这一生命循环。

Philander根据1949年以后的7次厄尔尼诺事件的分析,把一次典型的厄尔尼诺的发生发展过程分为3个阶段,分别为:先兆阶段、异常条件发展阶段和异常条件衰亡、正常条件恢复的阶段。其各个阶段的大气和海洋的具体特征如下:

(1)先兆阶段:是指初春南美沿岸出现增暖前的时段。盛行于热带太平洋的偏东信风在澳大利亚—印度尼西亚低压区辐合上升并造成显著的云量和降水过程。在高空空气向东回流并在干冷的东南太平洋高压区下沉,这个纬向环流就是沃克环流。厄尔尼诺发生的前兆之一是沃克环流的上升支东移,移到新几内亚与日界线之间的地区。在厄尔尼诺爆发前的10月和11月,达尔文的海平面气压升高,日界线附近的信风减弱,SST开始出现微弱的正距平,降水量增加,印度尼西亚降水量减少,在东南太平洋地面气压早在厄尔尼诺爆发前的8月就开始下降。

厄尔尼诺发生的另一个先兆是ITCZ(赤道辐合带)的南移。在厄尔尼诺年的年初可接近甚至移到赤道以南。ITCZ的这种移动是与赤道东南太平洋的信风减弱、SST的升高和斜温层的加厚有关。

(2)异常条件发展阶段:这个阶段最主要的特征是出现在秘鲁和厄瓜多尔的异常条件(SST正距平)向西扩展,其扩展速度为50～100 cm/s。到10月整个热带太平洋都会出现这种异常的条件。在日界线以西已出现的异常条件继续发展,但其发展在时间上落后于日界线以东的异常条件。当ITCZ进一步向南位移,Hadley环流进一步加强,热带太平洋大部分地区出现异常暖的表层暖水,信风减弱、消失甚至转为偏西风。在日界线以西,西风在沃克环流的上升支辐合,这时上升支已移向中太平洋地区,中太平洋地区降水增加,对流层大气温度明显升高。由于较强的海流从西太平洋将表层暖水向东输送,致使西太平洋的温跃层厚度和海平面高度急剧减小,而美洲西海岸海平面高度上升。

(3)恢复到正常条件阶段:在南美沿岸,异常条件的振幅在厄尔尼诺爆发后几个月开始减少,低的 SST 和强信风首先出现在热带东南太平洋,然后向西传播,在厄尔尼诺爆发后的 12~18 个月,在整个热带太平洋建立。在日界线以西,恢复到正常条件的时期是不同的。160°W 附近 Line 群岛的降水减少、赤道西风转为东风,在 12 月和 1 月温跃层开始增厚。

上述的发生发展过程的阶段划分是针对典型厄尔尼诺事件的。总的特点是:其一,在厄尔尼诺发生前期,西、中热带太平洋的东风减弱或转为西风,在中太平洋有弱的增温;其二,在赤道东太平洋的秘鲁沿岸首先出现明显增温,其后,中太平洋有弱的增温;其三,秘鲁沿岸的增温向西传播,并可扩展到中太平洋。上述的特征是仅就典型事件而言的,实际上,不是每次厄尔尼诺过程都与典型过程的基本特征相一致,如 1982/1983 年和 1986/1987 年就是例外。

4.2.3 ENSO 循环及其形成机制

(1)ENSO 循环

赤道附近开阔的洋面上的上翻海流是由盛行的偏东风造成的。这种偏东气流不仅造成向西的海流,而且还形成辐散的埃克曼漂流。正是这种辐散的漂流,吸引冷海水向洋面上翻。当这种过程连续不断出现时,更多的底层冷海水被翻到海面上来,并从赤道向两侧延伸,结果,形成一个很宽的冷水舌。海温的这种差别,对上面的大气状况产生显著的影响:在高海温的西太平洋地区,气压低,云量和降水多,上升运动较强烈。相反地,东太平洋气压高,云量和降水少,下沉运动占优势。上述东、西向的差异早被沃克(G. T. Walker)注意到了,他指出,南太平洋高压与印度洋低压这两个大气活动中心之间气压变化存在负相关关系,即"南方涛动"。贝尔拉吉(Berlage)进一步发展了沃克的观点,他发现,赤道太平洋东西部的气压距平具有相反的趋势,距平零线在 165°E 附近,近乎南北走向。可以把太平洋东西部的气压差作为环流指数来表示南美至西太平洋这一广阔地区上空质量交换的强度。这一环流强度变化,可以影响这一地区以至更大范围内天气的变化。

由于沿赤道太平洋地区经常存在海温与气温的东、西差异,于是在赤道地区的大气中形成热力环流:空气在赤道东太平洋冷水区下沉辐散,在印尼岛屿附近辐合上升;低层为东风,高层为西风。在赤道印度洋,虽然不存在赤道冷水带,但由于季风沿着东非沿海南、北交替,那里的海水温度比苏门答腊沿岸低 1~2℃,于是在赤道印度洋上也存在一个热力环流圈:空气在东非沿岸下沉辐散,在苏门答腊附近辐合上升;低层为西风,高层为东风。这两个热力环流圈将位能转换为空气运动的动能,通过反馈效应又使赤道海流发生变化。皮叶克尼斯把这种大气中的热力环流圈称为"沃克环流",沃克环流不仅在太平洋存在,在大西洋和印度洋也同样存在(图4.2.4)。

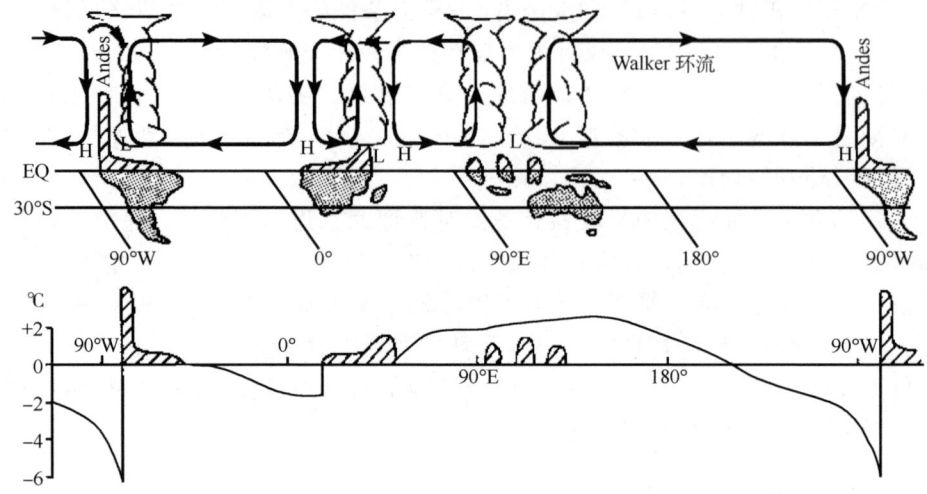

图 4.2.4　沿赤道的 Walker 环流及相对应的 SST(转引自巢纪平,1993)

在赤道附近的纬圈平面上存在着几个垂直环流圈,其中太平洋地区的环流最强,它一直伸展到对流层上部,上升运动区在 130°—170°E 的暖海区上空,下沉运动区是在赤道冷水区上空。这一环流圈在南半球的冬季(6—8月)表现得最为清楚。

南方涛动是一个气象学概念,它是指大气表面气压场在东、西半球之间的一种"翘翘板"式的振荡现象。而厄尔尼诺是发生在海洋中的现象。早期的海洋学家和气象学家是把厄尔尼诺和南方涛动分别作为独立的现象而各自进行研究的,由于受到当时观测手段的限制,没有人能意识到二者有什么联系。20 世纪 60 年代中后期,皮叶克尼斯(Bjerknes)提出了厄尔尼诺和南方涛动事实上是热带太平洋海气相互作用的一个现象两个方面的假说,奠定了现代海气相互作用研究的物理基础。

皮叶克尼斯关于厄尔尼诺和南方涛动是同一物理现象两个方面的假说,逐渐被大量的观测、数值模拟和理论分析研究所证实,因此在实践中往往统称为 ENSO,即厄尔尼诺(El Niño)与南方涛动(Southern Oscillation)的缩写。热带太平洋大尺度海气相互作用产生了不规则的年际振荡,每隔几年,赤道中东太平洋会出现异常增暖或变冷现象,这种冷暖振荡被称为 ENSO 循环。ENSO 循环的暖位相即为厄尔尼诺事件,其冷位相为拉尼娜事件。

当厄尔尼诺事件发生时,由于海温分布发生巨大变化,太平洋东西向气压差减小,南方涛动指数强度变弱(图 4.2.5),导致赤道东风减弱和向东撤退,沃克环流减弱(图 4.2.6)。同时,随着西太平洋暖水区向东移动,沃克环流的上升支和下沉支的位置也发生偏移,对流活动的中心移至中太平洋上空;当拉尼娜发生时,太平洋东西向气压差进一步增大,沃克环流会比正常情况更强。南方涛动、沃克环流和厄尔尼诺三者是相互联系、相互制约的。

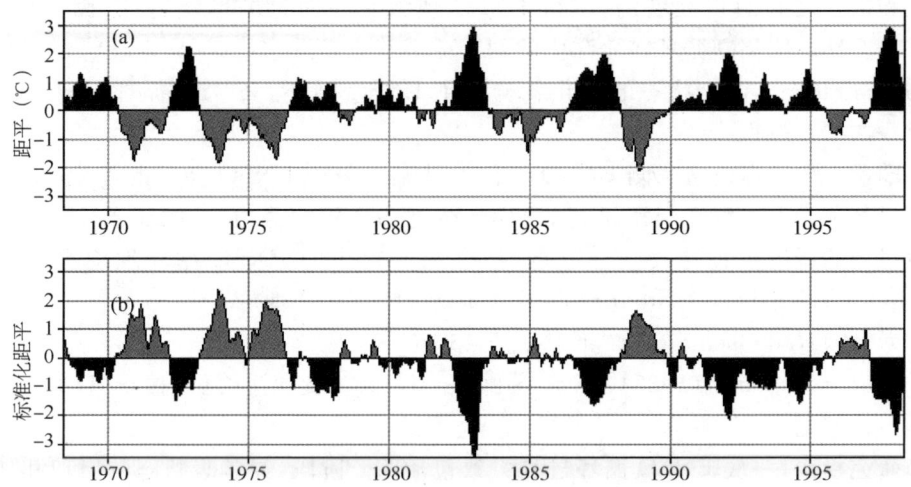

图 4.2.5　Nino3.4 指数和 SOI 的年际变化(引自 www.srh.noaa.gov)
(a)Niño3.4 区海温距平(b)塔希堤气压减达尔文气压的 SOI(三个月滑动平均)

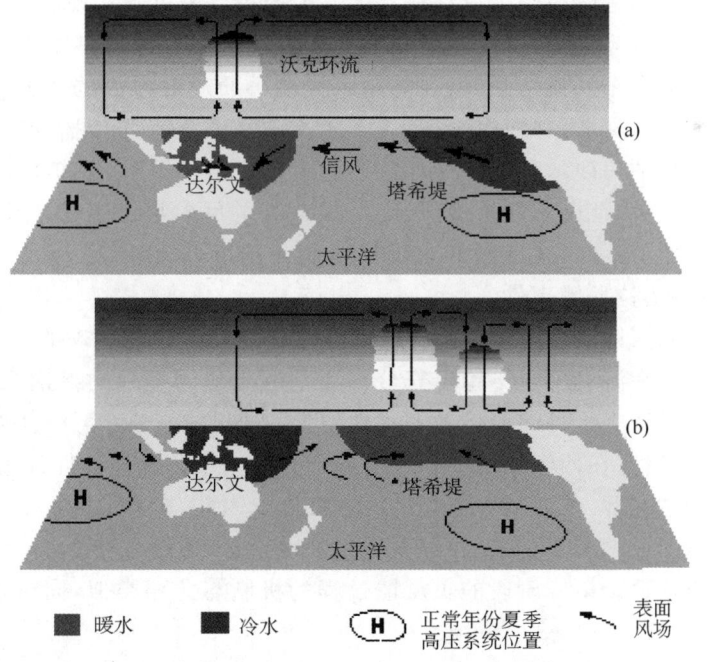

图 4.2.6　正常条件下(a)和 El Niño(b)条件下 Walker 环流(引自 http://www.ozcoasts.org.au)

(2)ENSO 循环的形成机理

ENSO 是热带海洋和大气相互作用的一种表现。由于海洋和大气相互作用的复杂性和两者之间的相互制约,使得 ENSO 现象具有明显的循环特征,因而也称为 ENSO 循环。ENSO 循环在海洋中的两个极端状态是厄尔尼诺(异常暖状态)和拉尼娜(异常冷状态),两个状态的转化就构成了 ENSO 循环。ENSO 循环一般 2～7 年完成一次循环过程。

ENSO 循环理论是预测 ENSO 事件的基础。关于 ENSO 循环的产生机制一直是世界气象学家与海洋学家研究的问题,经过几十年的努力,在关于 ENSO 循环的产生机理的研究方面取得了一定的进展,已经提出的 ENSO 循环理论有 Delayed Oscillator,Recharge Oscillator 等,下面简要介绍这两个理论:

1)"Delayed Oscillator"("延迟振子")理论

Schopf 和 Suarez(1988)、Battisti 和 Hirst(1989)提出了"延迟振子(Delayed Oscillator)"理论。

研究指出,一次 ENSO 循环过程大致包括四个阶段:异常暖状态的出现和加强、异常暖状态的减弱和正常状态的恢复、异常冷状态的出现和加强以及异常冷状态的减弱和正常状态的恢复。

第一阶段和第三阶段是依靠海洋和大气中的正反馈机制实现的。这种正反馈机制是不稳定海气相互作用,即赤道东太平洋海温增暖引起该海域中上翻流减弱及其西侧大气中纬向向东气流增强,增强的向东气流再通过对洋面的动力作用激发产生出海洋的暖性开尔文波,并向东传播;当开尔文波从西太平洋传播到东太平洋时,又会进一步使这里的海温增暖。经过如此不稳定海气相互作用,赤道中、东太平洋海温增暖强度不断加大,范围不断扩展,最终形成典型的厄尔尼诺事件。反之,当赤道东太平洋海温开始偏冷时,在反向的正反馈机制作用下,则使 ENSO 的异常冷状态发展,即形成典型的拉尼娜事件。

第二阶段和第四阶段是依靠海洋和大气中的负反馈机制实现的。第二阶段的负反馈过程主要是在海气耦合不稳定充分发展到厄尔尼诺事件的盛期之时,海气耦合相互作用还激发产生一种向西传播的冷性罗斯贝波,它一方面可以使西太平洋的海表温度降低,同时它在西海岸反射形成反向即自西向东的海洋冷性开尔文波,并向东穿越太平洋到达东部,从而减弱那里的海表温度。因此,东部原先的通过海气耦合不稳定充分发展形成的暖异常减弱,甚至转换到冷异常,不过这种冷性开尔文波的到来有一个滞后或延迟。第四阶段的负反馈过程的机制与此相类似,同时也存在滞后或延迟的现象。

通过上述赤道海洋波动的传播,赤道太平洋东部海温变化就会产生一种冷—暖—冷—暖的循环。其中,冷态和暖态的发展机理是基于海气耦合不稳定假说(正反馈机制),而冷态和暖态的恢复机理则是西边界波反射的延迟效应(负反馈机制)。这种延迟效应产生的海表温度振荡,可以比作物理上的一种"延迟振子",因此也称之为"延迟振子"理论。

2)"Recharge Oscillator(充电振荡)"理论

Recharge Oscillator 理论是由金飞飞(1996,1997)提出的。根据他的理论,当东太平洋出现海温增暖时,相应是其西侧产生西风异常,引起东太平洋上翻流减弱、温跃层加深,通过正反馈过程使海温增暖强度不断加大,达到成熟的 ENSO 暖位相。同时,西风异常使得西太平洋温跃层变浅以及整个赤道太平洋纬向平均的温跃层变浅。这个过程可以看成是赤道地区纬向平均的热含量的"discharge(放电)"过程。这种"放电"过程使得东太平洋温跃层厚度逐渐变小,并最终导致东太平洋 SST 出现变冷趋势,SST 异常恢复到正常状态。此时风应力消失,通过气候学上的上翻流作用,异常的冷海水进入海洋表层,SST 出现负异常,在反向的正反馈机制作用下,使 SST 负异常进一步发展。即冷的 SST 异常引起其西侧东风异常,信风增强,西太平洋温跃层加深,东太平洋温跃层上升。这样,冷的 SST 异常逐渐发展至成熟的 ENSO 冷位相。同时,在增强信风的作用下,赤道地区的热含量处于"recharge(充电)"过程,导致整个赤道太平洋纬向平均的温跃层加深。此后,东太平洋 SST 出现变暖趋势,并逐渐使原先冷的 SST 异常减小,直至 SST 异常恢复到正常状态。而"放电"过程产生的赤道地区纬向平均的温跃层厚度增加又将引起东太平洋 SST 异常发展成下一个暖位相。

4.2.4 ENSO 对东亚气候的影响

目前认为,ENSO 事件是一种最显著的低频振荡,是全球尺度年际变化最突出的例子,对全球大气环流和气候异常有重要影响。南方涛动的平均周期为 3 年左右,厄尔尼诺每 2～7 年出现一次,两者均是非周期性的。目前预测 ENSO 事件的发生时间、强度、类型等还存在困难。但是,ENSO 事件有很强的持续性,并且是年际变化现象,因此研究 ENSO 与东亚气候异常的关系,并用以制作短期气候预测有重要意义。

(1)我国东部夏季降水异常

分析厄尔尼诺和拉尼娜的当年和次年我国东部夏季三类雨型出现的频数,发现厄尔尼诺和拉尼娜的当年和次年,各类雨型出现的频数有明显的差异(表 4.2.2)。可见,如厄尔尼诺当年多出现Ⅱ类雨型,次年多出现Ⅰ类和Ⅲ类雨型;而拉尼娜当年多出现Ⅰ类雨型,次年多出现Ⅲ类雨型。

表 4.2.2　厄尔尼诺年和拉尼娜年与中国夏季三类雨型

El Niño 年	当年	次年	La Niña 年	当年	次年
1957—1958	Ⅱ类	Ⅰ类	1955—1956	Ⅲ类	Ⅱ类
1963—1964	Ⅱ类	Ⅰ类	1964—1965	Ⅰ类	Ⅱ类
1965—1966	Ⅱ类	Ⅰ类	1967—1968	Ⅰ类	Ⅲ类
1969—1970	Ⅲ类	Ⅲ类	1971—1972	Ⅲ类	Ⅱ类
1972—1973	Ⅱ类	Ⅰ类	1973—1974	Ⅲ类	Ⅲ类
1976—1977	Ⅰ类	Ⅰ类	1975—1976	Ⅱ类	Ⅰ类
1982—1983	Ⅱ类	Ⅲ类	1984—1985	Ⅱ类	Ⅰ类
1986—1988	Ⅲ类	Ⅲ类	1988—1989	Ⅰ类	Ⅱ类
1991—1992	Ⅱ类	Ⅰ类	1995—1996	Ⅰ类	Ⅲ类
1994—1995	Ⅰ类	Ⅰ类	1998—2000	Ⅲ类	Ⅲ类
1997—1998	Ⅲ类	Ⅲ类			

最近的一些研究表明,ENSO 在不同的发展位相,对我国旱涝影响有不同特征。在 ENSO 的发展阶段,该年夏季我国江淮流域降水将会偏多,可能发生洪涝;而黄河流域、华北地区的降水将会偏小,发生干旱,并且江南地区的降水也会偏小,也可能产生干旱;东北地区降水偏多。当 ENSO 处在衰减阶段则相反,该年夏季我国江淮流域的降水将会偏少而发生干旱,而黄河流域、华北地区及江南、华南地区的降水可能偏多。

(2) 西太平洋台风活动

台风是影响中国的主要灾害性天气系统之一,尤其是在夏半年,对中国天气气候的影响很大。观测分析表明,海表温度大于 26~27℃是台风形成的必要条件之一,事实上有 90% 以上的台风形成于 28℃以上的海面上。分析厄尔尼诺和拉尼娜年台风活动频数可以看出(表 4.2.3),在厄尔尼诺年,西太平洋台风数较常年偏少,而在拉尼娜年,西太平洋台风数较常年明显偏多;而且在厄尔尼诺年,登陆中国大陆的台风数也偏少,在拉尼娜年则比常年偏多。表 4.2.3 中第一行给出的是根据 1900—1979 年资料的统计结果,表中第二至第四行是 1950—1979 年的统计结果。从表 4.2.3 可以看到,西太平洋和南海台风的数目,以及登陆中国大陆的台风数,都是在厄尔尼诺年偏少而在拉尼娜年偏多。这是因为台风发生在西太平洋热带地区,而这个区域的海温变化常与发生厄尔尼诺的赤道东太平洋地区相反。在厄尔尼诺年,西太平洋海温较常年偏低,使得这一海域上空的对流活动减弱,从而使台风活动较常年偏少;而拉尼娜年,西太平洋海温较常年偏高,使得这一海域上空的对流活动较常年加强,从而使西太平洋台风活动较常年明显偏强。

表 4.2.3　西太平洋台风活动与 ENSO(李崇银,2000)

	多年平均	El Niño 年平均	La Niña 年平均
西太平洋(包括南海)台风总数	24.3	21.4	26.2
进入南海的西太平洋台风数	6.9	4.9	8.7
在南海生成的台风数	3.4	2.0	4.1
登陆中国大陆的台风数	6.2	5.2	7.4

(3) 东亚冬季风与 ENSO 的关系

东亚冬季风与 ENSO 之间存在相互影响关系,ENSO 与东亚冬季风异常间的相互作用可以用图 4.2.7 来表示,其中包括了一些基本物理过程。持续强(弱)东亚冬季风对厄尔尼诺(拉尼娜)有重要的激发作用;反过来,厄尔尼诺(拉尼娜)也会影响到东亚冬季风,具体的影响是:厄尔尼诺当年东亚冬季风削弱,而拉尼娜当年东亚冬季风增强。

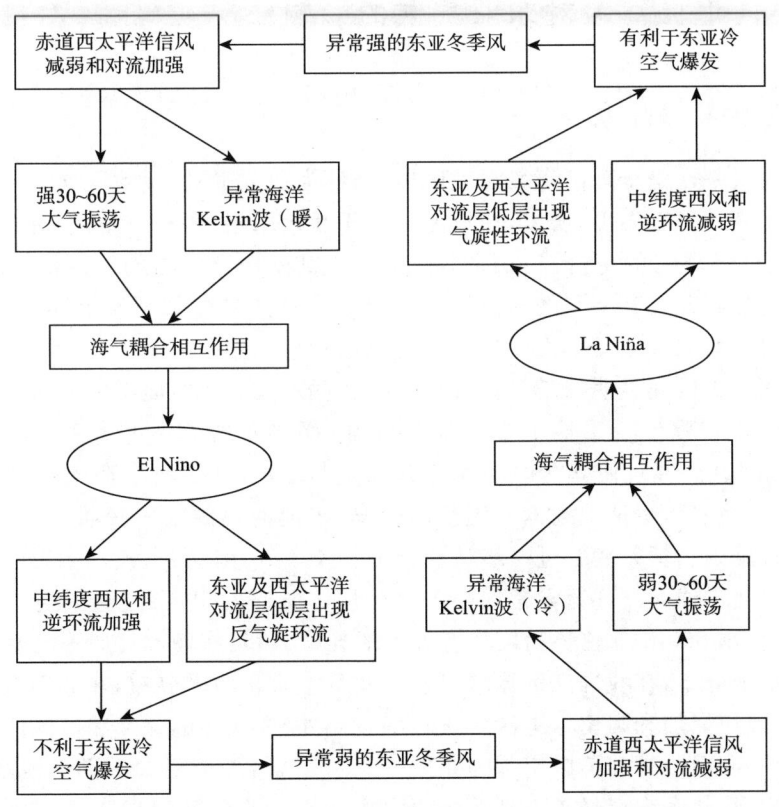

图 4.2.7　ENSO 与异常东亚冬季风相互作用过程示意图(Li Chongyin,1996)

厄尔尼诺(拉尼娜)对东亚冬季风影响的主要物理过程是大气环流的遥相关。一方面,厄尔尼诺(拉尼娜)年冬季,由于赤道东太平洋正(负)海表温度异常的强迫影响,不仅使北半球平均哈得莱(Hadley)环流加强(减弱),而且也使中纬度的费雷尔(Ferrel)环流加强(减弱),在35°—65°N将出现明显南(北)风异常以及向北(南)的异常热带输送,北半球中纬度地区纬向西风增强(减弱)和对流层低层的异常南(北)风都会不利于(有利于)冷空气向南爆发;另一方面,与赤道东太平洋的正(负)海表温度异常相对应,往往在赤道西太平洋有负(正)海表温度异常出现,从而在赤道西太平洋地区会出现反气旋性(气旋性)异常环流,在西太平洋近大陆海区产生异常偏南(北)气流,也对东亚冬季风有削弱(加强)作用。也就是说,通过大气环流对赤道太平洋SSTA的遥响应,在厄尔尼诺年冬季,东亚地区产生了不利于寒潮持续爆发的大气环流形势,东亚冬季风偏弱,中国容易出现暖冬;在拉尼娜年冬季,东亚地区产生了有利于寒潮持续爆发的大气环流形势,东亚冬季风偏强,中国容易出现冷冬。

4.3 不同海区海温对东亚气候的影响

4.3.1 西太平洋暖池

热带西太平洋是全球高海表温度区域,被称为西太平洋"暖池"(warm pool)。因为暖池有很高的海表温度,所以,这里海—气相互作用相当强烈;而且,由于"暖池"海域处于Walker环流的上升支,因此,水汽的强烈辐合导致强的对流活动和大量降水。暖池的热状况及其上空的对流活动不仅在维持热带纬圈环流上起很大的作用,而且在经向上对北半球夏季大气环流的变化也有很大作用。

黄荣辉等的研究表明,暖池通过影响其上空的对流活动,能够影响西太平洋副热带高压的位置和强度。暖池上空对流活动强,暖池的热源效应增强,使得大气的Hadley环流增强,并且使其在中纬度的下沉支偏北,从而造成了西太平洋副热带高压位置偏北。相反,暖池上空的对流活动较弱,暖池的热源效应减弱,西太平洋副热带高压位置偏南。黄荣辉等进一步从观测资料及大气环流数值模拟来说明热带西太平洋暖池对北半球大气环流异常遥相关的作用。研究发现,在暖池上空对流活动较强的年份,夏季500 hPa位势高度场有如下的异常分布:在菲律宾周围经南海到中印半岛有负距平分布,在我国江淮流域以北以及日本有正距平分布,在鄂霍次克海上空为负距平,阿拉斯加和阿留申地区为正距平。此外,在北美的北部和美国西海岸上空也为负距平,而墨西哥和美国南部为正距平。可见,当热带西太平洋暖池增强,其上空的对流增强,从东南亚经东亚到北美西海岸上空的大气环流异常呈现出一种显著的遥相关型,即"东亚—太平洋型"。

研究指出,热带西太平洋暖池热状况与东亚夏季风的爆发和进退的年际变化具有密切的联系。当春季热带西太平洋处于暖状态(图4.3.1a),菲律宾周围对流活动强,在这种情况下,南海上空对流层下层有气旋性距平环流,西太平洋副热带高压偏东,从而使得南海夏季风爆发早;并且,当夏季热带西太平洋也处于暖状态,菲律宾周围对流活动也很强,在这种情况下,西太平洋副热带高压北进时,在6月中旬和7月初存在着明显的突跳,从而使得东亚季风雨带在6月中旬明显由华南北跳到江淮流域,并于7月初由江淮流域北跳到黄河流域、华北和东北地区。这将引起江淮流域和长江中下游夏季风降水偏少,往往发生干旱,而黄河流域、华北和东北地区的夏季降水正常或偏多。相反,当春季热带西太平洋处于冷状态(图4.3.1b),菲律宾周围对流活动弱,在这种情况下,南海上空对流层下层有反气旋性距平环流,西太平洋副热

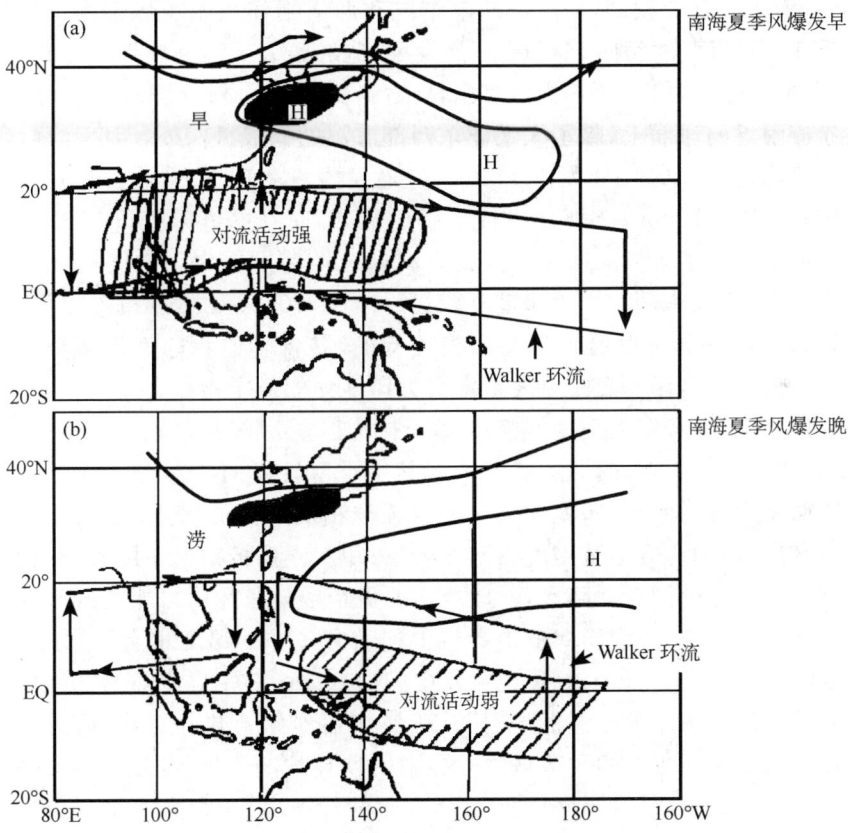

图4.3.1 热带西太平洋(暖池)的热力状态、菲律宾周围对流活动、南海季风爆发早晚、西太平洋副热带高压与江淮流域旱涝分布的关系示意图

(a)暖池处于暖状态;(b)暖池处于冷状态(黄荣辉等,2005)

带高压偏西,从而使得南海夏季风爆发晚;并且,当夏季热带西太平洋也处于冷状态,菲律宾周围对流活动也很弱的情况下,西太平洋副热带高压北进时,在6月中旬或7月初向北突跳并不明显,而是以渐进式向北移动,从而使得东亚季风雨带一直维持在长江流域和淮河流域。这将引起长江流域和淮河流域夏季风降水偏多,往往发生洪涝,而黄河流域、华北和东北地区的夏季降水偏少,发生干旱。

4.3.2 印度洋偶极子

印度洋是印度季风的发源地和流经地,该地区海温的不同分布通过影响具有行星尺度的亚洲季风系统高纬度和低纬度的相互作用进而影响中国天气气候的异常变化。陈烈庭研究指出,当南海海温偏高、索马里沿岸到阿拉伯海海温偏低时,印度洋和太平洋Walker环流发展,印度洋西南季风和西太平洋东南季风偏强,南海热带辐合带活跃,140°E以西的经向Hadley环流发展,造成西太平洋副热带高压脊加强并西伸,由此形成了长江中下游梅雨期的多雨,反之则长江中下游地区梅雨期降水偏少。

在赤道附近的洋面上,除了太平洋东西部海温的偶极振荡外,印度洋地区也有明显的偶极振荡现象。1997年发生了20世纪最强的一次El Niño事件,但是印度次大陆没有像一般的El Niño年那样出现严重的干旱,而且赤道印度洋有2℃异常暖海温。这一现象引起了人们对印度洋异常海温偶极振荡及其作用的极大重视(肖子牛等,2005)。Saji等分析指出,西印度洋(50°—70°E,10°S—10°N)和东印度洋(90°—110°E,10°S—0°)的异常海温具有反位相的特征,并将它称为印度洋偶极子(IOD),将西印度洋与东印度洋海温距平之差定义为印度洋偶极子指数。

研究指出,印度洋海表温度偶极指数与中国夏季6—8月降水有较好的相关关系(肖子牛等,2002;唐卫亚和孙照渤,2007),其中季节转换的3—5月的偶极指数超前相关及同期相关最为明显,印度洋偶极指数正位相使中国的北方地区少雨而南方多雨,负位相使中国的北方地区多雨而南方少雨;印度洋偶极指数正位相可能通过西南季风较直接地影响中国夏季降水,而印度洋偶极指数负位相则可能通过PJ波列来影响中国的降水。此外,印度洋偶极指数与中国南方冬季的温度也有密切的联系。若夏季印度洋偶极指数为正位相(负位相),中国南部地区冬季温度降偏低(偏高)。

管兆勇等研究了印度洋偶极子对1994年东亚地区干热的影响,认为由IOD引起的东亚环流变化至少有两种方式,一是由IOD导致的印度、华南上空涡源激发的对流层上层的Rossby波列从华南向东北方向的传播,另一种方式是由IOD引起的印度、孟加拉湾非绝热加热激发的位于加热区西侧的Rossby波型并进而通过西风急流影响东亚地区。数值模拟结果表明,印度洋海温异常可以在北半球中纬度地区激发出类似PNA和EAP冬季遥相关型和夏季遥相关型(晏红明等,2000)。进一步的研究指出,在北半球秋季,IOD的变化在北半球上对流层大气产生较为显著的影响,其遥相关最为明显的特征是 IOD 的变化在北半球对流层激发出一列从印度洋东北部出发进入加拿大东部的 Rossby 波列,其遥响应的时间尺度约为月的量级。利用大圆理论对所得到的遥相关模态进行机制解释,结果表明纬向波数为 1—3 的大气行星波的能量传播极有可能是 IOD 与北半球上对流层大气异常之间的遥相关的一种联系方式。

4.3.3 黑潮及其延续体

黑潮是沿着北太平洋西部边缘向北流动的一支强的西边界海流,它因水色深蓝似黑色而得名。黑潮起源于菲律宾东南,是北赤道流的一个向北分支的延伸(图 4.3.2)。从我国台湾东侧流入东海,继续北上,过吐噶喇海峡,沿日本列岛南面海区流向东北,大约在 $35°N$、$141°E$ 附近海域离开日本海岸东去,最后在东经 $165°$ 左右的海域向东逐渐散开,成为黑潮续流。黑潮南北跨约 16 个纬度($20°—36°N$)东西跨约 50 个经度($115°—165°E$)。通常宽度为 150 km。在日本列岛南面海域的最大宽度可达 200~300 km。相对于所流经的海域来说,它具有高温、高盐的特征。夏季表层水温常达 30℃ 左右,比同纬度相邻的海域高出 $2°~6°C$,比我国东部同纬度的陆地亦偏高 2℃ 左右。即使在冬季,其表层海温也不低于 20℃。因此,人们也把黑潮称为"黑潮暖流"。黑潮区域的感热、潜热通量很大,净热量释放是全球海洋中最大的,这种热量释放向北半球大气输送了大量的能量。黑潮的存在与变异,对东亚大气环流、中国沿海、日本南部及东海海域环境、沿海气候、渔业资源等均有较大影响。

许多研究指出,黑潮及其延续体海温对东亚大气环流及中国汛期降水具有重要的影响。研究指出夏季副热带高压脊线位置与黑潮强弱($30°N$ 附近)呈正相关,西伸脊点位置与黑潮海温($20°N$ 附近)呈负相关。夏季各月西太平洋副高脊线位置与同期黑潮地区海温关系较好。即在月平均副热带高压脊线的北侧黑潮区海温偏高、南侧偏低时,副热带高压易偏北;反之,副热带高压脊线的北侧黑潮区海温偏低、南侧偏高时,副热带高压易偏南。常称之为"避冷趋暖移动"。我国学者分析北太平洋 SST 距平与我国东部地区夏季降水的关系,发现前冬黑潮和亲潮区的 SST 与长江中下游和华北平原的夏季降水存在明显的相关性。这种相关性从上年秋末开始,一直持续到初春。他们将这一结果用于长期预报,取得了很好的效果。当冬季黑潮区域海温异常偏高时,次年夏季亚洲热低压强度减弱,200 hPa 高空上低纬度的东风急流减弱,西北太平洋副热带高压位置西伸且偏北,强度明显偏强,梅雨锋位置偏南,长江中下游地区降水偏多。反之,亚洲热低压强度加强,200 hPa 高空上低纬度的高空东风急流加强,西北太平洋副热带高压位置东撤且偏南,强度明显偏弱,梅雨锋位置偏北,我国华北地区降水偏多。此外,研究表明冬季与春季黑潮海域的连续加热,对东北地区夏季温度影响很大,尤其是冬季更明显。

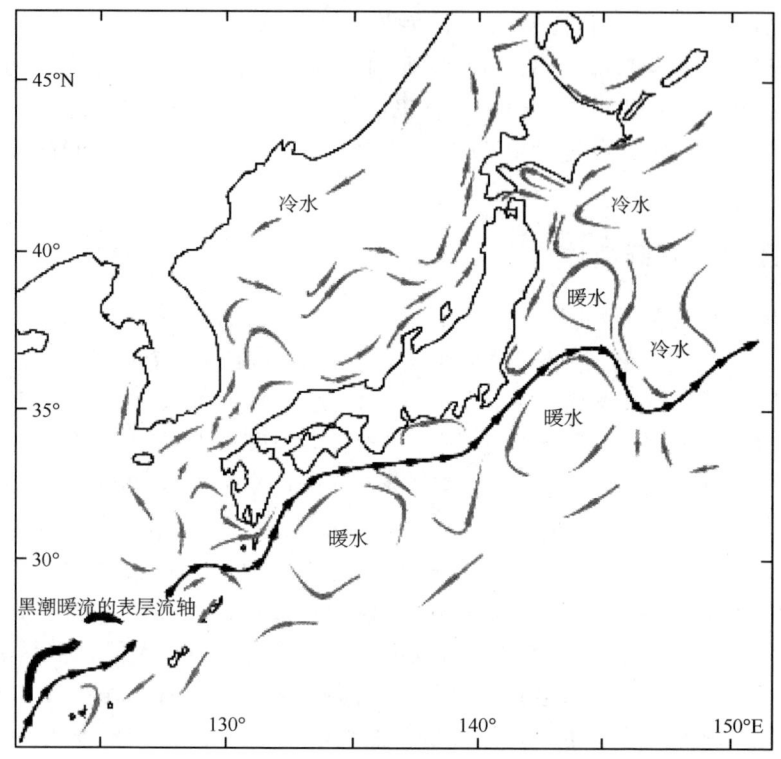

图 4.3.2 黑潮主流轴(引自 http://okinawa.nict.go.jp)

4.4 海冰对气候变化的影响

众所周知,下垫面对气候的形成和演变有着很重要的作用,海冰是下垫面的一个重要组成部分。在高纬度地区的海气相互作用中,海冰有着突出的贡献。在北半球,冰盖的平均界限达到72°N,冰盖面积占半球面积的5%;南半球平均冰界达到63°S,冰盖面积占半球面积8%。北极地区基本上是陆地包围的海洋,那里主要是海冰,而南极则以陆冰为主。海冰对海气相互作用的影响可分为两个方面:一是海冰的表面反照率比海水增加约40%,因而减少了洋面对太阳辐射能的吸收;二是在冰冻的洋面上,海洋向大气的感热和潜热输送被削弱,因而海冰形成后,会使其上空大气的热量收入减少。因此,冰界的年际变动、海冰的面积以及流冰量等的变化,首先影响到它周围地区的海面温度、空气温度和洋流,并进而对高纬度及中、低纬度的大气环流和气候带来显著影响。海冰的面积变化一方面是气候变化的结果,另一方面又是引起气候变化的一个外强迫因子。因此,海冰在全球气候系统中的作用很早就引起关注。

4.4.1 海冰变化的时空特征

(1) 北极海冰的时空变化

海冰虽亦称极冰,但并不限于极区,有时甚至可延伸到 50°N 以南,所以这里还是称为海冰。表 4.4.1 给出 Robock(1980)整理的每 5°纬度带海冰与水域面积的比例。可见 80°N 以北的水域几乎终年被海冰覆盖着。70°N 冬季月份海冰亦可达 70%以上,但夏季则仅有 30%~40%。

表 4.4.1 北半球海冰覆盖占海洋面积的比例(Robock,1980)

纬度(°N)	1月	2月	3月	4月	5月	6月	7月	8月	9月	10月	11月	12月
85~90	1.00	1.00	1.00	1.00	1.00	1.00	1.00	1.00	1.00	1.00	1.00	1.00
80~85	1.00	1.00	1.00	1.00	1.00	0.99	0.98	0.96	0.98	1.00	1.00	1.00
75~80	0.93	0.93	0.93	0.93	0.91	0.83	0.73	0.62	0.65	0.81	0.88	0.91
70~75	0.76	0.77	0.77	0.76	0.73	0.63	0.47	0.31	0.32	0.61	0.71	0.74
65~70	0.57	0.59	0.59	0.56	0.49	0.36	0.21	0.07	0.06	0.26	0.45	0.53
60~65	0.43	0.46	0.46	0.40	0.24	0.14	0.05	0.01	0	0.02	0.20	0.36
55~60	0.25	0.28	0.28	0.19	0.11	0.07	0.01	0	0	0	0.03	0.17

北冰洋面积 $9.5 \times 10^6 \text{ km}^2$,大约三分之一海域为陆棚区,水深不足 200 m,加拿大和欧亚的一部分海域为深海区,水深达 4000 m 以上,只有一条深水通道与大西洋相连,这就是 Fram 海峡。除了边缘海域,北冰洋几乎终年为海冰覆盖着,这里集中了全球海冰的 30%。在北冰洋海冰完全覆盖区与大西洋、太平洋无海冰区之间存在着一个狭窄的带状部分海冰覆盖区,这就是所谓的海冰过渡带,海冰的空间变化集中地发生在这个过渡带内。

海冰时间变化尺度从数月到数年,以季节变化最为显著。主要表现为一年生冰的生消过程,或者说表现为海冰南部边缘的进退,2—3月面积最大,8—9月面积最小。海冰中无冰封敞开水域按形状称为冰沟和冰前沼,仅占海冰面积的 1%~2%。冬季北极海冰覆盖度≥97%,夏季减少为 85%~95%,当然海冰边缘带的覆盖度要低得多。其次是北冰洋边缘海域海冰年际变化大,尤其是北大西洋 10 年际尺度的海冰异常最为显著,突出的例子是 20 世纪 60 年代末和 70 年代初的正异常,以及 80 年代的负异常。不同海域海冰变化的差异非常显著,正负距平区同时并存,甚至呈现显著的两极振荡特征。戴维斯海峡/拉布拉多海与格陵兰/巴伦支海构成一对海冰相反变化的中心。

图 4.4.1 给出了冬季平均的北极海冰密集度的均方差分布,由图 4.4.1 可以看

出,冬季北极海冰的变化显著区域在格陵兰海和巴伦支海海域,鄂霍次克海西部和戴维斯海峡次之。此外,冬季格陵兰海、巴伦支海海冰在1980年以前是增加的,而在1980年以后则表现为明显的减少趋势。白令海东部海冰在1980年以后也表现为减少的趋势,但是变化不及格陵兰海显著。在鄂霍次克海西部,海冰呈现明显的增加趋势。

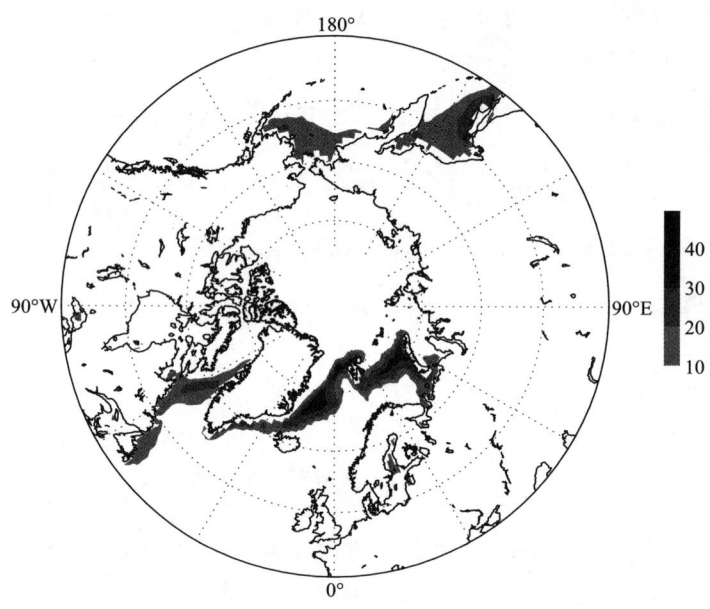

图4.4.1 冬季北极海冰密集度的均方差分布(单位:%)

北极海冰的总体积存在一个显著减少的趋势(图4.4.2),图4.4.2a给出了模式模拟的北极海冰总体积的月距平及其线性趋势,海冰的线性趋势的时间序列与海冰的月距平的时间序列的相关系数为-0.467,显著性水平远远超过了0.01。从图中可见,海冰偏多和偏少具有阶段性变化的特点,1953—1963年和1989—1999年海冰是偏少的,其他时段海冰偏多。北极海冰变化的阶段性在其累积距平曲线(图4.4.2b)上也有明显的反映,变化主要转折点分别在1953年、1963年和1989年附近。

各海区海冰平均厚度的气候变率是不同的,极地中心海区(图4.4.3a)和波弗特—楚科奇海(图4.4.3d)的平均海冰厚度减少的趋势最显著,其次是格陵兰海(图4.4.3f),它们的显著水平都超过了0.05。在东西伯利亚海(图4.4.3c)海冰平均厚度略有减少,但是没有达到0.05的显著水平。而在巴伦支—喀拉海(图4.4.3b)和巴芬湾—拉布拉多海(图4.4.3e)海冰厚度有显著增加趋势,其显著水平超过了0.05。可见,北极海冰平均厚度在巴伦支—喀拉海和巴芬湾—拉布拉多海与其他海区的变化趋势相反。虽然在不同海区海冰平均厚度的变化趋势有所差别,但总的趋势是北极海冰平均厚度是减少的。

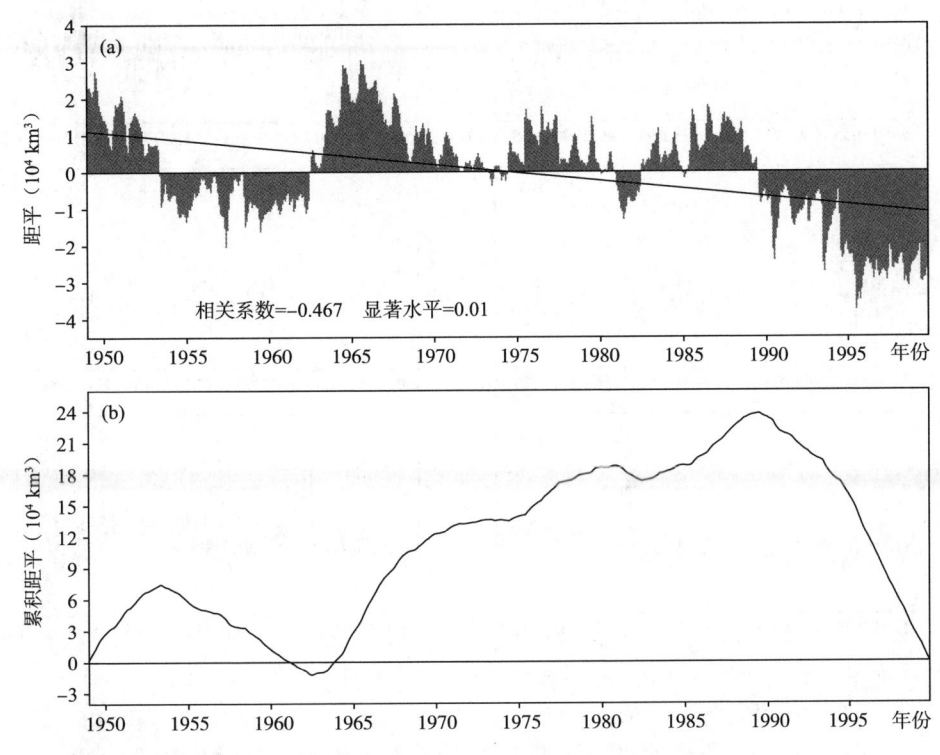

图 4.4.2　模式模拟的北极海冰总体积的月距平和累计距平
(a)北极海冰体积月距平及其线性趋势(单位:10^3 km³);(b)北极海冰的累积距平(单位:10^4 km³)
(王学忠,2004)

(2)南极海冰的时空变化

南极是地球上最冷的地区,极端最低温度达零下 88℃,南极洲的冰占世界冰总量的 95% 以上,平均冰厚 1700 m,最厚达 4000 m 以上。所以,南极附近的冰山比北极附近大得多。南半球的冰界与北半球不同,由于南半球海洋面积大,陆地少,所以冰界分布较规则,与纬圈大致平行,为固定冰,但各方位的冰界相差很大(彭公炳等,1992)。

南极海冰面积的年平均值为 $12\ 086\times10^3$ km²,具有非常明显的季节变化(表 4.4.2),最大值在 9 月,达 $18\ 950\times10^3$ km²,占南半球总面积 7.5%。在 7 至 10 月期间南极海冰面积显著大于 1 至 3 月的值,最小值在 2 月,只有 3554×10^3 km²。

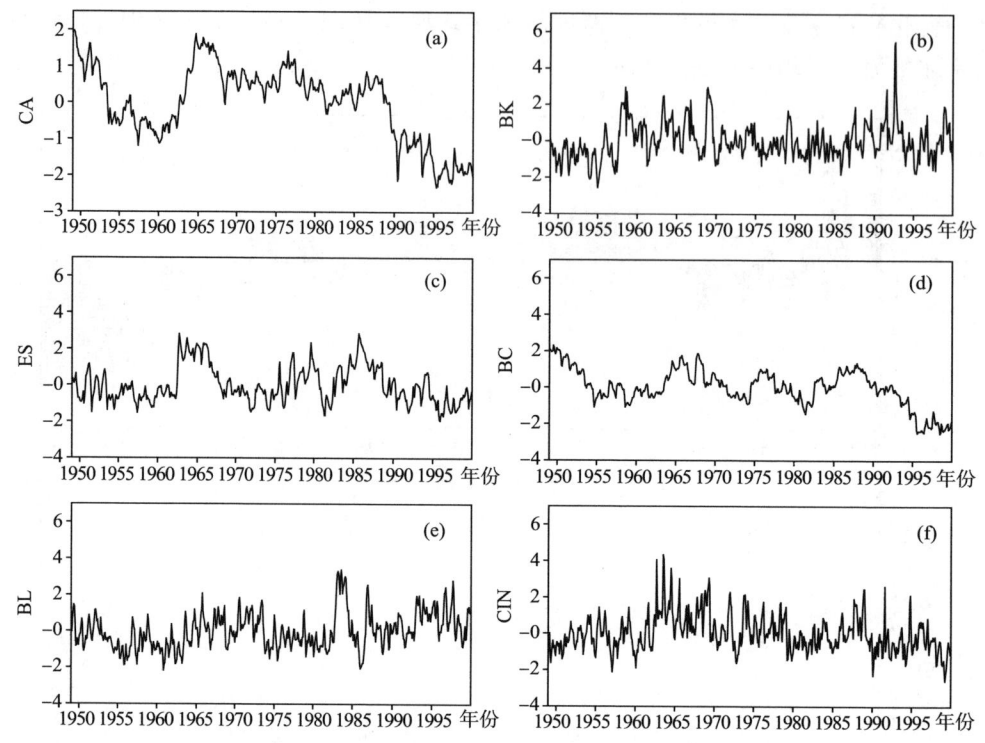

图 4.4.3 模式模拟的北极各海区标准化的月平均海冰厚度距平(单位:km)
(a)极地中心海区(CA);(b)巴伦支—喀拉海(BK);(c)东西伯利亚海(ES)
(d)楚科奇—波弗特海(BC);(e)巴芬湾—拉布拉多海(BL);(f)格陵兰海(GIN)
(王学忠,2004)

表 4.4.2 1973—1982 年南极海冰面积月平均值(10^3 km^2)(彭公炳等,1992)

月份	1	2	3	4	5	6	7
海冰面积	4874	3554	5077	7587	11 233	14 708	17 223
月份	8	9	10	11	12	年	
海冰面积	18 702	18 950	18 398	15 179	9548	1 2086	

南极海冰面积的同样存在着年际变化,冬季南极海冰的年际变化最大,例如,1974年 8 月南极海冰面积的正距平为 6100×10^3 km^2,而 1981 年 8 月为-7200×10^3 km^2。夏季南极海冰的年际变化也比较大,1973 年 1 月其距平为 5800×10^3 km^2,而 1981 年 1 月的距平为-4900×10^3 km^2。20 世纪 30 年代以来的海冰边缘位置分析表明,平均各年份 10 月至第二年 4 月海冰北缘的位置,在 20 世纪 30—50 年代,南太平洋海冰的北缘在 61.5°S 附近,而到 20 世纪 70—80 年代海冰北缘的位置在 64°—65°S。从

20世纪50年代中期到70年代早期,南太平洋夏季海冰北缘向南快速地退缩了大约2.8纬度,对应的南太平洋夏季海冰的覆盖面积减少了大约25%。根据1973年到1993年的观测资料统计分析结果,20世纪70年代中上期是多冰年代,自中后期到80年代中后期是少冰年代。平均而言,南极地区从1973年到1989年,海冰范围有一个约为0.16纬度/10年的减少趋势,自80年代后期到90年代初,南极海冰面积又呈现逐渐增多的趋势。因此,1973年以来南极海冰总体平均仍为微弱的减少趋势。

4.4.2 海冰对气候变化的影响

许多统计分析和数值模拟研究结果都已经表明:极地海冰,无论是南极海冰还是北极海冰的变化,不仅与局地的高纬度的大气环流存在联系,而且与中低纬以至全球的大气环流存在联系,下文主要介绍极地海冰变化对大气环流的影响。

(1)北极海冰对大气环流及气候的影响

关于北极海冰对大气环流和气候的影响早已有过许多研究。结果表明,海冰的高反照率减少了下垫面接收的太阳辐射,使得北极地区的热损失增加,进而通过大气变冷增强了经向温度梯度和纬向环流。海冰的存在,显然对中高纬度的气候有很大影响。海冰除了对局地和区域气候存在影响之外,还对半球乃至全球的大气环流和气候存在影响。

早在20世纪初,国外科学家就发现当冰岛和格陵兰海冰偏多时,冰岛及格陵兰一带气压高,而挪威海及挪威北部气压低;反之,在海冰偏少时,气压的分布相反。在北极海冰的增长期(8月—次年1月),海冰分布对后期大气环流的影响较为显著,而海冰消融期(2—7月)的海冰分布,对后期大气环流的影响则不显著。北极海冰对大气环流的影响,与海冰的空间分布有关。

研究指出,5—8月的北太平洋副热带高压强度及其位置,均与同年3—5月的白令海区的海冰面积显著相关。3—5月白令海区的海冰面积偏大,加利福尼亚寒流区的海温降偏低,导致北太平洋的东南—西北向海温梯度减少,使得北太平洋上空经向垂直环流减弱、纬向垂直环流偏强,最终导致北太平洋副热带高压偏东偏弱。反之,3—5月白令海区的海冰面积偏小,将导致北太平洋副热带高压偏南偏强。另外,北极海冰还能够通过影响北极地区极涡的位置和强度,通过一系列的环流调整适应过程,最终影响到北太平洋副热带高压的强度和位置。研究证实,北极海冰与夏季海冰与夏季副热带高压存在负相关关系,而夏季副高又与其后冬季海冰面积呈负相关,北极海冰与夏季北太平洋副高间构成正反馈(王绍武等,2005)。

研究发现,当北极海冰面积偏大时,东半球极涡中心偏西,相应亚洲地区的经向环流偏弱、纬向环流偏强,同时又可导致北太平洋副热带高压偏弱偏东,印缅地区位势高度偏低,长江上中游汛期降水偏少。反之,长江上中游汛期降水偏多。北极海冰面积变化在初冬(12月)对我国北方气温的影响较大,而在冬末(2—3月)对南方气温的影响较大,这与极地冷空气在我国的活动规律相一致。

研究表明,冬季戴维斯海冰面积变化与东亚冬季风之间存在密切的联系。从冬季戴维斯海冰面积指数序列中分别挑出7个重冰年(1971/1972、1972/1973、1982/1983、1983/1984、1989/1990、1990/1991、1992/1993)和7个轻冰年(1953/1954、1955/1956、1960/1961、1962/1963、1976/1977、1978/1979、1985/1986)。依据选出的重、轻冰年的个例,分别进行合成分析。冬季戴维斯海冰为重冰年时期(图4.4.4a),冰岛低压明显加深,最大降压中心位于格陵兰岛上,环绕北极的高纬地区以及欧洲东北部、亚洲大陆北部地区为降压区,在贝加尔湖南部及青藏高原地区有明显的降压中心。而在50°N以南大西洋到里海附近以及北太平洋区、东亚东部为正距平区。在北大西洋中部、地中海附近、阿留申群岛存在正距平中心。亚洲大陆和西北太平洋的这种距平分布,特别是西伯利亚(负距平)和阿留申群岛(正距平)气压异常分布,必然使得东亚冬季风减弱。而冬季戴维斯海冰为轻冰年时期(图4.4.4b),北半球海平面气压距平分布与图4.4.4a近乎完全相反,西伯利亚高压增强,阿留申低压加深,东亚冬季风偏强。

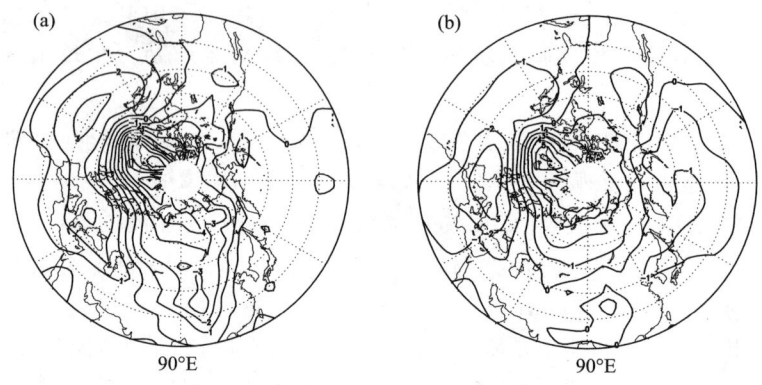

图4.4.4 冬季戴维斯海冰重冰年(a)和轻冰年(b)的海平面气压距平分布(单位:hPa)
(曾刚等,2001)

此外,研究还指出,冬季戴维斯海冰面积年际变化与大气500 hPa高度场的WA型和EU型遥相关以及东亚冬季风强、弱之间存在密切的关系。冬季戴维斯海冰偏多,则500 hPa高度场在北大西洋—戴维斯海峡—西欧一带为WA型遥相关型分布(美国东部高度场偏高,北美东北部到格陵兰一带高度场偏低),在欧亚大陆为EU型遥相关型分布(贝加尔湖及其以东和西欧高度场偏高),西伯利亚高压减弱,致使东亚冬季风偏弱,我国东北、西北和华北地区气温偏暖;而当冬季戴维斯海冰偏少时,情况正好相反。

(2)南极海冰对大气环流及气候的影响

南极海冰的范围及其季节和年际变化都远大于北极海冰,南极海冰对大气环流和气候的影响应较之北极更为显著(王绍武等,2005)。在南极,海冰带的存在,影响了南太平洋和南极区云的形成,影响着大气的稳定度和降水。模拟研究表明,海冰范围的减小将对南极的气候产生重要的影响。另外,伴随海冰冻融过程的放热和吸热过程,延迟了区域极值温度的出现,延缓了区域季节温度的变化。南极海冰的变化导致了南大洋上强烈的表面热量收支变化,而且局地冷源的重新分布可以改变大尺度环流,影响离南极很远的地区的天气和气候。

近年来,我国科学家研究了南极海冰与西北太平洋副热带高压和我国气候的关系,发现 150°—180°W 范围南极海冰的北界与西北太平洋副热带高压强度指数的变化趋势有一定的一致性。北界偏南,南极海冰面积小,西北太平洋副热带高压偏弱;北界偏北,南极海冰面积大,西北太平洋副热带高压偏强。

近些年来的研究发现,无论是南极海冰还是北极海冰,对北太平洋副热带高压均有十分显著的影响。冬季南极海冰面积偏大时,北半球副高面积偏小,强度偏弱;相反,南极海冰面积偏小时,副高面积偏大且偏强。与之相反,副高面积及强度指数与北极冬季海冰面积成正相关,这种相关还有时滞性,副高对北极海冰的时滞为 1~2 个季节,而对南极海冰的时滞为 2~3 个季节甚至更长一些。

4.5 海洋资料在短期气候预测中的应用

海洋是短期气候变化中的一个重要的物理因子,因此,在短期气候预测中海温是要考虑的一个非常重要的物理因子。近年来,海洋资料在短期气候预测中的应用,主要有以下两方面:

其一是利用海表温度及其距平分布图或海冰等资料,分析它们与未来数月或几个季节短期气候变化的关系,然后用这种关系做预报;

其二是在统计学方法的短期气候预测中,选用海温、海冰等海洋因子作为预报因子(或作为预报因子的一部分),通过检验与筛选,选取其中关系较好的建立预报方程,用于短期气候预测。

4.5.1 海温在夏季西太平洋副高脊线位置预测方面的应用

西太平洋副热带高压是影响我国天气气候的一个很重要的大气环流系统,特别是夏季,对我国主要雨带位置、强度和大范围降水的分布有重要影响。对副热带高压位置、强度的研究和预报一直受到广泛重视。实践表明,影响副热带高压活动规律的因子是多方面的,下面对海洋的作用作简单介绍。

图 4.5.1 给出了 6 月份西太平洋副高脊线位置与前期海温相关系数。由图 4.5.1 可见,6 月份西太平洋副高脊线位置与前期西太平洋海温为明显的正相关,尤其是西北

太平洋中低纬度地区,而与热带中太平洋海温为显著的负相关,这种相关关系自上一年9月至前期3月表现得更为明显。说明,6月份西太平洋副高脊线位置受ENSO影响较大,可以根据前期ENSO信号来预测6月份的西太平洋副高脊线位置。

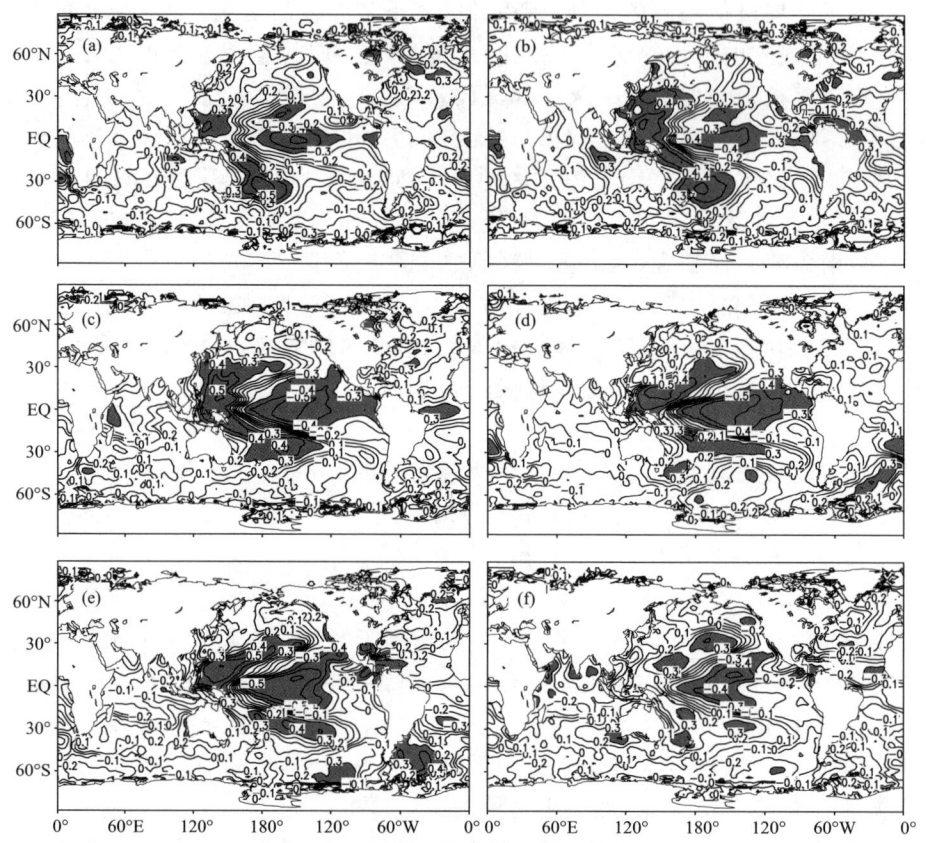

图 4.5.1　6月份西太平洋副高脊线位置与前期海温相关系数(阴影区通过0.02的显著性水平检验)
(a)上一年7月;(b)上一年9月;(c)上一年11月;(d)1月;(e)3月;(f)5月

4.5.2　海温在降水预测方面的应用

1970年代以来,首先由中国科学院大气物理所带头,以后逐步在许多气象台站开展了海面温度与降水量之间的相关分析,确定各自的关键区及关键时段、建立相关图、相关曲线或预报方程,用于降水量的短期气候预测。

图 4.5.2 给出了冬季黑潮区域海温与我国夏季降水的相关系数分布情况。由图可见,前期冬季黑潮区域海温与我国东部地区夏季降水的相关分布具有明显的区域分布特征:华北和东北地区为负相关区,西北地区和长江流域附近为正相关区,相关

系数在我国东部季风区自南而北的变化大致呈"＋－"分布,表明冬季黑潮区域海温高的年份,华北和东北地区的次年夏季降水将偏少,而西北地区和长江流域的降水偏多,尤其是在长江中下游及其以南地区容易发生洪涝;反之,冬季黑潮区域海温低的年份,华北和东北地区的次年夏季降水将偏多,而西北地区和长江流域的降水偏少,长江中下游及其以南地区容易发生干旱。相关最显著的区域位于长江中下游地区,通过了 0.05 的显著性检验。可见,前期冬季黑潮区域海温异常与夏季风降水的关键区域之一的长江中下游地区的夏季降水有很好的联系。

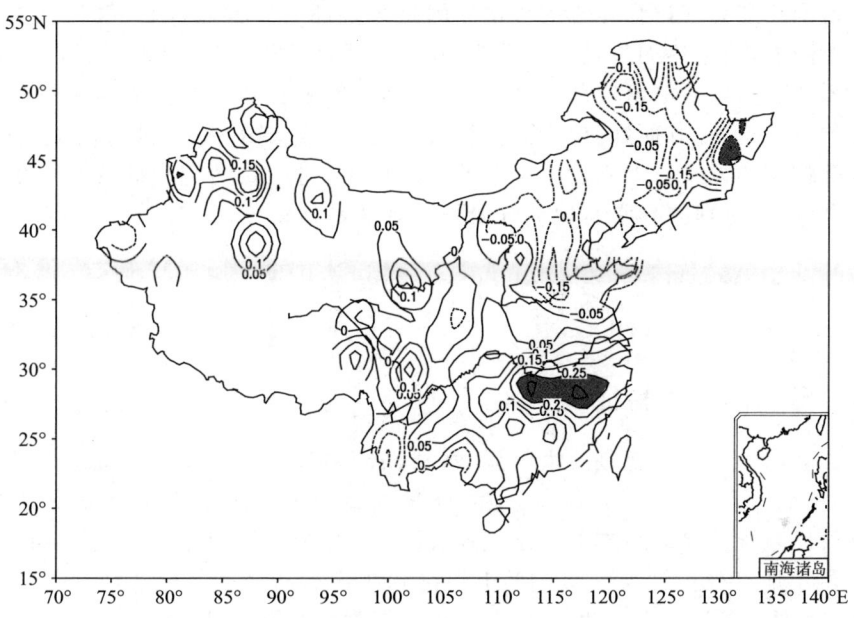

图 4.5.2　1950—2006 年冬季黑潮区域海温与次年中国夏季(6—8 月)平均降水相关系数分布
(阴影区通过 0.05 的显著性水平检验)

复习思考题

(1) 简要叙述海气相互作用的基本物理过程。
(2) 低纬度地区海气相互作用与中高纬度地区的海气相互作用有何差异?
(3) 什么是厄尔尼诺和拉尼娜事件? 简述厄尔尼诺事件的形成机制。
(4) 简要叙述厄尔尼诺、南方涛动与 Walker 环流的关系。
(5) 何谓 ENSO? 它对全球的大气环流和天气气候异常有何影响?
(6) 海冰对气候的影响有哪些方面?

第 5 章 陆面过程与短期气候预测

大范围长期天气过程异常的直接原因是大气环流异常,影响大气环流异常的因子是多方面的,非绝热加热是一个重要的方面。陆地表面约占地球表面的 1/3,是地球气候系统最为重要的组成部分之一。一方面,发生于陆地表面的各种过程受到气候变化的制约;另一方面,陆地表面作为大气运动的重要下边界,通过动量、热量及水分交换等特定的方式与大气发生复杂的相互作用,对区域乃至全球气候产生重要的影响,研究陆面过程的异常对短期气候预测有重要意义。

5.1 陆面过程在气候预测中的重要性

5.1.1 陆面的基本特征

人类赖以生存的环境是由大气圈、水圈、岩石圈、冰雪圈和生物圈组成的地球系统整体,占地球表面积近 30% 的陆地表面是人类的主要栖息地和经济活动场所,也是地球气候系统重要的组成部分。陆地表面的构成极其复杂,其中包括大约 1/4 的森林,1/4 的草地,1/4 的沙漠,1/8 的城市和农用地,其余 1/8 为其他各种不同的下垫面,这些下垫面的性质随季节发生变化,其上还可能为大面积的积雪和冻融土所覆盖。

除了其复杂的构成外,不同陆面过程的特性也存在明显的差异,而这些基本特性及其变化正是陆面过程影响天气气候的根本所在。就陆地植被而言,本身分类就成千上万,不同类型的植被的空间组成、几何结构和物理生化性质也很不相同;植被的几何特性(如高度、粗糙度)、结构特性(如冠层的叶面积指数 LAI、冠层内叶片空间和朝向的分布、根的分布)、物理特性(如热力学和水力学特性)、化学特性、光学特性(如反照率、透射率和吸收率)和生理生化特性(如与光合作用相关的有关参数)等都是与陆面过程密切相关的关键参数。而对于土壤,土壤质地分类也有数十类,土壤的质地、结构特性(如空隙度、颗粒大小)、物理特性(如热力学和水力学特性)、光学特性(如反照率)等属性参数均是陆面过程研究必须考虑的。对于地表水文过程,除了要给定植被和土壤质地的性质和它们的分布,还要给定地形及地貌特性(如高程、坡度和坡向、流域分布、河网水系)。这些特性既随下垫面的类型和性质变化,也随时间和空间而变,同时还受空间非均匀性和变异度的影响。

因此，陆面过程研究不仅需要考虑陆面构成的复杂性，同时还要考虑不同下垫面特性参数的多元性，再加上人类活动所造成的陆面状况的改变，使得陆面过程研究的难度大大增加。

5.1.2 陆面过程的基本概念

陆面过程（也称为陆—气相互作用）是指发生在陆地表面的热力、动力、水文以及生物物理、生物化学等一系列复杂过程，以及这些过程与大气的相互作用。其时间尺度可以从微秒到万古，空间尺度可以从分子到全球。它包括了全球系统五大圈中几乎所有的圈层。从现有的认识水平来看，陆面过程主要涉及到如下几个方面的基本过程：(1)陆面物理过程；(2)陆面生物化学过程；(3)陆面生态过程。

陆面物理过程主要是指发生在陆面和陆气界面的能量平衡、水分平衡以及动量交换过程，此类过程的时间尺度通常较短；该类过程主要反映通过地表、植被、土壤、冻土和雪盖等下垫面的水、热运动，与大气进行水、热、动量、辐射传输的交换以及植被控制地气水汽、能量交换的生物物理过程，具体包括(1)热力过程(能量平衡过程)：发生在大气、植被和土壤表面的辐射过程、土壤和植被与大气间的感热、潜热交换；(2)动量交换过程：地面对风的摩擦，植被对风的阻挡；(3)水文过程：降水、蒸发，植物的蒸腾、凝结、地表径流、冰雪融化等；(4)物质交换过程：水汽、其他化学气体和气溶胶的向上输送，大气垂悬物的沉落等。图 5.1.1 给出了反映主要陆面物理过程的示意图。此外，近年来，由于对水文过程在能量平衡过程中的重要作用有了更深入的认识，包括水文过程与能量过程相互作用及更紧密耦合的陆面物理过程研究正在加强，这也是陆面物理过程模式重点关注的问题。

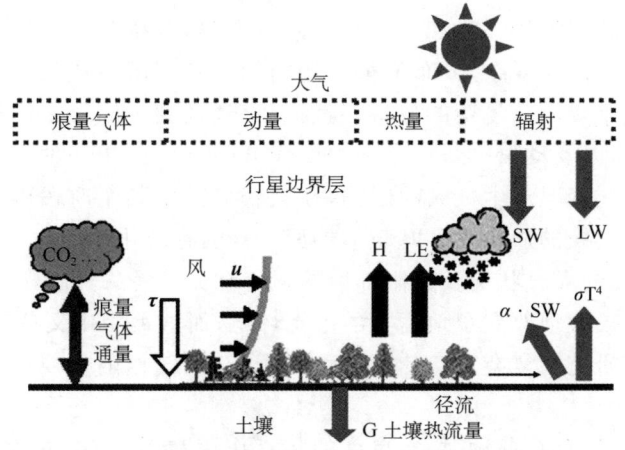

图 5.1.1　陆气相互作用示意图（孙菽芬，2005）

H:感热；LE:潜热；SW:向下短波辐射；LW:向下长波辐射；σT^4:向上长波辐射；$\alpha \cdot SW$:反射短波辐射

陆面生物化学过程通常是指与陆地植被或陆地生态系统中的碳同化、气孔传导、蒸腾蒸发、光合作用以及碳、氮等化学元素循环转化有关的时间尺度较长的过程。在20世纪90年代初,陆面过程研究就开始关注陆面的生物化学过程,通过陆面物理过程模式与光合生产过程(光合作用)模式的耦合,合理描述陆面与大气间的物理—生化相互作用过程,能更真实地反映植被—大气之间的各种反馈机制,并能对陆地生态系统—大气之间的碳通量、净初级生产力(NPP)进行估计,为生态系统、生态过程研究提供基础。

而陆面生态过程通常指月至年际时间尺度上陆地生态系统的演变及其与气候之间的相互作用过程,包含了植被的生长、演替以及各种扰动(火灾、虫灾、土地利用等)过程对陆地生态系统的影响,同时还考虑植被、土壤之间碳、氮等营养物质的交换过程。陆地生态过程在更长的时间尺度上反映气候—陆地生态系统之间的相互作用过程。目前的动态植被模型,通过气候强迫及物理生化过程耦合的作用,研究生态系统结构、组成和成分的动态变化,以及生态系统的演替,真正实现了生物圈与大气圈相互作用的动态耦合。

因此,陆地生态系统与大气之间的相互作用在时间和空间上包括不同的层次和尺度。陆面过程研究的主要内容就是围绕陆面与大气在不同时空尺度的相互作用,研究发生在陆地表面的各种物理过程、生化过程、生态过程及其与大气、气候之间的各种反馈机制。就短期气候变化及其预测而言,目前我们关注的重点主要集中在陆面的物理过程方面。

5.1.3 陆面过程在气候预测的重要性

陆面过程是影响大气环流和气候变化的基本物理、生化过程之一。人们已经认识到:由构成多样、性质复杂、分布又很不均匀的下垫面所组成的陆地表面是整个气候系统中一个既重要而又复杂的分量;陆面与大气及其他圈层之间进行的各种时空尺度的相互作用,以及动量、能量、多种物质成分(水汽及CO_2)的交换和辐射传输对于大气环流及气候状况产生极大的影响,在某些局部或某个时段内甚至还起着关键性的作用。这种交换的通量强度既与下垫面本身的物理化学性质及其动态变化的状况有关,也与变化的大气状况及太阳辐射的强度有关。另一方面,土地利用方式的改变等人类活动已极大地改变了地球上的生态环境,而这种变化又缺乏可预报性,这更增加了这一分支研究的复杂性。陆面过程对于天气、气候的重要性主要体现在以下三个方面:

(1)陆面与大气存在各种时、空尺度的相互作用和动量、能量、物质(水汽及CO_2等)及辐射的交换过程:在大气与陆地下垫面的界面上,由于大气环流的驱动及太阳辐射强迫,界面的上下两侧不断地发生着动量、能量和物质的交换过程。而发生在二者之间的交换过程在很大程度上受陆面状况的影响,陆面状态的变化必将改变上述交换过程,进而对大气和气候产生影响。

(2)陆面为大气运动提供下边界条件:大气的状态变量由速度、温度、湿度以及大气化学成分等组成,而这些状态变量的变化是由它们的动力学控制方程决定的。在控制方程中,有各种各样与下垫面有关的源(汇)项,如:动量方程中的摩擦力项、能量方程中的感热项和水汽方程中的潜热项等。这些源(汇)在大气层的下边界上,要么来自海洋,要么来自陆地,以下边界条件的形式出现。这类源汇项强度的大小对于决定气候系统变化影响是至关重要的,而陆面作为地球大气的下边界,决定了大气动力学控制方程中的源、汇项。

(3)气候系统对陆面特性的变化十分敏感:20 世纪 60 年代以来,大量的敏感性试验证实了气候系统对地表反照率、土壤湿度、地表粗糙度和植被气孔阻抗等陆地下垫面特性十分敏感;陆面状况的异常能够对大气、气候产生不同时空尺度的作用,逐渐被认为是影响天气、气候的重要物理因子。

我们知道影响长期天气(短期气候)过程的外部热源必须有一定的空间范围、时间的持续性和一定的强度,才能有效地影响大气。

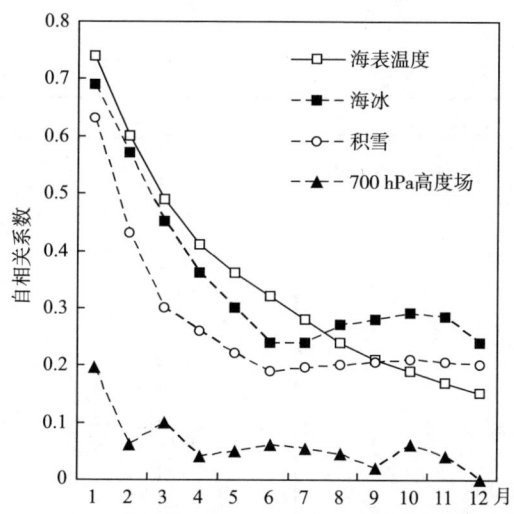

图 5.1.2 北太平洋海表温度、北极海冰欧亚大陆雪盖面积和
700 hPa 位势高度月平均值的自相关系数

图 5.1.2 给出了 700 hPa 位势高度、北太平洋海表温度、北极海冰和欧亚大陆雪盖面积月平均值的自相关系数。700 hPa 高度滞后 1 个月的相关系数不足 0.2,持续性很差。积雪覆盖的滞后相关系数要大得多,滞后一个月为 0.63,两个月为 0.42。而海温和海冰滞后一个月的相关系数还可达到 0.7 左右,2 个月还接近 0.6。表示陆

地表面的特性要素除去雪盖以外,常用的还有土壤温度和土壤湿度、地表反照率等。土壤温度变化的持续性与上层的深度有关,土层愈深,持续性愈强,0.8 m深土层持续期可达4—6个月(表5.1.1)。土壤湿度的持续性与多雨或少雨年有密切关系,但是实际分析结果表明,其持续性也在2个月以上(见图5.1.3)。由此可见,表示陆面特性的要素都有比较大的持续性,而大气特性量的持续性较小。同时,表示陆面特性的量在空间上也有很大尺度。陆面状况的这种大尺度持续性异常,正是陆面过程能够对大尺度大气环流、气候产生重大影响的物理基础,也正是在气候变化及其预测中需要考虑陆面过程的原因所在。

表 5.1.1 月地温距平同符号的平均持续期(单位:月)

深度(cm) \ 站名	北京	兰州	西宁	酒泉	成都
0	3.2	3.0	2.6	3.0	2.4
20	4.1	3.6	3.8	4.0	3.2
40	4.5	4.4	4.5	—	3.8
80	6.7	4.5	5.9	4.2	5.7
160	7.8	7.9	9.5	5.8	6.0
320	10.4	11.4	20.5	20.7	22.3

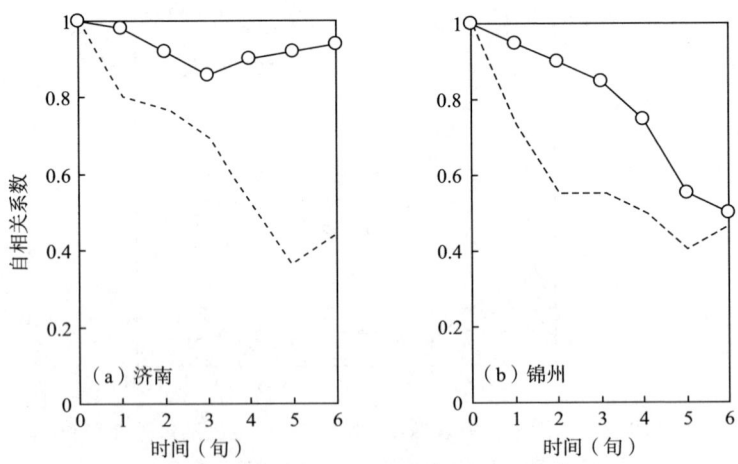

图 5.1.3 华北旬平均土壤湿度(0~50 cm)自相关
(a)济南 (b)锦州(实线为多雨年;虚线为少雨年)

值得特别指出的是,中国位于东亚季风区,其气候的形成和异常变化是陆地—大气—海洋相互作用的结果。中国的气候不仅受海洋的影响,而且受到陆面过程的显著影响。而青藏高原作为全球最大的地形,其对气候(尤其是东亚气候)的动力和热力作用已经被大量的研究所证实。青藏高原夏季是大气运动的热源,其热力作用对天气、气候有重要影响,尤其是对亚洲夏季风变异有很大的影响。而青藏高原的热力异常与青藏高原的陆面状况密切相关,因此,青藏高原的陆面过程及其气候效应也受到了越来越多的关注。

5.2 土壤湿度和土壤温度的影响

5.2.1 土壤湿度对气候的影响

土壤湿度是气候变化的重要影响因子,土壤湿度异常通过影响地表蒸发、改变地表对大气的加热等过程对大气环流和气候产生显著影响(图 5.2.1)。土壤湿度与蒸发有密切关系。蒸发增加了大气含水量,降低了大气稳定度,提供了降水的水汽源。土壤湿度也与反射率有关,湿土的反照率较小,使得吸收的太阳辐射增加,加大蒸发。

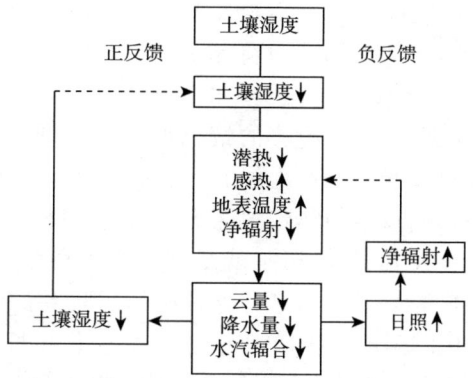

图 5.2.1 土壤湿度异常可能引起的气候效应(Sellers,1992)

表 5.2.1 给出 6 月华北地区 20 多个站点的实测状况和计算的地表热通量平均值。由表可见,湿年蒸发大,使土壤温度明显低于干年,干年土壤温度高又使地表感热通量大于湿年。湿年云量大,直接辐射较小,但因地温低,长波辐射值也小,故干、湿年地表净辐射相差不多。土壤温度和土壤湿度具有明显的持续性。土壤湿度可维持一个半月以上,相应的蒸发也可持续一个多月,增加水汽有利于对流和降水发展。可见前期降水,改变了土壤湿度,作为大气环流异常的一种"信息"存储在地表层中,不断影响大气环流的变化。

表 5.2.1　华北干、湿年 5 月地表状况和热量平衡

物理量	降水（mm/月）	蒸发（mm/月）	土壤湿度（mm/mm）	地温(℃)	气温(℃)	云量(1/10)
湿年	94.7	87.0	0.71	22.2	18.9	6.7
干年	13.0	51.0	0.26	25.7	20.7	4.5
湿年—干年	81.7	36.0	0.45	−3.5	−1.8	2.2

物理量	反照率(%)	潜热(W/m²)	感热(W/m²)	直接辐射(W/m²)	长波辐射(W/m²)	净辐射(W/m²)
湿年	0.19	83.5	49.1	202.9	70.4	132.5
干年	0.27	47.9	88.3	216.0	79.8	136.2
湿年—干年	−0.08	35.6	−39.3	−13.1	−9.4	−3.7

早在 20 世纪 50 年代，研究就发现土壤湿度的季节性异常对大气的季节变化有重要影响。据统计，就全球陆地而言，65％的降水来自于陆地表面的蒸发，而仅有 35％来自于海洋的水平输送。已有的敏感性试验研究表明，土壤湿度对气候有很强的记忆功能，土壤湿度异常不仅对相应地区的大气状态有极大的影响，而且影响到了全球范围的大气环流和气候。图 5.2.2 给出了在全球陆地土壤完全湿润和干燥情况下模式模拟的全球降水的空间分布。不难发现，二者存在十分明显的差异。在干土壤情况下，除个别地区外，全部大陆上日降水量几乎都小于 2 mm；而在湿土壤情况下，大陆上的日降水量都大于 2 mm。同降水分布相对应，地面温度也存在明显的差异，干土壤情况下地面温度高，而湿土壤的情况地面温度低。因此，土壤湿度的变化可以通过不同物理过程对气候变化产生影响。有研究认为土壤湿度—大气之间的反馈过程在副热带地区的作用甚至与热带地区 SST 的作用相当。

土壤湿度的异常变化及其影响，历来就受到了我国科学家的关注。我国学者指出中国东部春季土壤湿度与夏季降水之间存在密切的联系。春季从长江中下游到华北的土壤湿度偏湿，东北土壤湿度偏干时，中国夏季东北和长江流域降水偏多，华北和南方降水偏少；并提出了土壤湿度异常影响降水的相关物理过程：春季从长江中下游到华北的土壤湿度正异常使得中国大陆东部地表温度降低，减少了海陆温差，造成东亚夏季风减弱，西太平洋副热带高压发展西伸，从而阻挡了东亚夏季风的北上，使得中国夏季雨带偏南，长江流域降水偏多，华北和南方降水偏少。最近有研究发现春季华南土壤湿度与夏季华南（长江流域及其以北地区）降水呈正（负）相关（图 5.2.3a）。总体而言，春季华南土壤湿度负（正）异常，夏季华南降水异常偏少（多），而长江以北地区降水则偏多（少）（图 5.2.4）；并指出土壤湿度负异常年，西太平洋副高位置明显偏西，华南地区对应异常的下沉运动和水汽辐散，导致该地区降水偏少；而长江中下游地区对应异常的上升运动和水汽通量的辐合，降水偏多；土壤湿度正异常年的情况大致相反。进一步的分析表明，春季华南土壤湿度和同期长江中下游及以北地区土壤湿度存在明显的负相关关系（图 5.2.3b）。春季华南土壤湿度负（正）异

常年和同期华北到长江中下游区域土壤湿度对应正(负)异常,将导致南部区域的地表温度异常升高(降低),北部地表温度异常偏低(偏高),并通过改变地表对大气的加热,引起夏季大气环流的异常,最终造成夏季降水异常。数值研究表明江淮流域地区春季初始土壤湿度异常对区域降水的影响非常显著,土壤湿度的正异常使得异常区域内降水增大,地面空气增湿、蒸发加大,地表气温迅速降低;土壤湿度负异常时,情形相反。这种区域气候响应是通过改变地表辐射平衡及地—气系统能量通量而实现的;区域土壤湿度异常对短期气候的影响在一个月之内较明显,它的影响可持续几个月,但强度逐渐减弱;区域土壤湿度异常的气候响应不仅仅局限于异常区域内部,而且可以通过次级环流影响到其他区域的降水、温度等变化。

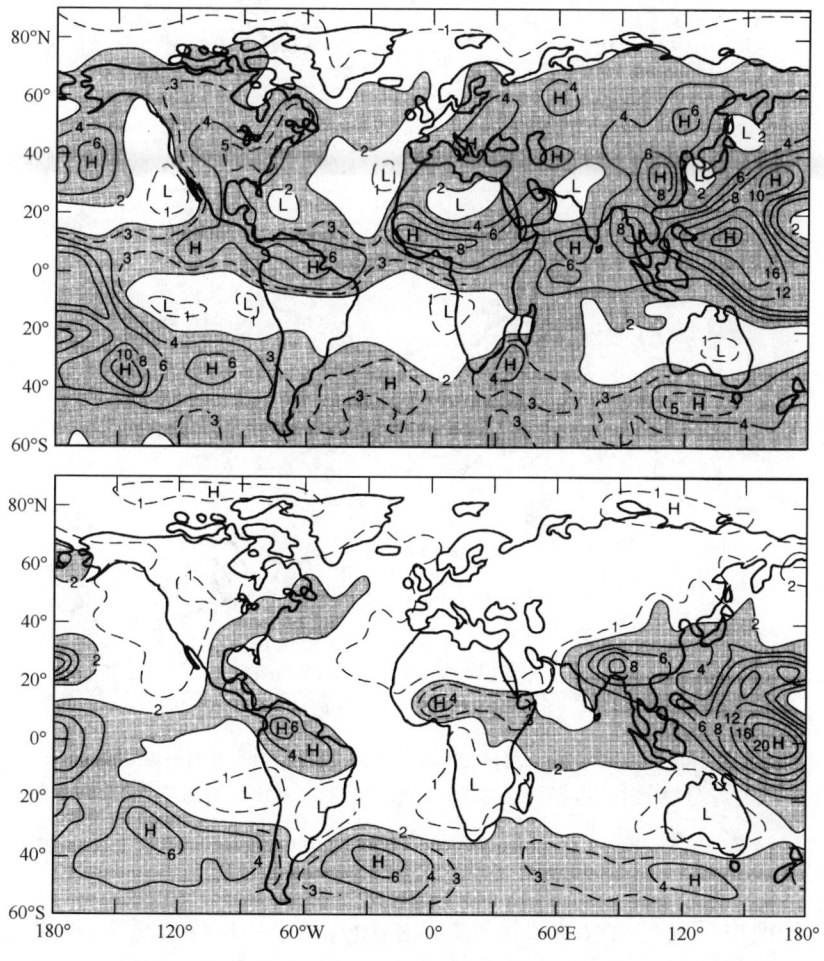

图 5.2.2　模拟的不同情况下降水率的分布

(a)湿土壤;(b)干土壤;阴影区为降水率大于 2 mm/d 的区域(Shukla 和 Mintz,1982)

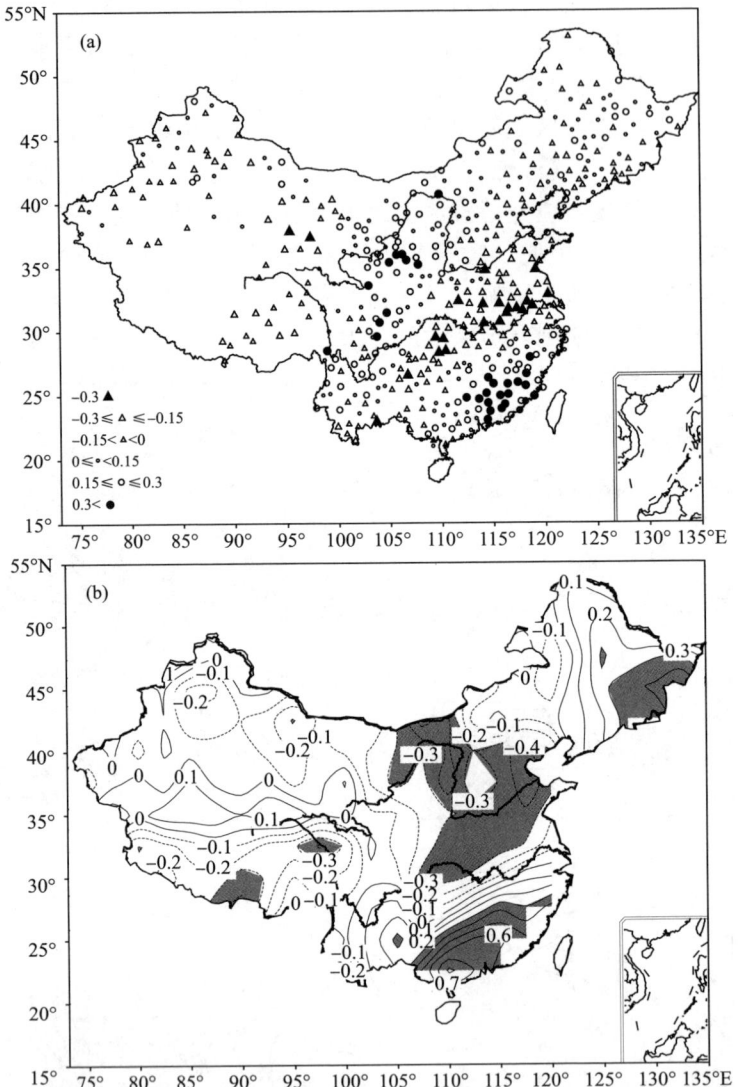

图 5.2.3 春季华南土壤湿度与(a)中国春季降水和(b)同期土壤湿度的相关分布
(其中实心符号、阴影区均表示通过95%信度检验的区域)(梁乐宁和陈海山,2010)

但是,值得一提的是,有关土壤湿度异常影响东亚区域气候的认识也有不同的看法。最近,Kim 和 Hong(2007)利用区域模式研究了东亚区域夏季降水对初始土壤湿度异常的响应。通过六组数值试验(针对1997和1998两个夏季,分别用NCEP-DOE再分析资料的土壤湿度的控制试验、干土壤湿度和湿土壤湿度作为初始场的4组敏感性试验)的对比研究,发现在东亚区域相对控制试验,湿土壤初始场试验和干土壤初始场试验之间的降水变化只有 5% 的差别（1998 年为 5.5%、1997 年为 5.3%），认为土壤水分异常对模拟的东亚区域夏季降水的影响不是很重要。总之，由于土壤湿度异常影响气候的物理过程的高度复杂性，现有的关于土壤湿度异常及其影响气候的物理机制尚不完全清楚，有待于今后的深入研究。

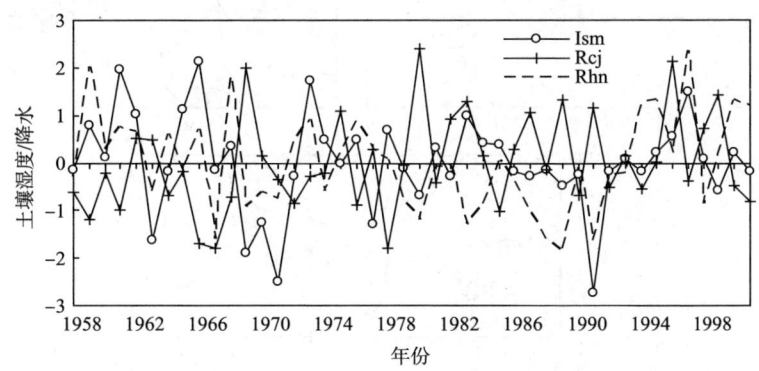

图 5.2.4 春季华南土壤湿度的标准化系列 I_{sm}（带圆圈实线）、夏季区域平均降水的标准化时间序列：华南 R_{hn}（虚线）和长江中下游 R_{cj}（带加号实线）（梁乐宁和陈海山，2010）

5.2.2 土壤温度对气候的影响

土壤的热容远大于空气，土壤的热状况及其变化对大气的陆面下边界起重要的作用。土壤温度是地表热状况的直接反映，土壤温度的异常，尤其是深层土壤温度的异常，具有很强的持续性。土壤温度的变化可以直接影响地气之间的感热通量及辐射通量，从而对气候变化起到反馈作用。

有关区域性持续土壤温度异常对中国短期气候影响的数值研究表明，如果区域性的土壤温度异常只在初始时刻存在，其异常的影响只能维持 1 天左右；但如果土壤温度的异常持续 1 个月，则会对大气环流和气候产生明显的影响。进一步的分析表明，区域性土壤温度的持续异常能够引起其后 10~30 天的平均降水率的改变，区域性土壤温度的异常（增加）（图 5.2.5a）能够引起区域内降水量的明显增大；同时，在土壤温度异常区的南面出现一个降水明显减小的区域（图 5.2.5b）。另外，在土壤温度异常区及其南面出现了较大范围的气温升高，尤以其南部地区气温增加最为明显（图 5.2.5c）；可能主要是由于该区域的降水减少、地表接受的太阳辐射增加和下沉运动造成的。对模式模拟的其他物理量的分析表明，在土壤温度异常区，由于地面向上感热输送增加，使大气下层增温，地面气压下降，对流层低层辐合加强，降水增加；同时，上述辐合在其南部诱发出异常辐散和下沉，导致降水减少和气温增高。

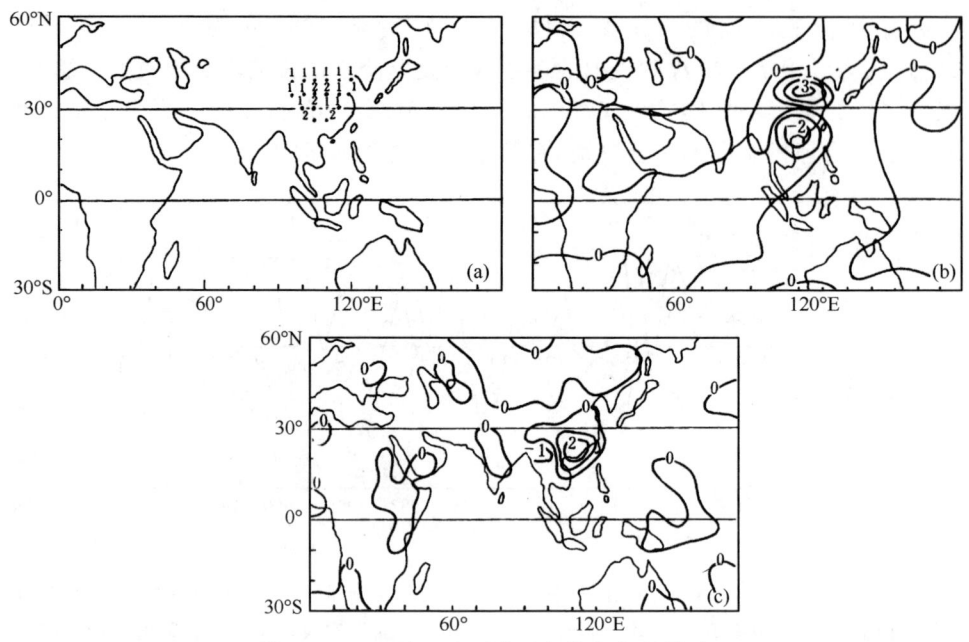

图 5.2.5 土壤温度异常对短期气候的影响

(a)土壤温度异常的分布(℃);(b)模拟第 10~30 天的降水异常(mm/d);(c)模拟的第 10~30 天的地面气温异常(℃)(王万秋,1991;转引自 李崇银《气候动力学引论》)

国内,有学者曾就土壤温度与我国降水的关系开展了大量的研究,研究表明不同层次的土壤温度与同一地区或邻近地区后期降水有显著的统计相关性,即前期土壤温度偏高,则后期降水偏多,反之亦然。层次愈深,滞后时间也愈长。资料分析发现冬季 0.8 m 地温与春季(3—5 月)的降水相关最好,而 1.6 m 处的地温与汛期(4—9 月)降水的相关最为显著。研究比较了 1977 年 12 月到 1978 年 2 月 1.6 m 处地温距平与 1978 年 4 月到 9 月降水距平百分比的分布,结果发现高温轴与多雨轴的位置有很好的对应关系;而低地温轴附近的降水则表现为不同程度的偏少(图 5.2.6)。在上述研究的基础上,建立了用前期地温做汛期旱涝趋势预报的方法,用深层冬春季地温来制作次年的汛期降水趋势预报,收到了一定的效果(表 5.2.2)。但是,其相关的物理机制尚有待进一步研究。

表 5.2.2 用前期地温做汛期降水趋势预报的效果(章基嘉等,1994)

年份		1975	1976	1977	1978	1979
华北	预报	少雨	多雨	北多西少	北多南少	北多西少
	实况	少雨	多雨	北多南少	北多南少	北多南少
长江中游	预报	多雨	少雨	偏多	正常偏少	正常略偏多
	实况	多雨	少雨	多雨	少雨	正常略偏少

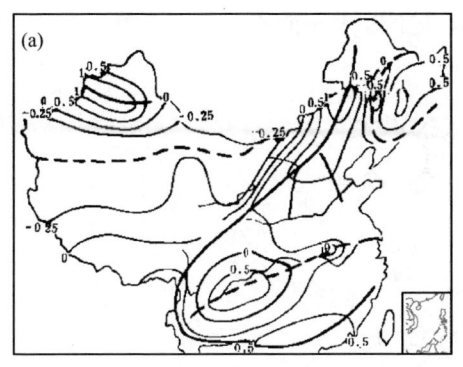 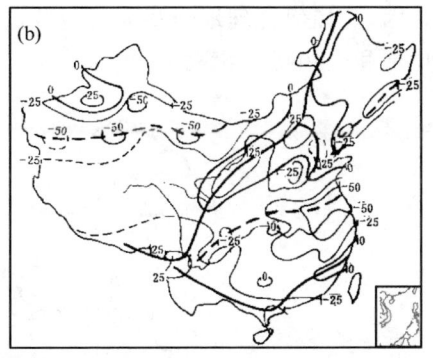

图 5.2.6 冬季 1.6 m 地温距平与次年汛期(4—9月)降水距平百分比分布
(a)地温距平;(b)降水百分比(章基嘉等,1994)

5.3 植被的影响

5.3.1 植被影响气候的基本过程

植被是控制地球表面环境的主要因素之一,也是地球气候系统中最为重要而可变的组成部分。植被受到气候变化的影响,同时又通过生物物理过程和生物地球化学过程对气候产生反馈作用。

植被变化对气候的影响是通过其物理和生理特性改变地气之间的能量和物质交换而实现的,植被影响气候的基本物理过程概括起来可以用图 5.3.1 来示意。当降水落到植被表面时,一部分可被植被表面截留,然后再被蒸发到大气中;其余部分滴落到地面后,部分渗入土壤,部分形成径流;渗入土壤的水分还可以有部分渗透到更深层而成为地下水。植物的根可以将土壤中的水吸到茎和叶上,通过蒸腾作用还会有一部分回到大气中。另外,植物冠层的反射和散射作用对大气及地面的辐射过程也有极明显的影响。有植被地区的地表反照率一般比裸地小很多,从而吸收的太阳辐射能就比较多;同时,植物冠部有较强的蒸发能力,而且通过植物根系可以把深层土壤中的水分抽吸到叶茎上,用以维持蒸腾。因此,有植被的下垫面和裸露的下垫面之间的潜热和感热状况有明显的差异。另外,植被的存在还使地表粗糙度增大,地表摩擦以及地面与大气间的交换过程也会变化;植被对水分的滞留还可改变地表径流和地表水文过程,这些都会对气候变化起作用。一系列的研究证实,植被覆盖变化通过改变反照率、粗糙度及土壤湿度等地表属性可以在不同的时空尺度上对气候产生作用,是区域及全球气候变化的重要影响因素之一。陆地表面大部分由不同类型的植被所覆盖,不同的植被有其自身的物理和生物特性,从而使地表过程变得更为复杂。因此，如何合理地描写大气与植被、植被与土壤之间的水分和热量交换以及植被的物理和生物特征，是极为重要的。

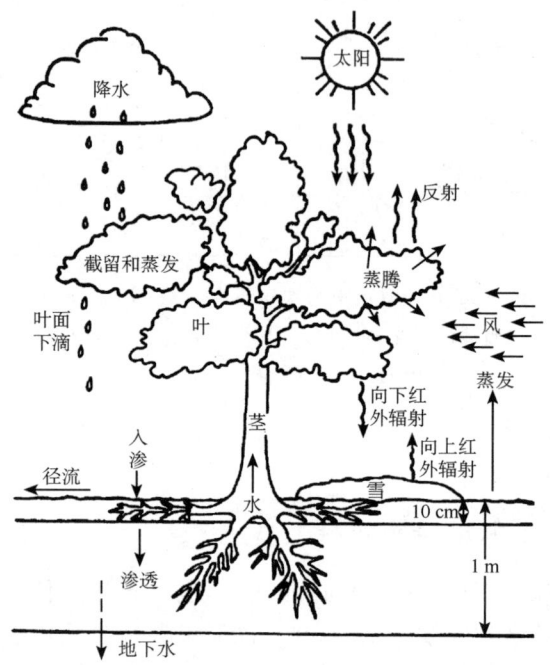

图 5.3.1　植被影响气候的基本物理过程(Dickinson,1984;李崇银,2001)

5.3.2　植被影响气候的数值模拟

近年来人们都非常关心大面积森林减少对气候的影响，保护生态环境已成为越来越重要的问题。尤其是 20 世纪 80 年代中期以来，国外大量的工作主要集中于两个与全球植被变化有关的核心问题：(1)沙漠化问题及其气候反馈；(2)热带雨林砍伐及其所产生的气候效应。

这里给出一个有关非洲 Sahel 地区沙漠化的形成机制及其气候效应数值研究的例子。Xue 和 Shukla(1993)采用包含简化生物圈模式(SIB)的 COLA 大气环流模式研究了撒哈拉地区的沙漠化问题及其气候反馈。在他们的研究中进行了两组试验，其中一组试验采用真实的植被分布(控制试验 C)；而另外一组试验则将 Sahel 地区(撒海尔地区，撒哈拉沙漠南部边缘的荒漠草原地区)的植被改变为分布有稀疏灌木的裸土(异常试验 D，或沙漠化试验)，通过异常试验与控制试验结果的对比，分析上述地区的沙漠化所引起的气候反馈。图 5.3.2a 给出了异常试验 D 与控制试验 C 的夏季降水的差值场，不难发现，沙漠化试验中，Sahel 地区的降水明显减少，但其南部区域的降水则明显增加。进一步分析表明,沙漠化显著改变了 Sahel 及附近地区的大气环流,能够引起 Sahel 地区低层风场的异常辐散,使得该地区的水汽辐合明显减小(图 5.3.2b),并引起明显的垂直下沉运动,这些均是造成该地区降水异常减小的原因。此外,沙漠化使得 Sahel 地区的土壤水分明显减小,地表温度明显升高,导致地表能量通量的显著变化。

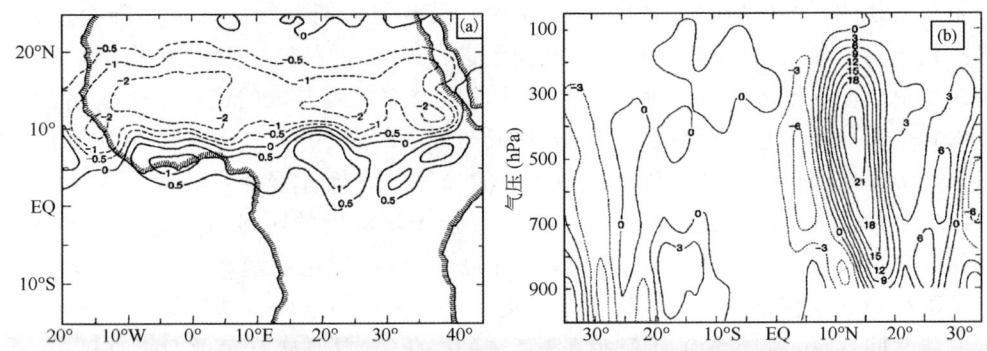

图 5.3.2 异常试验 D 与控制试验 C 气候要素的差值分布:(a)降水量(mm/d); (b)纬向平均的垂直速度(单位:10^{-5} hPa/s)(Xue 等,1993)

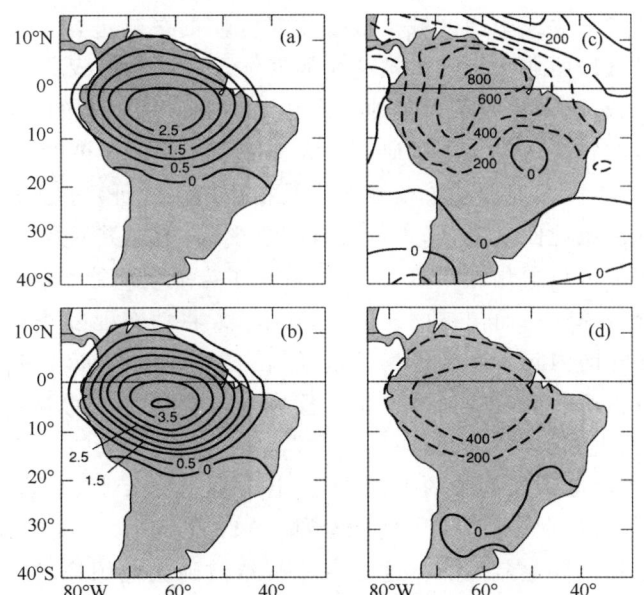

图 5.3.3 模式模拟的亚马逊地区的热带雨林砍伐引起的气候变化
(a)地表温度(单位:℃);(b)深层土壤温度(单位:℃);
(c)降水量(mm/a);(d)蒸发量(mm/a)(Shukla 等,1990)

热带雨林是气候系统的重要组成部分,因此,热带雨林被大量砍伐而对气候造成的影响已引起科学家的广泛重视。砍伐森林严重影响了植被状况,不仅改变了地面反照率,而且改变了地面的水文条件和地表粗糙度等,造成地面的热量通量和动量通量的异常,直接引起气候的变化。亚马逊(Amazon)地区热带雨林砍伐是最近20年来一个备受关注的问题。Henderson-Sellers 等(1984)最早利用 GCM 研究了地区热带雨林砍伐的气候效应,但当时的 GCM 中并没有包含能够较好地反映陆面过程的参数化方案。此后,许多学者相继对此问题进行了深入的研究,采用不同的数值模式来模拟 Amazon 地区热带雨林砍伐的局地气候效应。大多数的模拟结果表明,若热带雨林为草原所代替,将引起 Amazon 流域的降水减少20%,气温升高$1\sim3℃$,强调了 Amazon 地区热带雨林砍伐对上述地区的局地气候具有重要的影响。由图5.3.3可以看到热带雨林的砍伐能够引起表层和深层土壤温度的明显增暖;而 Amazon 流域的年降水量减小达800 mm,蒸发有明显减少,但其量值明显小于降水的减少,即热带雨林的砍伐将导致该地区逐渐干旱化。热带雨林的破坏通过其陆面过程的改变造成陆气间热量、动量交换和局地大气环流的变化,尤其是辐合辐散及垂直运动场发生变化,热带辐合带的活动也跟着发生变化,Hadley 环流和 Walker 环流也出现异常,从而导致森林砍伐区以外地区也出现明显的气候异常。

我国科学家对东亚或中国区域植被变化对气候的影响进行了大量的研究,主要包括以下几方面:(1)西北干旱区植被变化的气候效应;(2)青藏高原植被退化及其对东亚、中国气候的影响;(3)内蒙古草地荒漠化对中国区域气候的影响;(4)区域绿化和恢复自然植被的气候效应。上述研究大大加深了人们对植被的气候反馈及其物理机制的理解和认识,极大地推动了植被—气候相互作用的研究。大多数的研究表明,植被变化对中国区域地面气温、降水等具有明显影响,植被类型及覆盖面积影响着我国夏季风的强弱。植被退化导致蒸发减少,改变了当地表面能量收支,亚洲季风环流减弱,从而导致降水减少;而植被面积的大范围扩大将使东亚夏季风增强,有利于大量暖湿空气从海洋向内陆干旱半干旱区输送,使这些地区降水增多,土壤湿度增大,明显地改善区域生态环境。即植被退化不仅可以改变退化区的温度,还可减弱东亚夏季风环流,进而影响我国降水分布。

此外,与人类活动密切有关的土地使用/土地覆盖变化对气候也具有不可忽视的作用;亚洲季风区人口众多,居住了地球全部人口的近60%。因此人类使用土地和土地覆盖变化也是世界上最大的。这些由原有植被到土地用途/覆盖变化很有可能已经改变了本地区的区域性气候和水循环。因此,研究与人类活动有关的下垫面植被变化,如砍伐森林、城市化、过度放牧、土地利用等,对气候变化的影响已成为当代气候研究的重要课题之一。

5.3.3 植被影响气候的观测结果

由于观测资料的缺乏,早期有关植被气候效应的研究工作主要是基于数值模式来开展的。近年来,卫星观测资料为植被—气候相互作用的研究提供了新的机遇,有关植被—气候相互作用的观测研究也开始涌现。植被覆盖的异常变化对大气环流和气候的影响也在一系列的观测研究中得到了证实,我国学者最近的研究指出不同区域植被覆盖的异常变化对东亚区域的大气环流、温度、降水的异常均具有重要的影响。

有研究认为,贝加尔湖以西区域($55°$—$65°N$,$60°$—$100°E$)春季植被状况与东亚夏季大气环流的异常变化之间存在显著联系:当春季该区植被指数偏高时,东亚夏季风偏弱,雨带偏南,中国华南降水偏多,华南以北大部分地区降水偏少,同时中国东南以及青藏高原东南部温度偏低,而中国北方以及江淮流域温度偏高。而另外的研究则指出,在我国的绝大多数区域,前期的植被归一化指数(NDVI)与后期降水存在正的相关,且这种滞后相关存在明显的区域差异。上年冬季 NDVI 与夏季降水以华中和青藏高原地区的相关最明显,而春季 NDVI 与夏季降水则以东部干旱—半干旱区和青藏高原的相关更明显。在这 3 个地区植被的变化对气候有更敏感的作用,NDVI 与降水的滞后相关也表明植被覆盖在年际尺度上对后期降水有一定的影响。此外,研究发现我国春季降水与青藏高原冬季 NDVI 有较明显的相关关系:高原冬季 NDVI 值大的年份,贵州至两广地区降水减少,两湖平原和鄱阳湖平原降水增加,长江流域以北至东北的广大地区降水将减少,特别是黄河与长江之间地区降水量偏少可达 40 mm 以上。认为青藏高原冬季 NDVI 的大小将通过改变亚洲和西太平洋地区春季大气环流的分布状态,导致冬季风和夏季风爆发和进退差异,从而引起我国春季降水的变化。

5.4 积雪的影响

5.4.1 积雪的基本特征

积雪(也称雪盖)是冰雪圈的重要分量,也是陆面的重要组成部分。根据现有的观测资料,在北半球冬季,积雪覆盖着 50% 的陆面和 10% 的海洋。图 5.4.1 给出了 NOAA 卫星观测的积雪覆盖面积的空间分布图,不难看出,北半球积雪主要分布在欧亚、北美大陆的中高纬地区,此外格陵兰岛、青藏高原也有积雪分布。冬季积雪覆盖面积最大,两大陆积雪南缘可达 $40°N$,积雪从冬到夏由北向南再由南向北推移;夏季,除格陵兰、青藏高原等高大地形区域,积雪几乎完全融化。积雪的分布存在明显的地域性差异,而且其空间分布也表现出明显的季节性差异(图 5.4.1)。

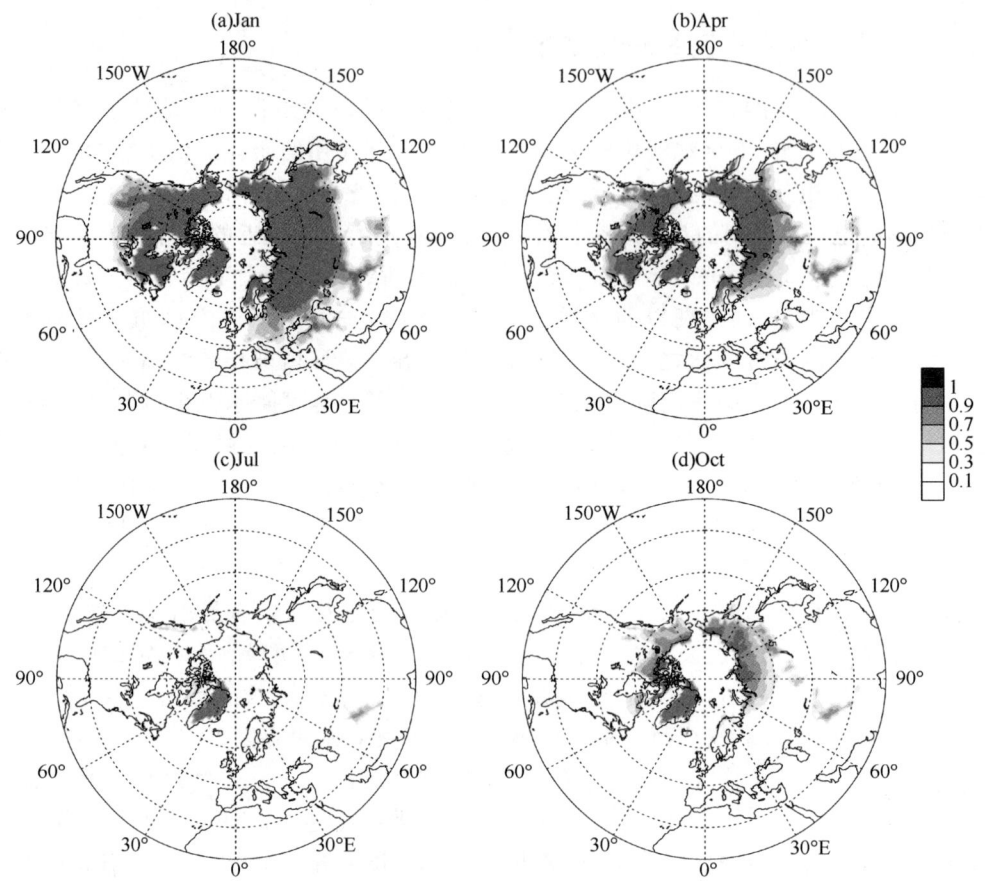

图 5.4.1 北半球积雪覆盖面积的空间分布特征（根据 NOAA 卫星雪盖资料计算得到）

图 5.4.2 给出了北半球、欧亚大陆和北美大陆月平均积雪面积的年变化曲线,可以看出积雪存在显著的季节变化,北半球、欧亚大陆、和北美陆地积雪面积的季节变化具有大体一致的特征。平均而言,1月份积雪面积最大,8月积雪面积最小。以北半球陆地为例,1月份的平均积雪面积大约为 $4.5×10^7$ km²,而 8 月份的平均积雪面积仅为 $0.3×10^7$ km²。

此外,积雪覆盖本身还表现出显著的年际、年代际变化特征。图 5.4.3 给出了北半球、欧亚大陆和北美大陆冬季积雪面积的年际变化曲线。总体上,三者表现出大致类似的变化特征,尤其是一些积雪异常的典型年份较为一致。例如 1973、1978、1985 年冬季积雪面积均表现为异常偏多,而 1974、1980、1981 年冬季积雪面积则异常偏少。尽管北半球和欧亚大陆冬季积雪面积表现出较为一致的年际变化特征,但与北美大陆仍然存在一定的差异。另外,积雪的异常变化也体现出明显的年代际差异。

20世纪80年代中期以前,积雪异常变化的幅度较80年代中期后总体偏强;但三者的长期变化趋势则不尽相同(图5.4.3中虚线)。

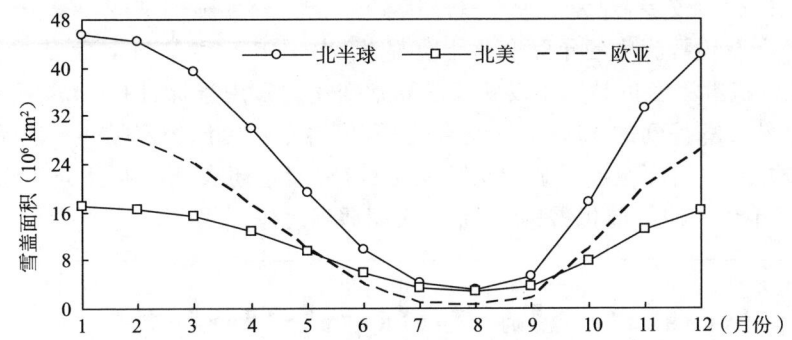

图 5.4.2　北半球、欧亚、北美大陆积雪的多年平均(1973—2009年)季节变化特征
(根据NOAA卫星雪盖资料计算得到)

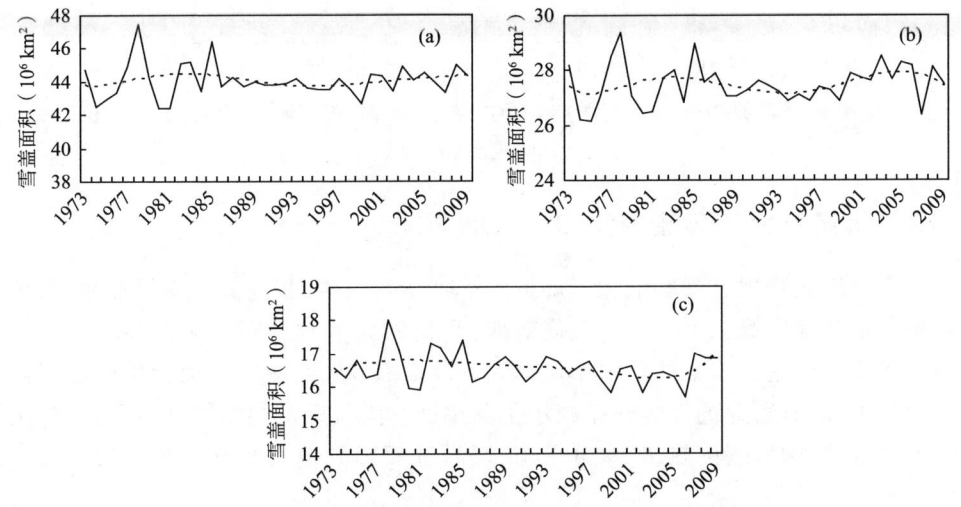

图 5.4.3　北半球积雪、欧亚、北美大陆冬季积雪面积的年际、
年代际变化曲线及其多项式拟合曲线(虚线)
(根据NOAA卫星雪盖资料计算得到)
(a)北半球;(b)欧亚;(c)北美

青藏高原积雪是北半球积雪的重要组成部分,由于青藏高原地形复杂,起伏较大,积雪的空间分布差异很大;与此同时,在时间分布上也表现出强烈的季节、年际和年代际差异。平均而言,前冬积雪较少,1月份以后逐渐增加,通常2月达到极大值,3月以后迅速减少,至6月基本消失。一般来说,积雪日数能够在一定程度上反映积

雪的基本特征。从积雪日数来看,10—4月的积雪日数占全年积雪日数的比重很高,大部分地区都占全年的80%以上。就大部分地区而言,10—12月平均积雪日数为每月6天左右,后冬较多,约为8天左右。从12—1月,有明显的突变,积雪日数明显增加。此外,高原积雪深度的年际变化十分显著:少雪年不足50 cm,而多雪年却能达到250 cm。积雪深度也是用于反映积雪异常变化的常用指标,图5.4.4给出了根据高原56个站计算得到的1957—1993年高原冬、春平均雪深的年际和年代际曲线,不难发现高原冬、春雪深具有明显的年际变化特征;而且还表现出明显的年代际差异:20世纪70年代中期以前积雪偏少,而之后积雪则总体上偏多。

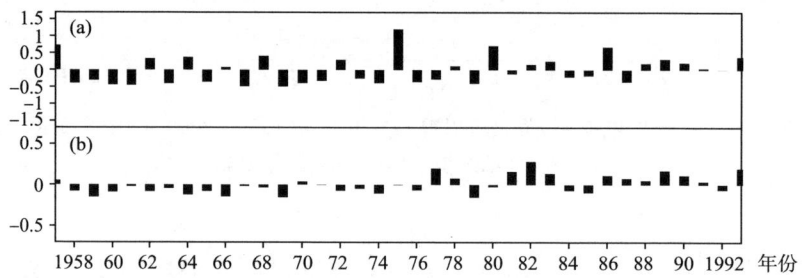

图5.4.4 青藏高原冬季(a)和春季(b)平均雪深(水当量)的年际、年代际变化(单位:cm)
(刘华强等,2003)

5.4.2 积雪对大气环流异常和气候的影响

积雪是地表物理过程影响大气环流的一个重要因素,积雪具有高反照率、低传导率和积雪水分效应等三个方面的气候效应;积雪的异常对地表水循环和能量平衡均有十分重要的作用。雪盖的反射率可高达80%以上,从而使下垫面所接受的太阳辐射大大减少,同时雪盖的低导热率减小了下垫面与大气间的热量交换,而且融雪吸收大量的热量,影响地表的热量、水分平衡过程,进而影响地气系统的热量收支和大气中的各种物理过程。

早在1884年,Blanford首先指出喜马拉雅山西北部冬季雪盖增长与印度夏季风降水的减少存在明显的联系。自上世纪70年代初以来,就有一系列的研究工作利用复杂程度不等的数值模式研究了积雪异常的气候效应,并指出积雪异常对大气环流和气候变化尤其是对亚洲季风具有重要影响。图5.4.5给出了去除雪盖敏感性试验的模拟结果。研究发现去掉早春(3—4月)时的雪盖,能够引起一系列的气象和水文的变化:地表温度和地面气温均明显升高(图5.4.5a、b),去掉雪盖的地区6—8月土壤湿度明显减小(图5.4.5c)。冬季或早春过早的融雪可能造成高纬夏季的干旱;此外去除雪盖还会造成经向温度梯度和高纬纬向平均风速的减小等。

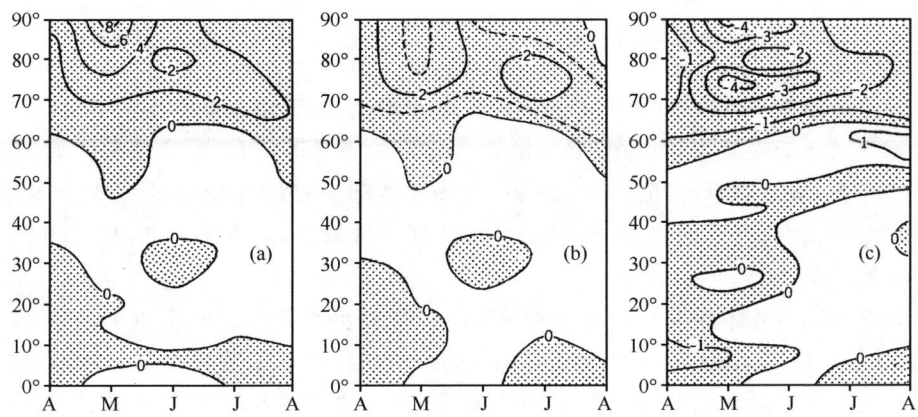

图 5.4.5　模式模拟的(a)地表温度(℃);(b)地面气温(℃);(c)土壤湿度的差值(cm)(去除雪盖试验减控制试验)的纬度—时间分布图(Yeh 等,1983)

Barnett(1988,1989)等采用欧洲中心(ECMWF)的 T21 大气环流谱模式,研究了降雪加倍所产生的气候效应,重点讨论了全球气候系统对欧亚雪盖异常变化的敏感性。研究中,采用改变模式降雪率的方法来反映积雪的异常,设计了降雪加倍和降雪减半的异常试验,分别代表重雪和轻雪的情况。结果表明,降雪加倍试验,春季欧亚雪盖偏多,6 月份整个欧亚大陆的海平面气压均有明显的正异常,尤其是在欧亚大陆北部和青藏高原附近地区,这种积雪异常导致的海平面气压异常,表明了初夏大陆热低压的强度偏弱(图 5.4.6),最终导致东南亚季风减弱;轻雪情况,则出现强季风。他们的研究还指出雪盖效应能够最终改变其他气候场,并对全球和区域性气候有显著影响。

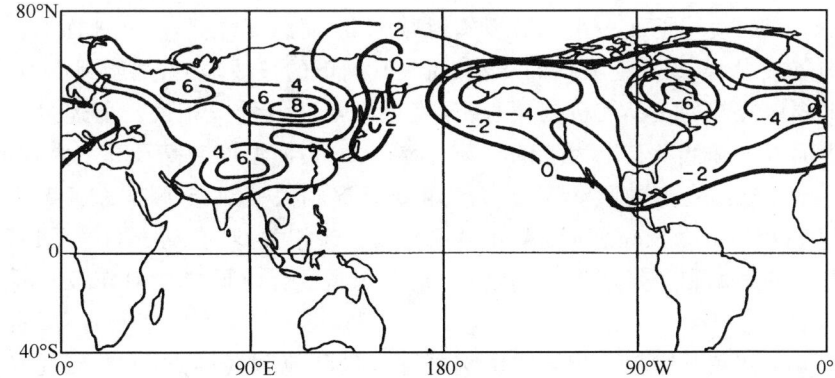

图 5.4.6　模式模拟的 6 月平均海平面气压(hPa)的差值分布(降雪加倍试验减控制试验)(Barnett 等,1989)

5.4.3 欧亚大陆积雪的影响

雪盖对印度夏季风有着明显影响。欧亚春季雪盖而积的大小及融雪的快慢,与印度夏季风活动联系密切。冬、春季欧亚雪盖影响下垫面反射率,进而影响对流层上中层的气温,从而对季风环流产生影响,最终导致印度夏季风雨量的多寡。冬、春欧亚雪盖面积偏大,春季融雪偏慢,将使得印度夏季风偏弱,夏季风推进偏慢,印度夏季风雨量偏少。

欧亚大陆雪盖不仅对印度季风存在影响,对东亚季风也能产生重要的影响。20世纪80年代以来,我国的学者已经开始关注北半球、欧亚雪盖异常对我国气候的影响。有关欧亚大量积雪对我国气候影响的研究,主要集中在欧亚雪盖异常对冬季气温、夏季低温、夏季降水、季风活动等方面。已有的研究表明,北半球冰雪面积偏大,我国东北容易出现夏季低温;而有关欧亚大陆雪盖面积与华北夏季风关系的研究则指出,欧亚雪盖、青藏高原雪盖及雪线的位置的不同配置,其影响各异,但总体为负相关,强调了雪盖分布的不同配置将会对大气环流产生不同的影响;也有研究讨论了欧亚冬季雪盖对我国区域降水的影响。

最近的观测分析和数值模拟表明:(1)欧亚大陆中高纬地区冬季积雪面积异常与同期大气环流的异常具有密切的联系:积雪面积偏大(小),冬季 500 hPa 高度场表现为正(负)EU 遥相关型,西伯利亚反气旋加强(减弱),东亚大槽加深(变浅),东亚冬季风活动偏强(弱),中国冬季气温明显偏低(高);(2)积雪异常的空间分布在冬季积雪时期大气环流的影响中起到了重要的作用。积雪面积正异常时,积雪深度表现出欧洲西部正(十)、西亚及欧亚中高纬负(一)及青藏高原附近地区正(十)的异常分布;积雪的异常分布,可能通过积雪冷却效应对大气环流产生影响:积雪深度正异常区域,反照率增加,使得地面净太阳短波辐射减少,地面温度降低,引起地面对大气长波辐射的加热减小,导致其上大气的冷却;而大气向下的长波辐射,加剧地面冷却,形成地面大气辐射冷却的正反馈机制;积雪深度负异常区域情况相反。上述过程使得多雪区域表面温度降低及其上大气的冷却,少雪区域表面温度升高及其上大气的增暖,并引起 500 hPa 高度场的调整,出现大气正 EU 遥相关型,引起强的东亚冬季风活动(图 5.4.7);积雪分布反位相时,大气出现负 EU 遥相关型,有利于弱冬季风的发生。除了对冬季的环流和气候产生影响之外,欧亚积雪的异常同样能对东亚夏季大气环流产生影响。

在欧亚大陆冬季雪盖面积异常影响夏季大气环流和气候方面,有研究发现欧亚大陆冬季雪盖面积异常可以激发北半球夏季积雪强迫型遥相关,它具有显著的准 4 年周期。在准 4 年时间尺度上,建立了积雪强迫型遥相关和东亚太平洋型遥相关的可能联系,并提出了北半球积雪异常在大气准 4 年循环中的可能作用过程。另外的研究则表明我国华南、华北降水与欧亚冬季雪盖存在强的同位相关系；而我国西部、华中、东北降水则与其呈反相关关系。

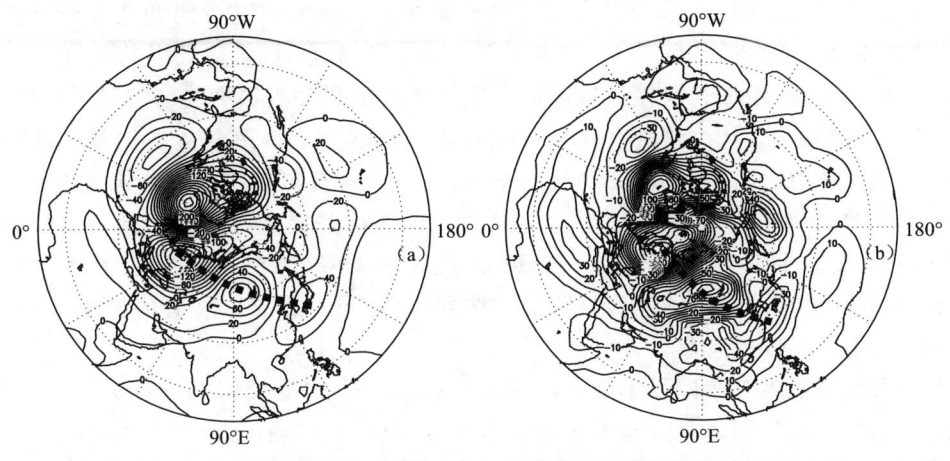

图 5.4.7 欧亚冬季积雪面积正、负异常试验冬季
(a)500 hPa 高度,(b)500~1000 hPa 厚度的差值均；等值线间隔分别为 20 gpm,10 gpm(陈海山等,2003)

5.4.4 青藏高原积雪的影响

早在 1884 年,Blanford 首先指出喜马拉雅山西北部冬季雪盖增长与印度夏季风降水的减少存在明显的联系。其后,青藏高原积雪对亚洲季风和气候的影响就一直为中外科学家所关注,这方面的研究成果非常丰硕。朱玉祥和丁一汇(2007)已对相关的研究成果进行了较全面的总结,这里重点介绍青藏高原积雪对亚洲季风和我国夏季降水方面的部分相关研究成果。最近四十年来,我国学者已经开展了大量有关青藏高原积雪影响亚洲(东亚)季风及其物理机制的研究,但对青藏高原积雪影响东亚季风的研究还缺乏统一的认识。大多数研究认为:高原冬春积雪和东亚季风呈显著的负相关,多雪年东亚夏季风来得迟,或者强度弱,少雪年反之。

关于青藏高原积雪影响东亚季风的机制,已有的研究成果可归纳为:高原冬春多雪,增大了冬春高原地表反射率,降低了冬春高原地表温度,减少了冬春高原地表向大气的感热和潜热输送,减弱了高原冬春的热源作用;积雪融化时,融雪要吸收热量;而积雪融化以后,积雪融水使土壤成为"湿土壤",这种"湿土壤"和大气发生相互作用,使得高原积雪异常的信息长期保留,从而与大气发生长期的相互作用。初期的反射率增加减少了太阳辐射的吸收,融雪时的融化吸热,以及后期的湿土壤与大气的长期相互作用,改变了高原热源,是高原积雪影响季风的主要机理。但有关其具体的影响过程,不同研究给出的结论也不尽相同。一些研究指出:高原积雪多(少)→高原春、夏季的感热弱(强)→感热加热引起的上升运动弱(强),高原强(弱)环境风场不利

(有利)于高原感热通量向上输送→高原上空对流层的加热弱(强)→高原对流层温度低(高)→高原南侧温度对比弱(强)→造成亚洲夏季风弱(强)→长江流域易涝(旱)。

而也有研究表明:春季青藏高原的积雪异常增加将明显减少同期地表所接受的短波辐射能量,减少地气间感热、潜热输送,使各层温度,尤其是低层的温度明显降低;高原积雪异常增加将促使该地区低层冷高压的加强和高层高度场的降低,对印度低压发展不利,并且认为这种背景导致的是亚洲地区南支西风急流的加强和高原北侧的西风减弱,从而推迟了由冬到夏的季节转换;春季青藏高原的积雪异常增加造成局地空气的冷却下沉,引起高原附近的辐散辐合作用并向下游地区传播。另外的研究则认为:高原多雪会造成我国 500 hPa 高度在北方降低,在南方升高,西太平洋副高减弱,大气对雪盖异常的响应呈明显的波列特征,同时造成我国北方土壤温度的降低和南方土壤温度的升高。

青藏高原积雪对我国夏季降水的影响是另外一个倍受我国科学家关注的问题,有关高原积雪对我国夏季降水的影响大致可分为以下 3 类:(1)冬春高原积雪与我国夏季(6—8月)降水总的来说呈显著负相关,与长江中下游降水呈显著正相关,与华北和华南降水呈显著负相关;(2)冬春高原积雪与初夏(5—6月)华南降水呈正相关,长江流域呈负相关,3月雪盖与南岭以北降水呈负相关;(3)冬春积雪与夏季西北干旱区降水呈反相关,与江淮流域降水呈正相关。也有研究指出,春季积雪不但和江淮流域降水呈正相关,而且和西北地区(主要是新疆地区)的降水呈正相关。有关高原积雪影响我国年代际降水分布的研究表明:高原积雪的年代际变化可能是影响我国降水分布年代际变化的一个因子。在过去 50 年里,中国的降水变化表现为南方(长江中下游)降水增加,北方(华北)降水减少的趋势,即"南涝北旱",西北西部的部分地区降水也在增加。而很多研究表明,在 20 世纪 70 年代末,亚洲季风环流显著减弱;在全球变暖的背景下,虽然欧亚积雪从 70 年代后期不断减少,但青藏高原积雪反而增加,在 70 年代末存在一个明显的年代际变化。三者之间的可能联系为:高原积雪的增加使高原热源减弱,海陆温差减小,从而致使季风减弱,并进而导致"南涝北旱"。

除了高原积雪上述两个方面的影响外,高原积雪对东亚大气环流、特别是对西太平洋副热带高压的影响、高原积雪与 ENSO 的关系等问题也引起我国学者的广泛关注。可以看到,通过我国科学家的几十年的不懈努力,对高原积雪影响我国气候机理的认识有了很大进展。但研究采用的方法不同,所取的积雪资料和降水资料的站点和时段也不一致,加上积雪资料的缺测问题,有关积雪影响气候方面的认识还存在一些不一致,甚至是有分歧的地方;在有关物理机理方面还缺乏清楚、全面的认识。同时,更应该注意到积雪不是影响气候的唯一因子,积雪异常与气候的关系表现出的复杂性。

5.5 陆面资料在短期气候预测中的应用

如前所述,陆面过程是除海洋外影响短期气候变化的另外一个重要的物理因子,但是,人们对陆气之间的相互作用及其对大气环流异常和气候影响的研究还很不够,甚至连一些最基本的观测资料也还没有完全建立起来,至于对其物理本质的认识和预测研究还是初步的。但是,近年来,陆面因子在短期气候预测中的重要作用受到了越来越多的重视。基于现有的研究成果,陆面资料在短期气候预测中的应用也逐渐得到了加强。

陆面资料在短期气候预测中的应用,主要体现在两方面:(1)陆面资料在经验预测中的应用;(2)陆面资料在数值预测方面的应用。以下分别简单介绍这方面的情况。

(1)陆面资料在经验预测中的应用。通常利用积雪、土壤湿度、土壤温度和植被等资料,通过统计关系建立不同的陆面因子异常变化与大气环流的关键系统、降水异常之间的统计关系,并将这种统计关系应用到短期气候预测中。

这里给出两个陆面资料在这方面应用的例子。例如在我国现有的短期气候业务预测系统中,就将青藏高原积雪作为一个重要的预报因子,根据前期高原积雪的异常状况,来对西太平洋副热带高压、夏季风的异常活动进行预测,从而为降水的预测提供重要的信息。基于 GIMMS 卫星观测的植被归一化指数(NDVI)资料,最近,Lee 等(2008)将植被资料应用于东亚季风降水的预测试验中,他们的结果表明,考虑植被覆盖异常变化的信息,可以大大提高东亚季风及季风降水的预报技巧。图 5.5.1 给出了对东亚南部、北部季风降水的后报试验结果与观测的对比,确实取得了较好的效果。

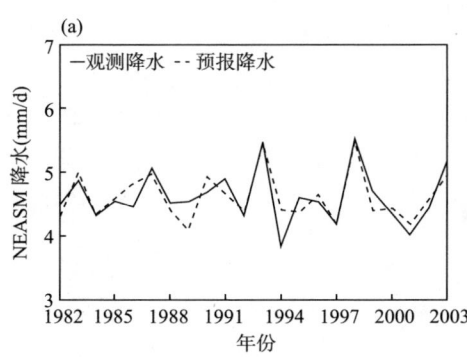
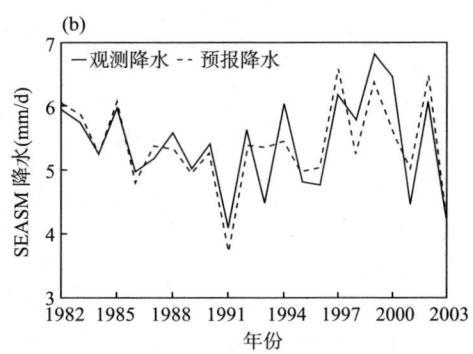

图 5.5.1 预报降水和观测降水的比较

(a)东亚季风北部区域(NEASM);(b)东亚季风南部区域(SEASM)(Lee 等,2008)

需要指出的是目前陆面资料的应用大多数还是经验性或定性的；此外，由于陆面因子仅仅是影响短期气候变化的众多因子之一，在短期气候预测过程中，通常需要综合其他因子来进行具体的预测。

(2)陆面资料在数值预测方面的应用。通常在动力预测系统中，考虑陆面资料在模式初始化中的应用，通过陆面资料同化提高陆面初始化状况的准确性，从而来改进短期气候数值预测的技巧。最近的研究指出，在短期气候预测中使用合理的土壤湿度初始化，可以明显改进短期气候的预测水平。

复习思考题

(1)简述陆面过程的基本概念及陆面过程研究需要考虑的几类主要过程？

(2)请列举对短期气候具有重要影响的陆面因子；简单描述其影响大气环流和气候的过程。

(3)土壤湿度对气候的影响主要表现在哪些方面？

(4)植被是如何影响气候的？请列举植被影响方面的主要研究成果。

(5)根据现有的研究成果，请说明青藏高原积雪是如何影响中国气候的。

(6)结合所学知识，简述陆面资料是如何应用于短期气候预测之中的？

第 6 章 气候模式及其在短期气候预测中的应用

气候系统包含了一系列复杂的相互作用过程和反馈机制,这在很大程度上决定了气候状态及其演变,深入理解气候的形成机理和演变规律是开展气候预测的前提。从物理学的角度来看,气候系统本身的行为表现遵循自然界普遍的物理规律;从数学的角度来说,气候系统的演变过程可以由一组基于物理定律的控制方程组来表示。但是,由于描述气候系统及其不同分量的数学物理方程本身的复杂性和高度非线性,目前我们还没有办法通过解析方法来对上述方程进行求解;而数值方法为上述方程的求解提供了新的途径,并逐渐开辟了气候数值模拟这一现代气候研究的一个全新领域。近年来,基于数学物理方程和数值求解方法的气候模式已经成为现代气候研究的重要手段,利用各种气候模式,人们通过数值模拟来研究气候的形成,探索气候变化的原因;气候数值模拟成为了人们认识气候形成和演变规律的重要方法之一。与此同时,人们通过利用数值模式进行气候预测,利用气候模式所进行的气候数值模拟在现代气候学的研究中扮演了越来越重要的角色。

本章将简要介绍气候模式、当代气候数值模拟、气候敏感性试验及气候模式在短期气候预测中的应用等 4 个方面的内容。

6.1 气候模式

这里首先给出有关气候模式的基本概念、基础知识,在此基础上,简要介绍大气环流模式、海洋模式与海气耦合模式、海冰模式、陆面过程模式及区域气候模式等几类常用的气候模式。

6.1.1 气候模式简介

气候数值模拟(也称气候模拟)就是通过对描述地球气候系统的状态、运动和变化的一组偏微分方程组进行数值求解,再现过去、现在和将来的气候状态及其各种变化特征,从而揭示气候的形成与变化规律,对未来可能发生的气候变化做出估计。通常,描述气候系统各种过程和作用的偏微分方程组主要包括气候系统的各组成部分的动力学和热力学方程以及特定物质的状态方程和守恒定律。例如对于典型的海洋、大气和海冰耦合模式,这组偏微分方程包括大气、海洋和海冰的动力学方程和热力学方程以及一些特定的组成物质(如大气中的水汽、CO_2、O_3 和其他的微量气体,海洋中的盐分和其他的微量物质等)的守恒定律和状态方程。气候数值模拟实质上是利用针对不同时空尺度的物理过程而建立的不同等级的气候模式来研究气候变化,对各种气候事件从物理本质上做出合理解释,为气候预报或预测打下基础。

气候模式经历了一个由简单到复杂、由不完善到逐步完善的漫长发展历程。目前虽已建立了多种气候模式,但归结起来,大致可以分为两大类:即理论气候模式(传统气候模式)和三维环流模式(现代气候模式)。

(1) 理论气候模式

早期的气候模式主要属于理论气候模式,这类模式通常又被称为简单气候模式或传统气候模式。最有代表性的几类模式包括能量平衡模式(EBM)、辐射对流模式(RCM)、二维纬向平均动力模式(ZADM);EBM 则可以进一步分为 0 维、一维和二维能量平衡模式。传统气候模式基本上是建立在描写地气系统的热力学方程基础上的,这类模式通过对描写地气系统的热力学方程:

$$c_p \frac{\partial T}{\partial t} = -c_p \nabla \cdot (vT) - c_p \frac{\partial(\omega T)}{\partial t} + c_p \frac{\kappa \omega T}{p} + \tilde{Q}_{rad} + \tilde{Q}_{con}, \qquad (6.1.1)$$

进行不同程度的简化和处理,用以刻画地气系统中与气候相关的各种关键的物理过程,这类模式曾被广泛应用于早期气候研究的各个领域。表 6.1.1 给出了上述几类气候模式所采用的基本方程,对其基本原理和主要特点进行了简要说明。

表 6.1.1 几类传统气候模式的基本方程及其简要说明

模式名称	基本方程	简要说明
①能量平衡模式 (EBM)	$c_p \frac{\partial [\hat{T}]}{\partial t} = [S] - [F]$ $c_p \frac{\partial [\hat{T}]}{\partial t} = 0, [S] - [F] = 0$(平衡态方程)	0 维 EBM:模式方程由热力学方程在水平、垂直方向求平均而得;主要反映了辐射对地气系统平均温度的影响;就长时间而言,地球系统处于辐射平衡,可以根据平衡态方程估计地气系统的平衡温度。
	$c_p \frac{\partial [\hat{T}]}{\partial t} = -\frac{c_p}{a\cos\phi} \frac{\partial([v\hat{T}]\cos\phi)}{\partial \phi} + [S] - [F]$	一维 EBM:模式方程由热力学方程对纬向和垂直方向求平均而得,温度是纬度的函数,各个纬度上采用简化关系计算出各项对能量平衡的贡献,从而能够描写温度随纬度的分布特征。
	$c_p \frac{\partial \hat{T}}{\partial t} = -c_p \nabla \cdot (v\hat{T}) + S - F$	二维能量平衡模式:模式方程由热力学方程垂直方向求平均得到,温度是纬度和经度的函数,通过考虑辐射强迫和大气运动经向温度输送,刻画平均温度的水平空间分布特征。

续表

模式名称	基本方程	简要说明
②辐射—对流模式（RCM）	$c_p \dfrac{\partial [T]}{\partial t} = [\widetilde{Q}_{rad}] + [\widetilde{Q}_{con}]$	模式方程由热力学方程对水平求平均得到，把大气简化为一个铅直的气柱，反映了大气平均温度的垂直分布特征。模式通过详细考虑了大气柱内的辐射过程，根据辐射加热或冷却与垂直热量通量之间的平衡估计大气的垂直温度结构。
③纬向动力模式（ZADM）	$c_p \dfrac{\partial [T]}{\partial t} = -\dfrac{c_p}{a\cos\phi}\dfrac{\partial ([vT]\cos\phi)}{\partial \phi}$ $-c_p \dfrac{\partial ([\omega T])}{\partial p}$ $+c_p k \left[\dfrac{\omega T}{p}\right] + [\widetilde{Q}_{rad}] + [\widetilde{Q}_{con}]$	模式方程通过对纬向求平均而得，模式通过对大气进行纬向平均处理，在纬度和高度组成的网格点上表示大气，模式包括了基本的动力和物理过程。是介于辐射对流模式、能量平衡模式与大气环流模式之间的桥梁。

相关符号定义及说明：①任意气候变量： $A(z,\lambda,\varphi,t)$；

②密度加权的垂直平均： $\hat{A} = \int_0^\infty A(z,\lambda,\varphi,t)\rho \mathrm{d}z = \dfrac{1}{g}\int_0^{p_s} A(p,\lambda,\varphi,t)\mathrm{d}p$；

③纬向平均： $[A] = \dfrac{1}{2\pi}\int_0^{2\pi} A(z,\lambda,\varphi,t)\mathrm{d}\lambda$；

④面积平均： $[A] = \dfrac{1}{2\pi}\int_0^{\pi/2}\int_0^{2\pi} A(z,\lambda,\varphi,t)\cos\varphi \mathrm{d}\lambda \mathrm{d}\varphi$；

⑤时间平均： $\overline{A} = \dfrac{1}{\tau}\int_0^\tau A(z,\lambda,\varphi,t)\mathrm{d}t$；

其中使用的符号同大气动力学中的惯常符号。

(2) 现代气候模式

自 20 世纪 50 年代来，开始出现了被现代气候学研究所广泛采用的三维环流模式。现代气候模式自早期的大气环流模式（AGCM）开始，经历了由简单到复杂的不断发展、完善的过程（图 6.1.1）。这类气候模式以描写气候系统或者气候系统不同分量的基本方程为基础，详细考虑了有关气候系统或不同分量的动力、热力、物理甚至化学过程，从而能够对气候系统的不同分量乃至整个气候系统进行更全面、合理的描述。

气候模式的基础是描写大气、海洋、海冰、陆面乃至整个气候系统的基本方程组；而大气环流模式（AGCM）的基础则是描写大气运动的控制方程组：

$$\dfrac{\partial \boldsymbol{V}}{\partial t} = -\boldsymbol{V}\cdot\nabla \boldsymbol{V} - \omega\dfrac{\partial \boldsymbol{V}}{\partial p} + f\boldsymbol{k}\times\boldsymbol{V} - \nabla\phi + D_M$$

$$\dfrac{\partial T}{\partial t} = -\boldsymbol{V}\cdot\nabla T + \omega\left(\dfrac{\kappa T}{p} - \dfrac{\partial T}{\partial p}\right) + \dfrac{\widetilde{Q}_{rad}}{c_p} + \dfrac{\widetilde{Q}_{con}}{c_p} + D_H$$

$$\dfrac{\partial q}{\partial t} = -\boldsymbol{V}\cdot\nabla q - \omega\dfrac{\partial q}{\partial p} + E - C + D_q \qquad (6.1.2)$$

$$\frac{\partial \omega}{\partial p} = -\nabla \cdot \boldsymbol{V}$$

$$\frac{\partial \phi}{\partial t} = -\frac{RT}{p}$$

大气环流模式通过数值求解以上控制方程组,并详细考虑与大气运动有关的动力、热力和物理过程,从而能对大气运动的各种演变特征进行合理的描述。

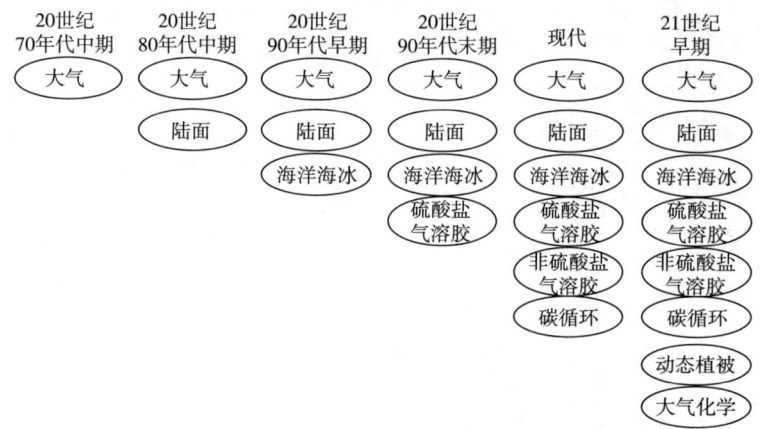

图 6.1.1 气候模式发展历史示意图(IPCC,2001)

之后,为了模拟气候系统不同分量或整个气候系统的演变特征,海洋环流模式(OGCM)、海冰模式(SIM)、陆面模式(LSM)、海气耦合模式(AOGCM 或 CGCM)和气候系统模式(CSM)等不同等级的模式也逐渐发展起来。现代气候模式所关注的对象也从早期的大气开始向海洋、冰雪、陆面等气候系统分量乃至整个气候系统而转变。气候模式所涉及的物理过程也变得更加完善。应该说现代气候模式考虑了气候系统三维特性和尽可能详尽的物理过程,是现有最完善的模式;而现代气候模式在气候变化的研究领域和气候变化的预测方面发挥了越来越大的作用。

6.1.2 大气环流模式

大气环流模式的基础是大气运动的控制方程组,通常采用大气的原始方程组来描述大气运动,其在球坐标系下方程组通常表示为:

$$\frac{du}{dt} - \frac{uv\tan\varphi}{r} + \frac{uw}{r} = -\frac{1}{\rho r \cos\varphi}\frac{\partial p}{\partial \lambda} + fv - \hat{f}w + F_\lambda$$

$$\frac{dv}{dt} + \frac{u^2\tan\varphi}{r} + \frac{vw}{r} = -\frac{1}{\rho r}\frac{\partial p}{\partial \varphi} - fu + F_\varphi$$

$$\frac{dw}{dt} - \frac{u^2 + v^2}{r} = -\frac{1}{\rho}\frac{\partial p}{\partial z} - g + \hat{f}u + F_z$$

$$\frac{d\rho}{dt} + \rho\left(\frac{1}{r\cos\varphi}\frac{\partial u}{\partial \lambda} + \frac{1}{r}\frac{\partial v}{\partial \varphi} + \frac{\partial w}{\partial r} - \frac{v}{r}\tan\varphi + \frac{2w}{r}\right) = 0 \qquad (6.1.3)$$

$$C_p \frac{dT}{dt} - \rho \frac{dp}{dt} = Q$$

$$\frac{dq}{dt} = \frac{1}{\rho}M + E$$

$$p = \rho RT$$

方程中：$\frac{d}{dt} = \frac{\partial}{\partial t} + \frac{u}{r\cos\varphi}\frac{\partial}{\partial \lambda} + \frac{v}{r}\frac{\partial}{\partial \varphi} + w\frac{\partial}{\partial z}$; $f = 2\Omega\sin\varphi$; $\hat{f} = 2\Omega\cos\varphi$

其中使用的符号同大气动力学中的惯常符号：λ、φ 是球坐标的经度、纬度；$z = r - a$，r 是与地心的距离，a 是地球半径；u、v 和 w 是沿 λ、φ 和 z 轴的速度分量；F_λ、F_φ 和 F_z 是沿 λ、φ 和 z 轴的摩擦力，t 是时间；ρ 是空气密度，p 是气压；g 是重力加速度；Q 是非绝热加热项（或称为热源项），q 是比湿，M 是由于凝结或冻结造成的单位体积水汽的时间变率；E 是单位体积水汽含量的时间变率，它是由于表面蒸发和大气中的次网格尺度的垂直和水平扩散引起的。Ω 是地球自转角速度。上述方程包含了 u、v、w、p、T、ρ 和 q 等 7 个变量。如果摩擦力 F_λ、F_φ 和 F_z、热源项 Q、水汽源汇项 E 和 M 已知或者可以用前面提到的变量来描述，则方程组构成了上述变量相互制约的闭合方程组。

由于大尺度大气运动在垂直方向近似满足静力平衡，可以将大气运动方程写到 P 坐标系中。与此同时，考虑到大气的厚度远远小于地球的半径，可以采用薄层近似，即 $r = a + z \approx a$，并忽略与垂直运动有关的小项。上述大气运动方程组可以写为：

$$\frac{du}{dt} - \frac{uv\tan\varphi}{a} = -\frac{1}{a\cos\varphi}\frac{\partial \Phi}{\partial \lambda} + fv + F_\lambda$$

$$\frac{dv}{dt} + \frac{u^2\tan\varphi}{a} = -\frac{1}{a}\frac{\partial \Phi}{\partial \varphi} - fu + F_\varphi$$

$$\frac{\partial \Phi}{\partial p} = -\frac{RT}{p} \qquad (6.1.4)$$

$$\frac{1}{a\cos\varphi}\frac{\partial u}{\partial \lambda} + \frac{1}{a\cos\varphi}\frac{\partial v\cos\varphi}{\partial \varphi} + \frac{\partial \omega}{\partial p} = 0$$

$$c_p \frac{dT}{dt} - \frac{RT}{p}\omega = Q$$

$$\frac{dq}{dt} = S$$

其中：$\omega = dp/dt$ 代表 P 坐标下的垂直速度；而 S 代表与降水过程有关的水汽源汇项。

AGCM 通常采用大气原始方程组来描述大气运动，AGCM 就是通过对上述方程组进行求解,从而得到温度、水平风速和地面气压等模式主要变量(预报量)。在适当的边界条件下,控制大气运动的能量守恒方程、水平动量方程、地面气压倾向方程(通常可由连续方程导出)、连续方程、状态方程以及静力平衡方程联立,构成了绝热无摩擦的自由大气的闭合方程组,这就是 AGCM 的动力学框架。然而,大气环流本质上是受热力驱动的,为了模拟加热作用,AGCM 中还必须包括另外几个预报量以及相应的控制方程和边界条件。在这些预报量中最重要的是水汽,它受水汽连续性方程的控制,水汽的凝结产生云和降水,同时释放出凝结潜热;另外很大一部分加热来自大气对太阳辐射和地表热辐射的吸收和传输过程,以及大气和它的下垫面之间的感热和潜热交换(潜热交换指的是蒸发过程给大气输送水汽,水汽在空气中凝结就提供给大气热量)。土壤温度和土壤湿度也应是模式的预报量,它们受地面的热量收支方程和水分收支方程的控制;辐射传输方程则作为能量守恒方程的附加条件。此外,由于雪盖对地面反射率有很大影响,因此模式预报量中还应包括地面积雪量,它受雪量收支方程的控制。除了预报量以外,AGCM 中还包含了许多诊断量,就是由预报量按照某些关系式(多半是半经验半理论的)导出的量。需要说明的是,早期的 AGCM 中一般包含了处理陆地表面过程的简单计算方案,在后期的 AGCM 和现阶段的 AGCM 中,陆面过程的处理通常由陆面模式来完成,并由陆面模式为 AGCM 提供陆地上的下边界条件,这将在有关陆面模式的内容里介绍。

模式方程组提供了描写大气运动的动力学框架,这是建立大气环流模式的基础。设计大气模式时,通常必须考虑方程的坐标变换、方程的变形等。由于 AGCM 的控制方程组是非线性的偏微分方程组,无法求得解析解,只能借助于大型电子计算机用数值方法求解;而模式的数值求解方案就是通过数值计算方法,求解模式基本方程组的具体方案。为了求大气运动方程的数值解,首先需要对模式的基本方程组进行空间(垂直和水平)离散化和时间离散化。

(1)垂直和水平离散化:通常将大气沿垂直方向划分为若干层,而需要计算的变量(包括预报量和诊断量)则定义在各层中间或者层与层之间的交界面上,这就通常所说的垂直离散化。模式的垂直分层反映了模式的垂直分辨率,早期的 AGCM 在垂直方向上将大气分成几层,而现在 AGCM 的垂直分层通常为几十层。模式水平离散化方法常用的有"格点法(或者有限差分方法)"和"谱"方法:"格点法"通常将变量的水平空间变化由一张覆盖全球的网格点上的值来表示,用格点上变量的差分形式代替微分,最终用差分方程代替微分方程;采用这种方法构造的模式通常称为"格点"模式或"有限差分"模式,模式的水平分辨率由网格点之间的距离(网格距)来表示,格距越小,模式的水平分辨率越高。而"谱"方法则是将变量的水平空间变化表示为有限个基函数的线性组合,最常用的方法是将变量用球谐函数展开,并利用球谐函数的正交性质,将微分方程转变为由球谐函数谱系数组成的可以进行数值求解的预报方程;模式的水平分辨率通常由截断波数来反映,截断波数越大,模式的分辨率越高,这种方法构造的模式称为"谱"模式,大多数 GCM 都采用这种方法。

(2)时间离散化:模式不仅要反映变量随空间的变化,而且需要刻画变量随时间的变化。同样,模式也需要进行时间的离散化处理,将模式变量表示在不同时刻的值,而两个相邻时刻的时间间隔通常称为模式的时间积分步长;通常给定预报量在某一时刻的值(称为"初条件"),利用模式方程组按一定时间步长外推(称为"时间积分"),就能求得它们在任意指定时刻的数值。

数值模式通过数值积分方法来近似求解模式的基本方程组,因此不可避免地会出现计算误差的问题,数值计算方案会影响到数值解的精度和模式的模拟性能。此外,在数值计算的过程中,为了避免数值计算的不稳定,还必须充分考虑空间分辨率和时间积分步长之间的约束关系。因此,在选择数值计算方案时,要充分考虑精度、稳定性和计算效率等方面的要求。

大气模式还必须考虑诸如对大气运动具有重要影响的种种"物理过程",包括地气之间热量、水分、动量的湍流输送,大气内部干、湿(积云)对流及其所伴随的热量、水分和动量输送,水汽凝结等相变过程,太阳辐射和地球辐射的传输过程,云及其与辐射的相互作用,降水、云的微物理过程,气溶胶、大气成分、大气化学,甚至包括下垫面的热量、水分有关的各种过程。由于受到模式空间分辨率的限制,AGCM 不能直接描写那些空间尺度小于网格分辨率的过程(次网格过程)。为了把这些次网格过程加进 AGCM,人们在观测分析和理论研究的基础上找到了一些半经验半理论关系,通过模式的大尺度变量来表示那些模式不能分辨的物理过程的影响,这就是所谓次网格过程的"参数化"方案,或者称为物理过程的参数化。大气模式的发展大致经历了两个阶段,第一阶段,主要是研究大气模式的动力框架;而第二阶段则重点考虑模式的物理过程(见图 6.1.2)。应该说,模式物理过程的参数化是大气模式的一个核心内容,尤其最近几十年来,AGCM 的发展主要体现在对模式物理过程参数化的改进方面。

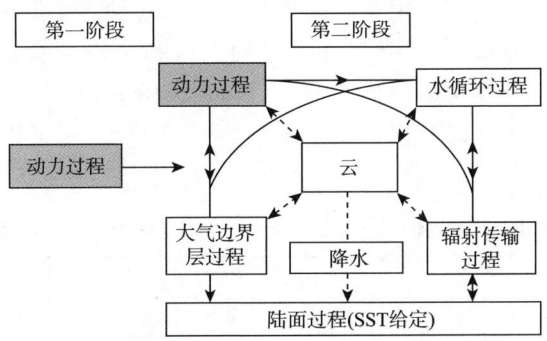

图 6.1.2 模式动力框架和物理过程参数化的示意图

此外，AGCM的积分过程本质上是一个时间外推的过程，模式的数值积分需要给定包含模式变量三维分布的初始条件（初值）；数值模式不仅是一个初值问题，也是一个边值问题。因此，AGCM的运行必须给定所需要的边界条件。AGCM需要给定垂直（上、下）边界条件通常包括大气上边界的太阳辐射，下边界的地形、表面粗糙度、下垫面热容、反照率、土壤水分含量、植被、雪盖、海表温度等。需要说明的是，在海洋上，AGCM的下边界条件一般通过给定海表温度来实现；而陆面边界条件则通常由陆面过程模式来提供。此外，对于区域模式而言，通常还需要由观测或者全球数值模式提供水平（侧）边界条件。

自1956年Phillips提出两层准地转大气环流模式以来，此后一段时间，大气环流模式得到了飞速的发展，世界上一些发达国家的大气科学研究机构先后建立了各自的大气环流模式，早期较具代表性的大气环流模式包括：美国国家海洋大气局（NOAA）地球流体动力学实验室（GFDL）的九层大气环流模式、美国加州大学洛杉矶分校（UCLA）的两层、三层、九层和十五层大气环流模式、美国国家大气研究中心（NCAR）的六层格点大气环流模式、九层谱变换大气环流模式、美国俄勒岗州立大学（OSU）的两层大气环流模式、美国国家航空和宇航局（NASA）戈达空间中心大气科学研究室（GLAS）的九层大气环流模式和NASA的戈达德空间研究所（GISS）的九层大气环流模式、英国气象局（UKMO）的五层和十一层大气环流模式、加拿大气候中心（CCC）的十层大气环流谱模式、苏联科学院西伯利亚分院计算中心的三层大气环流模式、日本气象厅的气象研究所的五层大气环流模式、欧洲中期数值天气预报中心（ECMWF）以及美国国家气象中心（NMC）的中期数值天气预报模式（谱模式）等。为了使读者能够对AGCM发展的现状有一个大致的了解。表6.1.2给出了参加大气模式比较计划（AMIP Ⅱ）的世界各国主要的大气环流模式，这些模式可以大体反映当前大气环流模式的发展水平和现状。

需要指出的是目前应用于气候研究的大气环流模式，其动力学部分的理论和数值技术在20世纪70年代基本定型。而近年来在模式动力学框架方面的研究进展主要集中在半拉格朗日方法的应用、参考大气的引入和一些高阶守恒格式的构造以及为了适应大规模并行计算机而开展的并行计算研究等方面。20世纪80年代以来大气环流模式的最大发展是研制出适用于不同研究目的的、复杂程度各异的物理过程参数化方案。

表6.1.2 参加AMIPⅡ计划的世界各国的主要的大气环流模式（35个）一览表（王绍武，2001）

机构名称	作者	模式名
澳大利亚气象局研究中心	Bryant McAvaney	BMRC 5.1
加拿大气候模拟与分析中心	Norm McFarlane	CCC GCM3

续表

机构名称	作者	模式名
日本气候系统研究中心	Atsushi Numaguti	CCSR/NIES AGCM
中国气象局国家气候中心	Min Dong	CMA/NCC-T63
法国国家气象研究中心	Michel Deque	CNRM ARPEGE Cy18
美国海陆气相互作用研究中心	Adam Schlosser 等	COLA2.1
澳大利亚联邦科学与工业研究组织	Barrie Hunt	CSIRO Mark 3
美国科罗拉多州立大学	Dave Randall	CSU GEODESIC
俄罗斯数值数学所	Vener Galin	DNM A5421
欧洲中期数值天气预报中心	Martin Miller	ECMWFCY18R5
美国地球流体动力实验室/动力延伸预报	Bill Stern	DERF GFLSM392.2
美国戈达德空间科学研究所	Anthony Del Genio 和 Kenneth Lo	GISS B295DM12
美国戈达德大气实验室	William Lau 和 Yogesh Sud	GLA GEOS-2
美国戈达德空间飞行中心	Yehui Chang	GSFC GEOS-2
美国戈达德空间飞行中心	Shian-Jiann Lin	NASA/NCAR Finite-Vol
中国科学院大气物理研究所	Qing-cun Zeng 和 Hui-jun Wang	IAP-9L
日本气象厅	Ken-ichi Kuma	JMA GSM9603
法国动力气象实验室	Jan Polcher	LMD6P6
俄罗斯地球物理观象总台	Valentin P. Meleshko	MGO AMIP2.01
德国马科斯—普朗克气象研究所	Erich Roeckner	MPI ECHAM4
日本气象研究所	Akio Kitoh	MRI-JMA98
美国国家大气研究中心	Dave Williamson	NCAR CCM3.5
美国国家环境预报中心	Huug van den Dool	NCEP CLIMATE MODEL
美国国家环境预报中心	Masao Kanamitsu 和 John Roads	NCEO REANL2
日本国家地球科学和防灾研究所/气象厅	Isamu Yagai	NIED/JMA GCM9806
美国海军研究实验室	Tim Hogan	NRL NOGAPS 4.0
台湾大学	Huang-Hsiung Hsu	NTU98
美国西北太平洋国家实验室	Steve Ghan	PNNL CCM2
加拿大数值预报研究中心	Bernard Dugas	RPN GEM
美国纽约州立大学阿尔伯尼分校	Wei-Chyung Wang	SUNYA CCM3
美国加州大学洛杉矶分校	C. Roberto Mechoso	UCLA AGCM6.95
英国大学全球大气模拟计划	Julian Elliott	UGAMP HADAM3
美国乌尔巴拉平原依利诺伊大学	Michael Schlesinger	UIUC 24-L ST-GCM
英国气象局	Vicky Pope	UKMO HADAM3
韩国延世大学	Jeong-Woo Kim	YONU ST15

6.1.3 海洋模式和海气耦合模式

海洋模式建立在海水运动所遵循的基本物理定律之上,从这个角度看,海洋模拟的许多方面都类似于大气模拟。但是,海洋运动本身与大气运动存在显著的不同:一方面,海洋具有较大的热惯性,使得在海洋中占支配地位的时间尺度要比大气中长得多,而且海洋中有关的水平尺度大约只是大气中的十分之一;另一方面,海洋的运动在很大程度上受到海底地形的限制。但从本质上来说,海洋数值模式就是通过利用数值方法求解控制海水运动的热力学方程、动力学方程,对海洋的热力、动力要素进行描述。海洋模式大致可以分为三类:即"沼泽"海洋模式、"薄层"海洋模式和海洋环流模式。

(1)"沼泽"(swamp)海洋模式

"沼泽"海洋模式是最简单的海洋热力学模式,这类模式不考虑海洋对热量的贮存和输送,根据海气界面上的能量平衡来决定海表温度(SST)。当 SST 降至海水冰点温度以下时则出现海冰。对大气来说,这类模式所代表的海洋主要是水汽源地,和潮湿陆地的作用相似。由于"沼泽"模式中海洋的热容为零,所以同它耦合的 AGCM 中不能包括太阳辐射的日变化和年变化,否则会使得处于夜间半球和极夜区域的海洋完全变成海冰。

(2)"薄层"(slab)海洋模式

为了考虑太阳辐射的年变化和日变化,通常采用"薄层"海洋模式来代替"沼泽"海洋模式。"薄层"海洋模式描写的是一个厚度均一且不随时间变化的海洋混合层,其厚度的选择应使得模拟的 SST 的年循环接近于观测情形。而最简单的流体动力学海洋模式是具有可变深度的混合层海洋模式(Mixed Layer Model),它不仅能预报 SST,也能预报混合层海流,既考虑了上层海洋的热贮存能力,也包括了混合层海流对热量的输送作用,但海冰厚度则仍按前述热力学方法来确定。这种混合层模式还可以扩充为包含一个季节性斜温层的海洋模式,同时预报混合层、季节性斜温层内的海温和海流。虽然上层海洋的流体动力学模式能够描写热量的贮存和水平输送,但它们不能描写与海水大尺度上翻和沉降相联系的热量垂直输送。

(3)海洋环流模式(OGCM)

海洋环流模式或大洋环流模式(OGCM)类似于三维大气环流 AGCM。OGCM 采用海洋运动的原始方程组,主要预报量是温度、水平流速和盐度,诊断量包括密度、压力和垂直速度,并考虑了海洋中的热量、动量和盐度的垂直和水平湍流输送等次网格尺度的过程。最早的海洋环流模式是由 Bryan 于 1963 年建立的。其后,苏联的 Sarkisyan(1966)也研制出了自己的海洋环流模式。Bryan(1969)在美国地球物理流体动力学实验室(GFDL)改进和设计的海洋环流模式,曾在 20 世纪 80 年代被广泛使用,当代很多的海洋环流模式都是建立在该模式的基础之上的。海洋模式的真正快速发展时期还是在 20 世纪 80 年代以后,世界各主要国家均先后建立起三维原始方程大洋环流模式。

目前,前两种海洋模式也还在研究中使用,但应该说海洋环流模式的使用最为广泛。以 Bryan(1969)在 GFDL 建立的 OGCM 为例,海洋环流模式在球坐标系下的基本方程组,通常可表示为:

$$\frac{\partial u}{\partial t} + L(u) - \frac{uv\tan\varphi}{a} - fv = -\frac{1}{\rho_0 a\cos\varphi}\frac{\partial p}{\partial \lambda} + \mu\frac{\partial^2 u}{\partial z^2} +$$

$$A_m\left\{\nabla^2 u + \frac{(1-\tan^2\varphi)u}{a^2} - \frac{2\sin\varphi}{a^2\cos^2\varphi}\frac{\partial v}{\partial \lambda}\right\}$$

$$\frac{\partial v}{\partial t} + L(v) - \frac{u^2\tan\varphi}{a} + fu = -\frac{1}{\rho_0 a}\frac{\partial p}{\partial \varphi} + \mu\frac{\partial^2 v}{\partial z^2} +$$

$$A_m\left\{\nabla^2 v + \frac{(1-\tan^2\varphi)v}{a^2} + \frac{2\sin\varphi}{a^2\cos^2\varphi}\frac{\partial u}{\partial \lambda}\right\}$$

$$\frac{\partial w}{\partial z} + \frac{1}{a\cos\varphi}\left[\frac{\partial u}{\partial \lambda} + \frac{\partial}{\partial \varphi}(v\cos\varphi)\right] = 0$$

$$\frac{\partial p}{\partial z} = -\rho_s g$$

$$\frac{dT}{dt} = A_H\nabla^2 T + k\frac{\partial^2 T}{\partial z^2}$$

$$\frac{dS}{dt} = A_H\nabla^2 S + k\frac{\partial^2 S}{\partial z^2} \tag{6.1.5}$$

其中 $L(\alpha) = \frac{1}{a\cos\varphi}\left[\frac{\partial}{\partial \lambda}(u\alpha) + \frac{\partial}{\partial \varphi}(v\alpha\cos\varphi)\right] + \frac{\partial}{\partial z}(w\alpha)$;

$$\nabla^2 = \frac{1}{a^2}\frac{\partial^2}{\partial \varphi^2} + \frac{1}{a^2\cos^2\varphi}\frac{\partial^2}{\partial \lambda^2}; f = 2\Omega\sin\varphi$$

以上符号与前面大气运动方程组中的类似:λ、φ 和 z 分别代表球坐标的经度、纬度和深度;在海面上 $z=0$,自海面向下为负;u、v 和 w 是沿三个坐标轴的速度分量;α 是代表任意变量;大气运动方程组中的摩擦项由垂直、水平黏性扩散所替代;ρ_s 是海水密度,ρ_0 是海水密度的常数近似,μ 是垂直涡动黏滞系数,A_m 是水平涡动黏滞系数,p 是压力,T 是海水温度,S 为盐度,k、A_H 分别为垂直、水平涡动扩散系数。此外,求解上述方程,还必须给定一定的边界条件。

通过对上述方程组的求解,就可以预报海水温度、水平流速和盐度等海洋要素的变化。求解 OGCM 的数值方法和 AGCM 中所用的方法是类似的,不过由于海洋的几何边界极不规则,经典的谱方法并不适用,通常采用有限差分方法求解。目前的 OGCM 不仅包括了其他简单海洋模式的物理过程,又加上洋流、涌升和次网格尺度垂直和水平混合过程对海温和海冰分布的贡献。绝大部分 OGCM 已采用真实海岸线和海底地形分布。目前的 OGCM 已成功地模拟出当代海洋气候,特别是全球大洋温盐环流和南极绕流的基本特征,并用于研究年代际、世纪尺度和千年尺度温盐环流的内部变率及其物理机制。

海洋、大气之间存在强烈的相互作用,为了在数值模式中真实地反映气候系统中实际发生的海气相互作用,可以利用海气界面上各种通量的连续性及压力的连续性,将 OGCM 和 AGCM 耦合在一起,构成所谓的海气耦合模式。自 Manabe 和 Byran (1969)研制出第一个全球海洋大气耦合环流模式(AOGCM)以来,不同类型的 AOGCM 相继问世。国际上的许多研究机构,例如:美国国家大气研究中心(NCAR)、美国地球物理流体力学实验室(GFDL)、加利福尼亚大学洛杉矶分校(UCLA)、俄勒冈州立大学(OSU)、英国气象局(UKMO)、德国 Max Plank 气象研究所(MPI)和澳大利亚联邦科学和工业研究组织(CSIRO)等;国内的中国科学院大气物理研究所、中国气象科学研究院、国家气候中心研究机构都研制了各具特色的 AOGCM。

顾名思义,所谓海洋大气耦合模式,就是由大气模式和海洋模式的耦合而成,二者的耦合过程是通过大气模式、海洋模式之间的通量交换来实现的。海气耦合模式的种类很多,就与大气环流模式 AGCM 进行耦合的海气耦合模式而言,通常根据所采用的海洋模式的类型,大致可以分为三类:(1)AGCM 与沼泽海洋的耦合模式;(2)AGCM 与薄层海洋的耦合模式;(3)AGCM 与 OGCM 海洋环流模式(动力海洋)耦合模式(图 6.1.3)。

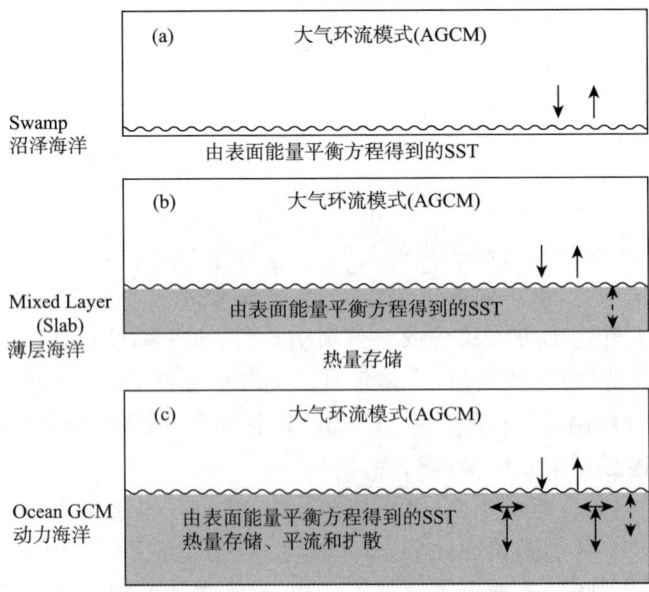

图 6.1.3 海洋—大气耦合模式的分类(Trenberth,1991)

海洋—大气之间的耦合过程是这样来完成的：二者互为对方提供边界条件，大气环流模式为海洋环流模式提供上边界条件，这样包括风应力、净热通量、淡水通量；而海洋模式则为大气提供下边界条件，海洋模式给出 SST 和海冰的分布，可以由图 6.1.4 来大体示意。

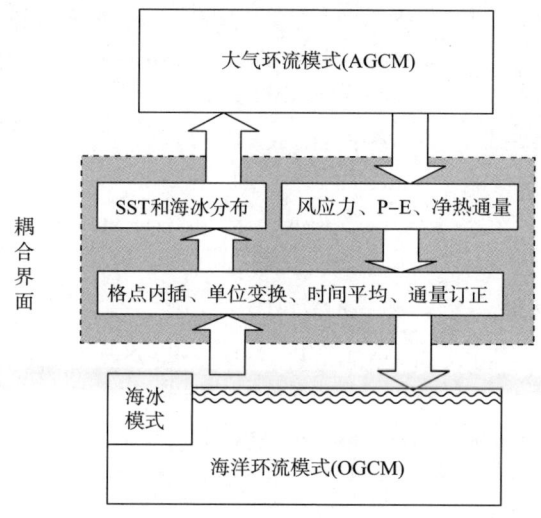

图 6.1.4　海洋—大气耦合过程示意图(Trenberth,1993)

海洋耦合模式的关键问题是模式的耦合方案。海气耦合方案在近 20 多年间也取得了显著的进展。早期的研究发现，由于海气耦合模式在耦合界面上各种通量的误差在耦合过程中的不稳定增长，会引起"气候漂移"现象。为解决这一问题，Sausen 等(1988)提出了"通量订正"技术，此外又有一些工作提出了各具特色的耦合技术方案。当时的 AOGCM 大多采用"通量订正"技术。后来，NCAR/CSM 率先实现了大气模式与海洋模式的直接耦合，目前大多数耦合模式都采用了直接耦合的方法。例如，在参加耦合模式比较计划(CMIP)的模式中，几乎一半的模式都不再采用通量订正技术，而是由大气模式与海洋模式之间进行耦合而成。

表 6.1.3　参加 CMIP 计划的世界各国的主要的 AOGCM(王绍武,2001)

机构名称	作者	模式简称
澳大利亚气象局研究中心	Power 等(1993)	BMRC
加拿大气候模拟与分析中心	Flato 等(1998),Boer 等(1998)	CCCMA
日本气候系统研究中心	Abe-Ouchi 等(1996)	CCSR
欧洲科学计算研究和高级培训中心	Guilyardi 和 Madec(1997)	CERFACS

续表

机构名称	作者	模式简称
美国海陆气相互作用研究中心	Schneider 等(1997);Schneider 和 Zhu(1998)或 Dewitt 和 Schneider(1999)	COLA
澳大利亚联邦科学与工业研究组织	Gordon 和 O'Fallell(1997);Hirst 等(2000)	CSIRO
德国马科斯—普朗克气象研究所	Cubasch 等(1992);Von Storch(1994) Von Storch 等(1997)	ECHAM1+LSG
德国马科斯—普朗克气象研究所	Voss 等(1998)	ECHAM3+LSG
德国马科斯—普朗克气象研究所	Roeckner 等(1996b)	ECHAM4+OPYC3
美国地球流体动力实验室	Manabe 等(1991);Manabe 和 Stouffer(1996)	GFDL
美国戈达德空间科学研究所	Miller 和 Jiang(1996)	GISS(Miller)
美国戈达德空间科学研究所	Russell 等(1995)	GISS(Russell)
中国科学院大气物理研究所	Zhang 等(1992);Yu 和 Zhang(1997)	IAP-LASG
法国动力气象实验室	Braconnot 等(1997);Frichefet(1997)	LMD/IPSL
德国马科斯—普朗克气象研究所	Tokioka 等(1996)	MRI
美国国家大气研究中心	Boville 和 Gent(1998)	NCAR(CSM)
美国国家大气研究中心	Meehl 和 Washington(1995); Washington 和 Meehl(1996)	NCAR(Wash 和 Meehl)
美国海军研究实验室	Hogan 和 Li(1997);Li 和 Hogan(1998)	NRL
英国气象局	Johns(1996),Johns 等(1997)	UKMO(HadCM2)

目前正在执行中的耦合模式比较计划(CMIP)对海气耦合模式的发展起了很大的推动作用。参加 CMIP 的模式均来自世界上主要的气候模拟组,可代表当前国际耦合模式发展的最高水平,其基本情况由表 6.1.3 给出。

6.1.4 海冰模式

海冰与海洋、大气不同,海冰不是流体而是以多重裂缝、水道(浮冰之间)和冰穴所组成的复杂固体冰盖,其性质是不连续的;同时,从一个时期到另一个时期,海冰的分布存在重大变化。因此,海冰模式和海洋模式、大气模式存在明显不同。海洋和大气模式的计算重点在于确定海水和空气的分布性质,可是用于大尺度气候模拟的海冰模式,在每个地方和每个时间步长,第一个目标就是要确定海冰是否存在。假如冰存在,则要确定冰量(包括冰的厚度和该区域内海冰的密集程度)。海冰模式是描述海冰物理过程、模拟和预报海冰演变的有力工具。

海冰模式大致可以分为以下三类:

(1)海冰热力学模式:用于许多海冰模式的热力学计算,大部分来源于 Maykut 和 Untersteiner(1971)为北极中部所作的细网格一维(垂直)高分辨率的海冰计算工作。海冰热力学计算的重点在于冰的厚度或冰和冰盖上面雪的厚度,对于带有水道参数化的模式还要确定海冰的密集度。在这类计算中还要弄清冰层和雪层内部的温度结构。目前海冰模式就冰层和雪层的组成来说又可分为三种:①甚高分辨率模式(Maykut 和 Untersteiner,1971);②两层冰和一层雪的模式(Semtner,1984),③一层冰和一层雪的模式(Parkinson 和 Washington,1979)。

(2)海冰动力学模式:海冰动力学的计算工作大都来源于 Campbell(1964)的研究和北极冰动力学联合实验(AIDJEX)的研究(如 Coon,1980;Hibler,1979 等),以及 Parkinson 和 Washington(1979)模拟南北半球海冰状况的工作。海冰动力学试图以作用于海冰的五种主要应力之间所产生的动量平衡为基础来计算海上浮冰的运动。这五个主要应力是:(1)冰上的大气风应力,它引导海冰沿着海面风的方向移动;(2)冰下的海水流动产生的应力,它引导海冰沿着水流方向移动;(3)海面倾斜引起的重力应力,称"动力地形",它引导海冰从较高处移向较低处;(4)地球旋转引起的应力,称 Coriolis 力;在北半球它引导海冰向其他原因引起的运动方向的右面偏转,在南半球则向左偏转;(5)冰盖内部的挤压应力,主要由各块浮冰的碰撞、挤压所引起。

(3)海冰厚度分布模式:①多层海冰厚度分布模式:Thorndike 等(1975)定义了海冰厚度分布函数,提出了海冰厚度分布理论,建立了海冰厚度分布模式。该模式考虑了海冰热力学增长、消融及动力作用引起原有海冰的厚度空间上再分布对海冰厚度分布函数演化的作用。Rothrock(1975)将海冰的厚度分布和海冰的流变特性联系在一起,海冰的厚度分布受到海冰的运动性质的影响,又影响到流变特性,而流变特性反过来影响海冰的运动。②两层海冰厚度分布模式:Hibler(1979)将海冰的厚度分布和海冰的动力学模式、热力学模式耦合在一起,提出了与观测的海冰脊化物理过程一致的再分布函数。

可以看到上述不同类型的海冰模式主要涉及两个主要的问题:(1)与冰盖热力学有关的计算,(2)与海冰动力学有关的计算。海冰热力学计算确定海冰厚度及温度结构,以能量守恒原理为基础;而动力学计算确定海冰的运动,以动量守恒原理为基础。而描写海冰系统的基本方程组,包括海冰系统的热力学方程组和动力学方程组。不同的海冰模式通常对上述海冰系统方程组或者其不同的简化形式进行求解,以描述海冰热力、动力要素的变化。海冰方程组的求解,必须由大气、海洋分别为其提供上下边界条件;绝大多数情况下海冰模式通常被看作是海洋模式的一个组成部分,因此,一旦提供了模式所需要的大气强迫就可以进行海冰的模拟。

6.1.5 陆面过程模式

陆面过程模式(也称陆面模式)通过数值方法求解控制陆面的能量和质量平衡方程,计算诸如土壤温度、土壤湿度、积雪量等陆面状态参量,同时确定地—气之间的能量通量(辐射通量、感热通量、潜热通量)、质量通量(水汽通量、生物气体通量等)和动量通量;在描述陆面状态变化的同时,为大气模式提供陆地部分的下边界条件。早期,数值模式对陆面过程的处理比较简单,陆面过程通常被直接处理为大气模式的一个组成部分。后来,AGCM中的陆面过程参数化方案逐渐发展成为相对独立的陆面过程模式(或简称陆面模式)。陆面模式由早期最简单"Bucket"模式,发展到了能够对土壤—植被—大气系统进行比较全面的综合模式。自 20 世纪 60 年代末以来,尤其是最近 20 多年,陆面模式的发展取得了很大的进步,先后发展了数十个繁简不一的陆面模式,表 6.1.4 列举了参加国际陆面参数化比较计划(PIPLS,http://www.pilps.mq.edu.au/index)的陆面模式。

表 6.1.4 参与 PILPS 计划的陆面过程模式及其相关信息(Qu 等,1998;孙菽芬,2005)

模式名称及说明	参考文献
BASE:地表交换最佳近似方案	Desborongh 和 Pitman(1998)
BATS:生物圈—大气圈输送方案	Dickinson 等(1986,1993)
BUCK:箱式模型	Manabe(1969);Robock 等(1995)
CAPS:大气—植物—土壤耦合模型	Mahrt 和 Pan(1984);Pan 和 Mahrt(1987)
CAPSLLNL:大气—植物—土壤耦合模型——美国洛伦兹国家实验室	Mahrt 和 Pan(1984);Kim 和 Ek(1995)
CAPSNMC:大气—植物—土壤耦合模型——美国国家气象中心	Mahrt 和 Pan(1984);Pan 和 Mahrt(1987)
CLASS:加拿大陆面方案	Verseghy(1991);Verseghy 等(1993)
CSIRO9:CSIRO 土壤—植被方案——9 层 GCM 方案	Kowalczyk 等(1991)
ECHAM:用于 EGHAM GCM 中的陆面方案	Dümenil 和 Todini(1992)
GISS:GISS 模型中水文模型	Abramopoulos 等(1988);Rosenzweig 和 Abramopoulos(1997)
IAP94:中国科学院大气物理研究所陆面物理过程方案	Dai 和 Zeng(1996)
ISBA:土壤—植被—大气相互作用方案	Noilhan 和 Planton(1989)
MOSAIC:板块模型	Koster 和 Suarez(1992)

续表

模式名称及说明	参考文献
PLACE:陆面—大气—云交换参数化方案	Wetzel 和 Boone(1995)
SECHIBA2:生物圈—大气圈界面水文交换方案	Ducoudre 等(1993)
SEWAB:地表能量和水平衡方案	Mengelkamp 等(1997)
SPONSOR:有地形作用的宏观水文半分布式参数化方案	Shmakin 等(1993)
SSiB:简化的简单生物圈模型	Xue 等(1991)
SWAP:土壤水—大气—植物模型	Gusev 和 Nasonova(1996)
SWB:简单水平衡模型	Schaake 等(1996)
UGAMP2:大学全球大气模拟计划模型	Gedney(1995)
UKMO:英国气象局陆面方案	Warrilow 等(1986);Gregory 和 Smith(1994)
VIC-3L:三层可变入渗能力方案	Liang 等(1994,1996)

总体而言,陆面模式的发展大致经历了三代:

(1)第一代(60年代末～70年代):"Bucket"模式。"Bucket"模式是对陆面水循环过程的极端简化,通过空气动力学总体输送公式和几个均匀的陆面参数来反映土壤水的蒸发和地表径流(Manabe,1969)。由于 Bucket 模式忽视了植被对陆面水文过程的控制作用,很难真实反映土壤—植被—大气的交换过程。

(2)第二代(80年代以来):考虑植被生物物理作用的陆面过程模式。Deardorff(1978)最早提出了"大叶(Big-Leaf)"模式,首次将植被冠层对陆面过程的控制作用引入到陆面参数化中。第二代陆面模式的典型代表是 BATS(Dickinson 等,1986,1993)和 SiB(Sellers 等,1986)。之后,发展了一系列繁简程度不同的考虑植被生理过程的陆面模式。这些陆面模式主要考虑了植被对辐射、水分、热量和动量传输的控制作用,对植被在陆面过程中的作用进行了较细致的描述,从而较为真实地描述了土壤—植被—大气系统的水热交换过程。

(3)第三代(90年代以后):考虑碳循环作用的陆面过程模式。90年代以来,考虑碳循环作用的第三代陆面过程模式逐渐发展起来。例如 NCAR LSM(Bonan,1996),Sellers 等(1996a,1996b)在 SiB 的基础上引进了考虑植物吸收 CO_2 进行光合作用的生物化学模式发展了 SiB2;NCAR 的公用陆面模式 CLM3.0(Community Land Model Version 3,Oleson 和 Dai 等,2004)。第三代模式的显著特点是在陆面模式中引进植被光合作用的生物化学模式,对植被的生物化学过程及生物通量进行描述,从而使陆气相互作用的物理过程和生物化学过程紧密结合,更真实地反映了陆气之间能量、水分和生物通量的交换。同时,在这类陆面模式里还详细地考虑了积雪、冻土、水文有关的物理过程,对陆面非均匀性的处理也有了新的考虑。

近年来,在第三代陆面模式的基础上,为了能更好反映陆面生态系统与气候之间的真实反馈过程,动态植被模型(DGVM)的研究受到了越来越多的关注,同时陆地生态系统碳(Carbon)、氮(Nitrogen)循环的描述也正在成为当前陆面模式发展的一个重要内容。最近几十年,陆面模式的发展取得了很大的进步,陆面模式的复杂程度不断增加,陆面模式所能刻画的物理机制和反馈过程也更加全面。陆面模式的发展历程在很大程度上反映了陆面模式对不同时间尺度陆面过程的关注程度。

陆面模式需要描述大量与陆面过程有关的物理、化学、生物过程以及陆地表面和大气间的各种相互作用,不同模式对上述过程的处理存在较大的差异;因此,要全面讨论陆面模式的所有细节十分困难。以下简单介绍陆面模式的基本原理,以便读者对陆面模式的主要思想有一个初步的了解。

本质上,陆面模式主要通过求解控制陆面的能量、质量平衡方程,在估计陆面的热力、水文等基本状态的同时,计算陆面—大气之间的各种通量。陆面模式的基本方程通常包括能量平衡方程和质量平衡方程。具体说来,不同陆面模式所采用的方程在形式上存在很大的差异,但本质上是一致的。陆面模式的计算包括三个最基本的部分:(1)能量平衡的计算;(2)质量平衡的计算;(3)地气之间的各种通量的计算。

(1)陆面模式的能量平衡

陆面模式的能量平衡主要反映陆面的热力过程,主要包括地气界面的能量平衡、土壤的热量平衡和积雪能量平衡三部分。

地气界面的能量平衡方程通常表示为:

$$R_N - H - LE = 0 \quad (6.1.6)$$

其中 R_N 为地表吸收的净辐射通量,H 为感热通量,LE 为潜热通量。该方程适用于无植被存在时的土壤表面,也可以用来描述考虑植被情况下冠层的能量平衡。上述三个通量在用来描述土壤表层和冠层时通常分别是地表温度、叶面温度的函数,因此可以用来计算土壤的表面温度、叶面温度。

土壤的热量平衡通常用热传导方程来表示,比较通用的形式可以表示为:

$$C_s \frac{\partial T}{\partial t} = \frac{\partial}{\partial z}\left(k_s \frac{\partial T}{\partial z}\right) + Q_g \quad (6.1.7)$$

其中 C_s 为单位体积土壤的热容,T 为土壤温度,k_s 为土壤的热传导率,Q_g 通常表示热量的源汇项。方程右端的第一项,反映了热量在土壤中的热传导过程;而第二项则表示由于土壤水相变引起的热量变化,在简化的情况下,可以不考虑这一项的影响。目前的部分陆面模式还考虑了水蒸气扩散对土壤热传输和能量平衡的影响。

早期的陆面模式,没有单独考虑积雪,而是把积雪直接与表层土壤合起来处理。近年来,陆面模式中逐渐采用了多层的积雪参数化方案,并采用积雪的能量平衡方程来描述积雪的热力过程。积雪的能量平衡方程类似于土壤的热传输方程,但除了考虑积雪内部的热传导和积雪相变过程引起的能量变化外,一般还考虑积雪内太阳辐射透射对能量平衡的影响。积雪的热传输方程通常可写为:

$$C_{snow}\frac{\partial T}{\partial t} = \frac{\partial}{\partial z}\left[k_{sn}\frac{\partial T}{\partial z} - R_s(z)\right] + \rho_{ice} L_f \frac{\partial \theta_{ice}}{\partial z} \tag{6.1.8}$$

其中 C_{snow}(J/(m³·K))为单位体积积雪的热容;k_{sn} 为积雪的热传导系数;$R_s(z)$ 为积雪深度 z 处的太阳短波辐射,ρ_{ice}(kg/m³)为冰的密度,L_f(J/kg)为冰的融解潜热,θ_{ice}(m³/m³)为固态水(冰)体积含量。

(2)陆面模式的质量(水分)平衡

早期的陆面模式中,质量平衡主要考虑两个部分:即土壤水的质量平衡和积雪的雪量收支平衡。例如在"Bucket"模式中,通常假定深度为 h 的单一土壤层,其土壤水含量的变化通常是由降水、蒸发(凝结)、融雪和径流来决定的,即:

$$\frac{\partial W}{\partial t} = P_r + M_s - E - R_s \tag{6.1.9}$$

其中 w、P_r、M_s、E、R_s 分别表示土壤水分、降水、融雪、蒸发量和地表径流。

而地面雪量收支方程为:$\frac{\partial m_s}{\partial t} = P_s - E_s + M_s \tag{6.1.10}$

其中 m_s 为单位面积积雪质量,通常反映了积雪深度 $d_s = m_s/\rho_s$,ρ_s 为积雪的密度,P_s 为降雪率,E_s 为升华率,M_s 为融雪率。

目前绝大多数陆面模式考虑的植被对地表水循环的作用,并采用了多层土壤和多层积雪分别来描述土壤的水分平衡和积雪的质量平衡。

考虑植被情况下,植被冠层的水分收支由其截留的降水、叶面的蒸发和凝结所决定,冠层水的变化可以根据简单的质量平衡方程来决定,冠层的质量平衡可以表示为:

$$\frac{\partial M_{can}}{\partial t} = q_{intr} - q_{ceva} = (1-f)q_{prc} - q_{drip} - q_{ceva} \tag{6.1.11}$$

其中 M_{can}(m)为冠层的水分存储量,q_{intr}(m/s)为冠层截留的降水,q_{ceva}(m/s)为植被湿叶面的蒸发,q_{prc}(m/s)为降水率,q_{drip}(m/s)为叶面过剩滴落水,f 为降水直接穿透冠层的部分。

土壤水分的变化主要决定于重力渗透、液力扩散、植被的蒸腾抽吸等过程;同时考虑土壤水的相变过程引起的土壤不同相态的土壤水含量之间的转变,其控制方程的一般形式可表示为:

$$\frac{\partial \theta_{\text{liq}}}{\partial t} = -\frac{\partial Q}{\partial z} + S_Q \tag{6.1.12}$$

其中 $\theta_{\text{liq}}(\text{m}^3/\text{m}^3)$ 为液态含水量，$Q(\text{m/s})$ 为液态水通量，S_Q 表示土壤水分的源汇项。Q 可以根据 Darcy 水流定理表示为：

$$Q = -K\left[\frac{\partial(\Psi+z)}{\partial z}\right] = -K\left[\frac{\partial \Psi}{\partial z} + 1\right] = -K\left[\frac{\partial \Psi}{\partial \theta_{\text{liq}}}\frac{\partial \theta_{\text{liq}}}{\partial z} + 1\right] \tag{6.1.13}$$

其中 K、Ψ 分别为土壤液力传导率（mm/s）和土壤水势（mm）；而 S_Q 包括不同相态的土壤水相变引起的土壤液体水的变化，植被存在时，还反映了由于植被的蒸腾作用所引起的根区土壤水分的净减少。

积雪的质量平衡主要受积雪内液体水传输的影响，对于厚度为 $\Delta z(\text{m})$ 的雪层，质量平衡方程为：

$$\frac{\partial(\rho_{\text{snow}}\Delta z)}{\partial t} = Q_{\text{in}} - Q_{\text{out}} - R_{\text{snow}} + P_{\text{snow}} \tag{6.1.14}$$

式中 f_{ice} 为降水中固态水的质量比；Q_{in} 为流入积雪层的液体水通量，Q_{out} 为流出积雪层的液体水通量，R_{snow} 则为积雪层的侧流量，P_{snow} 表示到达地表的降雪，仅对表层积雪产生影响。

(3) 地气之间动量、水汽、能量通量的计算

地气间通量的计算在早期的陆面模式中通常采用经验总体输送公式来计算。目前，更多的陆面模式采用了"阻尼"法来计算有关的各种湍流通量。这里简单介绍后者的基本做法。在这种计算方法中，通常利用大气与地表的要素差及有关的阻尼系数来定义各种湍流通量，其具体的形式如下：

$$\text{动量通量}: \tau_x = -\rho_{atm}\frac{(u_{atm}-u_s)}{r_{am}}; \tau_y = -\rho_{atm}\frac{(v_{atm}-v_s)}{r_{am}} \tag{6.1.15}$$

$$\text{水汽通量}: E = -\rho_{atm}\frac{(q_{atm}-q_s)}{r_{aw}} \tag{6.1.16}$$

$$\text{潜热通量}: LE = -L\rho_{atm}\frac{(q_{atm}-q_s)}{r_{aw}} \tag{6.1.17}$$

$$\text{感热通量}: H = -\rho_{atm}C_p\frac{(\theta_{atm}-\theta_s)}{r_{ah}} \tag{6.1.18}$$

其中 u_{atm}、v_{atm}、θ_{atm}、q_{atm} 分别代表给定大气参考高度 z_{atm} 上的纬向风速、经向风速、位温（也可以用温度代替）和比湿；u_s、v_s、θ_s、q_s 则表示地表的纬向风速、经向风速、位温和比湿，而 r_{am}、r_{aw}、r_{ah} 分别代表动量输送、水汽输送和热量输送的阻尼系数。在具体应用时，必须首先确定上述空气动力学阻尼系数。

上述内容是构成陆面模式的基本组成部分。此外，在求解陆面模式的过程中，还要涉及许多诸如植被的辐射传输、反照率、植被生理过程等的参数化问题。这里不可

能进行详细的介绍,有兴趣的读者可以参阅有关陆面模式的文献。另外,陆面模式需要由观测或者通过大气模式来提供太阳辐射、大气长波辐射、气温、比湿、风速、降水、气压等大气强迫场;同时,陆面模式又为大气模式提供下边界,计算感热、潜热、向上的短波辐射、向上的长波辐射、湍流通量、动量通量、水汽通量、生物气体通量等。陆面模式的计算还需要提供例如陆地覆盖类型、土壤类型、土壤颜色等反映陆面基本性质及其有关各种物理参数。

6.1.6 区域气候模式

气候具有明显的区域性特征,区域气候及其变化对人类生活具有更为直接的影响,因此,对区域气候及其变化的研究引起了人们的极大关注。大气环流模式(GCMs)是模拟全球气候和气候变化的一个有力工具。但由于全球模式的水平分辨率较低,目前GCMs尚难以真实反映与复杂地形和陆地状况有关的区域气候特征,不可能较细致地模拟出时间空间尺度范围相对较小的区域气候的具体特点。通过缩小模式网格距可以提高模式的分辨能力,但这将大大增加计算时间;另一方面当前GCMs中陆地过程参数化方案较为粗糙,因而这种方法仍难以解决区域尺度气候模拟问题。

Dickinson等(1989)、Giorgi和Bates(1989)将改进的有限区域中尺度气象模式(LAM)与全球尺度GCMs耦合,发展了第一个区域气候模式(RegCM),即第一代NCAR区域气候模式(RegCM1)。20世纪90年代之后,随着计算水平的提高,区域气候模拟研究有了很快的发展。研究者利用中短期天气预报的思路,提出在研究区域加入一个有限区域的细网格模式,用此模式与大尺度模式进行嵌套来获得区域信息,其中对大尺度大气环流运动的模拟预测交由GCM处理,将区域问题留给适合于有限区域的细网格模式来完成,细网格模式的边界值由大尺度模式提供。

目前大部分区域气候模式都采用了数值天气预报模式的动力框架,如美国国家大气研究中心(NCAR)第二代区域气候模式(RegCM2)、意大利国际理论物理中心区域气候模式(RegCM3.0)、中国气象局国家气候中心区域气候模式(RegCM_NCC)、西北太平洋国家实验室区域气候模式(PNNL-RCM)、中国科学院大气物理研究所区域环境系统集成模式(RIEMS)均采用了宾州大学/美国国家大气研究中心(PSU/NCAR)的中尺度数值天气预报模式MM4或MM5的动力框架,其动力结构更为准确合理,从而较传统的统计方法更显其动力连续的特性。此外区域气候模式中的物理过程也更加详细,包含了陆面和水文过程、边界层、云和降水、云—辐射相互作用,部分还包含了大气化学过程。由于区域气候模式是基于全球气候变化研究中大气环流模式分辨率不足的基础上发展起来的动力降尺度方法,因此通过与大气环流模式的耦合,可以进行未来气候的自然演变、不同情景下平均气候以及极端气候事件变化趋势的模拟。而为了验证、评估模式结果,以及采用区域气候模式高分辨率的特性对过去的气候事件进行研究,也可以在合理的大尺度再分析资料(如 NCEP 和 ECMWF)或大气环流模式强迫下单独应用区域气候模式对当前的气候状况和极端气候事件进行模拟分析,探讨其形成和发展的机理。随着区域气候模式不断的发展,已经有相当一部分气象和水文学家采用区域气候模式、耦合的区域—陆面模式、区域—水文模式来研究不同的物理过程以及其对区域气候、降水和能量收支的影响,研究边界层云特征和陆气、水气之间的相互作用等。

与全球环流模式相比,区域气候模式的分辨率有了很大的提高,模式能够细致描述一些区域性的信息。已有的研究表明,区域气候模式可以显著地改进对气候空间分布特征的模拟,在区域气候模拟方面有很大优势,已成为研究区域气候变化的最重要途径。区域气候模式对于了解温室气体强迫可能导致的全球增暖的区域尺度响应、区域气候模拟、短期气候预测及生态、环境方面有着越来越广泛的应用。但是也应该看到,区域气候模式的侧边界问题一直是区域气候模拟的关键或困难所在。嵌套模式中侧边界的处理是关系气候要素场模拟成败的重要因素,侧边界所带来的误差是有限区域模式的主要误差来源之一。这在一定程度上给区域气候模拟和区域气候模式的应用提出了挑战。另外,尽管 RegCM 是有限区域模式,但由于它的时间步长通常只有 GCMs 的 1/10,而格点数与全球模式格点数相当,因而每个模拟日积分所需的 CPU 时间大约为 GCMs 的 10 倍,大量的计算时间是区域气候模拟发展的限制因子之一。有关区域气候模式和区域气候模拟应用方面的更多内容,有兴趣的读者可以参阅相关的文献。

6.2 当代气候模拟

气候模式建立之后,在将其应用于气候研究之前,一个必需回答的问题是:模式对气候的模拟能力如何?通常利用气候模式对当代的气候进行模拟,并将模拟结果与已有的观测事实进行对比,对模式的模拟能力进行客观的评价和检验,这方面的工作通常被称为当代气候的数值模拟。可以毫不夸张地说,几乎所有的模式都从不同方面对当代气候进行了模拟。在当代气候的数值模拟中,早期的工作主要考察模式对不同要素气候态的模拟能力,主要研究模式对不同要素的地理分布、空间变化特征的模拟,后来的气候模拟则进一步考察模式对气候系统中的气候变率的模拟,气候模式几乎被用来对所有在观测中所揭示的各种现象进行模拟。本节以大气、海洋和海冰的数值模拟作为例子,重点介绍利用不同气候数值模式进行气候模拟的部分结果,目的是使读者对这方面的知识有所了解,同时对数值模式的能力有一定的认识。

6.2.1 大气模拟

大气的数值模拟主要采用如下两种试验方案：(1)采用气候平均的 SST 和海冰分布等边界强迫下积分 AGCM；(2)采用随时间变化的边界强迫下积分 AGCM，通常将实测的 SST 分布及其变化作为 AGCM 的下边界条件。通过上述试验，AGCM 可以分别对大气基本要素的气候平均状态及其变率进行模拟。几乎每个 AGCM 都做过类似的试验，这里以美国大气研究中心(NCAR)大气模式 CAM3 的部分模拟结果作为例子，简单介绍大气的数值模拟的基本情况，该模式的基础是 NCAR 从 20 世纪 80 年代初就开始发展的公用气候模式(Community Climate Model)。在过去近 20 年的时间里，NCAR 先后发展了系列的公用气候模式，其早期的版本包括 CCM0A、CCM0B、CCM1、CCM2、CCM3、CAM2、CAM3，最近 NCAR 刚刚发布了最新版本的气候模式 CAM4 和 CAM5。应该说 NCAR 的大气模式是最具代表性的 AGCM 之一，在大气科学研究领域被广泛使用。

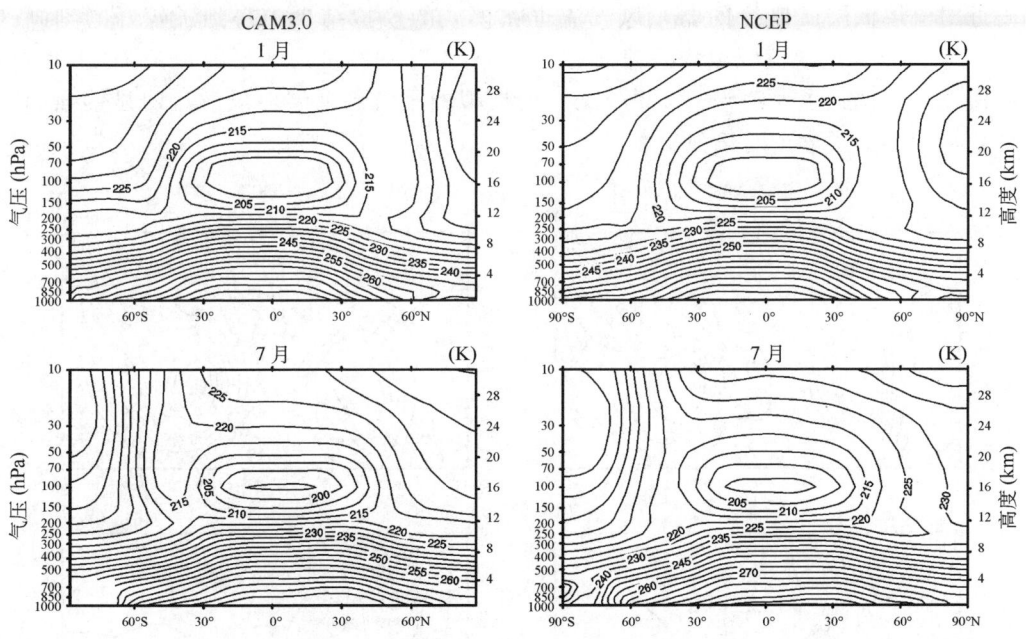

图 6.2.1 模式模拟和观测的 1 月和 7 月的纬向平均大气温度
(分别根据 NCAR CAM3.0 的模拟结果和 NCAR/NCEP 再分析资料绘制)

(1)纬向平均温度的模拟

图 6.2.1 是模拟和实测的 1 月和 7 月纬向平均温度随高度和纬度的分布。从图中可以看出，无论是 1 月还是 7 月，大气纬向温度分布的基本特征大致相似，例如赤

道附近地层存在一个明显暖中心,两极温度较低;而对流层顶大约 100 hPa 高度处则对应一明显的冷中心,中心值大约为 195～200 K 左右。对流层低层的暖中心位置随季节具有明显得变化,1 月份基本上位于赤道附近,而 7 月份则位置偏北,大约位于 20°—30°N 之间。应该说,模式相当好地模拟出这些观测到的纬向平均温度基本特征。当然,模式的模拟结果也存在不足的地方。例如:1 月份,模式模拟的对流层低层的温度比实测值略偏高,而模拟的对流层顶的温度则偏低,尤其是在极地及高纬度地区模拟值比观测值大约偏冷 5～9 K;平流层低层(15～30 km)的温度比观测值有所偏高;7 月份的模拟也存在大致类似的偏差。

(2)平均纬向风

图 6.2.2 给出模拟和观测的 1 月和 7 月的平均纬向风。平均纬向风分布的最大特点是存在四个急流中心,即南北半球中纬度对流层的西风急流、热带平流层低层的东风急流以及冬半球中高纬度平流层低层的西风急流。模式比较准确地模拟出来了上述急流的纬度和高度所在位置,而且 1 月的模拟结果更接近观测结果。另外赤道附近对流层低层所盛行的弱东风气流也在模式的模拟结果中得到了较好的刻画。1 月,模式模拟的急流强度均略偏强,尤其是南半球中纬度对流层急流的强度,其中心值比实际偏强了大约 6～12 m/s;7 月份模拟的平流层低层西风急流明显偏强,其他急流中心的强度也略偏强。

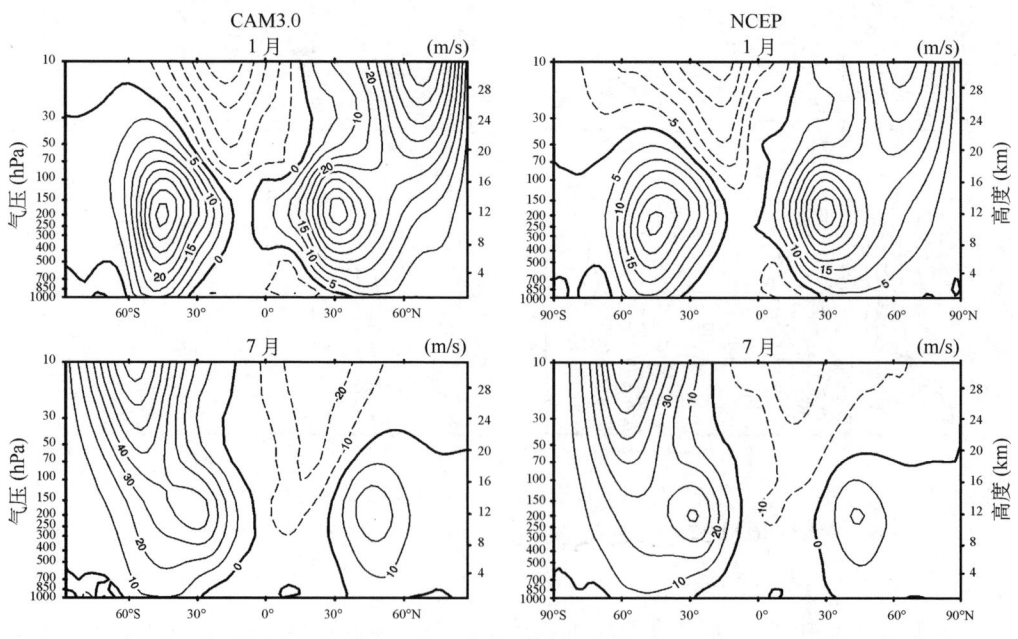

图 6.2.2 模式模拟和观测的纬向平均风速

(3) 近地层气温的地理分布

图 6.2.3 是 CAM 模拟的 1 月和 7 月和实测的近地层气温的地理分布。因为洋面温度是给定的,所以重点来分析陆地部分的模拟结果。总体而言,模拟和实测的近地层气温的分布相当一致,模式模拟出了气温分布的主要特征。但模式模拟的 1 月温度在北半球极地和中高纬地区存在暖偏差,而东西伯利亚比实际略偏冷;格陵兰地区则存在严重的偏暖,温度偏高可达 8~10 K,南极大陆普遍偏低大约 2~4 K。模式模拟的 7 月近地层气温场,除了南极大陆温度有明显偏高,东北亚、北美北部存在明显的冷偏差外,其余地区的温度分布模拟相当成功。

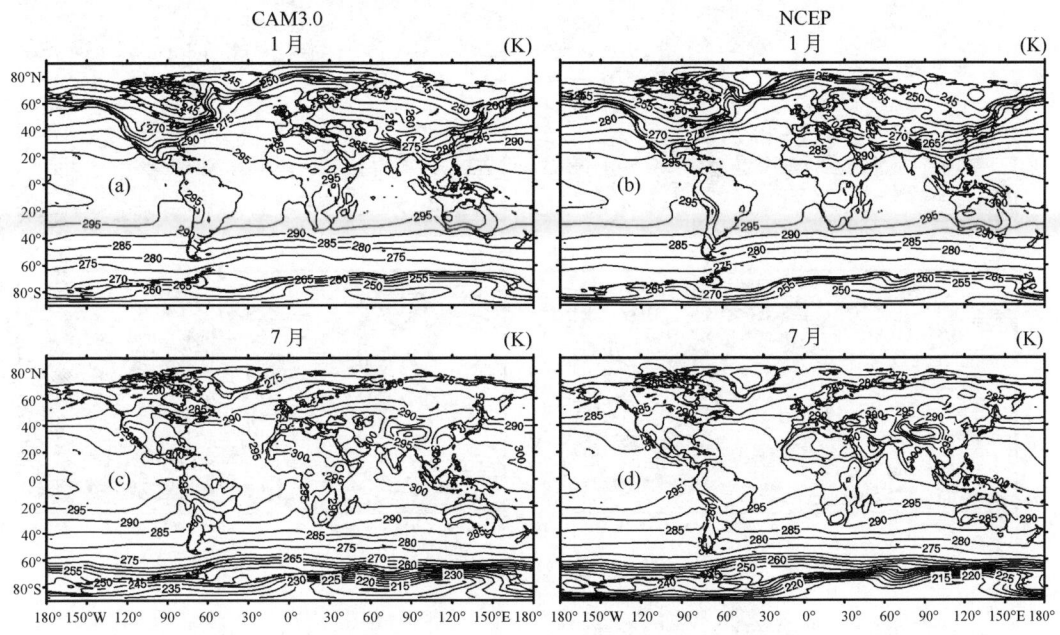

图 6.2.3　模式模拟和观测的纬向近地层气温

(4) 海平面气压的地理分布

图 6.2.4 是 CAM3.0 模拟和实测的 1 月和 7 月全球海平面气压的分布图。模拟结果总体上比较好地反映了实测海平面气压分布的基本特征方面。1 月,模式很好地模拟出了北半球 4 个主要的大气活动中心:即蒙古高压、北美高压、阿留申低压、冰岛低压,其强度和位置均与实际的情况比较接近;赤道以南地区为一低压带,其中包括南非、澳大利亚、南美三个大陆热低压;以及南半球气压分布的带状特征及南太平洋、南大西洋、印度洋三个高压中心均在模拟结果中得到了很好的体现。但模式模拟的阿留申低压的位置略偏西、强度比实际略弱,冰岛低压强度有所偏强,北美高压、南半球的三个高压的强度比实际情况略偏强。另外,模式模拟的北半球极地及高纬

度地区的SLP表现出系统性偏低,而南极大陆及附近地区的SLP则有所偏高。7月的模拟结果与夏季海平面气压场的基本特征也比较一致;从模拟的结果看,亚洲大陆、北美大陆分别对应印度热低压、北美热低压,太平洋和大西洋的副热带高压明显加强,减弱的冰岛低压西移至冰岛以西地区。这些季节转换的特征在模式结果里得到了很好的体现,但是模拟的两大洋上副热带高压的强度比实际情况有所偏强,而模拟南极大陆附近的低压区的SLP明显偏低。

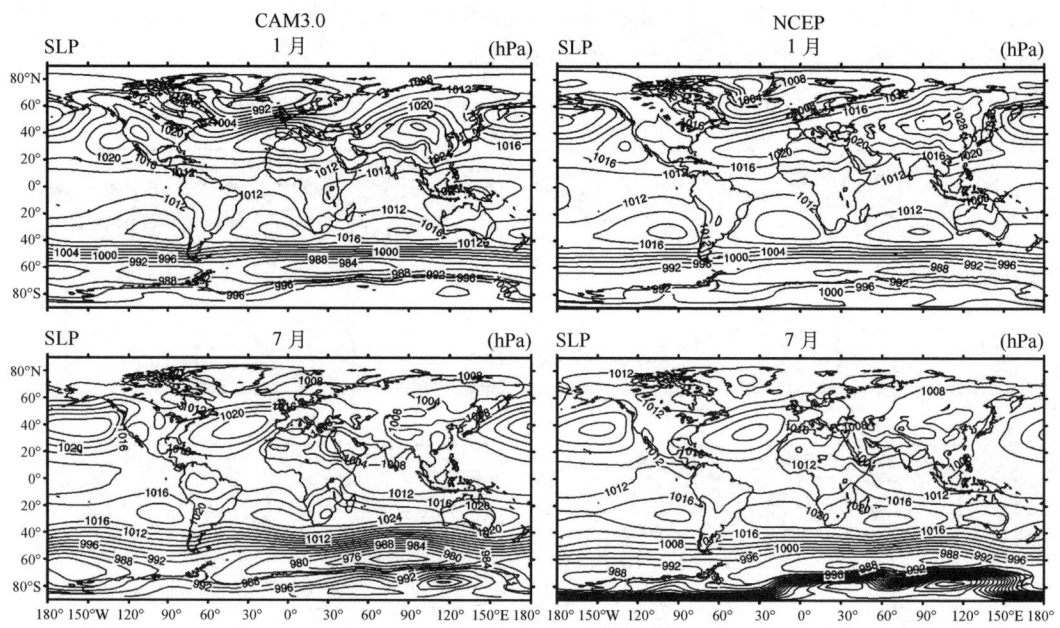

图 6.2.4　模式模拟和观测的海平面气压

(5)降水的地理分布

图 6.2.5 是 1 月和 7 月模拟和实测的日平均降水率的地理分布,从雨带的地理分布来看,模式基本上抓住了季节降水的主要特征,但模拟与观测细节上却存在明显的差异。1月,降水的区域主要集中在赤道附近以南的南非、印度洋、海洋大陆、西太平洋及南美洲北部;北半球中纬度的降水主要发生在北太平洋、北大西洋和欧洲西海岸;而南半球的中纬度地区存在一个较弱的带状降水,上述的模拟结果与实际情况很一致。但模拟的部分区域的降水在强度上与实际值尚有一定的差异:例如热带地区的降水,除中东太平洋地区明显偏少外,大部分地区强度均明显偏大;另外,在中纬度太平洋、大西洋区域的降水强度比实际情况则有所偏强。相比之下,7月降水的模拟效果要比1月的情况差一些,印度洋地区降水明显偏多、东南亚一带的降水则比观测值明显偏低;此外,降水的强度在中太平洋,赤道东太平洋、以及南半球的中高纬地区

也不太理想。值得指出的是,要准确地进行降水模拟是非常困难的,目前的 AGCM 基本能模拟出降水的大尺度特征,但要对降水强度等更为细致的特征进行准确的刻画,看来不是短时间内所能解决的。

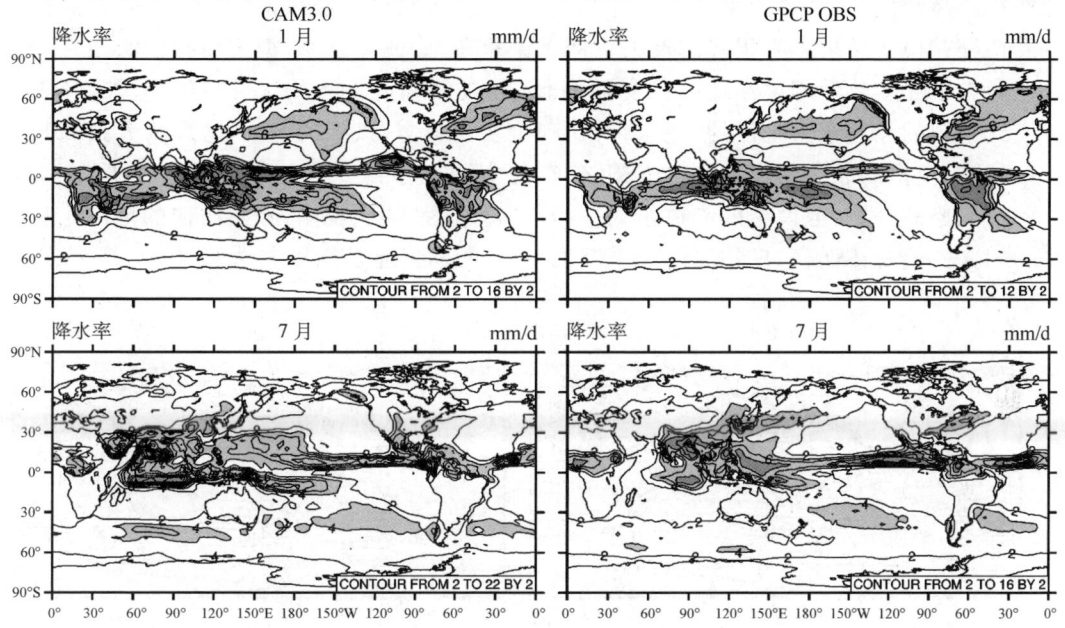

图 6.2.5　模式模拟和观测的降水率(观测取自 GPCP,Huffman 等,1997)

以上简单介绍了大气模拟的一些基本结果,应该说明,除了上面介绍的大气模式对平均气候态的模拟以外,大气的数值模拟还包括其他很多方面的内容,例如:对大气环流的季节转换、大气的低频变化、大气涛动以及大气中各种时间尺度的气候变率的模拟等。限于篇幅,这里不能一一列举。

6.2.2　海洋模拟

类似于大气数值模拟,海洋数值模拟主要通过 OGCM 或者海气耦合模式 AOGCM 对海洋要素的基本特征和基本现象进行模拟。海洋数值模拟可以在给定大气强迫的条件下通过对 OGCM 的积分来实现,大气强迫的边界条件通常包括大气风应力、温度、降水等。另外,海洋模拟也可以通过积分完整的海气耦合模式来对海洋或者海气系统中的各种现象进行模拟。以下分别给出一些有关海洋模拟方面的例子。

(1)海温气候态的模拟

图 6.2.6 给出了 NCAR 海洋环流模式 POP4 模拟和观测的 SST(海表面温度)

气候平均场。从图上可以看到模式模拟的冬季和夏季的 SST 分布形式与观测结果基本一致。冬季和夏季 SST 的分布具有一些共同的特点:例如 SST 的最高值均位于热带地区,而极高值则主要出现在赤道西太平洋和印度洋;最强 SST 南北梯度出现在中高纬度,尤其是南半球的中高纬度 SST 的南北梯度最强,这些 SST 分布的主要特征在模式结果里有很好的反映。但无论是冬季,还是夏季,模式模拟的海温在赤道西太平洋和热带印度洋地区比实际偏暖,偏暖的幅度大致为 2~3℃。另外,冬季模式模拟的赤道东太平洋的"冷水舌"比观测要弱得多,该处的 SST 比观测大致高了 1~2℃,模拟的北大西洋地区的 SST 分布与实测也存在一些差别。相比之下,夏季的情况要好一些,但模拟的赤道东太平洋的"冷水舌"却比观测强,其西伸的范围比实际偏大。但总体而言,模式对两个季节的 SST 的模拟还是比较成功的。

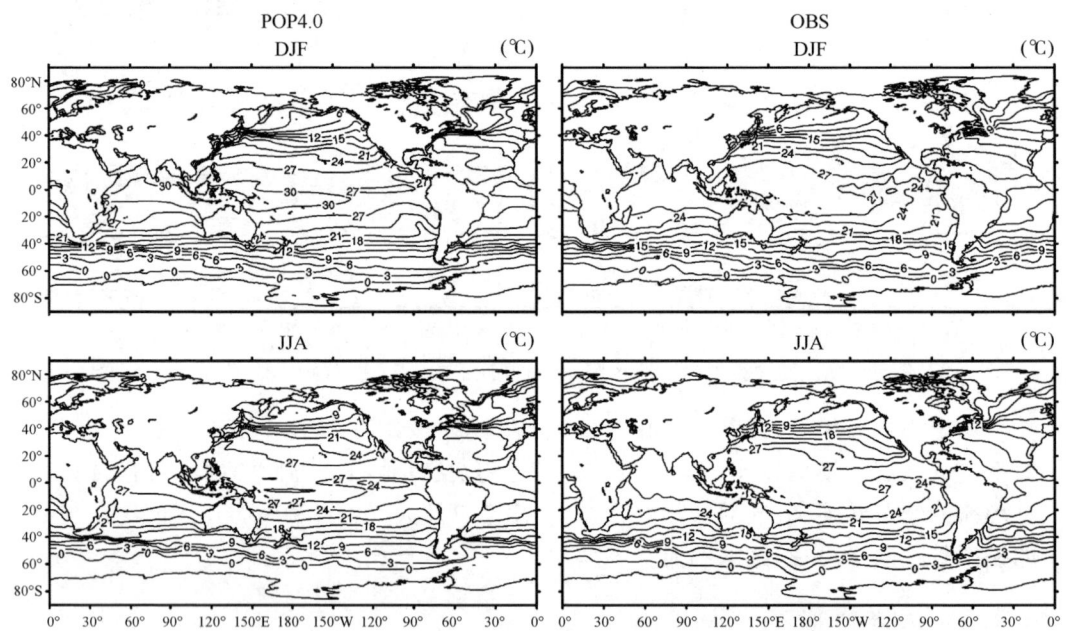

图 6.2.6 NCAR 海洋模式(POP4)模拟和观测的冬季和夏季气候平均的海表面温度(℃)。(观测来源于 Levitus 世界海洋图集 1998,资料可以从以下网站:http://www.cdc.noaa.gov/获得)

(2)海流对热量输送作用的模拟

海洋环流不仅对海温的分布具有重要的影响,而且对全球范围内的质量、热量的输送也具有重要作用,海洋模拟通常也对海流引起的淡水、热量输送进行考察。图 6.2.7 分别给出了 NCAR 海洋环流模式 POP4 模拟的全球、太平洋、大西洋和印度洋区域的年平均向北的热量通量输送,同时也给出了根据 NCEP 再分析资料计算的热量通量的输送。对于全球海洋而言,南北两半球的海洋都将热量向极地输送,最大的向极的热量输送主要位于低纬度地区,模式基本上模拟出了以上特征,但模式对南半球海洋的热量输送的模拟明显偏小,对南半球中纬度海洋热量输送的模拟甚至出现了与实况相反方向的热量输送。太平洋区域海洋对热量输送的特征与全球海洋的特征基本相似,模式对太平洋区域的热量,除了北半球中低纬度稍微偏大外,与观测较为一致。模式对大西洋区域海洋热量输送的模拟总体偏小,而印度洋区域海洋热量输送的模拟则是效果最差的。由此可见,模式虽然模拟出了海流对热量输送的总体特征,但在细节方面离实况还有一定的差距。

(3)海洋变率的模拟

海洋模拟的另外一个重要内容,就是对海洋不同尺度的变率进行模拟。其中对ENSO 的模拟研究曾一度成为这方面的重要内容;而近年来,则有大量的工作利用不同的 AOGCM 成功地模拟了太平洋 SST 的年代际变率。图 6.2.8 给出了日本气象

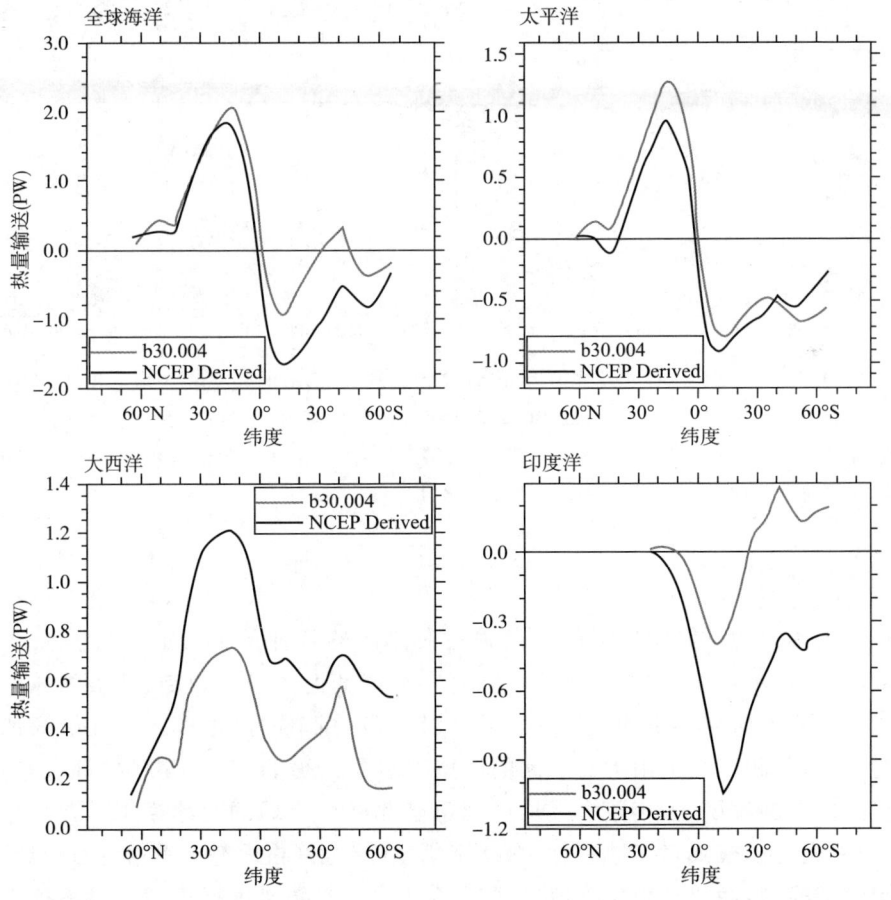

图 6.2.7 模拟和观测的不同海洋区域的年平均向北输送的热量通量,单位 PW(1PW=10^{15} W)

研究所 MRI CGCM 对模式模拟的 SST 和观测的 SST 分别作自然正交展开(EOF)得到的前两个模态。不难发现,模式不仅合理反映出了 ENSO 尺度的 SST 的空间变化,也很好地模拟出了与太平洋 SST 年代际尺度的变化。但是,我们也注意到模式模拟的两种尺度的 SST 的变化,在空间分布上还是存在一定的差别。另外,从计算结果看,模式模拟的年代际尺度的 SST 变率的方差贡献比实际情况要小许多。总体而言,模式对不同尺度的海洋变率确实已经具有一定的模拟能力。

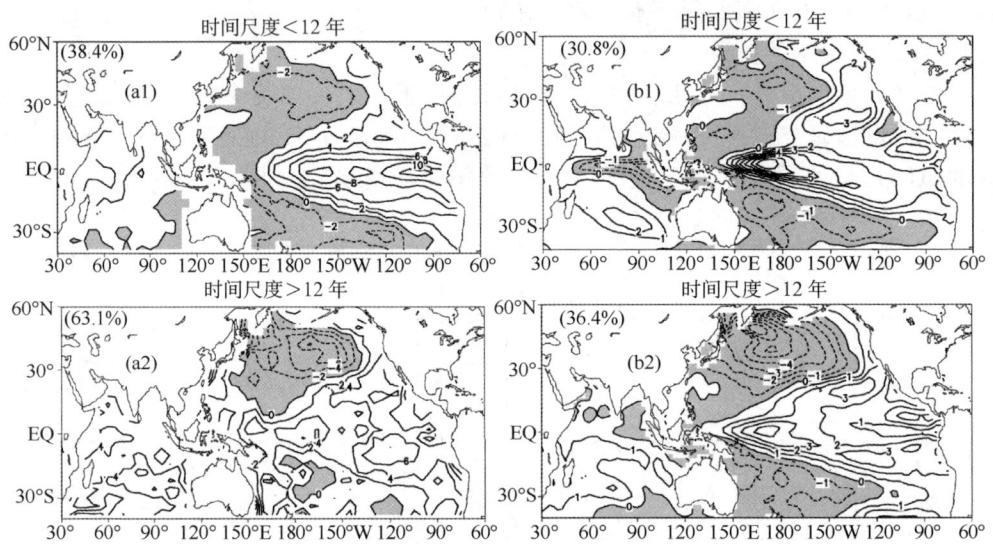

图 6.2.8 MRI CGCM 模式模拟(b1,b2)和观测(a1,a2)的太平洋区域海温 EOF 分析的前两个特征向量,分别表示(1)ENSO 时间尺度(时间尺度<12 年)的变率(a1,b1);(2)年代际时间尺度(时间尺度>12 年)的变率(a2,b2)。注:图左上角的数值表示每个模态的方差占总方差的百分比(Yukimoto,1999;IPCC,2001)

6.2.3 海冰模拟

海冰的模拟通常利用给定的大气强迫对海冰的各种基本特征进行模拟。自 20 世纪 60 年代以来,大量的工作利用不同复杂程度的海冰模式对南、北极海冰的变化特征进行了模拟研究。早期的研究,主要利用相对简单的海冰模式对北极海冰的模拟进行了尝试,相比之下南大洋海冰的模拟则不多。20 世纪 70 年代中期以来,随着海冰模式的不断发展,大多数模式均适用于南北两个半球的海冰模拟。在海冰模拟中,主要考察海冰模式对海冰厚度、海冰密集度(单位网格内海冰覆盖的百分数)以及海冰温度的模拟,而热动力学海冰模式还可以对海冰移速进行模拟。以下给出一些海冰模拟的例子,这些例子中有早期的海冰模拟工作,也有最近的研究成果,目的是使读者对海冰模拟的过去和现状有所了解,对海冰的模拟能力有一定认识。

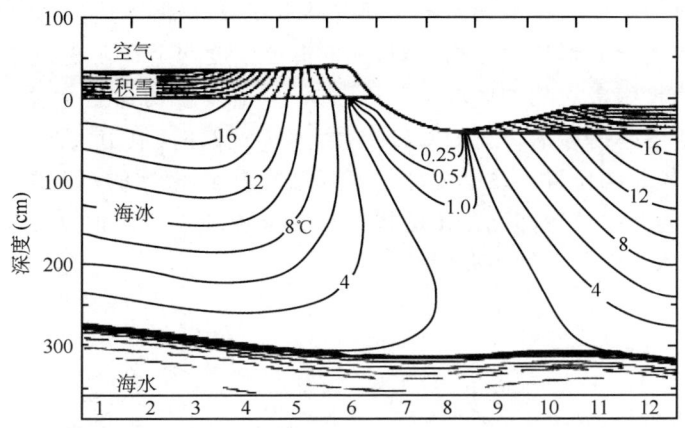

图 6.2.9　北极中央冰雪覆盖区内模拟的海冰厚度、雪厚度和温度廓线的年变化(温度单位:－1℃)
(Washington,1986)

(1)海冰厚度和垂直温度廓线

比较早的海冰模拟研究工作是由 Maykut 和 Untersteiner(1969,1971)完成的。在他们的研究中,采用了一个一维海冰热力学模式来对北极中央某一点海冰厚度和温度的年变化进行了模拟。图 6.2.9 是模式的模拟结果。可以看到,模式模拟的冬季海冰的垂直生消到达平衡时,海冰厚度接近 3 米,冰区内的温度从冰底－2.0℃到冰顶－19℃左右。应该说,模式基本上合理地反映出了海冰厚度和海冰温度季节变化的主要特征。

(2)海冰厚度和密集度的地理分布

此后,大量的工作采用更加完善的海冰模式来对海冰分布的特征进行模拟。Parkinson 和 Washington(1979)曾采用一个热力/动力海冰模式对北极地区海冰的厚度和海冰密集度的年变化进行了模拟。该模式当时就已经能够模拟出非常逼真的海冰生消年变化:9 月最小,3 月最大,9 月海冰只覆盖了北极一部分地区、并已撤离了大部分海岸线,浮冰中心的海冰厚度为 3.0 m,3 月海冰范围大增,已伸展到冰岛,进入白令海超过了格陵兰南岸,北极中央海冰厚度达到 3.6 m,整个北极洋盆的冰密集度超过 97%。

为了更好地反映现代海冰模式的模拟能力,这里给出 NCAR 气候系统模式 CSM 所采用的热力/动力海冰模式 CSIM4 的一些结果。图 6.2.10 分别给出了该模式模拟的冬、夏季南北两极海冰厚度的地理分布。冬季,北极海冰厚度的极大值出现在靠亚洲东北部的北冰洋、东西伯利亚海及楚可奇海附近,海冰最大厚度可达 5 m,而且一个海冰厚的极大值出现在巴芬海湾北部,整个北冰洋中部冰厚度可达 2～3 m;北太平洋区域,海冰边界位置主要位于白令海、鄂霍次克海以南,而大西洋区域西北部的海冰南界可达拉布拉多海以南,东北部的海冰边界则大致位于巴伦支海一带。夏季,北极海冰的分布形式与冬季情况基本相似,但海冰边界明显北退。南极海冰厚度冬、夏季的分布形势大体相似,最大的海冰厚度均出现在威德尔海和罗斯海附近,海冰厚度由近南极大陆的区域向北逐渐减小(需要说明这里所说的冬、夏季均指北半球而言)。冬季海冰的覆盖相对较小,海冰位置偏南,但南大西洋区域的海冰位置则伸展到了较北的位置。夏季海冰的厚度总体增加,海冰的覆盖总体向北扩展,但南大西洋区域的海冰位置却比冬季的情况更靠近极地。应该说,模式的模拟结果基本上反映了海冰厚度分布的主要特征。

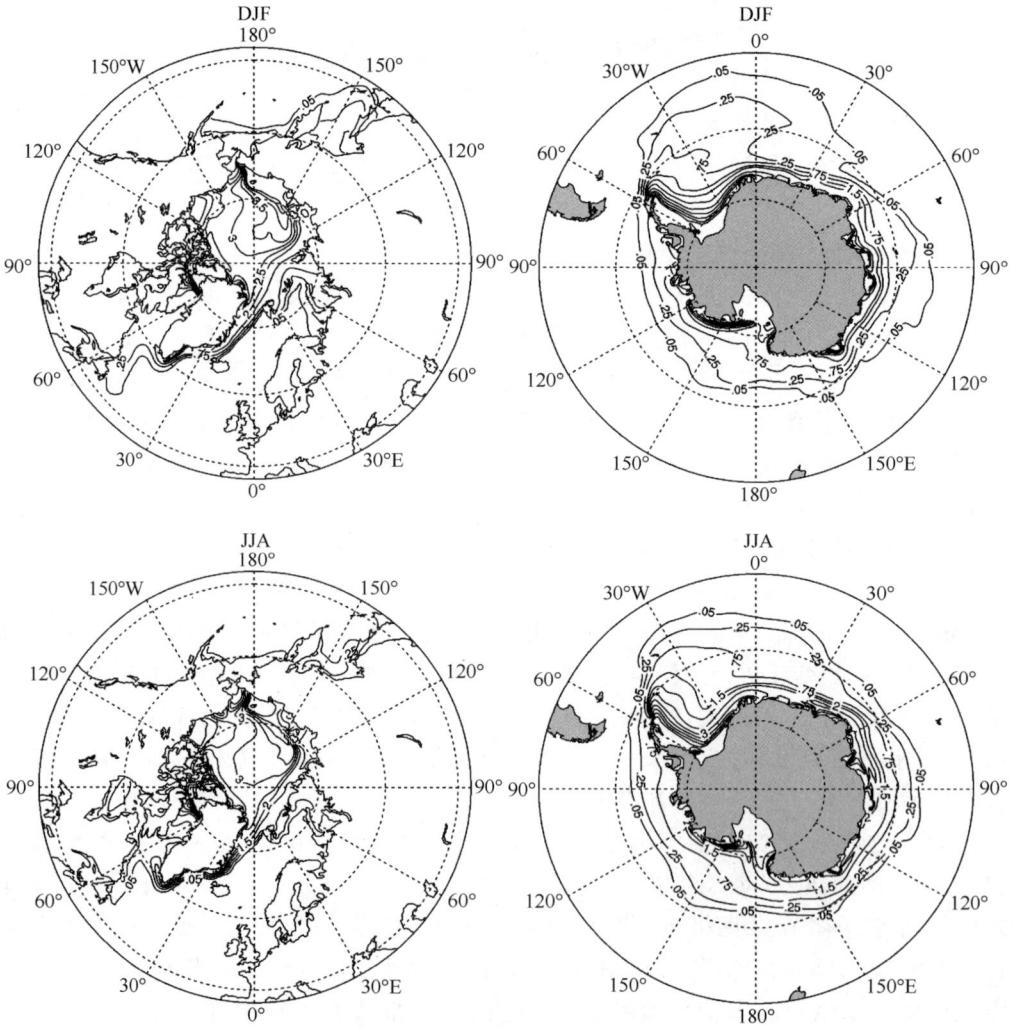

图 6.2.10 NCAR 海冰模式(CSIM4)模拟的南、北极海冰的平均厚度分布,单位:m

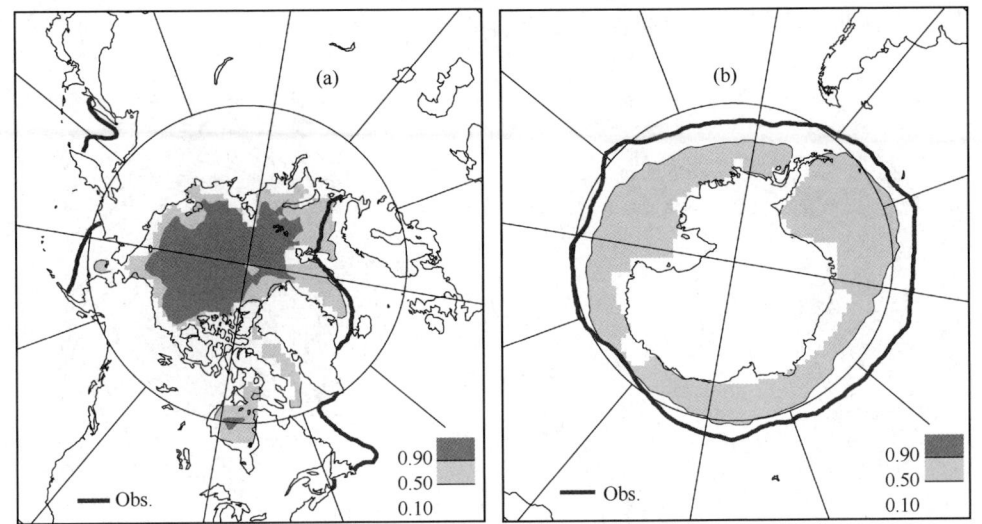

图 6.2.11 耦合模式比较计划第一阶段(CMIP1)多个模式模拟的北半球冬季 DJF ((a)图)和南半球夏季 JJA((b)图)的平均海冰覆盖范围：；其中 0.1 代表 10% 的模式模拟存在海冰，0.9 代表 90% 的模式模拟均有海冰存在，其余依次类推。图中粗实线给出观测的海冰边界(Rayner 等,1996；IPCC,2001)

这里再给出一个模拟海冰覆盖面积的例子。图 6.2.11 给出了耦合模式比较计划第一阶段(CMIP1)中多个模式模拟的北半球冬季(DJF)和南半球夏季(JJA)海冰覆盖的模拟结果，为了便于对比，图中同时还给出了观测的海冰边界。为了反映不同海冰模式对海冰覆盖模拟的总体水平，假定在该点上 10% 的模式模拟存在海冰，则该点的值取为 0.1；而 0.9 代表 90% 的模式模拟均有海冰存在。结果表明：对于北极海冰，不同模式对北冰洋中部海冰覆盖的模拟情况是比较一致的，而越靠近海冰边缘区域，模式之间的差异就越明显，可以看到对于北极海冰边界的模拟，只有大约 10% 的模式给出了与实测较为一致的结果；南极海冰的模拟也存在类似的情况。上述结果表明，不同海冰模式的模拟结果之间也存在比较大的差异。

(3) 海冰移速地理分布的模拟

海冰是由大量不断运动的浮冰组成的，海冰的运动对海冰的输送直接影响海冰的分布。因此，海冰的移动速度(或称流速)也是海冰模拟经常考查的对象。

20 世纪 70 年代末期，Hibler(1979)利用当时热力/动力海冰模式对北极海冰的年平均移速进行了模拟，并将模拟结果与实况进行了对比。在他的模拟试验中，模式的时间步长为 1 天，水平分辨率为 125 km。模式的动力量平衡考虑了作用于海冰上的五个主要应力，但热力学的处理却采用大量的简化，例如：假定除无冰的水面外，其他部分的海冰厚度相同，并规定海冰增长率为季节和海冰厚度的函数。结果表明，模式基本上能再现实测的北极海冰漂流长期平均的主要特征。

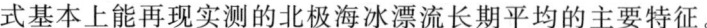

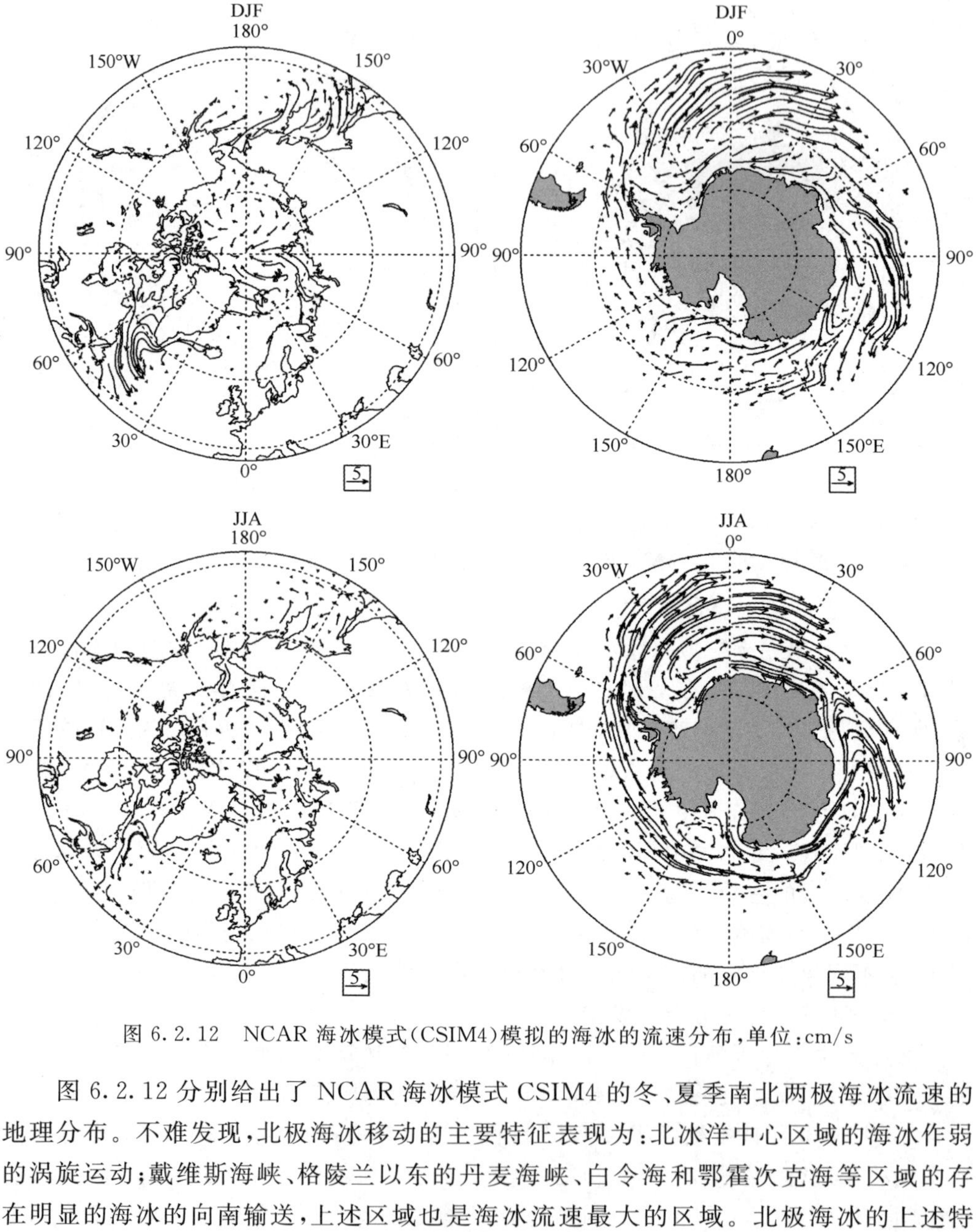

图 6.2.12　NCAR 海冰模式(CSIM4)模拟的海冰的流速分布，单位：cm/s

图 6.2.12 分别给出了 NCAR 海冰模式 CSIM4 的冬、夏季南北两极海冰流速的地理分布。不难发现，北极海冰移动的主要特征表现为：北冰洋中心区域的海冰作弱的涡旋运动；戴维斯海峡、格陵兰以东的丹麦海峡、白令海和鄂霍次克海等区域的存在明显的海冰的向南输送，上述区域也是海冰流速最大的区域。北极海冰的上述特征存在于冬、夏两季，但冬季海冰的向南输送比夏季强，而极区的涡旋运动却比夏季弱。对于南极海冰，海冰的移动主要表现为围绕南极大陆的绕极运动，另外在威德尔

海和罗斯海附近分别存在弱的涡旋运动;另外,夏季南极的海冰流速要明显强于冬季。这些模拟结果与实际观测到的海冰运动基本上是吻合的。

以上仅仅从大气、海洋、海冰的模拟三个方面对当代气候模拟的基本情况进行介绍。实际上,当代气候的数值模拟内容是非常丰富的,并不仅仅局限于此。还有大量的模拟工作,例如:用海气耦合模式来对观测的海气系统中各种现象进行模拟、用气候系统模式来模拟气候系统各分量的基本特征、气候变率及其相互作用等,这些模拟工作从不同的角度对气候模式的模拟能力进行评价,这既是将气候模式应用于气候研究的前提,又为模式的进一步完善提供了客观的依据。

6.3 气候敏感性试验

上一节已经指出,气候模式已经能够模拟出大气、海洋、海冰及地球气候系统变化的主要特征,这是将数值模式应用于有关气候变化研究的基础。在气候数值模拟的研究领域里,一个非常重要的方面就是利用气候数值模拟来认识气候的形成和演变规律,尤其是研究与第二类大气运动有关的问题,这就是通常说的气候敏感性试验。本节主要介绍气候敏感性研究的基本方法,并给出一些与短期气候变化关系密切的敏感性试验方面的例子。

6.3.1 气候敏感性试验的基本方法

在过去的几十年,气候模式被广泛应用于不同类型的敏感性试验,并通过气候的敏感性试验来揭示某些外部条件和内部参数变化所引起的气候变化,在很大程度上加深了人们对气候形成和气候变化的物理过程和物理机制的认识。此外,气候的敏感性试验也被用于有关模式物理过程、内部参数的敏感性试验,为数值模式的改进提供强有力的依据。

气候敏感性试验的设计,大致可以概括为三个步骤:

(1)控制试验,又称标准试验,正常气候或现代气候模拟试验:即在给定的气候模式中,进行长期数值积分,所得各种试验结果即为控制试验结果。将模式结果与观测资料进行对比,检查模式的模拟能力,例如上一节谈到的当代气候的数值模拟就基本上属于这一类试验。

(2)敏感性试验,又称异常试验或特殊试验。即在给定的气候模式中,改变一个或多个因子,进行长期数值积分,所得各种试验结果即为敏感性试验结果,敏感性试验反映了因子变化的作用。

(3)对比分析,即用敏感性试验结果与控制试验结果比较或相减,其差值则可以反映一个或多个因子改变的作用和影响;从而可分析影响气候变化的因子以及气候变化的物理过程、反馈机制等。尽管气候系统本身是高度非线性的,但目前大多数基于线性理论框架的研究方法基本上能抓住气候系统演变的主要特征;而敏感性试验假定大气对不同外强迫的响应可表示为不同强迫的线性叠加。

气候敏感性试验是气候研究领域的重要方法,其所涉及的范围很广。过去大量的研究通过敏感性试验研究了各种各样的问题,例如古气候的模拟、太阳辐射变化的影响、海洋的作用、冰雪的作用、人类活动的作用、地形的作用、海陆分布的影响、植被的影响、土壤湿度的影响、火山活动以及地球轨道参数变化的作用等。这方面的研究不胜枚举,很难对其进行全面的总结,表 6.3.1 大致列举出了不同类型的气候敏感性试验。

表 6.3.1 不同类型的气候敏感性试验

敏感性试验的目的	模式过程、内部参数引起的气候变化、模式改进	气候变化的物理过程、物理机制研究估计外强迫的影响
试验	(1)辐射过程;(2)云;(3)对流;(4)陆面过程;(5)模式分辨率;(6)水平扩散;(7)数值计算方案……	(1)地形;(2)太阳辐射;(3)地球旋转;(4)大气成分;(5)气溶胶;(6)火山喷发;(7)海表温度(SST);(8)海冰;(9)积雪;(10)陆面性质(土壤湿度、土壤温度……);(11)植被分布……

以下将分别从太阳辐射强迫变化的影响、海洋作用、陆面状况异常以及海冰的影响等方面对气候敏感性研究进行简要介绍。气候敏感性试验研究的内容极其丰富,要对气候敏感性的研究进行比较全面的总结是非常困难的。这里仅仅给出了不同敏感性研究的例子,目的是通过这些例子,使读者了解气候敏感性研究的基本方法和基本思想。

6.3.2 气候敏感性试验

(1)太阳辐射强迫变化

太阳辐射是地球气候系统的主要驱动力,太阳辐射的变化可能是造成气候变化的重要原因。这里介绍有关太阳辐射强迫变化的敏感性研究,这些研究主要集中讨论了太阳常数的变化可能对地球气候产生的影响,在这些试验中通常假定太阳常数变化±1%,±2%等,并考察上述变化对大气环流与气候变化的影响;此外,也有一些模拟研究则是试验太阳辐射强度变化以及日变化与季节变化对全球大气环流与气候变化的影响。以下给出几个这方面研究的例子:

Wetherd 和 Manabe(1975)利用 GFDL 的格点 AGCM,取简单的海陆分布,计算太阳常数的各种变化所引起的大气和地表各能量分量的变化。结果表明,随太阳常数减小,在大气顶部太阳辐射、长波辐射和地面太阳辐射都减小,而地面长波辐射、感热、潜热通量则增加。Hansen 等(1984)利用 GISS 的大气—混合层海洋耦合模式(AMOGCM)模拟了太阳常数增加 2%情况下全球温度的变化。模拟结果表明,太阳常数增加 2%将导致全球地面气温增暖大约 3~5℃,其中尤其是两半球高纬度地区的增暖最为显著,大致 5~6℃(见图 6.3.1a)。两半球的中高纬度冬半年变暖高于夏半年,如冬半年高纬度增暖大约 8~10℃,而夏半年一般变暖 1~3℃(图 6.3.1b)。另外,在垂直方向上低纬度对流层上层有明显的变暖,中心为+8℃(图 6.3.1c)。

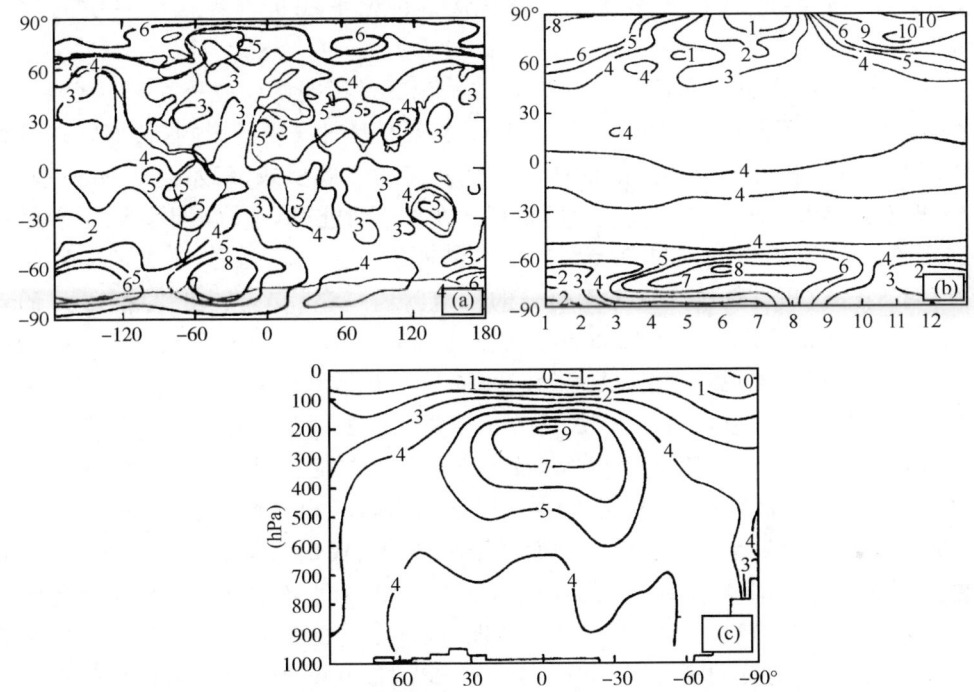

图 6.3.1 全球温度变化(异常试验减控制试验)(单位:℃)。太阳常数增加 2%异常试验:
(a)为地面气温变化;(b)为月—纬度图;(c)为纬度—高度图(王绍武,1993)

(2)海洋异常的敏感性试验

海洋对气候变化的影响一直是气候学家们最注目的问题之一,在有关各类气候物理因子的敏感性研究中,海洋作用的敏感性研究是最丰富的。20 世纪 70 年代开始,大量的工作通过诊断方法研究了海表温度异常(SSTA)对全球或区域气候的影响。这为后来许多 GCM 进行 SSTA 对全球或区域气候影响的敏感性试验研究提供了很好的依据。在有关海温异常的敏感性研究中,在这类敏感性试验中,用于对比的控制试验 SST 一般取气候平均场;SST 异常试验取某种理想化的 SSTA 分布,或取观测到的典型 SSTA 事件的海温分布作为 AGCM 的强迫。利用 GCM 或气候模式在正常和异常的边界条件强迫下分别进行长期数值积分,将异常强迫的结果(异常试验)与正常强迫(标准试验或控制试验)的结果进行对比。这些模拟大都针对不同区域的 SSTA 或者针对不同区域的气候,例如:考虑赤道东太平洋、赤道东、中、西太平洋、中纬度海洋、印度洋与阿拉伯海、大西洋等。另外,在有关海温影响我国气候的研究,除了考虑上述区域的 SSTA 外,大量的研究还考虑了我国邻近海域的海温异常的影响,诸如:西太平洋暖池、南海、孟加拉湾、黑潮区域的海温异常等。这些 SSTA 的气候模拟研究证实了大气环流和气候对 SSTA 响应的某些特征,为解释一些特定的大气环流或气候异常事件的形成机制提供了坚实的物理基础。

热带太平洋,尤其是赤道中东太平洋,是海温异常影响研究最受关注的区域。发生在赤道中东太平洋的 El Niño 或 La Niña 现象及其对气候的影响,长期以来一直是海气相互作用研究领域的热点问题。几乎所有的气候模式都做过 El Niño 或 La Niña 现象影响大气环流与气候变化的模拟。在这些研究中,有的集中讨论个别厄尔尼诺现象的影响,而有的则讨论多次厄尔尼诺现象的影响。总之,这方面的研究很多,篇幅所限,这里仅仅给出这方面研究的一个例子。Shukla 等(1983)根据由 Rasmusson(1982)提供的 1957—1958 年、1965—1966 年、1969—1970 年和 1972—1973 年等几个厄尔尼诺年观测到的 11 月、12 月和 1 月赤道太平洋地区平均的 SSTA 作为气候模式的异常强迫,这种 SSTA 的分布主要特征表现为赤道东太平洋存在一个狭长的极值为 $+1.8℃$ 的暖 SST 异常,反映出了与厄尔尼诺对应的典型的 SSTA 分布(图 6.3.2)。在此基础上,利用 GLAS 气候模式做了敏感性试验,与控制试验对照,发现降水场、蒸发场、加热场、海平面气压场、风场、Walker 环流和 Hadley 环流等都发生明显变化。图 6.3.3 是模式模拟的第 11~25 天平均的 300 hPa 位势高度场的差值场(异常试验减控制试验)。不难发现,位于赤道东太平洋的正 SSTA 在对流层上层的太平洋、北美和大西洋分别产生 -90 m、$+300$ m 和 -150 m 的位势高度场的差值响应,这不仅和观测研究结果很好一致,而且与已有的理论研究完全吻合。他的研究还表明在赤道东太平洋 SST 明显增暖期,赤道西太平洋的强对流降水区及主要的蒸发带向东移动,相应 Walker 环流的上升支东移;在赤道中西太平洋总的大气加热增强,沿赤道西太平洋低层的西风明显加强。海平面气压场则是东太平洋气压偏低而西太平洋与印度洋之间气压偏高的弱南方涛动特点。这些模拟的特征与观测结果相当一致。模式模拟的降水差值场最大降水中心位置大约在 160°W 附近,较正常位置东移 10~20 个经度,其模拟结果与观测事实很好一致。

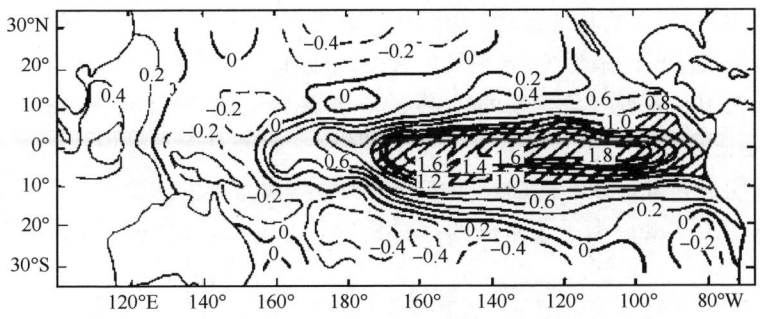

图6.3.2 模式采用的SSTA异常强迫(Shukla等,1983)

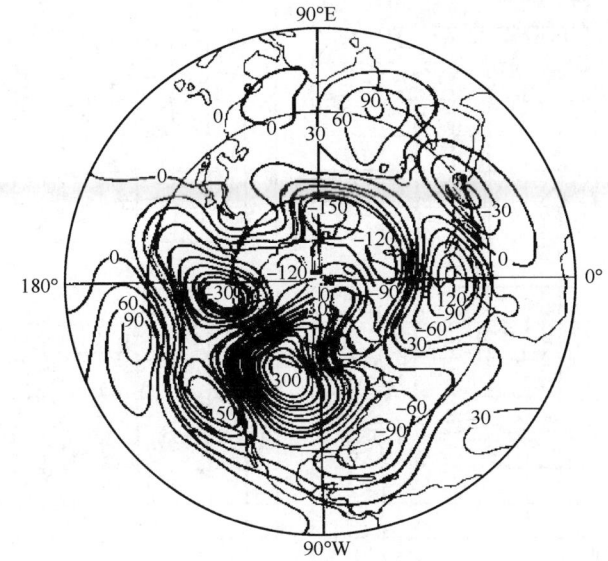

图6.3.3 第11~25天平均的300 hPa位势高度的差值分布(单位:gpm)(Shukla等,1983)

(3) 陆面异常的敏感性试验

20世纪60年代以来,人们利用各种各样的数值模式从不同的角度对陆面过程与大气的相互作用进行了大量的敏感性试验。这些敏感性试验主要研究了地表反照率、地表粗糙度、土壤湿度、土壤温度、植被覆盖、雪盖等方面的异常变化产生的气候反馈作用。这里仅给出一个有关地表反照率敏感性试验的结果。1975年,Charney提出了"生物—地球物理反馈",认为反射率增加将造成大气辐射减温,因而增加下沉运动、减少降水、减少植物生长。进一步的研究表明,在次撒哈拉地区的过度放牧将使得地面反射率增加了二倍多,由14%到35%,因此造成干旱并维持荒漠状况。Chervin(1979)利用NCAR的大气环流模式进行了改变北非地面反照率的数值试验。异常试验中,将7.5°N以北的北非地区的地面反照率改为0.45;而控制试验中该区域的地面反照率则采用了不同的分布:撒哈拉北部为 0.35,南部边界区为 0.08。数值试验积分了 120 天,图 6.3.4 是模式给出的最后 60 d 平均的大气环流和气候异常的情况。不难发现,地面反照率的异常引起各种气象要素的显著变化,异常变化的范围不仅出现反照率改变的地区,而且也出现在反照率改变的区域之外,值得注意的是在其南面广大区域的气象要素也发生了明显异常。北非地面反照率的增加使得垂直上升速度减小了约 2 mm/s,而降水率约减小了 4 mm/d,土壤水分的存贮减小了约 50 mm,地面温度降低了约 0.2℃。

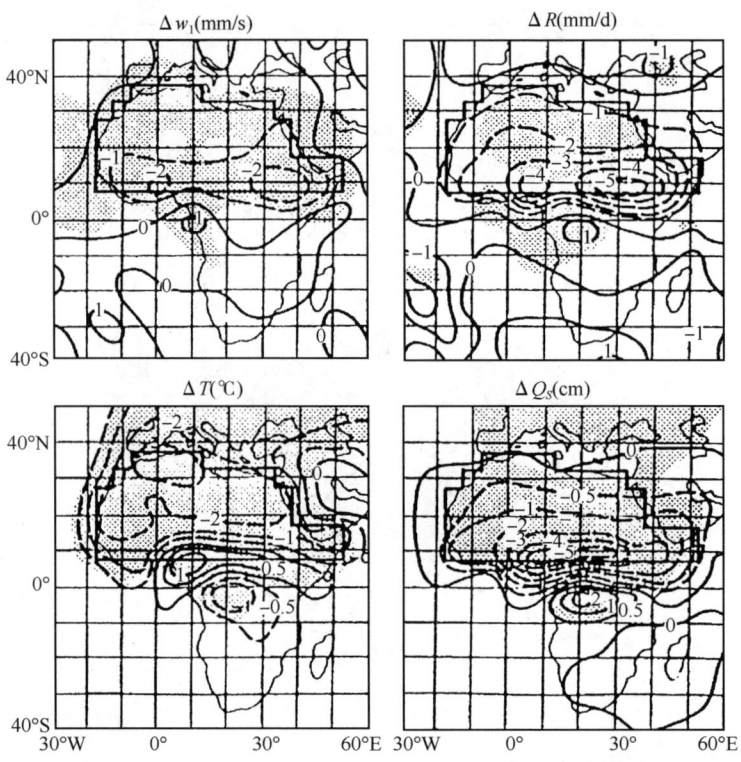

图 6.3.4　北非地区地面反照率增加所造成的气象要素异常的数值模拟试验结果:
(a)3 km 高度上的垂直风速异常(mm/s);(b)降水率异常(mm/d);(c)地面温度异常(℃);
(d)土壤湿度异常(cm)(Chervin,1979)

(4)海冰异常影响的敏感性试验

地球两极附近的海域为大面积海冰所覆盖。海冰本身具有高反照率、低热传导率的特点,其覆盖状况的变化直接影响地表的能量收支,并且还在一定程度上隔绝了海洋与大气之间的能量和物质交换。海冰的冻结(融化)能够引起潜热的释放(吸收),并能够改变海水的盐度分布和海洋的密度层结。正是由于海冰所具有的上述物理特性,海冰的异常变化对大气环流及气候变化能够产生显著的影响。已经有大量的工作通过敏感性试验研究了海冰的异常变化对大气环流和气候变化的影响及其可能的物理机制。有关海冰异常变化的敏感性试验大致可以分为两类,一类是"重冰"试验,而另一类则为"轻冰"试验,两种试验分别代表了海冰覆盖多和少两种极端的状况。这类敏感性试验通常在试验中通过改变海冰的面积(海冰覆盖范围或者海冰边缘的位置)、或者直接去掉北极和(或)南极海冰来反映海冰的异常状况,并将考虑上述异常海冰状况下的模式模拟结果与正常海冰情况下的控制试验结果进行对比,进而分析大气环流和气候变化对海冰异常变化的敏感性。

Herman 和 Johnson(1978)利用 GLAS 的大气环流模式研究了大气对冬季北极海冰边界变化的敏感性。根据观测资料,在研究中设计了两组试验,分别将海冰面积取为极大海冰覆盖(重冰年)和极小海冰覆盖(轻冰年),然后将两组试验的模拟结果进行对比,以揭示大气对海冰异常变化的敏感性。图 6.3.5a 给出了模式模拟的极小海冰覆盖试验与极大海冰覆盖试验的 1 月、2 月平均的海平面气压差。不难发现,海冰异常偏少时,对应海冰边界位置偏北的情况,海平面气压在巴伦支海、戴维斯海峡和鄂霍次克海附近区域明显降低,最大的海平面气压差异可达 -8 hPa;而阿拉斯加湾和冰岛附近的海平面气压则有不同程度的升高;副热带大西洋和太平洋上海平面气压明显降低,中心值达 -4 hPa。从图 6.3.5b 可以发现,上述区域的海平面变化基本上达到 2~3 个标准差,这说明 SLP 的差异是显著的。此外,两组试验 700 hPa 高度差异高达 100 gpm,而对流层温度差异可达 8℃,气候要素的最大差异主要出现在海冰边缘附近。上述试验表明,海冰边缘的南扩和北缩对北半球大部分地区的大气能产生重要影响,海冰覆盖的异常能够明显改变中高纬度的局地气候。

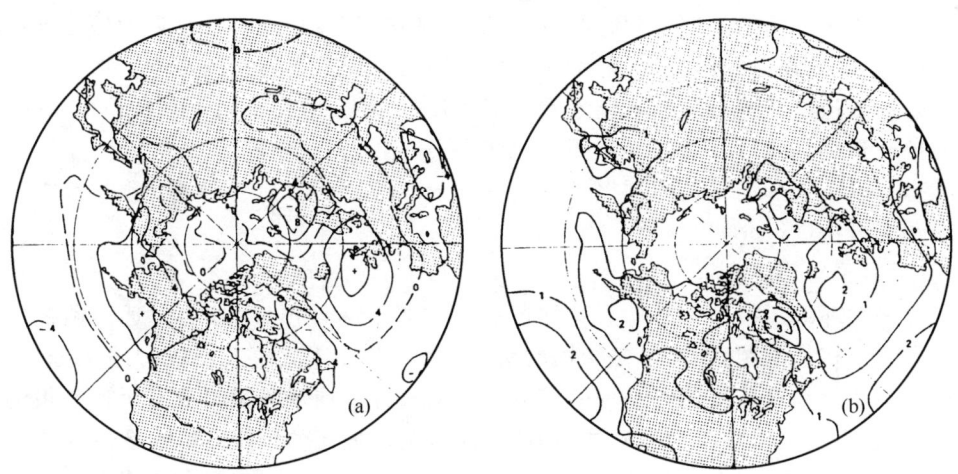

图 6.3.5　模式模拟的北极极小海冰覆盖与极大海冰覆盖情况下的海平面气压差(单位:hPa)(a)和海面气压的绝对值与海平面气压标准差之比(b)(Herman 和 Johnson,1978)

6.4 短期气候的数值预测

正如本章前几节所述,近年来,气候模式的发展非常迅速,利用气候模式进行气候预测已取得了很大的进展。气候模拟研究和敏感性试验研究,其最终目标可以说是为了建立能够用于气候预测的数值模式,并对气候变化做出预测。然而,气候预测面对的是整个复杂的气候系统及其变化,它涉及大气圈、岩石圈、生物圈、冰雪圈和水圈的变化和相互作用,从这个角度来说,气候预测显然是一个极其复杂和艰巨的任务。但是应该看到,近年来气候模式在气候变化的预测中已经占据了越来越重要的位置,并取得了很多鼓舞人心的进展。

气候预测有两类基本方法:以经验预报为代表的统计学预测方法和以气候数值模式为代表的数值预测方法(也称动力学预测方法)。其中,数值预测方法主要利用各种数值模式来预测季节到年际尺度的气候异常状况。20世纪70年代中期,人们开始用大气环流模式进行月动力延伸预报,即月平均环流预报的前身。20世纪90年代以来,大量的数值模式被用于季节、年际尺度的气候预测以及未来长期气候趋势的预测。目前,世界上有30多个国家正式发布从月到季节甚至更长时间尺度的气候业务预报(以往又称为长期天气预报)。数值预测方法在许多国家的业务预报中占据了越来越重要的位置。这里主要介绍短期气候数值预测的方法和应用。

6.4.1 短期气候的数值预测方法

短期气候预测的物理基础有两方面,其一是初值问题的延伸,可视为延伸预报问题;其二是外源强迫的影响,必须考虑海面和陆面过程及其异常的影响。需要特别说明的是用数值模式进行短期气候预测类似于逐日预报,但又不同于逐日预报,其预测的对象并不是具体每一天的气象要素的状态,通常是对(或季节)平均气候要素的异常状态。以下从月动力延伸预报、跨季度(季节、年际尺度)预测和集合预报等方面对数值预测方法进行介绍。

(1)月平均环流预报

月平均环流预报也称月动力延伸预报。类似于逐日预报,月动力延伸预报也被看作是一个初值问题:即给定初始场的情况下,对大气环流模式作长时间积分,最后根据模式的结果计算得到月平均的环流距平场。月平均环流预报具有延伸预报的性质,它是以中期数值预报为基础的,初始场对月平均环流的预报具有重要的作用。

近20年来,世界上一些著名的研究中心或业务机构均进行了大量的月预报试验,如欧洲数值预报中心(ECMWF)、美国国家气象中心(NMC)、美国地球物理流体动力学实验室(GFDL)、美国国家大气研究中心(NCAR)、加拿大气候中心(CCC)、日本气象厅(JMA)等。这些预报试验表明,大多数月动力延伸预报试验的预报场与观测场的相关系数为正,许多预报试验的相关系数可达 0.4,部分可超过 0.5。目前不少国家或地区,月平均环流动力延伸预报已经成为业务预报的组成部分。随着在预报理论和方法、初始场的形成等方面研究的更加深入以及模式本身的逐步改进,月平均环流预报将会在业务预报中占据更重要的地位。

这里给出早期关于月平均环流预报的一个比较成功的例子(Miyakoda 等,1986)。以 1977 年 1 月 1 日作为初值,利用 GFDL 的 AGCM 做了的月平均环流预报试验。图 6.4.1 给出了观测和预报的 10~30 天平均的 500 hPa 高度距平场。不难看出,在所给出的预报个例中,观测的 500 hPa 高度距平场的大尺度分布形势基本上被预报出来,尤其是北太平洋、北美东岸、北大西洋 3 个负距平中心和美洲西岸、极区两个正距平中心的位置和强度都被较好地预报出来;计算表明预报场和观测场的相关系数超过 0.6。

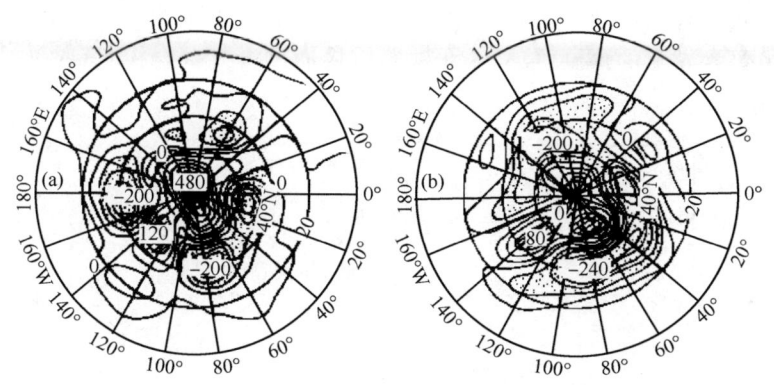

图 6.4.1　观测和预报的 1977 年 1 月 10~30 天平均的 500 hPa 高度距平场(单位:gpm)
(a):观测;(b):预报(Miyakoda 等,1986)

通常,在月平均环流预报中,一般大气初始场取给定时刻的实际环流初始场;海温则用气候平均场或某个固定的实测场。一些预报试验表明,对于月动力延伸预报的下边界,无论采用 SST 的持续性异常还是采用观测的 SST,对预报结果的影响都不大。另外,为了消除气候漂移(由于模式本身缺陷造成的模式气候状态的系统性误差),大多数预报都要进行特殊的处理,例如对预报结果进行系统误差订正或将模式平均作为气候平均等。另外,集合预报技术在月平均环流预报中也被广泛采用,并对提高预报水平有比较明显的效果。目前,AGCM 对第一个 10 天平均场的预报效果是比较令人满意的,但其后两个 10 天平均场的预报效果往往不好。从以前的一些预报试验来看,冬季月平均环流的预报效果比夏季或其他的季节要好。近年来随着数值模式的不断完善,月动力延伸预报也取得了明显的进展,但月动力延伸预报的水平还有待提高。

(2)季节、年际尺度的气候预测

前面谈到,在月平均环流的预报中可以忽略热流入量的变化,通常将海温等设置为固定的气候平均场或实测场,但在季节、年际尺度的气候预测(也称跨季度预测)中,必须考虑下边界条件的外强迫。这是因为与月平均环流动力延伸预报相比较,季节或年际尺度的预测对应的时间尺度更长,与下垫面状况(如 SST 等)有关的热流入量的影响也更大;而下垫面异常的持续性(如低纬度 SSTA 等)与大气环流低频变化的特征也是季节预报可能实现的重要原因。由于热带海温或 ENSO 事件是短期气候变化最为强烈的信号,所以海洋在季节或更长时间尺度的气候预测中备受重视。绝大多数跨季度预测主要考虑 SST 的影响,近年来在短期气候预测中也开始考虑诸如土壤湿度等陆面状况的影响。

目前,动力预测方法主要有两类(见图 6.4.2):(1)"两步法":第一步,首先利用海洋动力模式或者其他统计方法,预测 SST;第二步采用预测的 SSTA 强迫大气模式做出气候要素异常的预测;(2)"一步法":直接通过海气耦合模式(AOGCM),预测气候变化。

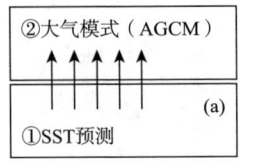
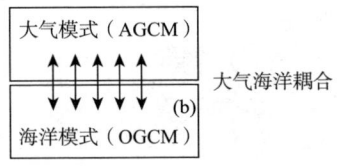

图 6.4.2 短期气候预测的动力预测方法示意图
(a)"两步法";(b)"一步法"

(3)集合预报

由于大气内部的混沌行为,气候预测从本质上是概率预报。当用气候模式做数值预测时,对于同一模式,在相同的外强迫作用下,从不同的初值出发,积分结果并不相同,特别是在中、高纬度地区,积分结果可能相差很大。从本质上讲,动力模式预测的不准确主要来源于初值的不准确和模式的不准确。所以对短期气候预测作集合积分是必要的,即通过集合来消除随机误差和识别掩盖在大量气候噪声下的气候信号。为了有效减小模式的系统误差和初值所引起的误差,减少气候预测的不确定性,近年来在短期气候预测中广泛使用了集合(ensemble)预报技术。

集合预报在 20 世纪 70 年代由 Leith 最早提出,其出发点是动力学和统计学相结合制作天气预报。他建议在初值上叠加随机扰动随后作多次积分,再对积分结果的平均作为最终预报。集合预报最初用于中期天气预报,现在已扩展至短期天气预报和月预报乃至季节以上的气候预测。大量实验研究和业务工作证明,集合预报比普通数值预报有更高的预报技巧。

常用的构建集合预报的方法有:(1)初值扰动法:采用不同的初值,得到不同的预报结果,通过提取多个预报结果的最优信息作为最终的预报结果。(2)物理过程扰动:采用不同的物理过程参数化,这类方法称为多物理过程集合预报。(3)模式扰动法:采用不同的数值模式来得到,这类方法称为多模式集合预报。

集合预报技术是目前短期气候预测业务中不可缺少的重要部分,通常单独利用上述扰动方法或者不同扰动方法的结合来构建集合预报,目前初值扰动的集合方法使用较为广泛,而且集合预报技术在实际预测中确实收到了较好的效果。

6.4.2 数值方法在短期气候预测中的应用

近年来,国际上先后开展了一系列与短期气候预测有关的研究计划,例如:CLIVAR(气候变率与可预测性研究计划)、SMIP(季节预测模式比较计划)、NSIPP(美国宇航局季节、年际预测计划)、PROVOST(季节到年际尺度的气候变化预测研究计划)、DEMETER(欧洲多模式集合季节、年际预测系统发展计划)等。而世界上的许多国家的业务和科研机构,例如:美国国际气候预测研究所(IRI)、美国环境预测中心气候预测中心(CPC/NCEP)、欧洲中期天气预报中心(ECMWF)、英国气象局(UKMO)、韩国气象厅(KMA)、日本气象厅(JMA)、中国科学院大气物理研究所(IAP CAS)、中国气象局国家气候中心(NCC CMA)都建立各具特色的短期气候预测系统,并被广泛应用于短期气候的业务预测之中,成为了目前短期气候预测的核心手段。这里主要结合我国短期气候数值预测的发展和现状,简单介绍气候模式在我国短期气候数值预测方面应用。

中国科学院大气物理研究所自1988年以来就已经开始了跨季度预报试验,并获得了初步的成功。经过近10多年的努力,中国科学院大气物理研究所发展了一套包括海洋四维同化方法、海气耦合积分方法、集合预测方法、可信度和概率预测方法以及订正技术的逐步完善的最新一代跨季度动力预测系统 IAP-DCP Ⅱ。该预测系统的基本结构如图6.4.3所示,主要包括以下5个组成部分:(1)IAP ENSO 预测系统;(2)积分方案和"距平耦合"技术系统;(3)集合预测技术系统;(4)订正系统;(5)预测产品和分析系统。在跨季度实时预测时,该系统采用"两步法",即先利用海气耦合模式预报出海温异常,然后再利用经过修正后的海温异常来驱动大气环流模式进行集合预报。

自1995年以来,在"九五"国家科技项目的支持下,国家气候中心也研制和发展了可运用于我国短期气候预测的动力气候模式系统。该系统包括三种时间尺度的气候预测动力模式,即月尺度动力延伸预测模式;用于季节预测的中等分辨率海气耦合模式并嵌套一个高分辨率的东亚区域气候模式;以及预测 ENSO 事件年际变化的简单海气耦合模式。2005年国家气候中心的NCC气候预测模式系统作为我国第一代短期气候预测动力气候模式业务系统投入业务运行。如图6.4.4所示,该业务动力模式系统由月动力延伸预报模式、海气耦合的全球气候模式、高分辨区域气候模式和ENSO预测模式以及前处理、后处理系统组成。模式预测正逐步成为我国短期气候预测业务的主要工具之一,并且在全球气候预测的信息交换中发挥重要作用,是东亚区域气候预测的主要参考。

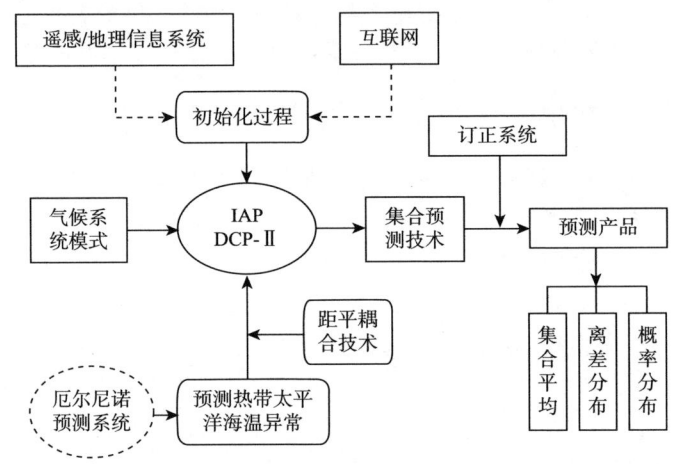

图6.4.3　IAP跨季度动力预测系统示意图(曾庆存等,2003)

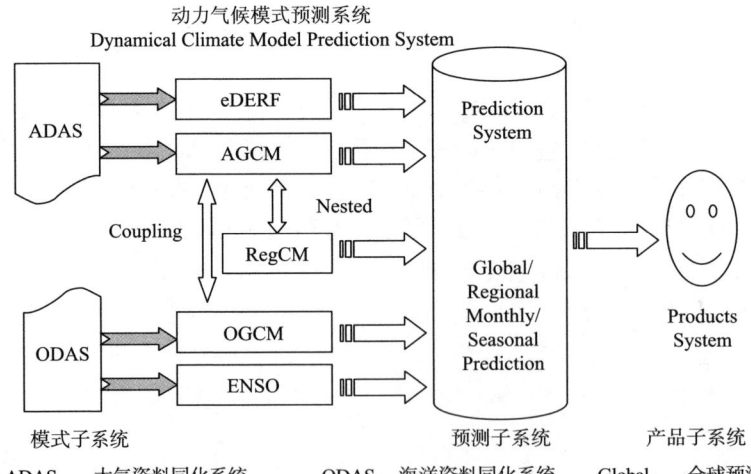

图6.4.4　国家气候中心第一代动力气候模式预测系统(李维京等,2005)

目前，以动力气候模式系统为基础，国家气候中心已经逐步形成了一套从月到季，乃至年际的多种时间尺度的模式预测业务，其滚动预测业务流程大致如下：

（1）海洋资料同化（GODAS）：每月 1—6 日 9：30 提交作业运行 6 种不同参数的同化方案，7 日 9：30 前提供截至到前一月底的海洋同化资料产品，供海气耦合模式使用；

（2）月动力延伸集合预报（DERF）：每日 9：30 启动模式预测系统，采用每天 00 时/06 时/12 时/18 时的大气同化资料以及 SVD 方法生成的 4 个初值，结合最新的周海温观测资料作为初始场，运行月动力延伸集合预报系统，得到 8 个成员的 45 天积分，每候第一日运行一次模式集合程序，利用过去 5 天的模式预测结果，进行 40 个集合成员的集合预测，提供未来 1～40 天的旬月尺度预报产品；

（3）海气耦合模式季节预测（CGCM）：每月运行，采用上月最后 8 天每日 00 时大气初值，和海洋同化资料，运行海气耦合模式，集合成员为 48 个，运行月第 8 日 9：30 提交预报作业，第 9—25 日 9：30 提交回报作业，26 日 18 时前提供未来连续 11 个月内的滑动季节平均预测产品。

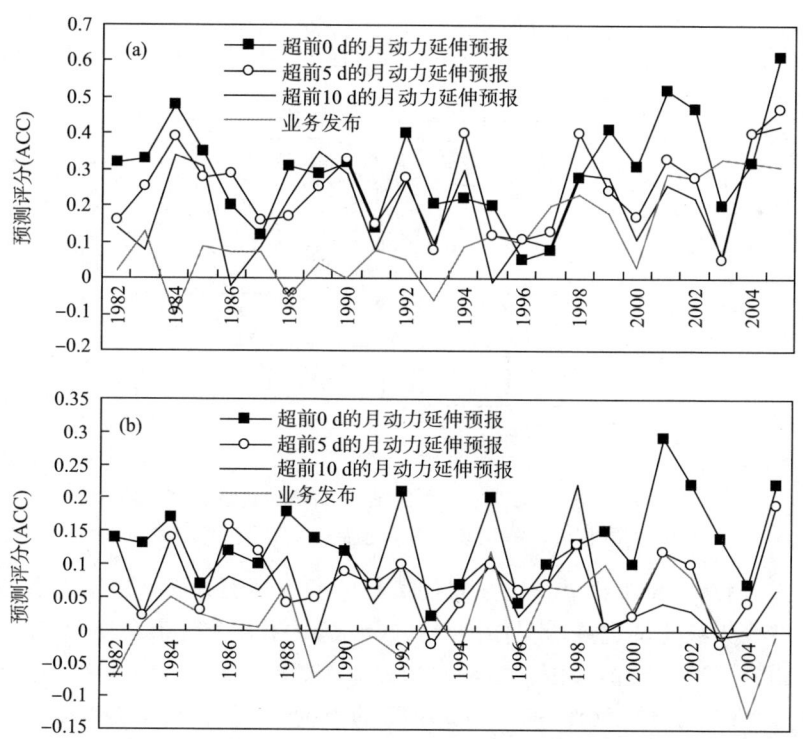

图 6.4.5　国家气候中心第一代气候预测模式月尺度温度（a）和降水（b）的预测评分（ACC）

该系统在进行月、季、年际时间尺度的气候预测业务试报中表现出一定的预报能力,预测产品在我国省级气象部门气候预测业务中得到了广泛应用。图 6.4.5 为国家气候中心月动力延伸预报及业务预报 1982—2005 年月尺度温度、降水的预测评分结果。模式超前时间为 0 d、5 d、10 d 的月动力延伸预报产品在月尺度降水、温度的业务预测中发挥了非常重要的作用。实践表明,近年来业务预测水平的不断提高很大程度上依赖于动力数值预测水平的改进,数值预测产品为实际的短期气候预测业务提供重要的参考。从 2003 年开始,在中国气象局"气候系统模式发展研究"项目的支持下,国家气候中心启动了我国气候系统模式的研制和发展工作。2009 年国家气候中心在气候系统模式 BCC_CSM1.0 的基础上开展了第二代短期气候模式预测系统的研发。

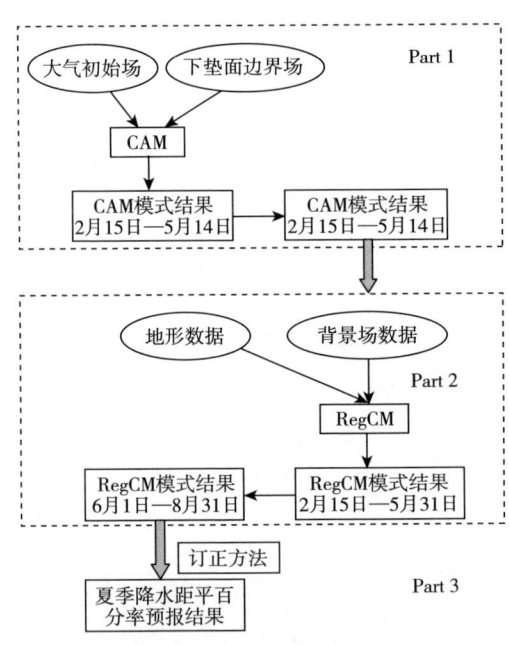

图 6.4.6　基于全球大气环流模式 CAM 与区域气候模式
RegCM 嵌套的我国夏季降水预测系统(邓伟涛,2008)

近年来,南京信息工程大学也在短期气候的动力预测方面开展了大量的研究,并取得了一些令人鼓舞的进展。邓伟涛等(2008)建立了一个基于全球大气环流模式与区域气候模式 CM 嵌套的我国夏季降水预测系统(图 6.4.6)。该系统通过全球大气环流模式 CAM3 与区域气候模式 RegCM3 的单向嵌套,通过集合预报技术和基于 ENSO 分类的模式结果订正技术,实现我国的夏季降水预测。集合后报试验表明,CAM-RegCM 嵌套模式对我国夏季降水异常具有一定的预报技巧:预报评分 P 能够达到 80 以上，距平相关系数 ACC 能够达到 0.29；东部地区北方（东北和华北地区）的预报效果要好于南方（江淮流域和华南地区）。结果表明，CAM-RegCM 嵌套模式对我国汛期降水的预测水平与我国现阶段业务预测水平相当，可以为我国的汛期降水预测提供参考。

当然，尽管近年来短期气候预测的研究有了很大的进展，预测水平有了明显提高。但是，应该看到，目前的短期气候预测还远远不能满足实际的需要。要对短期气候变化做出准确的预测，仍然是十分困难的。目前，动力数值预测的水平有时还低于物理统计预测的水平，但气候模式的改进无疑是提高短期气候预测水平的一个重要途径，而发展和改进数值模式，不断提供动力模式的预测水平，仍然是今后重要的努力方向。

复习思考题

(1) 什么是气候数值模拟？
(2) 气候模式是如何分类的？列举常用的几类气候模式。
(3) 简述大气环流模式的基本构成。
(4) 什么是海气耦合模式？海洋、大气模式是如何实现耦合的？
(5) 简述进行当代气候模拟的意义何在。
(6) 气候敏感性试验的基本思路是什么？如何设计气候敏感性试验？请举例说明。
(7) 请简述短期气候数值预测的思路及其常用的两种方法。
(8) 什么是集合预报？构建集合预报方法有哪些？

第 7 章　短期气候预测的物理统计方法

我国近代短期气候预测的研究工作开始于 20 世纪 30 年代，涂长望先生进行了三大涛动与中国旱涝关系等方面的研究。我国短期气候预测业务开始于 1958 年，是世界上开展预测业务比较早且一直坚持的少数几个国家之一，至今已有 50 多年的历史。我国的短期气候预测业务主要有"汛期旱涝预测"、"每月气候预测"和"年度气候预测"。

短期气候业务预测方法主要有以下三类：物理统计方法、动力数值方法和动力—统计相结合的方法。由于短期气候预测是世界性的难题，气候数值模式的预测准确率还不高，所以目前业务中使用的预测方法仍以统计方法为主，数值预测结果只作参考。

由于预测因子多，各种方法、各种指标的预测结果常常存在较大差异，因此为了便于分析与预测，各业务台站还根据业务需要设计研制了各种类型的短期气候预测业务系统，对各种方法及各单位的预测结果进行综合集成预测。

本章我们对目前业务中常用的统计预测方法和业务系统进行简单介绍。

7.1　统计预测方法

7.1.1　统计预测方法的发展阶段

我国短期气候预测中统计预测方法大致经历了两个发展阶段：第一阶段，数理统计方法的广泛应用；第二阶段，物理统计方法的深入发展。

（1）数理统计方法

短期气候预测处于开始阶段时，主要依据气象要素本身随时间的变化规律进行预测。通过对各种要素序列的周期性、持续性、转折性和年际、年代际变化特征的分析，可对要素未来的变化趋势做出预测。这种方法对周期明显或持续性好的要素，预测效果较好，但不容易预测它的转折点。

其后，根据气象要素之间的时滞关系进行预测。气象要素的变化是在一定的条件下发生的，存在着相关影响因子。因此，寻求与要素异常变化有相似变化的前提条件,然后根据同样条件下要素的类似变化来进行预测,如利用相关、相似和韵律关系来制作预测。这些方法简便易行,且使用广泛。图 7.1.1 表示由夏季亚洲区域极涡面积指数可以推测后期冬季亚洲区域极涡面积指数的异常变化。

用不同要素之间的相关(似)系数、相关概率为基础建立的关系对未来做出预测,这些方法容易实现,但相关(似)系数只表示两个变量有限样本的线性相关程度,而实际上变量之间存在着复杂的非线性关系。且要素之间的线性相关(似)关系也随时间发生变化,影响要素异常变化的物理因子也相当复杂。因相似的着眼点不同,即使用同一种要素或资料,得到的结论也相去甚远,可能导致预测的失败。所以应用这类方法进行预测,需综合分析相似的背景条件和各条件的相互作用与演变过程等,而不能就某个点的分析轻易得出结论。另外,相关(似)方法只可得到定性的预测结果,而不能得到定量的预测结果。

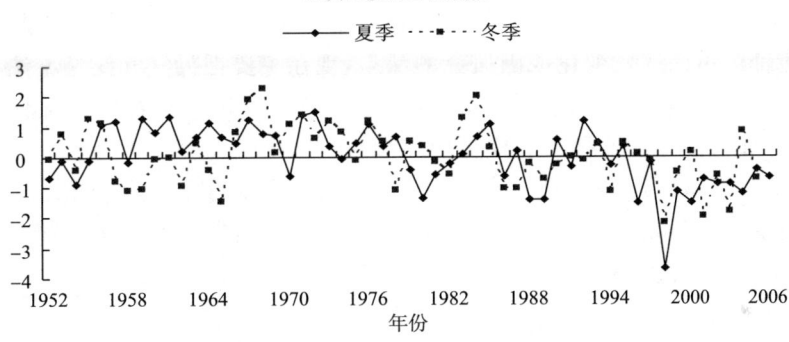

图 7.1.1　夏(前期)、冬(后期)季亚洲区域极涡面积指数的年际变化曲线

到了 20 世纪 70 年代至 80 年代,各种数理统计方法在短期气候预测中得到了广泛的应用,各种统计方法的应用把过去简单的统计方法提高到了更加客观、定量的水平。单变量时间序列和多变量的数理统计方法仍在业务预测中广泛使用。主要方法有:回归分析、方差分析、概率转移、平稳+相似、车贝雪夫多项式、判别和聚类分析、序相关、序相似、灰色系统、均生函数、各种改进的经验正交函数展开、模糊数学、多层递阶、人工神经网络等。

总体上看,数学统计模型的预测方法效果不够理想,有些方法虽可以采取各种改进使历史拟合达到十分理想,但实际预测效果不够稳定。如果所选择的因子质量不高,缺乏物理概念,主导因子和因子之间的非线性关系不清楚,部分数学表达式不太满足气候序列,都会影响到统计预测方法的效果。此外,数学统计模型在建模过程中处理细节的方法也会影响到模型的预测效果。在实际业务中,不能完全依赖数理统计方法来预测。

(2) 物理统计方法

20世纪80年代以后,随着短期气候预测理论研究的发展和观测事实的不断揭示,物理因子的分析受到极大重视,对影响大气环流变化和气候异常的物理因素的分析,无论从广度和深度方面都得到很大发展。物理统计方法是以具有一定物理意义的影响气候异常的因子或预测强信号为基础的,把物理因子和前兆强信号的分析作为汛期预测的重要基础和依据,并经过统计方法,建立天气气候学或有较为清晰物理图像的预测概念模型。

其中以不同等压面的月、季平均环流图为基础,分析异常气候与环流异常之间相互关系的天气气候学方法,在我国大范围旱涝研究和业务预测中起过重要作用。20世纪50年代陶诗言等就研究了夏季江淮持久性旱涝的环流特征,对业务预测有重要的指导意义。我国夏季三类旱涝分布型的划分,最先也是从研究我国大范围旱涝与大气环流异常开始的。

天气气候学方法作为气候背景法,结合综合相似年的分析方法仍在业务预测中使用,但随着对短期气候变化成因研究的深入,现在主要把天气气候学方法与影响异常气候的物理因子和前兆强信号分析相结合,在建立物理因子和前兆强信号—大气环流异常—气候异常的预测概念模型中使用。

图7.1.2表示前期冬季北半球大气环流与我国东部夏季降水分布之间存在较好的相关,结果表明前期冬季北太平洋涛动为正异常时,后期夏季我国东部降水异常可能出现南北多、中间少的分布型。

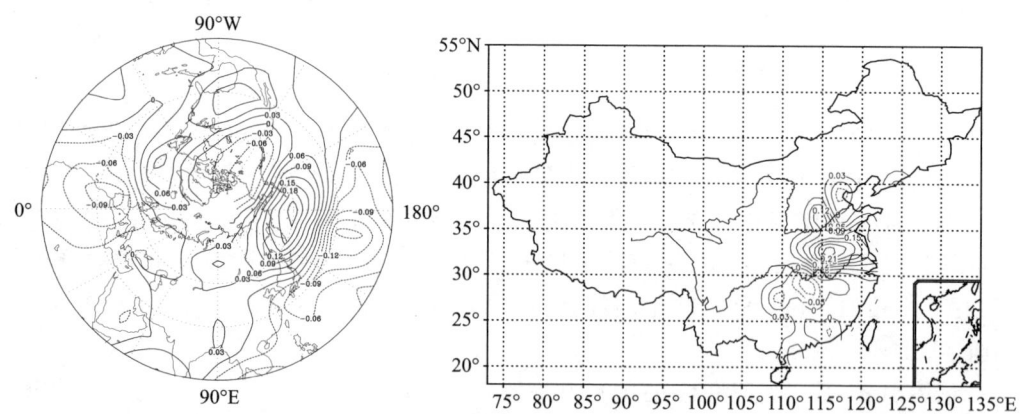

图7.1.2 前期冬季500 hPa位势高度场与我国东部夏季降水的奇异值分解第一对向量的空间分布
(谭桂容和孙照渤等,1998)

经过多年的研究和预测实践,在预测中考虑的主要物理因子,包括海温(ENSO现象)、冰雪覆盖、地温等下垫面热力因素和亚洲季风、热带对流活动、赤道辐合带、越赤道气流、青藏高压、西太平洋副热带高压、中纬度阻塞高压、极涡、遥相关型、准两年振荡(QBO)、三大涛动等大气活动中心或大气环流系统,以及太阳活动、天文因素、地球物理因素等,这些因素涵盖面相当广泛,不仅包含了地球系统海洋圈、冰雪圈、大气圈、岩石圈等,也有地球系统之外的太阳活动等。在分析的基础上,建立了适合全国或区域的各种物理统计预测概念模型,这使短期气候预测的物理基础明显地增强了。

概念预测模型方法的产生得益于数值模拟、数值天气预报技术的新发展。大量观测事实被揭露,得益于像 ENSO 这样的短期气候变化及其预测理论的发展和突破。预测概念模型方法使预测有了一定的物理基础,在业务预测中发挥了重要作用。1998 年我国汛期预测中抓住了影响 1998 年夏季异常气候的主要物理因子和前兆强信号,并在预测中考虑了这些强信号,在汛期预测会商中取得了共识,结果该年汛期预测取得了较大的成功。

20 世纪 80 年代后期开始,气象系统各级业务部门都先后建立了第一代以物理统计方法为主的短期气候预测自动化业务系统,形成了一个完整的客观化、自动化的业务流程,这使短期气候预测向现代化又迈进了一大步,基本结束了资料处理和预测制作的手工和半手工操作局面。

从数理统计预测到物理统计预测,这是短期气候变化和预测理论发展在业务方法上进步的体现,它不仅有助于直接提高预测水平,同时对提高统计因子的质量和改进动力学方法的物理过程都起到促进作用。

7.1.2 统计预测方法介绍

上节提到有多种统计预测方法,在本小节主要介绍两种最基本统计预测方法,供大家参考。

(1)多元线性回归方法

设因变量 y 与自变量 $x_1, x_2, \cdots, x_m$ 有线性关系,建立多元线性回归模型:

$$y = \beta_0 + \beta_1 x_1 + \cdots + \beta_m x_m + \varepsilon \tag{7.1.1}$$

其中 $\beta_0, \beta_1, \beta_2, \cdots, \beta_m$ 为回归系数,ε 是遵从正态分布的随机误差。

在实际问题中,对 y 与 $x_1, x_2, \cdots, x_m$ 作 n 次观测,在第 t 次观测中有 $y_t, x_{1t}, x_{2t}, \cdots, x_{mt}$,则:

$$y_t = \beta_0 + \beta_1 x_{1t} + \cdots + \beta_m x_{mt} + \varepsilon_t \tag{7.1.2}$$

建立多元回归方程的基本步骤为:

1) 由观测值确定回归系数 $\beta_0, \beta_1, \beta_2, \cdots, \beta_m$ 的估计 $b_0, b_1, b_2, \cdots, b_m$,得到 y_t 对 $x_{1t}, x_{2t}, \cdots, x_{mt}$ 的线性回归方程:

$$\hat{y}_t = b_0 + b_1 x_{1t} + \cdots + b_m x_{mt} + \varepsilon_t \tag{7.1.3}$$

其中 $\hat{y}_t$ 表示 y_t 的估计;ε_t 是误差估计或称为残差。

一般情况下,利用矩阵来研究多元线性回归,令

$$Y = \begin{bmatrix} y_1 \\ y_2 \\ \cdots \\ y_n \end{bmatrix} \quad X = \begin{bmatrix} 1 & x_{11} & x_{12} & \cdots & x_{1m} \\ 1 & x_{21} & x_{22} & \cdots & x_{2m} \\ \cdots & \cdots & \cdots & \cdots & \cdots \\ 1 & x_{n1} & x_{n2} & \cdots & x_{nm} \end{bmatrix}$$

$$\boldsymbol{\beta} = \begin{bmatrix} \beta_0 \\ \beta_1 \\ \cdots \\ \beta_m \end{bmatrix} \quad \boldsymbol{\varepsilon} = \begin{bmatrix} \varepsilon_1 \\ \varepsilon_2 \\ \cdots \\ \varepsilon_n \end{bmatrix} \quad b = \begin{bmatrix} b_0 \\ b_1 \\ \cdots \\ b_m \end{bmatrix}$$

(7.1.4)

多元线性回归模型(7.1.1)可以写出矩阵形式:

$$Y = X\boldsymbol{\beta} + \boldsymbol{\varepsilon}$$

根据最小二乘法得到的正规方程组可表示为:

$$(X'X)b = X'Y$$

则回归系数的最小二乘估计为:

$$b = (X'X)^{-1}X'Y \tag{7.1.5}$$

2)对回归效果进行统计检验

a. 方差分析及 F 检验。将 y 的总离差平方和 S_{yy} 分解为:

$$S_{yy} = U + Q \tag{7.1.6}$$

其中:

$$S_{yy} = \sum_{t=1}^{n}(y_t - \bar{y})^2 \tag{7.1.7}$$

$$U = \sum_{t=1}^{n}(\hat{y}_t - \bar{y})^2 \tag{7.1.8}$$

$$Q = \sum_{t=1}^{n}(y_t - \hat{y}_t)^2 \tag{7.1.9}$$

其中 U 称为回归平方和,它的大小反映了自变量的重要程度;Q 称为残差平方和,它的大小反映了试验误差对结果的影响。它们的自由度分别为 $f_{yy} = n-1$,$f_U = m$,$f_Q = n-m-1$。构造统计量:

$$F = \frac{U/m}{Q/(n-m-1)} \tag{7.1.10}$$

它遵从自由度为 m 和 $n-m-1$ 的 F 分布。给定显著性水平 α,若 $F > F_\alpha$,回归方程有显著意义。

b. 复相关系数。它是衡量 y 与估计值 $\hat{y}$ 之间线性关系的一个量。它可表示为:

$$R = \sqrt{1 - \frac{Q}{S_{yy}}} \tag{7.1.11}$$

c. 自变量作用的检验。检验各个自变量对 y 的作用是否显著,可以构造统计量:

$$F_i = \frac{b_i^2/C_i}{Q(n-2)} \qquad (7.1.12)$$

其中,

$$C_i = \Big[\sum_{i=1}^{n}(x_{it}-\overline{x_i})^2\Big]^{-1}$$

它遵从分子自由度为 1,分母自由度为 $n-2$ 的 F 分布。若 $F_i > F_\alpha$,认为 x_i 对 y 的作用是显著的。

3) 利用回归方程进行预测。利用建立的模型,代入新的自变量就可以进行预测。

近来,逐步回归得到了越来越多的应用,被广泛应用于短期气候预测中。

(2) 奇异值分解法(SVD)

在分析两个气象要素场序列之间的相关关系时,奇异值分解法(SVD)和典型相关分析(CCA)都能给出两个要素场之间相互配对的典型空间分布和每个典型空间分布的权重系数序列。所谓相互配对的典型空间分布是指每一对典型空间分布之间有尽可能大的协方差。由于它们都是以两个场之间的最大协方差为基础的展开,在研究两个要素场序列之间的关系时这两种方法都是有力的工具。

从出发点来讲,SVD 和 CCA 是相同的,从计算方便来讲,SVD 比 CCA 要简单,从统计学角度来讲,CCA 比 SVD 条件强,推理严谨。下面我们主要来介绍使用较多的奇异值分解法。

设有两个要素场 U、V,它们的格点数分别为 n 和 m。每个格点上的要素值可看成是一个随机变量。场 U、V 又可以当成两个随机向量(或两组随机变量)

$$X = (x_1, x_2, \cdots, x_n)^T \qquad Y = (y_1, y_2, \cdots, y_m)^T$$

它们在 N 个时段上各有 N 组观测值,记成两个资料矩阵,也用 U、V 表示:

$$U = \begin{bmatrix} x_{11} & x_{12} & x_{13} & \cdots & x_{1N} \\ x_{21} & x_{22} & x_{23} & \cdots & x_{2N} \\ \cdots & \cdots & \cdots & & \cdots \\ \cdots & \cdots & \cdots & & \cdots \\ x_{n1} & x_{n2} & x_{n3} & \cdots & x_{nN} \end{bmatrix} \qquad V = \begin{bmatrix} y_{11} & y_{12} & y_{13} & \cdots & y_{1N} \\ y_{21} & y_{22} & y_{23} & \cdots & y_{2N} \\ \cdots & \cdots & \cdots & & \cdots \\ \cdots & \cdots & \cdots & & \cdots \\ y_{m1} & y_{m2} & y_{m3} & \cdots & y_{mN} \end{bmatrix}$$

$$(7.1.13)$$

假设 $n \geqslant m$,观测次数 N 一般要比 n, m 大。矩阵 U、V 实际上是 X、Y 的一组样本值。x_{it}, y_{jt} 为矩阵中的元素。

还要求这些样本值对"时间"是中心化的,即

$$\sum_{t=1}^{N} x_{it} = \sum_{t=1}^{N} y_{jt} = 0$$

可见 U、V 给出的是观测值的距平。

矩阵 U 的第 t 列,表示场 U 在第 t 时刻的状态,记为
$$X(t) = (x_{1t}, x_{2t}, \cdots, x_{nt})^T$$
类似地,$Y(t) = (y_{1t}, y_{2t}, \cdots, y_{mt})^T$,其中 $t = 1, 2, \cdots, N$。

主要目的就是讨论两个场合取什么状态时相似最大。设想,有两个状态,它们是待求的:
$$q = (q_1, q_2, \cdots, q_n)^T; \quad p = (p_1, p_2, \cdots, p_m)^T.$$
$X(t)$ 在 q 上的投影或者说 q 在 $X(t)$ 中权重可以借内积 $(X(t), q)$ 表示成
$$\alpha_t = (X(t), q) = \sum_{k=1}^{n} x_{kt} q_k \tag{7.1.14}$$
α,即为状态 q 在场 U 的 N 个状态中的权重,可表示为权重向量
$$\alpha = (\alpha_1, \alpha_2, \cdots, \alpha_N)^T$$
类似地 p 对 V 有权重向量
$$\beta = (\beta_1, \beta_2, \cdots, \beta_N)^T$$
$$\beta_t = (Y(t), p) = \sum_{k=1}^{m} y_{kt} p_k \tag{7.1.15}$$
如果权重向量 α、β 互为相似,将表明两个场的状态 q 和 p 是两场统计相关的主要成分。

奇异值分解法求 q、p 的准则是
$$\begin{cases} (\alpha, \beta) = \sigma = \max \\ (p, p) = (q, q) = 1 \end{cases} \tag{7.1.16}$$
式(7.1.16)中的 σ 是奇异值,q、p 分别称左、右奇向量。顺便指出,典型相关分析求 q、p 的准则是:
$$\begin{cases} (\alpha, \beta) = \rho = \max \\ (\alpha, \alpha) = (\beta, \beta) = 1 \end{cases} \tag{7.1.17}$$
数学中的"奇异值"分解定理是该算法的根据。其内容是:对一个 n 行 m 列的实矩阵 A,存在唯一的一对正交阵 Q 和 P,分别为 m 阶和 n 阶,它们有:

$$P^T A Q = W = \begin{bmatrix} \sigma_1 & & & & & \\ & \sigma_2 & & & & \\ & & \ddots & & & \\ & & & \sigma_r & & \\ & & & & \ddots & \\ & & & & & 0 \\ & & & & & & \ddots \end{bmatrix}, \quad r \leqslant m \leqslant n \tag{7.1.18}$$

其中 W 为 n 行 m 列矩阵,$\sigma_1 \geqslant \sigma_2 \geqslant \cdots \geqslant \sigma_r \geqslant 0$。

习惯上,把非零的 σ 称 A 的奇异值,事实上奇异值总是正数。Q、P 的列向量,分别称 A 的右、左奇向量。奇异值分解法的主要工作,就是求出 Q、P,即全部或部分左、右奇向量,奇异值 σ 将同时得到。

把式(7.1.18)两边取转置,分别左乘和右乘式(7.1.18)得到

$$Q^T A^T P P^T A Q = W^T W \qquad P^T A Q Q^T A^T P = W W^T$$

由于 P、Q 是正交方阵,故 $P^T P$ 和 $Q^T Q$ 均为单位方阵(它们的阶数各为 n 阶和 m 阶)。此外

$$W^T W = \begin{bmatrix} \sigma_1^2 & & & & & & \\ & \sigma_2^2 & & & & & \\ & & \ddots & & & & \\ & & & \sigma_r^2 & & & \\ & & & & \ddots & & \\ & & & & & 0 & \\ & & & & & & \ddots \end{bmatrix} = diag(\sigma_1^2, \cdots, \sigma_r^2, 0, \cdots, 0) \tag{7.1.19}$$

为 m 阶对角方阵;WW^T 为 n 阶对角方阵,对角线上非零元素与 $W^T W$ 的完全一样。把前两式化为:

$$Q^T A^T A Q = diag(\sigma_1^2, \cdots, \sigma_r^2, 0, \cdots, 0) \tag{7.1.20}$$

$$P^T A A^T P = diag(\sigma_1^2, \cdots, \sigma_r^2, 0, \cdots, 0) \tag{7.1.21}$$

两式右端记号一样,但表示阶数为 m 和 n 的对角方阵。

奇异值分解法的算法可归纳如下:

1)要求资料矩阵 U、V 按行对时间是中心化处理的;

2)算出矩阵 $A = VU^T$、$A^T A$、AA^T。特别指出,算法的目的在于求分解式

$$P^T A Q = P^T V U^T Q = (V^T P)^T (U^T Q) = W \tag{7.1.22}$$

3)计算 $A^T A$ 的特征值和归一化的特征向量。把特征值按大小排列,对应地列出特征向量,称左奇异向量。

$$\lambda_1 \geqslant \lambda_2 \geqslant \cdots \geqslant \lambda_m \geqslant 0$$
$$\overline{q_1}, \overline{q_2}, \cdots, \overline{q_m},$$
$$(\overline{q_i}, \overline{q_j}) = \begin{cases} 0 & i \neq j \\ 1 & i = j \end{cases} \tag{7.1.23}$$

非零的特征值有前 r 个($r \leqslant M$),计算

$$\sigma_i = \sqrt{\lambda_i}, i \leqslant r$$

以 $\overline{q_1}, \overline{q_2}, \cdots, \overline{q_m}$ 为列,排成正交矩阵 Q。

4) 对方阵 AA^T 重复第三步的计算。结果,必然有非零特征值也是 r 个,并且与第三步求得的值相同。所以 σ_i 不必再作计算。相应的正交归一的特征向量为 $\overline{p_1}$, $\overline{p_2}$,…,$\overline{p_n}$,称为右奇异向量,以它们为列,排成正交矩阵 P。至此,分解工作完成。

以上分析得到的左、右奇异向量就是两个场各自的典型场。在具体分析时,还需要求出以下一些统计量。

1) 权重(即时间)系数。所谓时间系数就是某一实时要素资料按奇异向量展开的系数。矩阵 Q 的列向量即奇异向量 $\overline{q_1}, \overline{q_2},\cdots,\overline{q_n}$ 是单位正交的,所以,t 时刻的要素场将表示为:

$$X(t) = (\alpha_{t1}\overline{q_1} + \alpha_{t2}\overline{q_2} + \cdots + \alpha_{tn}\overline{q_n}),$$
$$\alpha_{ti} = (X(t), \overline{q_i}) \tag{7.1.24}$$

$(\alpha_{t1},\alpha_{t2},\cdots,\alpha_{tN})^T$ 就是矩阵 $U^T Q$ 的第 i 行,也就是展开的时间系数。类似地,可由矩阵 $V^T P$ 得到 $(\beta_{t1},\beta_{t2},\cdots,\beta_{tN})^T$。

2) 一对典型场(即奇向量)的相关性。计算第 i 对左右奇向量的相关系数,有公式:

$$\rho(\overline{q_i},\overline{p_i}) = \frac{\sigma_i}{\sqrt{\sum_{t=1}^{N}\alpha_{ti}^2 \cdot \sum_{t=1}^{N}\beta_{ti}^2}},$$
$$\rho(\overline{q_i},\overline{p_j}) = 0, i \neq j \tag{7.1.25}$$

可见,奇异值 σ_i 并非是相关系数 $\rho(\overline{q_i},\overline{p_i})$。这也是 CCA 与 SVD 的重要差别。

第1个奇异值最大并不等同于第一对奇向量的相关系数最大。那么奇异值是否失去意义了呢?其实不然。有一个不明显的条件,即矩阵 $U^T Q$ 各行平方和近于相等($V^T P$ 各行的平方和也近于相等),这样,第 i 个奇异值与第 i 个奇向量的相关系数成比例。只有在这种情况下,奇异值可以看成相关系数。

3) 拟合程度的度量。如果截取前 $k(\leqslant r)$ 个典型场来看成实际场的近似的话,其拟合度可用:

$$r_k = \frac{\sum_{i=1}^{k}\sigma_i^2}{\sum_{i=1}^{r}\sigma_i^2} \times 100\%, (k \leqslant r) \tag{7.1.26}$$

来度量。

对第 k 对典型场,$\overline{q_k},\overline{p_k}$ 有

$$R_k = \frac{\sigma_k^2}{\sum_{i=1}^{r}\sigma_i^2} \times 100\% \tag{7.1.27}$$

R_k 表示第 k 对典型场在取 r 项展开时所占的比重。

SVD 方法也可应用于预测,通过该方法找到两个气象要素场之间的关系,建立预测模型,进而做出预测。

7.1.3 建立客观预测方法的基本步骤

我们在业务上做短期气候预测的时候,要特别注意预报时效的问题。预报时效指发布预测(预报)结果与预测(预报)起报点之间的时间间隔。短期气候预测的方法有多种,各单位部门可以根据自己的实际情况和工作条件,在考虑预报时效的前提下,选择适合自己的预测方法。在建立客观定量预测方法的同时,还需要注意预测的步骤。其主要基本步骤如下:

(1) 确定预测对象

短期气候预测对象可根据气象要素和现象的特点取为:平均值(例如气温)、总量(例如降水)、或者距平(例如位势高度场)等。有时,仅只预测其在预测时段内的倾向,趋势或等级。例如:对于某站夏季降水,我们可以预测总降水量,也可以预测降水距平(或降水距平百分率),以及它的旱涝等级。

(2) 分析预测因子

预测因子是极端重要的,预测因子的选取直接影响到预测结果的好坏,应该选择那些与预测对象关系密切,并且有物理意义的要素作为预测因子。在前面提到的主要物理因子中,预测因子既可以是大气内部的因子,也可以是外部的强迫因子,甚至可以是地球系统之外的因子。此外,由于短期气候预测是对月、季和年的预测,因而我们还应该注意预测因子的预报时效性。

在选择物理因子的方法中,常见的有:相关分析法,合成分析法,奇异值分解法(SVD)等。

(3) 建立预测模型

建立模型就是使用预测因子和预测对象以前的历史资料,依照采用的预测方法,求解预测因子和预测对象之间关系的过程。建立预测模型时,采用的方法有多种,主要包括线性方法(多元线性回归方法、逐步回归方法、主分量分析(PCA)与多元线性回归相结合的方法,PCA 与 CCA、SVD 相结合的方法和非线性方法(人工神经网络方法等)。在建立预测模型这一步骤中,是知道预测因子和预测对象的结果,去求解它们之间关系的过程,这就是我们所说的求解"反问题"过程。

(4) 后报试验

后报试验就是利用在上一步骤中建立模型的物理预测因子数据,代入建立好的模型中去计算,将算出的结果与真实的观测结果进行比较,检验该预测模型对历史拟合的能力。一般来说后报试验对历史拟合的准确率都较好。

(5) 独立试报试验

独立试报试验是利用选择的物理预测因子实时数据,代入到预测模型中去计算预测结果,然后与观测资料进行对比来检验该模型的实时预测能力。由于在独立试报中,使用的是物理预测因子的实时数据来做预测,它的预测准确率可以较好地反映所选择的物理预测因子以及预测模型的好坏。在这一步骤中,知道实时预测因子以及预测因子和预测对象之间的关系(即预测模型),求解预测结果的过程,这就是我们所说的求解"正问题"过程。

(6) 业务试运行

如果经过后报试验和独立试报试验都能说明该模型有较好的预测能力,可以将该预测模型推广到业务上试运行,并在业务上运行。

(7) 改进提高

该模型在业务上进行应用时,应该不断发现该模型存在的不足并将其改进,不断地选择更优的物理预测因子,使得预测能力逐步提高。

建立客观物理统计预测方法主要就是以上七个基本步骤。在此简单介绍采用 BP 人工神经网络方法,建立我国东部夏季三类雨型的统计预测方法模型的例子。

使用的资料分别为:国家气象中心整编的 1951—1995 年北半球 500 hPa 月平均高度资料(网格距为 $5°×10°$),范围为 $10°—85°N$;海温为北太平洋 $5°×5°$ 网络点资料;降水资料为中国 160 个站月降水资料,从中取 $105°E$ 以东、$40°N$ 以南的 90 个站。雨型资料是国家气候中心划分整理的(介绍详见第 8 章)。

人工神经元网络是模仿人的大脑神经元结构、特性和大脑认知功能构成的新型信号、信息处理系统。它是由许多具有非线性映射能力的神经元高度并联、互联而成的非线性动力系统。网络由输入层、隐含层和输出层组成,隐层可有多层,各层神经元之间通过权系数相连接。依赖的数学原理为近似定理:对于任意的 $\varepsilon > 0$ 和任意的 L_2 函数 $f:[0,1]^n \to R^m$,存在 3 层型神经元网络,使之在 ε 的均方误差精度范围内,可得出 f 的近似解。

本节所介绍的神经网络属 BP(back propagate)网络(其结构见图 7.1.3),指采用 s 型活化函数、δ 法则训练的多层映射网络。在参数适当时,能收敛到较小的均方误差。在数学上,其映射关系可以表示为

$$\begin{aligned} r_j &= f(p_j + q_i) = f(a_j) \\ p_j &= \sum_i w_{ij} b_j \end{aligned} \quad (7.1.28)$$

其中 r_j 为神经元的输出信号,b_j 是输入信号,w_{ij} 为连接权重,q_i 为偏倚项。

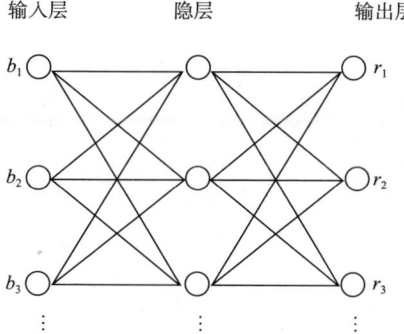

图 7.1.3　三层网络结构示意图
(孙照渤和谭桂容等,1998)

活化函数取 s 型非线性函数,一般为:

$$f(x) = \frac{1}{1+e^{-x}} \quad (7.1.29)$$

它可以把网络输入控制在[0,1]范围内,又不影响灵敏性。

δ 法则是一种后向传递并修正误差的训练学习方法。其中:

对隐层, $\quad \delta_{kj} = f(net_{kj})[1-f(net_{kj})]\sum_l \delta_{kl} w_{ij}$

对输出层, $\quad \delta_{kj} = -(g_{kj} - y_{kj}) f(net_{kj})[1 - f(net_{kj})]$

$\boldsymbol{X}_k = (x_{k1}, x_{k2}, \cdots, x_{kn})^T, \boldsymbol{Y}_k = (y_{k1}, y_{k2}, \cdots, y_{km})^T, \boldsymbol{G}_k = (g_{k1}, g_{k2}, \cdots, g_{km})^T$ 分别是输入样本(k 对,n 个)、网络输出及目标输出。

其中网络均方误差为:

$$E(w) = \lim_{n\to\infty} \frac{1}{N} E_k = \frac{1}{2}\sum_j (g_{kj} - y_{kj})^2,$$

而权系数修正公式为:

$$w_{ij}(K+1) = w_{ij}(K) + \mu \delta_{kj} x_{ki} + \alpha [w_{ij}(K) + w_{ij}(K-1)]。$$

其中 μ 为学习参数,α 为惯性项。δ 法则训练过程就是从某一初始权矢量出发,逐步改变权系数,使网络误差减少。最后可得到适宜的权系数。

其中以我国东部夏季三类雨型为预测对象。我国东部夏季雨型受诸多物理因子的影响,总结起来可分为两类,即大气内部与大气外部的因子。大气外部的因子有很多,其中海表温度,尤其是 ENSO 循环是常用的重要因子。取下述 4 个区域的前期冬季 500 hPa 高度距平为可供选择的因子,分别为:1 区(170°—150°W,45°—55°N)、2 区(170°E—170°W,20°—30°N)、3 区(130°—150°E,20°—30°N)和 4 区(60°—90°E,60°—70°N);取下述 2 个区域的前期冬季海表面温度为可供选择的因子,分别为:1 区(180°E—140°W,40°—50°N)和 2 区(175°—150°W,10°—10°N)。对上述因子进行

t 检验的结果列于表 7.1.1。

表 7.1.1　高度关键区的 t 检验(显著水平 α)(孙照渤等,1998)

雨型	环流关键区				海温关键区	
	1 区	2 区	3 区	4 区	1 区	2 区
Ⅰ、Ⅱ 型	0.01	0.05	/	/	0.01	0.01
Ⅰ、Ⅲ 型	0.10	/	/	0.05	0.10	0.05
Ⅱ、Ⅲ 型	0.01	0.02	0.05	0.10	0.05	0.05

这些因子中高度场 1 区对应于阿留申低压,2 区则为北太平洋副高带。它们的差反映了北太平洋涛动(NPO)的强弱。高度场 3 区和 4 区分别表示了西太平洋副高的强弱及东亚阻高的作用。海温 1 区在北太平洋北部的西风漂流区,其上空正对应于阿留申低压,而海温 2 区位于赤道中东太平洋,它们反映了热带海气相互作用与雨型分布的关系,体现了 El Niño 对降水的重要影响。取不同雨型对应的前期高度场上和海温场上的显著差异区为关键区,然后以关键区的距平作为预测因子,其中对于高度场的 1、2 区,取它们的差,这样一共五个因子。不难看出,预测因子中考虑了影响我国夏季雨型的主要因素,为运用 BP 方法对雨型进行客观的模拟和预测提供了物理基础。

神经网络的隐层神经元个数要取得足够大,以能使神经网络的均方误差收敛为准,因为太小会造成神经网络误差不收敛;而太大神经网络的训练速度则慢。试验中隐层神经元的个数取为 4。按照 BP 网络的要求,使用 1951—1990 年冬季高度及海温场的资料,将 5 个预测因子及 1952—1991 年夏季实际的雨型输入神经网络,预测因子均进行了标准化处理。依照前文介绍的规则进行训练,让神经网络自动学习。当前后两轮训练神经网络均方误差的差足够小(本文取 0.0001)时,训练结束(表 7.1.2)。此时神经网络对历年雨型的拟合率为 87.5%(35/40),还存在空报、漏报的情况。至此,便得到一组权矩阵 W,也就得到了一个用于预测夏季降水型的 BP 网络模型。在实际使用时,保持权矩阵不变,只要输入一组预测因子,便可得到次夏的雨型预测结果。

表 7.1.2　三类雨型模拟结果(孙照渤等,1998)

拟合雨型	实况雨型		
	Ⅰ	Ⅱ	Ⅲ
Ⅰ	14	1	2
Ⅱ	0	12	0
Ⅲ	1	1	9

为了检验人工神经网络的预测能力,运用 1991—1995 年冬季(12 月—次年 2 月)的 500 hPa 高度场及北太平洋的海温场资料,对 1992—1996 年夏季的雨型做独立试报(表 7.1.3)。人工神经网络的分类预测准确率为 80%(4/5)。1993 年夏季实际是Ⅲ类雨型,人工神经网络错报为Ⅰ类。对于Ⅰ类雨型,预测结果报对了 3 次,空报了 1 次;对于Ⅱ类雨型,实况和预测都没有出现;对于Ⅲ类雨型,预测结果报对了 1 次,漏报了 1 次。

表 7.1.3　三类雨型独立试报结果(孙照渤等,1998)

预测雨型	实况雨型		
	Ⅰ	Ⅱ	Ⅲ
Ⅰ	3	0	1
Ⅱ	0	0	0
Ⅲ	0	0	1

我们知道,统计方法是根据预测因子和预测量之间的统计关系建立的,而因子与预测量之间的关系是在变化着的,因此为了提高模型的预测效果,还需要根据新资料分析研究的新成果,补充改进预测因子,进行再训练,改进预测模型。

7.2　动力—统计预测方法

前面介绍了短期气候预测的两种基本预测方法:动力数值预测方法和物理统计预测方法。二者都存在其优点和缺陷。动力方法是确定论的,它基于物理定律的初值(边值)问题,认为未来状态是现在状态和制约其变化的物理规律所确定的必然结果,但没有利用或没有充分利用已有的实况历史资料。统计方法是随机的观点,它则利用实况资料,承认未来状态有不确定性,期望依据现在状态和近期的演变对未来做出概率的推断,但没有利用或充分利用已掌握的物理知识。

由于动力数值预报的快速发展,它已经成为短期气候预测的主要发展方向,纯动力预测存在两个主要缺陷:一是只用初值,造成瞬时资料缺乏与历史资料闲置并存的局面;二是模式预报没有针对性,各种尺度和对象的预测都由一个模式完成,具有低可预报性的混沌分量有可能成为影响高可预报性稳定分量预报准确率的噪音。因此,在模式预测中针对预测对象有选择地利用历史资料信息,采用动力与统计相结合的办法,有望克服上述的缺陷。

7.2.1　动力—统计预测方法介绍

在动力—统计预测中,主要有两种方法。一种是从改造动力方程着手,或在动力方程中引入随机项、统计系数,或者按照某种准则导出新的统计—动力方程,把这类方法称为动力—统计的内结合;另一种方法把数值预报的结果资料加以统计,实际上是一种分两步走的办法,把这类方法称为动力—统计的外结合。

顾震潮针对模式只用初值的缺陷,证明了作为初值问题的数值预报提为与天气历史演变问题的等价性,并阐述了数值预报中使用过去资料的重要性和可行性。丑纪范将微分方程的定解问题提为等价的泛函极值问题,通过引入"广义解"建立多时刻预报模式。此后,一系列创新性预测方法被提出:使用多时刻资料的数值天气预报模式;把要预报的场视为叠加在历史相似上的小扰动的相似—动力模式;基于反问题的模式识别和参数优化方法;对模式现实做 EOF 分解来确定支撑吸引子的缩减气候模式自由度的方法;推导出包含多时次观测的大气自忆性方程,并建立自记忆预报模式,发展了包含多个时间层的回溯阶差分格式。上述方法将利用历史资料信息融入到模式积分过程中,属于动力—统计的内部结合。

动力—统计相结合更多体现在外部结合,这类似于混合使用,即两种方法相对独立,统计方法一般只作为模式预报的辅助和补充。早期发展的完全预报方法(Perfect Prognostic Method,简称 PP 法)和模式输出统计方法(Model Output Statistic Method,简称 MOS 法)利用过去观测或预报数据建立环流与地面要素之间的统计关系,再由模式输出环流间接预测地面要素场。基于此进一步发展了降尺度技术和模式后处理技术等,它们已成为改善模式预报不可或缺的工具。事实上,模式的误差订正和集合预报等方法也同样属于动力—统计相结合的范畴。

7.2.2 动力—统计预测方法的应用

动力—统计预测方法在短期气候预测上有多种应用,下面主要从数值预报产品释用、模式误差订正和相似—动力模式三个方面来简单介绍。

(1)数值预报产品释用

目前在数值预报产品释用中,最常用的方法有完全预报方法和模式输出统计方法。完全预报方法(PP 法)是根据预报量和预报因子的同时性(或近于同时性)的加权组合,利用历史观测资料来确定局地气象要素,其推导方程的函数关系式如下:

$$\hat{y}_0 = f_{pp}(x_0) \tag{7.2.1}$$

式中 $\hat{y}_0$ 表示起始时刻 t_0 的预报量,x_0 为起始时刻 t_0 时可获得的因子向量。

上式可以看成是 x_0 对 y_0 的估计,或 x_0 对 y_0 的说明,而不是向前的预报。为了用导出的方程制作预报,用模拟实测环流的数值预报模式的输出结果 $\hat{x}_t$ 代入上式中而求得 $\hat{y}_t$,即:

$$\hat{y}_t = f_{pp}(\hat{x}_t) \tag{7.2.2}$$

本方案中假定模式输出是与实测值完全一致的,即它认为数值预报是完全对的,所以称为完全预报方法。实际上,由于数值预报中的误差是不可避免的,$\hat{x}_t$并不能与所要模拟的实测环流完全一致,所以数值预报中的误差会不可避免地在统计预报中产生相应的误差。因此,数值预报的质量每提高一次,完全预报方法的准确性也会随着改进一次。这种方法的优点是由于用了较长时间的资料样本,所得到的预报方程比较稳定,并且在推导方程时不需要用数值预报的样本,也不受数值模式改变的影响。

模式输出统计方法(MOS法),为了克服(7.2.2)式中用$\hat{x}_t$取代(7.2.1)式中x_0所带来的误差,可以从数值预报模式输出的结果资料中选取预报因子向量$\hat{x}_t$,求出预报量y_t的同时性或近于同时性的预报关系,如下式所示:

$$\hat{y}_t = f_{mos}(\hat{x}_t) \tag{7.2.3}$$

在应用时,就把数值预报输出结果代入相应的形如(7.2.2)式的预报关系中。这种方法就称为模式输出统计方法。它不必使用长时期的观测资料,其优点是在建立预报方程时自动地考虑了数值预报的系统误差和局地气候学,同时大量利用了数值预报的物理量场,效果往往较好。但是它的缺点是必须积累相当数量的数值预报资料,对于模式的适应性差,随着数值模式的更新,MOS法的预报正确率不一定能随之相应地提高。

目前国内外主要有两种降尺度方法:动力降尺度法(dynamical downscaling)和统计降尺度法(statistical downscaling)。动力法有两个发展方向:一种是提高 GCM 的水平分辨率;另一个方向是在低分辨率 GCM 中嵌套高分辨率有限区域模式,这是一个有生命力的发展方向。统计降尺度法一般是建立预测因子(GCM 模拟效果好的大尺度变量)和预测对象(小尺度变量如降水等)之间的统计关系。统计降尺度就是数值预报产品释用的一种应用。它的优点在于能够将模式输出中物理意义较好,模拟较准确的气候信息应用于统计模式中,从而纠正模式的系统误差,而且不用考虑边界条件对预测结果的影响,同时,它的计算量小,节省计算资源。

统计降尺度利用多年的观测资料建立大尺度气候状况(主要是大气环流)和区域气候要素之间的统计关系,并用独立的观测资料检验这种关系,最后再把这种关系应用于模式输出的大尺度气候信息,来预测未来的气候变化(如气温和降水)。换句话说,就是需要建立大尺度气候预测因子与区域气候预测变量间的统计函数关系式:

$$\hat{Y} = F(X)$$

其中 X 代表大尺度气候预测因子,$\hat{Y}$ 代表区域气候预测变量,F 为建立的大尺度气候预测因子和区域气候预测变量间的一种统计关系。

统计降尺度法基于以下 3 条假设:(1)大尺度气候场和区域气候要素场之间具有显著的统计关系;(2)大尺度气候场能被数值模式很好地模拟;(3)在预测的时段内,建立的统计关系是有效的。

目前,常用的统计降尺度的方法概括起来主要有以下三种:转换函数法,环流分型技术,天气发生器。

转换函数方法中最常用的是线性回归方法,如多元线性回归方法、逐步回归方法、主分量分析(PCA)与多元线性回归相结合的方法、PCA 和逐步回归相结合的方法。另一种线性方法就是 CCA、SVD,还有 PCA 与典型相关分析相结合方法等。此外还有一些非线性方法,比如神经网络方法等。

把环流分型方法应用于统计降尺度时,首先应用已有的大尺度大气环流和区域气候变量的观测资料对与区域气候变量相关的大气环流分型,其次计算各环流型平均值、发生的频率和方差分布以及在各天气型发生情况下区域气候量如气温或降水的平均值、发生的频率和方差分布,最后通过把未来环流型的相对频率加权到区域气候状态得到未来区域气候值。在分型技术中,一种是主观的分型技术,另一种客观的分型技术,主要是以统计方法进行分型。

天气发生器是一系列可以构建气候要素随机过程的统计模型,它们可以被看作复杂的随机数发生器。天气发生器通过直接拟合气候要素的观测值,得到统计模型的拟合参数,然后用统计模型模拟生成随机的气候要素的时间序列,这种生成的气候情景的时间序列与观测值很相似。

图 7.2.1 所示为应用统计降尺度法的一般流程。概括起来统计降尺度法包括以下 5 个重要环节:①大尺度气候预测因子的选择;②统计降尺度模式的选择和标定;③利用独立的观测资料检验模式;④把统计模式应用于模式输出产生预测结果;⑤进行诊断分析研究。

下面看看统计降尺度技术在月降水预测中应用的例子。李维京等从一组大气动力学方程组出发,采用大气的相当正压假设、Burger 近似、定常(略去时间变化项)假设等一系列合理简化,推导出局地月平均降水距平与月平均环流场距平的关系:

$$R' = A_1 \nabla^2 \phi' + A_2 \frac{\partial \phi'}{\partial x} + A_3 \frac{\partial \phi'}{\partial y} + A_4 \phi' + A_5 \quad (7.2.4)$$

其中 R' 表示降水距平百分率,ϕ' 指 500 hPa 高度场距平,$A_1 \sim A_5$ 是系数。从上式可以看到局地降水距平不仅与该地上空形势场距平(第四项)有关,还受到形势场距平的拉普拉斯(第一项)和纬向切变(第二项)与经向切变(第三项)的影响。如果考虑散度方程的零级简化,则第一项反映了大气的辐合、辐散情况,从而反映了与降水有关的大气垂直运动;采取相当正压大气假设,则第二、三项反映了地面要素的切变情况,尤其是第三项体现了冷暖空气交汇对降水的影响。

首先利用 1951—1991 年共 41 年 1—12 月中国 160 站各月的降水距平百分率和 NCEP/NCAR 形势场距平资料确定各月 160 站的方程系数,然后借用完全预报法(PP 法)的思想,将 2002 年 1—6 月的 T63 月动力延伸集合预报 500 hPa 位势高度场代入预报方程,得到各站降水距平百分率预测,并与国家气候中心对外发布的业务预测进行比较(表7.2.1)。由表7.2.1可以看到,将T63的形势预报降尺度分析后得到的降水预测高于业务预测,且预测效果比较稳定。

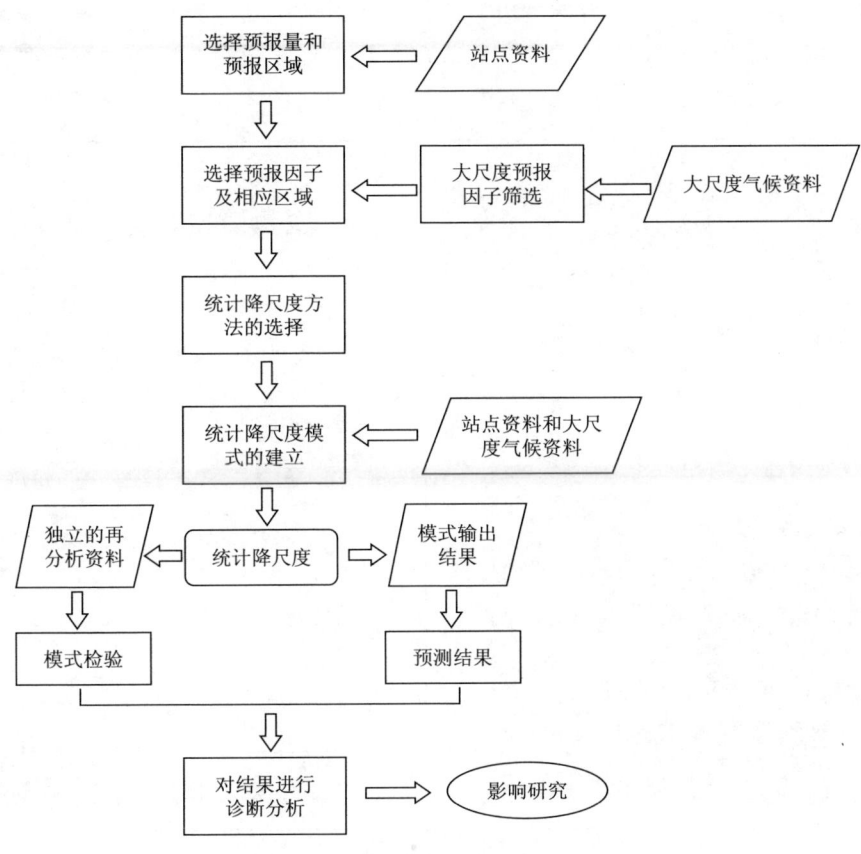

图7.2.1 应用统计降尺度方法的一般流程图(范丽军等,2005)

表7.2.1 2002年1—6月T63预测试验的降水预测与业务预测的评估对比(陈丽娟等,2003)

	Pc		ACC	
	降尺度	业务预测	降尺度	业务预测
1月	74.41	66.67	0.36	0.13
2月	45.45	67.48	0.12	0.05
3月	62.64	57.58	0.25	−0.10
4月	72.73	60.00	0.43	0.14
5月	71.08	67.50	0.33	0.01
6月	67.47	54.39	0.12	−0.06
平均	65.63	62.27	0.27	0.03

目前,不仅国家气候中心将动力气候模式的解释应用作为工作的重点之一,而且各省市气象局都将建立了各自的动力模式的解释应用业务系统。图 7.2.2 给出了成都区域中心、广州区域中心、海南省以及广西壮族自治区动力模式产品解释应用的业务平台。因而可以看出动力模式的解释应用是短期气候预测今后的一个重要方法和工具,我们应该朝着这个方向不断努力。

图 7.2.2　各省区动力模式产品解释应用的业务平台

(2) 模式误差订正方法

模式预报误差分别来源于资料和模式误差,误差的存在导致初值和模式存在不确定性,由它们所引起的预报误差增长分别称为内部和外部误差增长。正面地改进模式各个环节来发展模式是非常重要的。但无论怎样发展,距完美模式仍有很大距离,模式中未知的误差部分总是客观存在的。因此,发展经验性方法来减小模式误差对预报的影响是数值预报中不可或缺的,这与正面发展模式并不矛盾。由于模式误差的存在,模式长期积分会趋向于模式内在的统计平衡状态(即模式气候),这种与实际气候的偏差被称为系统性误差或气候漂移。此外,模式误差还包含依赖于时间变化的部分(可称为时变误差),这种误差随环流型而变化。

对于模式系统性误差的订正,大体沿两条道路发展:一是后验(或事后)订正,另一是过程订正。对于后验订正,只在整个积分完成后对预报结果进行订正处理,MOS 技术也属此类。而过程订正是在积分过程中固定间隔反复订正。

对于时变误差的订正问题,第一类方法是使用近期资料和模式预报来估计,并对当前初值的预报进行订正,缺点是仅用到最近数据,信息量太少,估计的订正量可能不够稳定。第二类方法是建立由预报变量计算误差订正量的统计关系,该方法并没有先验地增加可用信息量,统计关系的样本稳定性也难以保证。

中国科学院大气物理研究所(IAP)的大气科学和地球流体力学数值模拟国家重点实验室(LASG)自 1989 年开始已连续数年进行了跨季度气候距平的数值预测试验。它还相继发展了海洋四维同化系统、订正技术、气候集合预测的理论和方法等,逐步建立了跨季节气候距平数值预测系统,在我国汛期降水业务预报中发挥了作用。在该系统中使用了降水距平百分率订正方法,其表达式为:

$$a' = a - \varepsilon \tag{7.2.5}$$

其中 a 和 a' 分别表示订正前和订正后的降水距平百分率,ε 为总体平均误差,倘若 b 为观测的降水距平百分率,则:

$$\varepsilon = \langle a - b \rangle_h \tag{7.2.6}$$

h 为后报试验的总的样本数。将此方法称为 CN-old,它就是前面提到的后验(或事后)订正方法。

最近陈红等将上面降水距平百分率按照 ENSO 进行分类,对于不同类型的 ENSO 年份(El Niño 年-E 年,La Niña 年-L 年,正常年-N 年),有不同的订正量,其可表达为:

$$\varepsilon_i = \langle a - b \rangle_{h_i} \begin{cases} i = 1, & \text{E 年} \\ i = 2, & \text{L 年} \\ i = 3, & \text{N 年} \end{cases} \tag{7.2.7}$$

将此方法称为 CN-ENSO,它的思想就是在原来的基础上将订正方案进行了分类。

我们来看看采取模式订正后预测效果的改进。首先利用 1982—1994 年(共 13 年)的资料代到模式中去对我国夏季降水进行后报试验,订正方案选取 CM-old,对比订正前后的预测效果(表 7.2.2),可知通过 CM-old 订正后,预测效果明显提高。

表 7.2.2　13 年后报试验经过订正前后的平均距平相关系数(ACC)和同号率(T)(赵彦等,1999)

		全国	东部	东北	华北	东南
ACC	订正前	0.08	−0.05	−0.04	−0.12	0.00
	CM-old	0.19	0.11	0.15	0.06	0.22
T	订正前	0.57	0.53	0.51	0.52	0.54
	CM-old	0.60	0.58	0.56	0.55	0.62

利用 1981—2000 年(共 20 年)的资料代到模式中对我国夏季降水进行后报试验。对比两种订正方法的预测效果(表 7.2.3),可知 CM-ENSO 订正方案的预测效果好于 CM-old 订正方案。

表 7.2.3 20 年后报试验经过不同订正方法后的平均距平相关系数(ACC)和同号率(T) (Chen 和 Lin,2006)

		全国	西部	东部	东北	淮河流域	东南
ACC	CM-old	0.09	0.12	0.02	−0.17	0.00	0.06
	CM-ENSO	0.27	0.32	0.02	−0.04	0.03	0.11
T	CM-old	0.55	0.55	0.54	0.57	0.51	0.55
	CM-ENSO	0.57	0.59	0.54	0.53	0.53	0.56

(3) 相似—动力模式

一般意义上,数值预报模式可以表示成下面 Cauchy 问题的解:

$$\frac{\partial \psi}{\partial t} + L(\psi) = F(\psi) \tag{7.2.8}$$

$$\psi(x,0) = G(x), t = 0 \tag{7.2.9}$$

其中,x 是空间坐标向量,ψ 是预报的状态向量,L 是 ψ 的微分算子(通常是非线性),F 是模式中忽略的误差算子。在相似—动力模式中,ψ 被分成参考态和扰动态,即 $\psi = \psi^\% + \hat{\psi}$,$\psi^\%$ 是从历史观测资料中选出相似的状态向量。参考态按照下面方程表示:

$$\frac{\partial \psi^\%}{\partial t} + L(\psi^\%) = F_1(\psi^\%) \tag{7.2.10}$$

将式(7.2.8)、式(7.2.10)两式相减,可以得到扰动态的方程:

$$\frac{\partial \hat{\psi}}{\partial t} + L(\psi^\% + \hat{\psi}) - L(\psi^\%) = F(\psi^\% + \hat{\psi}) - F_1(\psi^\%) \tag{7.2.11}$$

从上面分析中可以看出,在一般的数值预报模式中误差项是 $F(\psi)$,但是对于相似—动力方法来说误差项是 $F(\psi^\% + \hat{\psi}) - F_1(\psi^\%)$ 比 $F(\psi)$ 要小,即:

$$\frac{\partial \hat{\psi}}{\partial t} + L(\psi^\% + \hat{\psi}) - L(\psi^\%) = 0 \tag{7.2.12}$$

比

$$\frac{\partial \psi}{\partial t} + L(\psi) = 0 \tag{7.2.13}$$

要准确,$F(\psi^\% + \hat{\psi}) - F_1(\psi^\%)$ 是运用历史资料对模式修正后的结果,这说明由于考虑环流异常相似演变的作用,相似—动力模式将会比动力模式或相似预报方法的精度更高。

以 T63L16 月动力延伸业务预报模式为动力核的相似—动力月预报模式对高度

场作预报的结果表明,该相似动力预报模式的逐日预报中对纬向平均场预报改进比较显著;超长波部分的预报在 15 日后的预报效果较纯动力预报有较大改善;天气尺度波预报在 10 天后的预报效果具有明显优越性(图 7.2.3)

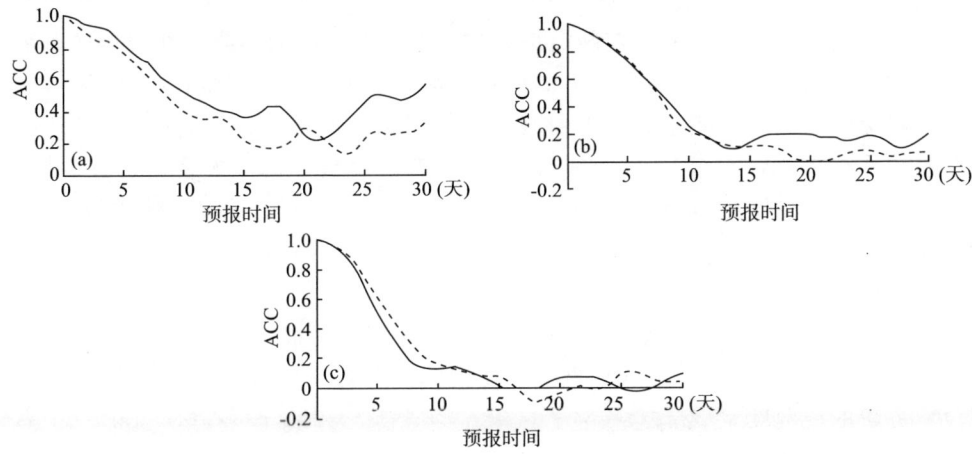

图 7.2.3 全球 500 hPa 高度逐日预报与实况的 ACC
(a)纬向平均部分;(b)超长波部分;(c)天气尺度部分
实线:相似动力集合预报;虚线:动力预报(12 例平均,鲍名等,2004)

7.3 集成预报

由于使用不同的预测方法,预测的结果会不同;来自不同单位的预测结果也会有差异,然而发布的预测结果必须是唯一的。因此,我们可以通过集成预报方法,来综合分析各种不同方法以及不同来源的预测结果,最后给出一个统一的预测结果。

7.3.1 集成预报方法介绍

集成预报的基本含义是将两个以上模型的预测结果以统计方法集成为单一预测结果。集成预报的关键是如何确定权重系数,例如采用简单的算术平均,或根据各种方法的历史预报技巧事先人为设定,或用回归系数给各种预报方法不同的权重等。

设 $\{x_t\}, t = 1, 2, \cdots, N$ 为某气候要素的观测结果(依时间顺序排列),现用多种途径或方法对未来时刻的该要素进行预测,结果记为 $\hat{x}_{N+l}(j), l = 1, 2, \cdots, L, L$ 为预测步长,$j = 1, 2, \cdots, J$ 为预报方法或途径,则气候预测的综合决策结果 $\hat{x}_{N+l}$ 可用如下形式来表示:

$$\hat{x}_{N+l} = \sum_{j=1}^{J} w_j \hat{x}_{N+l}(j) \tag{7.3.1}$$

式中 $w_j, j = 1, 2, \cdots, J$ 为在综合决策方案中对第 j 个预测方法（或途径）所施加的权重。其中权重系数需满足约束条件

$$\sum_{j=1}^{J} w_j = 1。 \tag{7.3.2}$$

不同的集成预报方法就是在确定决策方案权重系数中的不同。在预报样本量不是足够大的情况下，算术平均通常不能得到最优集成预报。在有限样本情况下，回归系数可以保证在最小方差意义下得到最优集成拟合。但是，由于不同方法得到的降水预报结果存在较好的相关，在求回归系数时，有时会出现标准方程组病态现象，使回归系数估计不稳定，造成预报效果不稳定。这里简单介绍几种不同集成方法各自的特点。

(1) 分区权重法

该方法不受历史预报档案资料的限制，以各种不同预报的历史评分资料为基础，确定各个预报方法在综合预报中的权重，并根据评分资料年数和评分的年平均增长率设定方法的稳健度。

(2) 权重分布法

根据不同方法对不同测站历史预报评分决定该方法对该站的预报权重来做出综合预报，对预报评分低于各家评分平均水平的预测方法自行淘汰。

(3) 递归正权决策

以误差平方和为风险函数，以正权综合为模式的多途径气候预测决策方案，从理论上保证了决策结果的优效性。

预测的综合将逐步做到科学、客观、定量，不单凭经验，综合能力将提高。"九五"课题中研究的分区权重法、权重分布法和递归正权决策等客观统计集成方法已经在业务中广泛使用。

集成预报效果的好坏主要依赖于两个关键因素。一是要有几种具有较强预报能力的预报模型作为基础。如果几种预测模型均能基本报对夏季降水的主要趋势，那么集成预报就可能会有好的效果。但是，在几种预报模型预报得均不成功的情况下，不可能指望通过集成而有根本的改变，只可能有所改进。通过集成预报方法帮助我们在做出预报决策时，不能完全保证以效果最好的预报作为最终预报，但至少可以避免给出预报效果最差的预报。第二个因素是集成权重系数的确定，这是当前预测科学尚在研究的一个难题。

7.3.2 汛期降水集成方法的应用

我国短期气候预测业务自 1960 年开始组织全国性的会商。会商会上有不同方法的预报结果，有不同单位的预测意见，在充分讨论之后，会议将给出最后的预测结

果。1994年以后,会商规模和预测产品逐渐成型,国家气候中心气候诊断预测室收集存档能够提供预测的几大单位的预测,并进行客观集成方面的工作,一般以各方法对某站或某地区的预测评估结果来确定集成预测中各方法的权重。这些集成方法对提高短期气候预测综合集成结果的客观化起到很大推动作用,集成结果在多数情况下高于各方法(或单位)的平均预测技巧。

以历史预测评估参数为权重的权重分布客观集成预测方法是常用的一种集成预测方法。权重分布集成法的基本思路是在目前短期气候预测水平不很高且不很稳定的情况下,针对不同方法(或不同单位)的预测结果,使用不同权重进行集成。即把历史预报效果好的给予较高权重,相对差的权重较低,对短期气候业务预测结果进行最后的综合集成、决策。考虑到不同方法(或不同单位)可能使用的因子不同,对不同地区的预测能力也不同,为了充分利用各方法对不同地区的预测能力,对同一种方法全国不同站点使用不同的权重,以集中各方法的优势,提高综合预测水平。

用权重分布集成法在制作 t 年第 k 站集成预测时,先把 t 年以前 $t-1$ 年各方法对该站的预测评分作为集成预测中各方法的权重,使用高于各方法平均预测评分的方法参加集成,淘汰那些预测水平低的方法;为保证各方法权重和为1,加大各方法的权重比,把参加集成的各方法预测评分的平方与各方法预测评分平方和的比作为各自的权重系数,即 t 年 k 站 j 种方法的权重系数 $W_{t,k,j}$ 用下式来表示:

$$W_{t,k,j} = P_{t,k,j}^2 / \sum_{t=1}^{N} P_{t,k,j}^2, \quad (7.3.3)$$

t 年 k 站集成预测值 $F_{t,k}$ 用下式表示:

$$F_{t,k} = \frac{1}{N} \sum_{j=1}^{N} W_{t,k,j} \times F_{t,k,j} \quad (7.3.4)$$

其中 $F_{t,k,j}$ 为 t 年 k 站 j 种方法的预测值,$W_{t,k,j}$ 为预测评分高于各方法平均水平的 t 年 k 站 j 种方法的权重系数,$P_{t,k,j}$ 为第 t 年 k 站 j 种方法的预测评分,N 为预测评分高于各方法平均水平的方法数。

下面以1984—1998年的业务预测为例介绍集成预测的效果。从预测评分平均来看(表7.3.1),旱涝预测概念模型的评分最高,地温热力学模式相对较低,但评分的方差较小,预测效果相对要平稳,IAP2层气候模式、OSU/SZ/ZW(NCC)模式、周期回归模型、特征量相似模型的评分均高于65。权重分布集成预测评分(P)比6种方法平均水平不仅提高了3.56,且高于6种方法的任何一种,它的方差比各方法的平均减小了1.9,且小于其中的5种方法;技巧评分(SS)平均提高了4.96%,方差平均减小了1.73%;距平相关(ACC)平均提高了0.03,方差平均减小了0.07,这表明通过权重分布集成以后,预报效果明显提高且相对稳定了。

表 7.3.1　各种方法与权重分布集成预测评估比较(1984—1998 年)(陈桂英等,2000)

方法名称	预测评分(P)		技巧评分(ss%)		距平相关(ACC)	
	平均	方差	平均	方差	平均	方差
汛期概念模型	68.81	8.15	19.96	12.95	0.19	0.21
特征量概念模型	65.33	5.61	11.93	9.52	0.02	0.12
周期回归模型	67.26	9.16	15.77	15.99	0.05	0.24
地温—热力模式	59.86	3.93	7.58	8.77	0.04	0.13
OSU/SZ/ZW(NCC)模式	67.13	6.57	13.78	10.86	0.02	0.14
IAP 气候模式	67.40	6.28	14.06	12.20	0.13	0.16
6 种方法平均	65.96	6.62	13.85	11.72	0.07	0.17
权重分布集成	69.52	4.72	18.81	9.99	0.10	0.10

比较 1998 年、1999 年这两年集成预测的评分结果(表 7.3.2),可见 1998 年集成预报的预报评分高于各方法的平均,也高于主观综合预报,技巧评分明显高于主观综合预报,也高于各方法的平均,距平相关系数明显高于各方法的平均,略低于主观综合预报。1999 年集成预报的预报评分、技巧评分、距平相关系数均明显高于主观综合预报,但低于各方法的平均。总起来看,1998 年、1999 年的集成预报总的效果是好的,但 1998 年与 1999 年相比,由于 1998 年各家预测效果均较好,而 1999 年各家预测效果均较差,所以,集成预报的效果也是 1998 年好于 1999 年。1999 年集成预报差于各方法的平均水平的原因可能是前几年预测较好的方法,权重比较大,但 1999 年预测失误较大。

表 7.3.2　1998 年、1999 年集成预报评估与各单位、主观综合预报评分比较(陈桂英等,2000)

项目		各单位集成预报比较		
		预报评分(P)	技巧评分(ss%)	距平相关系数(ACC)
1998 年	集成预报	70.33	24	0.16
	各单位平均	67.65	21	0.08
	主观综合	69.12	7	0.18
1999 年	集成预报	51.88	−6	−0.26
	各单位平均	54.08	−4	−0.17
	主观综合	44.44	−22	−0.31

从以上统计结果看,虽集成预测评分明显高于各单位平均预测评分,但它们的变化趋势基本是一致的,所以为了提高短期气候预测的总体水平,还是要开展对影响短期气候变化因子和物理过程的研究,以解决物理机制问题。

7.4 短期气候预测业务系统

我国开展短期气候预测业务较早,经过了从手工操作,半手工操作到基本自动化的过程。20世纪80年代以前,短期气候预测的制作基本上是手工或半手工操作,80年代以后我国微机技术得到迅速发展,为短期气候预测自动化提供了可能。"七五"期间,中央气象台和许多省、市、区、台根据业务需要设计研制了各种类型的短期气候预测微机业务系统,使预报员从繁重的手工劳动中解放出来。其中国家气候中心(原中央气象台)短期气候预测微机业务系统在全国得到广泛的推广和应用,大大地促进了全国短期气候预测业务系统的迅速发展。2000年,我国建立了国家和地区两级第一代短期气候监测、预测、评价和服务业务系统。系统的预测能力和准确性比过去有明显增强,客观化、定量化、自动化水平大大提高,为国内外用户提供了14种以上的气候产品,大大提高了我国气象业务现代化整体技术水平。

以下就系统的结构、功能及投入使用以来的预报效果等对中国第一代短期气候预测系统作简单的介绍。

7.4.1 系统的功能和设计思想

短期气候预测业务系统应当具有包括资料的收集、整理、加工,实时资料的续补,预测产品的制作,预测结果的综合分析,预测图表的形成、显示、输出一套完整的体系。预测制作过程要尽可能做到客观化、定量化,统计分析的结果要便于存档、提取,有利于进行分析、总结和提高。

针对当时业务及设备条件的实际情况,我们的设计思想是:第一,解放劳动力,提高工作效率,充分利用计算机优势,尽可能地用自动化代替手工操作,使预报员从手工、半手工操作中解放出来;第二,增加产品。为预报员提供尽可能多的分析预测产品,特别是大量客观化、形象化的产品。这样使预报员能有更多的时间从事总结研究,探求气候变化的规律,逐步认识气候变化的物理机制,不断提高预测效果。在具体设计时,尽可能模拟预报员的思路,适合预测需要,功能齐全,灵活方便,简单易行。

7.4.2 系统的结构

图7.4.1为系统总体结构框图。中国第一代短期气候预测系统主要由6个部分组成:数据库、动力气候模式系统、气候监测诊断系统、短期气候预测系统、气候影响评价系统与气候应用服务系统。下面分别进行介绍。

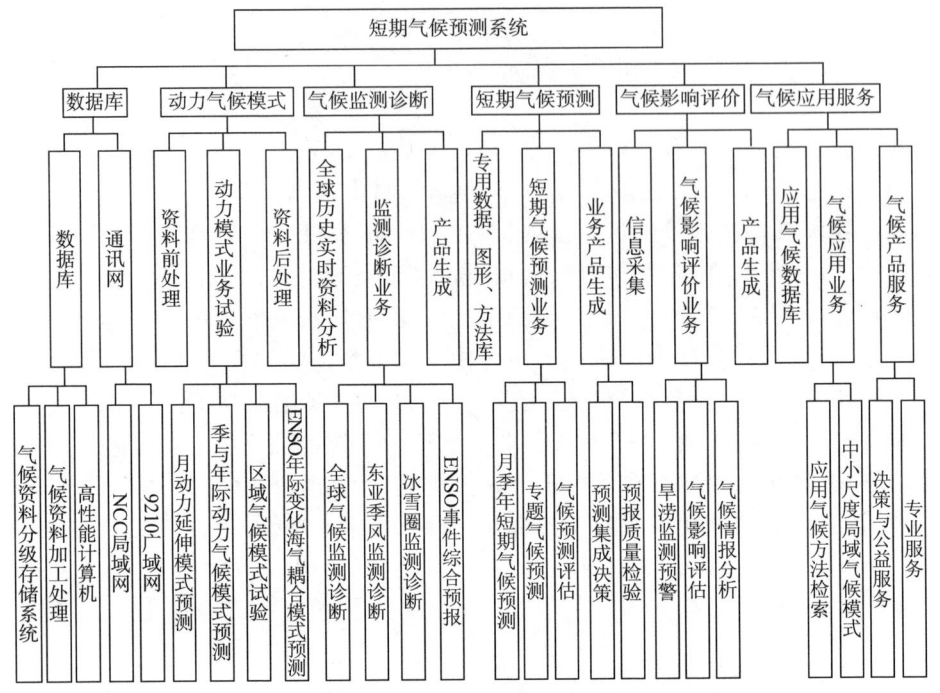

图 7.4.1 中国短期气候业务系统主要内容概图(取自项目研究总结报告,2003)

(1) 数据库

数据库包括短期气候资料数据库和相应的通讯网络系统,其中通讯网络系统有国家气候中心局域网和全国气象部门相联系的 9210 广域网。下面主要对资料数据库部分进行介绍。

1) 气候资料分级存储系统

气候资料是短期气候预测业务的基础工程,主要包括以下几种类型的资料:①大气圈层环流相关资料,如南北半球 500 hPa 候、旬、月平均高度,100 hPa 月平均高度,月平均海平面气压;850 hPa 和 200 hPa 层的风场资料;OLR 和云量资料等。②水圈及岩石圈相关资料,如全球月平均海表温度;陆面过程监测资料等。③要素场资料,如全国 160 个站月平均温度、月降水量资料,全国及分区温度等级和降水指数;④预测用的各种物理量指数,包括北半球和分区的副高面积和强度指数、脊线和北界的纬度位置、西伸脊点的经度位置;北半球极涡面积和强度指数及中心位置;欧亚和亚洲地区的环流指数;欧洲—大西洋环流型日数;东亚槽位置和强度、青藏高原和印缅槽强度;南方涛动指数、太阳黑子相对数、季风等。⑤冰雪圈资料,如欧亚和青藏高原积雪监测资料等。

2) 气候资料的加工处理系统

主要包括资料加工、处理、计算等程序软件,收集了一些业务上常用的数理统计方法、预报集成等程序软件。

3)高性能计算机

短期气候预测需要大量的资料,且在预报制作过程中和预报会商时要绘制大量图表,还有模式预测系统的资料同化和预报系统等,必须有高性能的计算机实现对大量资料数据库和图形及运算的功能。

(2)动力气候模式

动力气候模式是短期气候预测业务系统的核心部分。该模式系统包括五个模式,即T63L16全球大气环流模式、高分辨率区域气候模式、T63L30全球海洋模式和海冰模式、太平洋和印度洋高分辨率海洋模式和厄尔尼诺预测模式。与国际上同类型模式相比,我国研制的气候模式有下列特点:用新的日通量距平耦合和三维嵌套方法实现了气候系统中主要圈层的耦合及不同用途模式的嵌套,稳定和合理的动力框架,复杂和先进的物理参数化方案与青藏高原大地形的合理处理方法,更精细、合理的积雪模式和陆面过程模式,较高的垂直与水平分辨率,相匹配的多种资料同化分析系统。

这些成果的应用解决了国内外气候模式普遍存在的下列问题:(1)保证了气候模式系统能够稳定和准确地长期积分,这是制作气候预测的必备前提;(2)基本消除了海气耦合模式常有的气候漂移,也即系统性误差;(3)消除了由青藏高原大地形处理不当造成的大范围虚假降水;(4)用高分辨区域模式,更精细预测中国雨带的移动和降水强度,弥补了全球模式预报较粗的缺点;(5)可更准确地预测厄尔尼诺的发生与衰减趋势。本项目研制的气候模式由于引入了中国科学家研制的重力扣除法等新技术方案大大减少了这种虚假降水预报,从而提高了降水预报的可信性。

每个动力模式一般包含资料前处理、动力模式业务试验、资料后处理及检验等。目前国家气候中心已经进行的动力模式预测试验有:月动力延伸预测试验、季和年际动力气候模式预测、区域气候模式试验和ENSO年际气候变化海气耦合模式试验。

(3)短期气候监测诊断

对全球历史实时资料进行分析,开展的监测诊断业务有全球气候监测诊断、东亚季风监测诊断、冰雪圈监测诊断和ENSO事件综合预测。气候监测诊断是开展短期气候预测和气候影响评价与应用服务两部分业务的基础。

(4)短期气候预测

短期气候预测部分为预测业务系统的核心内容。包括专用数据图形方法库、短期气候预测业务、业务产品分类。其中开展的短期气候预测业务有月季年短期气候预测、专题气候预测和气候预测评估,业务产品有预报集成决策和预报质量检验。短期气候预测还为开展气候影响评价提供必不可少的预测信息。

(5)气候影响评价

气候影响评价则是客观量化气候及其异常事件对不同行业的影响,提供适应对策的服务环节。包括信息采集、气候影响评价(旱涝监测预警、气候影响评估、气候情报分析)、产品生成。

(6)气候应用服务

气候应用服务有应用气候数据库、气候应用业务(应用气候方法检索、中小尺度局域气候模式、决策与公共服务、专业服务)。开展的气候应用业务包括应用气候方法检索、中小尺度局域气候模式、决策与公共服务和专业服务。气候应用服务是整个气候业务体系的最终出口。

随着大家对短期气候变化认识的不断全面化和深入化,目前在实际业务中物理统计预报方法仍是有效的。但是它还存在着一些不足,例如物理因子选取的合理性、预报方法的有效性等。今后,我们需要朝着动力—统计方法相结合的方向发展,提高我国短期气候预测水平。

复习思考题

(1)统计预报方法有哪几个阶段?每个阶段主要有哪些预报方法?
(2)在做短期气候预测时,选择因子要注意哪些问题?
(3)在建立某种短期气候预报方法时,有哪些主要的基本步骤?
(4)动力—统计预报主要有哪两种方法?
(5)数值预报产品释用有 PP 法和 MOS 法,它们的基本思路是什么?
(6)什么是集成预报?集成预报和集合预报有什么相同点和不同点?
(7)短期气候预测业务系统主要由哪几个部分组成?

第8章 中国东部夏季降水预测

中国夏季降水量占全年降水量的比例很大,与国民经济和人民生活密切相关,是我国短期气候预测的主要项目。本章以中国气象局气候中心的业务预测为依据,介绍我国东部夏季降水的预测方法。

8.1 中国夏季降水的主要特征及其三类雨型

8.1.1 中国夏季降水的主要特征

我国幅员辽阔,地形复杂,各地年雨量分布很不均匀,一般从东南沿海向西北内陆减小。台湾、广东、广西、福建和浙江南部沿海在 2000 mm 左右,长江流域在 1200 mm左右,云贵高原在 1000 mm 左右,黄河下游、陕甘南部、华北和东北为 600 mm左右,西北内陆不足 200 mm,青藏高原北部还不到 50 mm,南疆沙漠地区仅有 10 mm。特别应该指出的是,年雨量的绝大部分集中在夏季,有明显的雨季、干季之分。所谓雨季是指夏季比较稳定的持续阴雨阶段。各地的雨季起止日期不同,事实上雨季中的降水分布也不均匀,会有相对的干期出现。

我国东部雨季起迄时间不同,基本特征是由南向北推进,形成这种特点的主要原因是:夏季雨带由南向北移动,而夏季雨带的向北移动又与西太平洋副高、南亚高压、副热带西风急流和东亚季风的季节变化有关。

我国夏季雨带大致在 5 月中旬到 6 月上旬位于华南,称为华南前汛期。6 月中旬至 7 月上旬则位于长江中下游地区,称为梅雨。7 月中旬至 8 月下旬位于华北和东北,称为华北和东北雨季;与此同时,华南出现了由热带系统造成的另一雨带,称为华南后汛期。相对的干期一般出现在雨季结束后,华南干期在 6 月下旬到 7 月下旬,长江流域东部的干期出现在 7 月中旬到 8 月中旬,华北和东北的干期不明显。

我国夏季(6—8月)总雨量分布特点:华南沿海在 750 mm 左右,长江流域平均在 500 mm 左右,华北平均在 250 mm 左右,东北平均在 300 mm 左右,而我国西北地区不足 100 mm,新疆地区在 50 mm 以下。

8.1.2 主要地区雨季

(1)华南前汛期降水

华南前汛期是指4—6月间的多雨期,这一时期的降水主要发生在副热带高压北侧,一般到5月中旬雨量增大,进入华南前汛期的盛期。5月中旬前,主要受北方冷空气影响,形成降水,5月中旬以后,主要受东亚季风影响,雨带移至华南沿海。

①华南前汛期降水的气候特征

华南前汛期平均降水量在500~1000 mm之间,降水有两个大值带,一条从武夷山到南岭山脉的南麓,另一条位于沿海。4—6月降水量一般都占全年降水量的40%以上,武夷山脉到南岭山脉一带占全年一半以上。应该指出,华南前汛期降水主要由暴雨形成,暴雨量甚至能占50%以上。

②环流特征

华南前汛期降水是在中高纬和低纬环流配置下形成的:副热带高压脊稳定在18°N附近,副热带西风急流北跳稳定在30°N,华南上空为平直西风,南亚高压进入中南半岛。在这种形势下,北方不断南下的冷空气与活跃的东亚夏季风相遇在华南,形成华南前汛期雨季。一般多雨年对应500 hPa亚洲中低纬的大陆和海洋上为负的高度距平,西太平洋副高比常年弱;而少雨年,中低纬的大陆和海洋上是较强的正高度距平,西太平洋副高偏强。

(2)长江中下游梅雨

初夏季节,长江中下游地区进入雨季,雨量很大,其时恰逢江南梅子黄熟季节,又称为"梅雨",即梅雨季节。因为这段时间温度高湿度大,又戏称"霉雨"。亚洲的一些国家也把自己国家或地区的雨季称为"梅雨"(PlumRain,Baiyu)。梅雨是我国汛期降水预测的重要任务。下面介绍梅雨的气候特征及其表征方法。

①梅雨期及梅雨强度的定义

采用5—8月期间,长江中下游上海、南京、芜湖、九江和汉口5站的逐日降水量和500 hPa西太平洋副热带高压在110°~125°E范围内的脊线位置来定义梅雨期及梅雨强度。

雨日:同一天两站以上(包括两站)出现≥0.1 mm,且5站日降水总量≥10 mm,则称为1个雨日。

雨期开始日:要求从雨期的第1天开始之后的10天中,以第1天为开端日的任何连续时段内,其雨日天数所占的比例均≥50%,则将这一天定义为梅雨的开始日期,即入梅日。

雨期结束期:要求从雨期结束日起向前的10天中,以雨期结束日为开端日的任何连续时段内,其雨日天数所占的比例≥50%,从雨期结束日起向后的10天中,以雨期结束日为开端日的任何连续时段内,其雨日天数所占的比例＜50%,则将这一天定义为雨期的结束日期。结束日的第 2 天为出梅日。

雨期:一个雨期中任何 10 天的雨日比例均≥40%,且非雨日的连续日数≤4 天。

梅雨期:梅雨期可以由一个以上的雨期组成,每一个雨期内至少应有雨日 6 天及 6 天以上,且雨期中五站降水总量的日平均值＞25 mm。第一个雨期的开端日为入梅日,最后一个雨期的结束日后一天为出梅日。

梅雨季节长度:指入梅日(含入梅日)到出梅日(不含出梅日)之间的天数。

梅雨期西太平洋副高特征:梅雨期内西太平洋副热带高压脊线的位置一般在 20°～25°N 内,其间可以有＜20°N 和≥25°N 的过程性波动,但副高平均脊线位置≥25°N 的连续日数不超过 5 天。

出梅:西太平洋副热带高压脊线的位置连续 5 天及以上≥25°N,且江淮流域出现 35℃ 以上的高温天气,为出梅,长江流域雨季结束。

梅雨强度的定义:确定梅雨期以后,用下面的计算式计算梅雨强度指数:

$$M = \frac{L}{\overline{L}} + \frac{1}{2} \frac{\frac{\sum R}{L}}{\frac{\overline{\sum R}}{\overline{L}}} + \frac{\sum R}{\overline{\sum R}}$$

式中,L 为典型梅雨期的天数(即梅雨期内雨期的天数),$\overline{L}$ 为历年典型梅雨期长度的平均值,$\sum R$ 为典型梅雨期五站总降水量,$\overline{\sum R}$ 为历年典型梅雨期五站总降水量的平均值,$\sum R/L$ 为典型梅雨期平均每日降水强度,$\overline{\sum R/\overline{L}}$ 为历年典型梅雨期平均日降水强度的平均值。

梅雨强度指数计算式的第一项表示梅雨期长短的贡献,第二项表示梅雨期内降水强度的贡献,第三项表示整个梅雨期总降水量的贡献。这样,梅雨强度指数 M 的标准量=1.00+0.50+1.00=2.50,据此可划分历年梅雨的强度。

强梅雨:M 值超出 M 标准量的 15%,即 M≥2.88。

弱梅雨:M 值少于 M 标准量的 15%,即 M≤2.12。

正常梅雨:M 值在 M 标准量的 -15%～15% 范围内,即 2.88＞M＞2.12。

有时候还把梅雨正常级再分为二等,M≥2.50 为正常偏强,M＜2.50 为正常偏弱。

②梅雨的气候特征

梅雨期间多阴雨,降水一般为连续性的,并常有雷雨或者暴雨,雨量充沛,相对湿度很大,日照时间很短。梅雨结束以后,雨带北跳,长江流域进入盛夏,雨量减小,晴天增多,温度升高,天气酷热。

表 8.1.1 给出了梅雨特征量的气候平均值。长江中下游地区入梅日期大约在 6 月中旬后期,1961—1990 年的 30 年平均为 6 月 19 日,1901—1990 年的 100 年平均为 6 月 16 日,表明入梅日期近几十年有偏晚趋势;入梅日期最早为 6 月 2 日,最晚为 7 月 9 日,相差一个多月。出梅日期平均在 7 月 8 日,最早为 6 月 14 日,最晚在 8 月 1 日,相差一个多月。梅雨集中期的平均长度为 20 天左右,最长有 50 天,而有的年份例如 1958 和 1965 年没有出现梅雨,称为空梅年。梅雨期 5 个站平均降水量为 1059 mm,最多年份达到 3727 mm,两个空梅年分别为 150 mm 和 63 mm。

有少数年份在 5 月份甚至 4 月下旬就出现持续阴雨天气,达到梅雨规定的条件,称作早梅雨。1951—1996 年中共有 7 年:1954、1963、1964、1977、1985、1991、1993 年;出现二段梅雨的称为二度梅,有 14 年;出现三段梅雨的只有 1991 年。

表 8.1.1　各种梅雨指数的气候特征(赵振国等,1999)

梅雨指数项目	入梅期(月、日)	出梅期(月、日)	集中期长度(天数)	季节长度(天数)	5 站降水量(mm)	强度指数
30 年平均 (100 年平均)	6.19 (6.16)	7.8 (7.8)	18 (20)	20 (22)	1059 (1174)	2.50 (2.43)
最早(长、大) (年)	6.2 (1991)	(6.14) (1994)	50 (1954) (1996)	50 (1954)	3727 (1954)	6.93 (1954)
最晚(短、小) (年)	7.9 (1982)	8.1 (1954) (1987)	0 (1958) (1965)	0 (1958) (1965)	63 (1965)	0.0 (1958) (1965)

注:表中"最早(长、大)",最早指入梅期、出梅期,最长指集中期长度、季节长度,最大指五站降水量、强度指数。"最晚(短、小)",最晚指入梅期、出梅期,最短指集中期长度、季节长度,最小指五站降水量、强度指数。

③梅雨的环流背景

图 8.1.1 给出了长江中下游地区梅雨强度指数与 6—7 月北半球 500 hPa 高度场的相关。可以看出,从高纬到低纬为"＋－＋"的相关型,这种东亚地区从高纬到低纬的距平分布表明西太平洋副热带高压偏南,对应的东亚副热带锋区南移至长江流域,长江中下游地区梅雨偏强。反之,东亚从高纬到低纬为"－＋－"的距平型时,则东亚副热带锋区和西太平洋副热带高压位置偏北,长江中下游地区梅雨偏弱。

(3)华北雨季

每年 7 月中旬至 8 月下旬,我国东部地区雨带向北移至华北和东北地区,形成华北雨季和东北雨季。下面简单介绍华北雨季的有关特征。

①华北雨季及其强度的定义

选取承德、北京、天津、保定、德州、安阳、新乡 7 个代表站的 3 月上旬至 9 月下旬的各年旬降水量资料来表征华北雨季的起止期和强度。

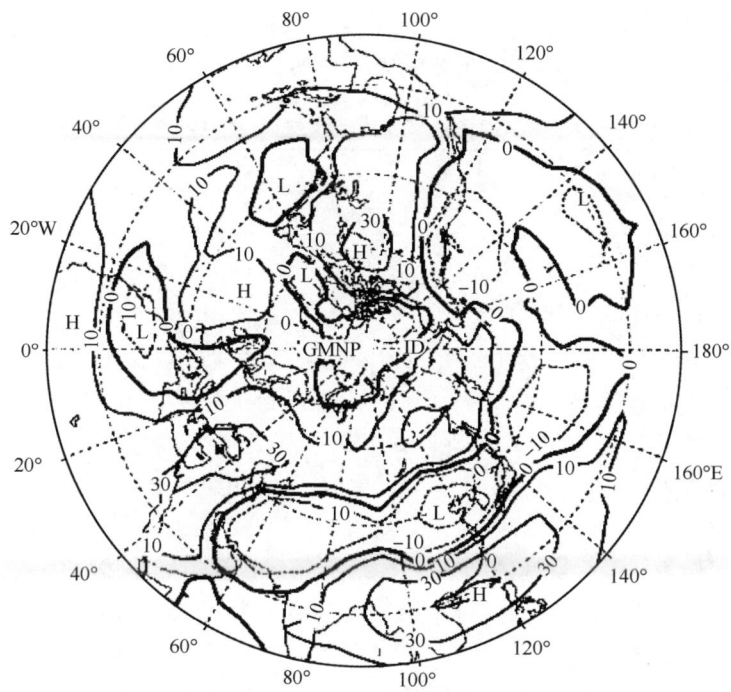

图 8.1.1　长江中下游地区梅雨强度指数与 6—7 月北半球 500 hPa 高度场相关(赵振国等,1999)

华北雨季开始期和结束期:(a)雨季期内华北 7 站的旬降水总量达到或超过各站历年 3—9 月旬平均降水量总和的 2 倍,以保证雨季开始或结束前后的雨量有明显的变化。(b)雨季期内华北 7 站中有 5 站以上的旬降水量分别达到或超过各自历年 3—9 月旬平均降水量,使雨季开始或结束具有区域性而不是局地性。(c)旬降水量首先满足上述两个条件者为华北雨季的开始期;雨期开始之后,再取最后一个旬降水量满足上述两个条件者,为华北雨季的结束期。雨季开始和结束期之间的雨季期内可允许有一个旬降水量不满足上述条件。在雨季期内,可允许出现几个雨段,但每一个雨段必须有两个或两个以上的旬降水量都满足上述两个条件。从历年情况来看,华北雨季出现 2 个以上降水时段的年份不多,如 1956 年华北雨季有两个雨段组成,6 月上旬至 6 月下旬、7 月下旬至 8 月上旬。

在划定每年的雨季期以后,按下式计算雨季强度指数,

$$F = \frac{\sum R}{\sum \overline{R}} + \frac{RM}{\overline{RM}} + \frac{L}{\overline{L}}$$

式中第一项为雨季期内总降水量($\sum R$)与多年平均雨季降水量的比值,第二项为雨季期内最大旬降水量(RM)与相应雨季期内多年平均最大旬降水量之比,第三项

为雨季长度(L)与多年平均雨季长度之比。根据计算的强度指数值,按表 8.1.2 界值可将雨季强度分为强、偏强、偏弱和弱四个等级。

表 8.1.2 华北雨季强度等级评定界值(陈兴芳等,2000)

指数值 F	≥4.00	3.99~3.01	3.00~2.01	≤2.00
强度等级	强	偏强	偏弱	弱

②华北雨季的气候特征

雨季开始期主要集中在 7 月份,几率为 79%,而且主要集中在 7 月上、中旬,可达 61%,这与夏季风雨带一般在此时到达华北地区的气候规律是一致的。华北雨季开始的早晚差异十分显著(表 8.1.3)。最早的开始于 6 月上旬(1954、1956 和 1980年),最晚的开始于 8 月中旬(1985 和 1987 年),相差两个多月。雨季结束期的集中程度不如开始期明显(表 8.1.3),主要集中在 8 月中旬至 9 月上旬之间,几率为 65%,其中 8 月中、下旬雨季结束的几率最大为 47%。结束期的差异更大,最早的结束于 6 月中旬(1980 年),最晚的结束于 9 月下旬(1955 年),早晚相差 3 个多月。雨季期的差别也很大,短的仅 1 个旬,而长的可达 8 个旬。雨季长度中,以雨季期长度为 2 个旬的出现最多。

华北地区雨季的偏旱年多于偏涝年,其中雨季降水偏多的年份占 44%,雨季降水偏少的年份占 56%。华北雨季强度变化有着明显的气候振动(表 8.1.4),1951—1993 年间大致可分为三个阶段。其中第一阶段 1951—1964 年共 14 年,为多雨期,雨季强度以强和偏强年为主,约占这一时期的 71%;第二阶段是 1965—1978 年也有 14 年为降水减少期,雨季强度偏弱和弱的年份从 29% 上升到 43%。第三阶段从 1979—1993 年共 15 年,华北地区进入明显的少雨期,雨季强度以弱和偏弱的年份占绝对优势,有 93%。从 20 世纪 50 年代开始到 20 世纪 90 年代前期,华北雨季强度是由强转弱,特别是 80 年代以来,华北雨季降水量和降水强度明显减弱、雨季开始期推迟、雨季长度变短。

表 8.1.3 华北雨季起止期(陈兴芳等,2000)

时间	6月			7月			8月			9月		
	上	中	下	上	中	下	上	中	下	上	中	下
雨季开始	3	0	3	14	15	7	2	2	0	0	0	0
雨季结束	0	1	0	1	1	3	7	13	10	8	0	2

表 8.1.4　华北雨季特征值在各个气候阶段的对比(陈兴芳等,2000)

年代	年数	雨季强度等级频次和相应的频率(%)						雨季平均降水总量之比	雨季内平均最大旬降水量之比	雨季盛期7月下旬至8月上旬平均总降水量之比	雨季平均长度之比
		强	偏强	偏弱	弱	强、偏强(%)	弱、偏弱(%)				
1951—1964	14	6	4	0	4	71	29	2	1.6	1.5	1.7
1965—1978	14	3	5	3	3	57	43	1.5	1.2	1.3	1.4
1979—1993	15	0	1	6	8	7	93	1	1	1	1

③华北雨季的环流特征

华北雨季期间环流的主要特征是西太平洋副热带高压北上,主体可以到达黄河下游,有充沛的暖湿空气到达华北,中高纬度有冷空气南下,与副热带高压带来的暖湿空气在华北相遇,形成雨季降水;另有一种情况是台风北上带来强降水,影响华北,会形成暴雨。

华北雨季偏弱年,在欧亚高纬从乌拉尔山到西西伯利亚为负距平,贝加尔湖南侧到华北为显著的正距平,朝鲜到日本为负距平。这种环流异常对应中高纬冷空气活动偏强,中纬度华北上空有大陆高压异常维持,西太平洋副热带高压偏东偏南。华北雨季偏强年情况则相反。

8.1.3　夏季三类雨型

夏季我国东部地区的降水分布很不均匀,年际变化很大,影响的大气环流也不相同,这给预测带来很大困难。三类雨型的划分集中反映了中国东部夏季降水的主要特点,为气候分析和预测提供了基础。

(1)三类雨型的划分

根据1951年以来的中国夏季(6—8月)降水距平百分率分布图,着眼于105°E以东的东部地区,把多雨区内降水距平百分率最大的区域作为主要雨带,划分出历年的主要雨型,作为夏季降水的主要预测对象。三类雨型的主要分布特征为:

Ⅰ类雨型(北方型):主要多雨带位于黄河流域及其以北地区,江淮流域大范围少雨,梅雨偏弱并常有较明显的伏旱,江南南部至华南一般为次要多雨区(图8.1.2a)。

Ⅱ类雨型(中间型):主要多雨带位于黄河至长江之间,雨带中心一般在淮河流域一带,黄河以北及长江以南大部地区少雨(图8.1.2b)。

Ⅲ类雨型(南方型):主要多雨带位于长江流域或江南一带,淮河以北大部及东南沿海地区少雨(图8.1.2c)。

根据上述标准划分了1951—2005年55年的雨型,结果见表8.1.5。55年中Ⅰ类雨型20年,占36.4%;Ⅱ类雨型17年,占30.9%;Ⅲ类雨型18年,占32.7%。

显然，Ⅰ类雨型年略多，Ⅱ、Ⅲ类雨型年次之。

表 8.1.5　中国夏季三类雨型年

Ⅰ类雨型年	1953,1958,1959,1960,1961,1964,1966,1967,1973,1976,1977,1978,1981,1985,1988,1992,1994,1995,2001,2004
Ⅱ类雨型年	1956,1957,1962,1963,1965,1971,1972,1975,1979,1982,1984,1989,1990,1991,2000,2003,2005
Ⅲ类雨型年	1951,1952,1954,1955,1968,1969,1970,1974,1980,1983,1986,1987,1993,1996,1997,1998,1999,2002

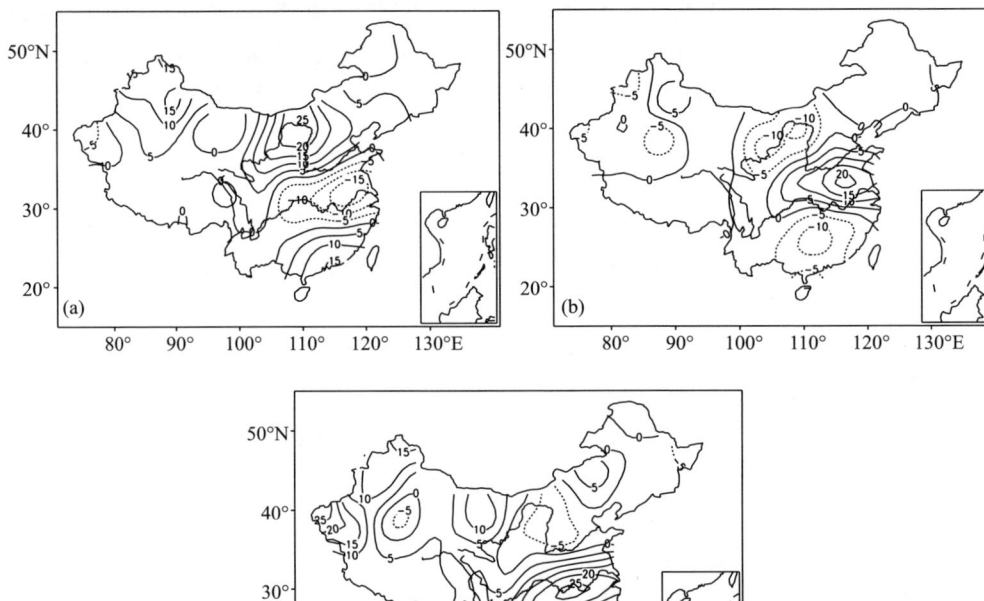

图 8.1.2　夏季中国降水距平百分率
(a)Ⅰ类雨型年；(b)Ⅱ类雨型年；(c)Ⅲ类雨型年

(2)三类雨型的气候特征

从表 8.1.6 不难看出,夏季三类雨型存在着明显的阶段性变化,1951—1967 年,Ⅰ、Ⅱ类雨型占 77%。这说明 50 年代到 60 年代末,主要是淮河流域及其以北地区多雨,北方类雨型占优势;1968—1987 年,Ⅱ、Ⅲ类雨型占 70%,表明 60 年代末到 80 年代末,淮河流域到长江流域一带多雨,南方类雨型占优势;80 年代末到 90 年代中期,北方降水增多,东北地区进入多雨期,1988—1995 年 Ⅰ、Ⅱ 类雨型占 87.5%;而此后 1996—2005 年的十年间主要雨带南移,Ⅱ、Ⅲ 类雨型占 80%。可见,20 世纪 60 年代末和 80 年代末,中国夏季主要雨型发生了明显的趋势转折。

表 8.1.6 夏季三类雨型的气候特征

年份	1951	1952	1953	1954	1955	1956	1957	1958	1959	1960	1961	1962	1963	1964	1965	1966	1967
雨型	Ⅲ	Ⅲ	Ⅰ	Ⅲ	Ⅲ	Ⅱ	Ⅱ	Ⅰ	Ⅰ	Ⅰ	Ⅰ	Ⅱ	Ⅰ	Ⅰ	Ⅱ	Ⅱ	Ⅰ
年份	1968	1969	1970	1971	1972	1973	1974	1975	1976	1977	1978	1979	1980	1981	1982	1983	1984	1985	1986	1987
雨型	Ⅲ	Ⅲ	Ⅱ	Ⅱ	Ⅲ	Ⅱ	Ⅱ	Ⅰ	Ⅰ	Ⅰ	Ⅰ	Ⅱ	Ⅱ	Ⅲ	Ⅱ	Ⅱ	Ⅱ	Ⅲ	Ⅱ	Ⅲ
年份	1988	1989	1990	1991	1992	1993	1994	1995	1996	1997	1998	1999	2000	2001	2002	2003	2004	2005
雨型	Ⅰ	Ⅱ	Ⅱ	Ⅲ	Ⅲ	Ⅲ	Ⅰ	Ⅰ	Ⅲ	Ⅱ	Ⅱ	Ⅱ	Ⅲ	Ⅲ	Ⅲ	Ⅲ	Ⅲ	Ⅱ

(3)三类雨型的环流特征

每一类雨型都有特定的大气环流背景相配置。根据以上得到我国东部三种雨型的 500 hPa 高度距平合成图,各类雨型的环流特征如下:

Ⅰ 类雨型(图 8.1.3a,d),在北半球中高纬度主要距平槽脊为三波型。在两大洋的中低纬度及亚洲大陆南部均为正距平,表明北半球副热带高压偏强。与我国天气气候直接有关的亚洲地区的环流特点是:在贝加尔湖至新西伯利亚南部为一强的负距平区,渤海湾至朝鲜半岛为一强的正距平中心区,西太平洋 30°N 以南又为一负距平区,即东亚—西太平洋地区从高纬到低纬为一典型的"— + —"的距平型。这种距平场的配置表明,东亚副热带锋区偏强偏北,西太平洋副热带高压位置偏北偏西。

Ⅱ 类雨型(图 8.1.3b,e),在北半球中高纬度主要距平槽脊也呈三波型,但其位相比 Ⅰ 类雨型年向东偏移约 20~40 个经度。北半球的副热带地区基本为负距平,北半球副热带高压偏弱。在欧亚地区主要呈两槽一脊型,东亚为一低槽,副热带锋区比 Ⅰ 类雨型向南扩展,相应西太平洋副热带高压也较 Ⅰ 类雨型位置偏东或稍偏南。

Ⅲ 类雨型(图 8.1.3c,f),该型主要距平槽脊的位相分布与 Ⅰ 类雨型几乎相反,尤以东亚地区更为明显。而北半球的低纬地区以正距平为主,副热带高压一般亦偏强,但位置偏南。从欧亚西风带到东南亚副热带地区,500 hPa 高度距平的正负中心呈很有规律的"+—+"的波列分布。它与 Ⅰ、Ⅱ 类雨型,特别是 Ⅰ 类雨型的形势形成鲜明的对照。这类雨型形势的最主要特点是,东西伯利亚地区多阻塞形势,东亚锋区有明显的分支现象,其南支西风带显著偏南偏强,西太平洋副热带高压一般偏强,但位置异常偏南。

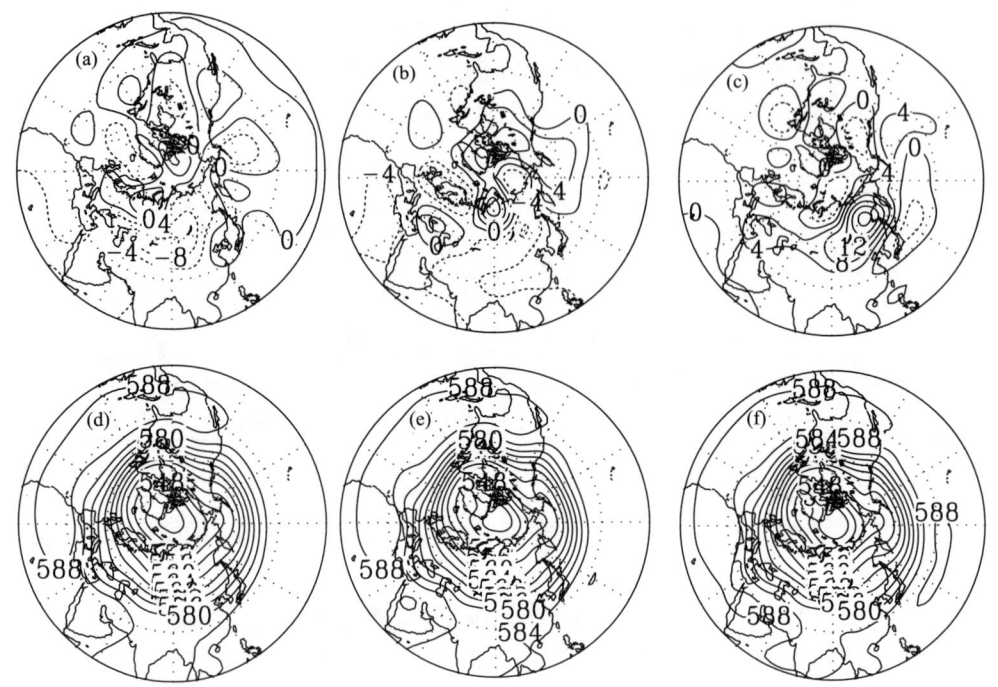

图 8.1.3 夏季北半球 500 hPa 高度距平(上:单位:gpm)和平均场(下:单位:dagpm)
(a),(d) Ⅰ类雨型年;(b),(e) Ⅱ类雨型年;(c),(f) Ⅲ类雨型年

8.2 影响中国汛期降水的主要物理因子

影响我国汛期旱涝的因子很多。长期以来,气象科学工作者从大气环流异常、海洋和陆地热状况等方面广泛地研究了影响汛期旱涝的诸多因子,取得了明显的进展。

这一节将对影响汛期旱涝的一些基本物理因子作初步介绍,并讨论主要物理因子的相互关系。有些因子如 QBO、NPO 等请参照前面相关章节,这里不再赘述。

8.2.1 副热带高压

副热带高压是副热带大型环流系统,它的强弱变化及其南北和东西位置的进退摆动,不仅受副热带环流调整的影响,也受中高纬西风带槽脊和低纬东风气流的制约和影响。西太平洋副热带高压的强弱和位置变化,对我国夏季降水有重要影响,是研究我国夏季旱涝成因及短期气候预测的重要环节。

(1)西太平洋副热带高压指数的定义

这里所指的西太平洋副热带高压是指 500 hPa 月平均环流图上,西太平洋地区

588 dagpm 等值线所包围的反气旋环流。为了定量表征和描述西太平洋副热带高压的强弱和位置,对副热带高压各指数定义如下:

面积指数:在 5°×10°菱形网格的 500 hPa 平均环流图上,10°N 以北,110°～180°E 范围内 588 dagpm 网格点数称西太平洋副热带高压面积指数,用 GM 来表示。

强度指数:588 dagpm 线包围的网格点上平均高度值编码(即 588 为 1,589 为 2,590 为 3,其余类推)之和定义为副热带高压强度指数,用 GQ 来表示。

脊线指数:取 110°～150°E 范围内副热带高压体脊线与每隔 5 度的 9 条经线交点的平均纬度值定义为副热带高压脊线指数,用 GX 表示。

北界指数:用副热带高压北侧 588 dagpm 等值线(东西两个脊点之间)与每隔 5 度 9 条经线交点的纬度平均值定义为副热带高压北界指数,用 GB 表示。

西伸脊点指数:取 90°～180°E 范围内 588 dagpm 等值线最西位置所在的经度定义为副热带高压西伸脊点指数,用 GJ 表示。

在定义脊线指数和北界指数时,规定在此范围内出现两个副热带高压体时,都予以考虑;但只有一个 588 dagpm 网格点的孤立副热带高压体,不予考虑;当每隔 5 度 9 条经线上只有一个纬度与脊线相交时也不予考虑。

这里 GM 越大,副热带高压体越大,GQ 越大,副热带高压越强;GX,GB 越大则表明副热带高压体位置越偏北;GJ 越小,副热带高压西伸越明显;反之亦然。

(2)西太平洋副热带高压的变化特征

副热带高压指数之间的相关明显(表 8.2.1)。副热带高压面积指数和强度指数、脊线指数和北界指数的强弱趋势基本是一致的,它们之间的相关系数分别达到 0.89 和 0.82;副热带高压面积指数和西伸脊点指数的变化趋势相反,它们之间的相关系数为 −0.67。即副热带高压越强大,西伸越明显,反之位置偏东。西伸脊点指数和北界指数也有相反趋势,相关系数为 −0.33。

表 8.2.1 西太平洋副高指数月距平之间的相关系数(赵振国等,1999)

	GM	GQ	GX	GB	GJ
GM	1.00				
GQ	0.89	1.00			
GX	0.09	0.01	1.00		
GB	0.38	0.27	0.82	1.00	
GJ	−0.67	−0.58	−0.21	−0.33	1.00

西太平洋副高有明显的年际变化(表 8.2.2)。夏季西太平洋副热带高压面积指数季平均为 20,极大值 37(1994 年)是极小值 8(1974 年)的 4 倍多,方差达 6.8;强度指数季平均为 35,极大值 98(1995 年)几乎是极小值 10(1974 年)的 10 倍,方差达

15.5;季平均脊线指数为 24,最北达 28,最南为 20,方差为 1.95;副热带高压北界指数季平均为 30,最北达 33,最南为 26,方差达 1.87;季平均西伸脊点指数为 123,最东位置是 144,最西达 97,方差达 10.81,最东位置和最西位置相差大约 50 个经度,而各月指数的变化更大。正是夏季西太平洋副热带高压的强弱趋势、南北和东西位置的不同变化及其配置,造成了我国夏季降水时空分布和异常旱涝的复杂性和多变性。

表 8.2.2　西太平洋副热带高压各指数的统计特征值(赵振国等,1999)

指数	月份	平均	最大	最小	方差
GM	6	20	33	3	7
	7	19	37	1	8
	8	20	42	0	7
	季平均	20	37	8	6.38
GQ	6	38	99	3	20
	7	35	83	1	21
	8	32	112	0	17
	季平均	35	98	10	15.55
GX	6	20	23	17	2
	7	25	30	22	2
	8	27	34	20	5
	季平均	24	28	20	1.95
GB	6	26	32	23	2
	7	31	35	27	2
	8	32	39	25	4
	季平均	30	33	26	1.87
GJ	6	120	139	90	13
	7	124	160	95	16
	8	123	153	90	16
	季平均	123	144	97	10.81

西太平洋副高还存在年代际变化。一般情况,西太平洋副高偏强阶段副热带高压主体大,位置偏西,偏南的年份多;在减弱阶段副热带高压主体小,位置偏东,偏北的年份明显偏多。由图 8.2.1 可以看出,西太平洋副热带高压经历了从持续减弱到持续增强的年代际变化。1976 年以前副热带高压处于减弱阶段,副热带高压主体小,位置偏东,夏季副热带高压脊线位置偏北的 17 年,正常、偏南的年份分别为 5 年和 4 年;而 1977 年以来副热带高压进入了增强阶段,副热带高压主体庞大,西伸明

显,夏季副热带高压脊线位置偏南占优势,有 9 年偏南,正常、偏北的年份分别为 5 年和 6 年。

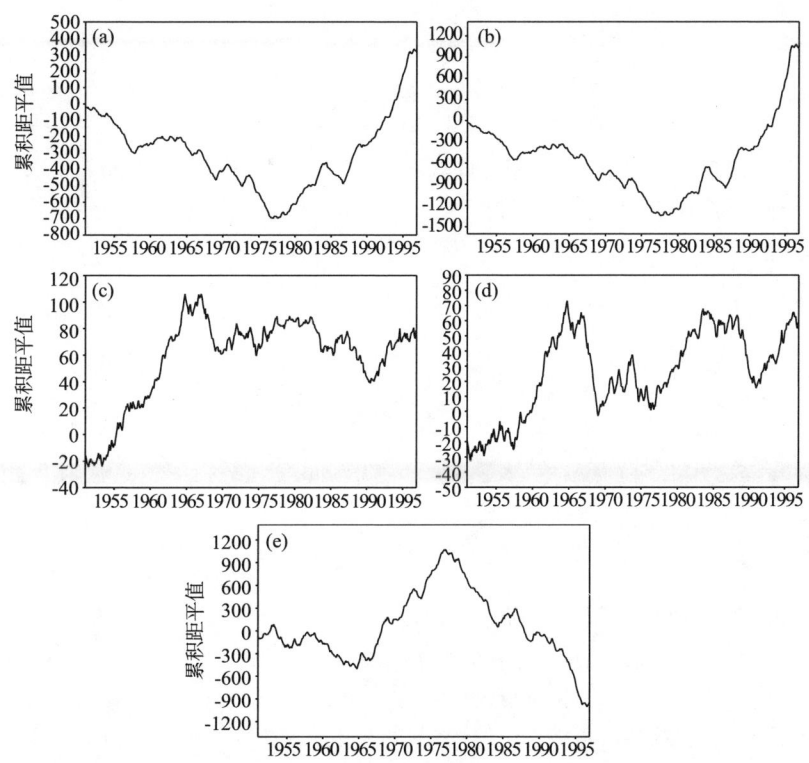

图 8.2.1　1951—1996 年西太平洋副热带高压指数逐月距平累积曲线(赵振国等,1999)
(a)面积指数;(b)强度指数;(c)脊线指数;(d)北界指数;(e)西伸脊点指数

西太平洋副热带高压的变化既有持续性又有转折性(表 8.2.3)。副热带高压各指数距平的月际持续性以其面积指数最好,且以 1—2 月的持续性最好,9—10 月最差。相对来讲,副热带高压强度指数、面积指数和西伸脊点指数具有较好的月际持续性;而脊线指数和北界指数大多数月之间强弱趋势相反性超过持续性。在转换时节,副热带高压强弱趋势不仅持续性差,而且还常常会发生转折。

表 8.2.3　1951—1996 西太平洋副热带高压距平符号月际一致率(%)(赵振国等,1999)

月	1—2	2—3	3—4	4—5	5—6	6—7	7—8	8—9	9—10	10—11	11—12	12—1	年平均
GM	80	78	78	76	67	72	72	72	48	50	71	71	69.58
GQ	78	76	80	70	67	80	70	76	52	65	76	67	71.42

续表

月	1—2	2—3	3—4	4—5	5—6	6—7	7—8	8—9	9—10	10—11	11—12	12—1	年平均
GX	50	54	67	52	43	46	39	46	39	39	39	48	46.8
GB	50	57	59	59	39	59	35	50	37	30	43	57	47.9
GJ	67	70	67	85	65	65	57	63	54	70	61	72	66.3

西太平洋副高变化还表现出周期性。副高变化的主要周期为准3.5年,46年里副热带高压强弱趋势发生13次转折,这与功率谱分析得到的主周期是相一致的(图8.2.2)。副热带高压变化的3.5年周期,可能主要是受海温的影响,与 El Niño 有关(图8.2.3)。

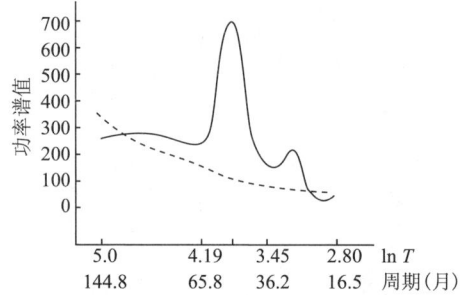

图8.2.2 西太平洋副热带高压月面积指数距平功率谱(实线)与红噪音(虚线)
(赵振国等,1999)

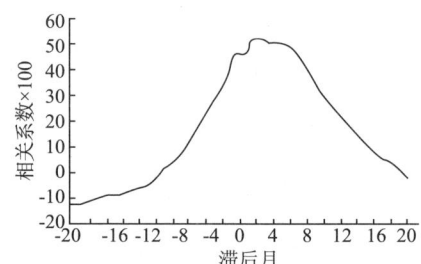

图8.2.3 西太平洋副热带高压面积指数距平与Nino3区SSTA超前和滞后相关
(赵振国等,1999)

(3)西太平洋副热带高压脊线位置与我国夏季降水的关系

副高脊线北跳与我国东部雨季开始和结束有密切的关系。西太平洋副热带高压脊线最主要的季节性北跳有二次,即稳定跳过20°N和25°N,分别与长江中下游入梅和出梅密切相关。规定在副热带高压季节性北移过程中,当某一候开始连续三个候以上副热带高压脊线指数≥20°N,以后不再出现连续三个候达不到20°N,或者某一候达到20°N,其后连续三候中仅有一候达不到,但不小于19°N,以后不再出现连续三候达不到20°N,则这一候为副热带高压脊线稳定通过20°N(第一次北跳)的时间;同样方法定义稳定通过25°N(第二次北跳)的时间。据统计,西太平洋副热带高压脊线第一次达到20°N的平均时间是6月第1候,稳定跳过20°N的平均时间是在6月第4候,与长江中下游地区平均入梅时间(6月19日)相吻合;副热带高压脊线第一次达到25°N的平均时间是7月第1候,稳定通过25°N的平均时间是在7月第3候,与长江中下游地区平均出梅日期在7月8日也大致相吻合。

每年副高脊线稳定通过20°N和25°N的早晚和副高位置的不同组合,直接影响我国夏季降水的分布型和旱涝,特别是副热带高压脊线指数。当夏季副热带高压脊线位置偏北时,我国长江流域大部地区易少雨,而我国北方大部地区和江南南部、华南等地易多雨,全国降水异常分布大致为南北多、中间少的特征,比较典型的有 1959 年、1961 年、1973 年、1976 年、1994 年;相反,当夏季副热带高压脊线位置偏南时,长江流域大范围地区将出现多雨,我国北方大部地区和江南南部到华南等地区降水偏少,为两头少中间多的分布特征,典型的有 1954 年、1969 年、1980 年、1983 年、1987 年、1989 年、1991 年。在盛夏副热带高压脊线位置与中国夏季降水的相关分布图中(图 8.2.4),主要的正相关区在黄河以北的华北到东北东南部地区,而长江流域的大范围地区为负相关区,反映副热带高压位置偏南(北)时,中国夏季降水呈现中间多(少),两头少(多)的分布型式。

副热带高压对我国降水的影响是最直接的,但由于副热带高压的形态、南北位置和东西位置的不同组合,因而副热带高压对我国夏季降水的关系是十分复杂的。在实际问题中,除副热带高压脊线位置及其他特征的差异外,还有西风带环流的不同配置,因此我国夏季降水的分布虽大致可以分成本章介绍的三类分布型,但每年还都显示出其特殊性。

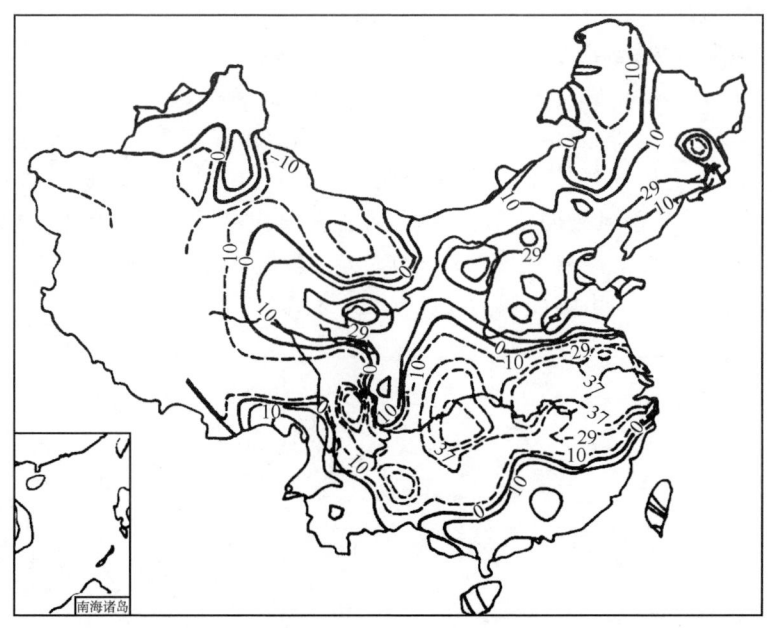

图 8.2.4　1951—1996 年 7—8 月平均副热带高压脊线位置与中国夏季降水的相关(赵振国等,1999)

8.2.2　亚洲季风

在第 2 章中提到,我国是季风气候盛行的国家,干旱、洪涝、冷害、酷暑等各种灾害都与季风活动有着密切的联系,特别是夏季风活动及其与大气环流系统的相互作用对我国夏季雨带的分布和旱涝有重要影响。下面分别介绍东亚季风和南亚季风与我国夏季降水之间的关系。

(1) 东亚季风

① 东亚季风强度的表征方法

一般用海陆之间的气压差来表征季风强度,海陆气压之差愈大,季风愈强;反之则季风愈弱。以下用110°E代表陆地,160°E代表海洋,在10°~50°N范围内,每10度纬圈上用110°E减160°E之间的气压差值≥5 hPa的所有数值之和代表冬季风的强度,气压差值≤−5 hPa的所有数值之和代表夏季风强度,并以1—12月各月冬、夏季风强度与多年平均值(1971—2000年)的比值,作为冬季风强度指数(WMI)和夏季风强度指数(SMI)。

② 东亚季风强度的变化及分类

东亚季风强度在10月至次年3月表现为冬季风,1月最强;在5—8月表现为夏季风,7月最强;春季4月份是冬季风向夏季风过渡的月份;而秋季9月份是夏季风向冬季风过渡的月份。

冬季风与夏季风强度的变化基本呈反位相(图8.2.5),即冬季风强时,夏季风弱;冬季风弱时,夏季风强,这种情况约占60.46%;而冬季风强时,夏季风亦强,或当冬季风弱时,夏季风亦弱的情况仅占39.53%。此外,东亚季风强度存在年代际变化。冬季风强度变化比较明显的有两个阶段,1960—1978年,是冬季风强盛阶段;1979—1994年,是冬季风衰弱阶段。夏季风强度同样有两个较为明显的变化阶段:1966年前,夏季风处于强盛阶段;1976年以后夏季风处于衰弱阶段,而在1966—1976年间东亚夏季风为由强变弱的转换阶段(见图10.1.11)。

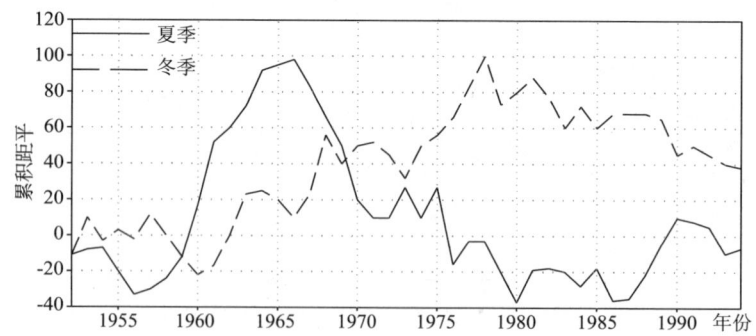

图8.2.5 东亚冬季季风及夏季季风强度指数累积距平曲线(赵振国等,1999)

实际业务中把东亚夏季风强度的变化分为三级:强、正常和弱,即规定夏季强度指数≥1.07的年份划为强年,夏季风强度指数≤0.93的年份划为弱年,介于0.93和

1.07 之间的年份划为正常年。

表 8.2.4　1951—2005 年夏季风强度指数和我国东部夏季雨型的关系

夏季风强年			夏季风正常年			夏季风弱年		
年份	指数	雨型	年份	指数	雨型	年份	指数	雨型
1957	1.08	Ⅱ	1951	1.01	Ⅲ	1952	0.89	Ⅲ
1959	1.13	Ⅰ	1953	1.02	Ⅰ	1955	0.92	Ⅲ
1960	1.3	Ⅰ	1954	1.03	Ⅲ	1956	0.84	Ⅱ
1961	1.34	Ⅰ	1958	1.04	Ⅰ	1967	0.83	Ⅰ
1962	1.1	Ⅱ	1965	1.05	Ⅱ	1968	0.83	Ⅲ
1963	1.14	Ⅱ	1966	1.04	Ⅰ	1969	0.86	Ⅲ
1964	1.14	Ⅰ	1972	1	Ⅱ	1970	0.73	Ⅲ
1973	1.12	Ⅰ	1978	1.01	Ⅰ	1971	0.91	Ⅱ
1975	1.11	Ⅱ	1982	1.06	Ⅱ	1974	0.89	Ⅲ
1977	1.07	Ⅰ	1983	0.96	Ⅲ	1976	0.66	Ⅰ
1981	1.18	Ⅰ	1984	0.95	Ⅱ	1979	0.85	Ⅱ
1985	1.08	Ⅰ	1987	1.02	Ⅲ	1980	0.83	Ⅲ
1988	1.22	Ⅰ	1991	0.98	Ⅱ	1986	0.8	Ⅲ
1989	1.12	Ⅱ	1992	0.95	Ⅰ	1993	0.88	Ⅲ
1990	1.14	Ⅱ	1995	1.05	Ⅰ	1996	0.86	Ⅲ
1994	1.08	Ⅰ	2002	1.04	Ⅲ	1997	0.84	Ⅲ
1998	1.17	Ⅲ				2001	0.86	Ⅰ
1999	1.08	Ⅲ				2004	0.85	Ⅰ
2000	1.14	Ⅱ						
2003	1.2	Ⅱ						
2005	1.18	Ⅱ						
Ⅰ类雨型占 47.6%			Ⅰ类雨型占 37.5%			Ⅰ类雨型占 22.2%		
Ⅱ类雨型占 42.9%			Ⅱ类雨型占 31.25%			Ⅱ类雨型占 16.7%		
Ⅲ类雨型占 9.5%			Ⅲ类雨型占 31.25%			Ⅲ类雨型占 61.1%		

③东亚夏季风和雨型的关系

一般而言,夏季风强年,我国夏季主要雨带位置偏北,Ⅰ类雨型的概率为最大;夏季风弱年,主要雨带位置偏南,Ⅲ类雨型的概率为最大。据统计(表 8.2.4),夏季风强年,Ⅰ类雨型占 47.6%,Ⅱ类雨型占 42.9%,Ⅲ类雨型仅占 9.5%;夏季风正常时,Ⅰ类雨型占 37.5%,Ⅱ类、Ⅲ类雨型各占 31.25%;当夏季风为弱年时,夏季出现Ⅰ类雨型的占 22.2%，Ⅱ类雨型的占 16.7%，Ⅲ类雨型的占 61.1%。

(2)南亚季风

①南亚季风的表征

夏季(6—8月)亚洲大陆为一气旋性环流控制，从阿拉伯海到印度半岛一带盛行西南气流，称为南亚夏季风；在 200 hPa，受南亚高压控制，其南缘，东风急流占了很大范围(图 8.2.6)。冬季(12—2月)，冬季风代替了夏季风，在 850 hPa 亚洲南部盛行东北风；在 200 hPa 上的 15°N 以北地区均为西风带控制(图 8.2.6)。由于高低层环流的差别，可以利用高低层纬向风的差值表示季风的强度，Webster 和 Yang(1992)提出用 850 hPa 和 200 hPa 的平均纬向风切变来表征南亚夏季风的强弱，并将其称为南亚夏季风指数。

国家气候中心利用(0°—20°N，40°—120°E)范围的 850 hPa 和 200 hPa 的平均纬向风距平来描写南亚季风的强弱，取 $SAMI = \Delta U_{850} - \Delta U_{200}$。夏季，当 $\Delta U_{850} > 0 (<0)$，$\Delta U_{200} < 0 (>0)$，说明低层西南气流偏强(弱)，高层东风急流偏强(弱)，SAMI 大于零(小于零)，表示从阿拉伯海至菲律宾的南亚地区夏季风偏强(弱)。

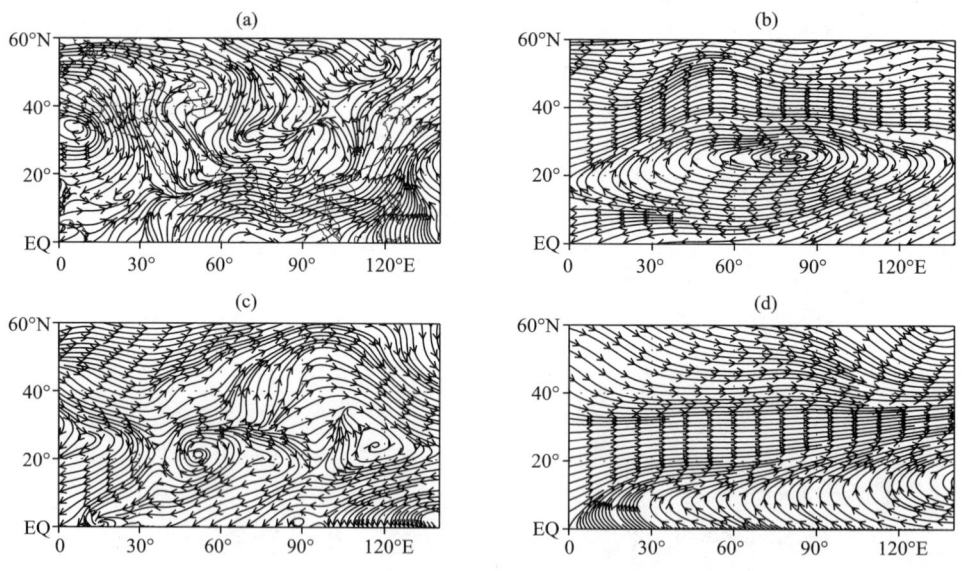

图 8.2.6　1971—2000 年高低空平均流场(NCEP/NCAR 再分析资料)
(a)夏季 850 hPa；(b)夏季 200 hPa；(c)冬季 850 hPa；(d)冬季 200 hPa

②南亚季风的气候特征

从各月多年平均南亚季风强度的季节变化看(表 8.2.5)，5—10 月表现为夏季风，7 月最强(22.5 m/s)，11—4 月表现为冬季风，1 月最强(−8.6 m/s)。4—5 月为冬季风向夏季风转换的季节，10—11 月则为夏季风向冬季风转换的季节。

表 8.2.5　夏季南亚季风指数(单位:m/s)

年份	1980	1981	1982	1983	1984	1985	1986	1987	1988	1989	1990	1991	1992	1993	1994	1995
夏季	−0.1	−1.5	−2.4	1.1	4.2	2.5	−2.1	−0.1	−1.4	0.9	−3.6	0.1	0.1	0.9	−1.6	−1.8

夏季 SAMI 最大值出现在 1985 年,为 25.1 m/s,夏季出现了Ⅰ类雨型;最小值出现在 1991 年,为 17.3 m/s,该年为Ⅱ类雨型。据统计南亚夏季风来得迟,强度弱,有利于夏季雨带偏南。

8.2.3　中纬度阻塞高压

在 500 hPa 层,阻塞形势特别是东亚阻塞高压是影响我国夏季降水、旱涝的主要环流系统之一。其中鄂霍次克海、贝加尔湖、乌拉尔山这三个地方是阻塞高压发生频次较高的地区,夏季有无阻塞高压建立和维持,对我国夏季降水、旱涝影响较大。

(1)阻塞高压的气候特征

相关定义参考 2.5 阻塞高压指数的定义。

表 8.2.6 列出了 1951—1996 年 46 年中 6、7、8 三个月鄂霍次克海、贝加尔湖、乌拉尔山三个地区阻塞高压出现次数的统计结果,有如下一些主要特征。

鄂霍次克海、贝加尔湖、乌拉尔山三个地区三个月共出现阻塞高压 82 次,每个地区每月平均出现阻塞高压 9 次。其中 6 月乌拉尔山阻塞高压发生次数最多(12 次),8 月鄂霍次克海阻塞高压发生次数最少(6 次)。

6、7 月阻塞高压发生频次较高,8 月份频次相对较低。6 月出现 30 次,占三个月总次数的 37%;7 月为 29 次,占 35%;8 月有 23 次,占 28%。

乌拉尔山阻塞高压发生频次最高,贝加尔湖阻塞高压次之,鄂霍次克海阻塞高压发生频次较低。乌拉尔山阻塞高压出现 32 次,占 39%;贝加尔湖阻塞高压出现 27 次,占 33%;鄂霍次克海阻塞高压出现 23 次,占三个地区阻塞高压总次数的 28%。

阻塞高压的发生具有明显的年际变化或阶段性特征。20 世纪 50 年代、20 世纪 90 年代发生频次相对最高。1951—1960 年的 10 年中,共出现阻塞高压 27 次,平均每年发生 2.7 次;60 年代阻塞高压发生频次最低,1961—1970 年 10 年出现阻塞高压只有 5 次,平均每年仅 0.5 次。

表 8.2.6　1951—1996 年夏季阻塞高压的气候特征（赵振国等,1999）

月份	阻塞高压	1951—1960	1961—1970	1971—1980	1981—1990	1991—1996	合计
6月	鄂霍次克海阻高	1	1	2	2	2	8
	贝加尔湖阻高	3	0	2	3	2	10
	乌拉尔山阻高	6	0	1	3	2	12
	合计	10	1	5	8	6	30
7月	鄂霍次克海阻高	1	1	2	3	2	9
	贝加尔湖阻高	2	1	1	2	3	9
	乌拉尔山阻高	3	1	3	3	1	11
	合计	6	3	6	8	6	29
8月	鄂霍次克海阻高	4	0	1	1	0	6
	贝加尔湖阻高	3	0	1	3	1	8
	乌拉尔山阻高	4	1	3	0	1	9
	合计	11	1	5	4	2	23
总合计		27	5	16	20	14	82

(2)阻塞高压与欧亚大气环流

欧亚中纬度阻塞高压的发展主要引起欧亚大气环流的异常。

初夏 6 月份，当鄂霍次克海地区或乌拉尔山地区有阻塞形势发展时，贝加尔湖地区位势高度降低，形成从乌拉尔山到鄂霍次克海的"＋－＋"距平分布型；当贝加尔湖地区有阻塞高压建立时，从乌拉尔山到鄂霍次克海地区出现"－＋－"距平分布型（图 8.2.7a）。鄂霍次克海地区与乌拉尔山地区是正相关，而这两地区与贝加尔湖地区负相关。

盛夏当鄂霍次克海地区或贝加尔湖地区有阻塞形势发展时，东亚从高纬到低纬出现"＋－＋"的距平型，导致中纬度西风分支，经向度加大，副热带锋区南压，西太平洋副热带高压异常偏南。无阻塞形势发展时，则为"－＋－"的距平型，纬向环流占优势，西太平洋副热带高压偏北（图 8.2.7b）。

夏季东亚地区阻塞高压的建立与维持往往会导致西风带环流的分支现象，致使南支锋区南压，西太平洋副热带高压位置偏南。从表 8.2.7 中可以清楚地看出，当夏季 6、7、8 月鄂霍次克海地区有阻塞高压出现时，西太平洋副热带高压位置处于正常到偏南的概率分别为 0.75、0.78、0.83。

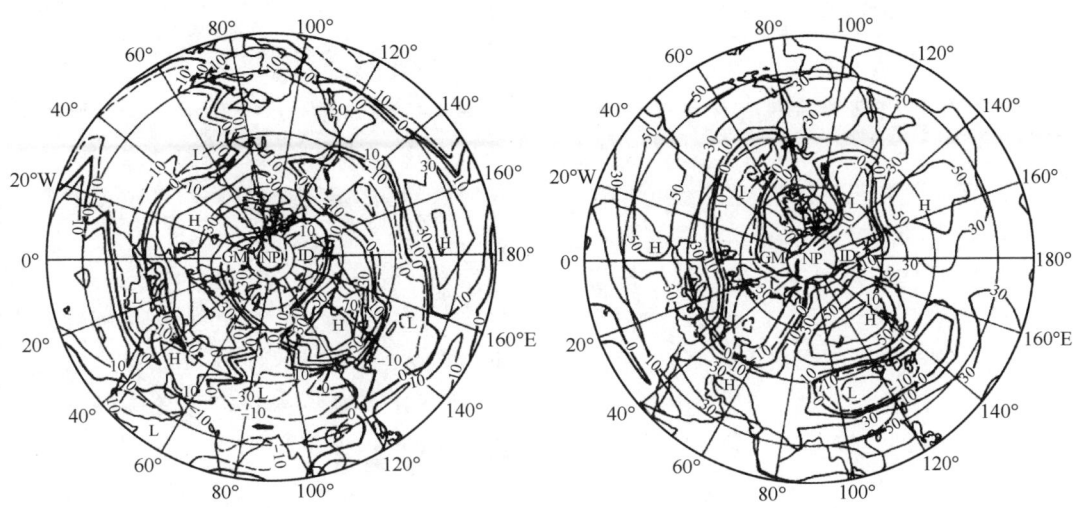

图 8.2.7 6月(a)和8月(b)鄂霍次克海阻塞高压指数与北半球 500 hPa 高度场的相关
（廖荃荪和赵振国，1990）

表 8.2.7 夏季各月鄂霍次克海地区有阻塞高压年西太平洋副热带高压脊线位置（赵振国等，1999）

6月有阻塞高压年	1954	1966	1973	1975	1986	1989	1992	1995	偏南概率
副热带高压脊线距平	−1	−2	−3	2	0	1	−1	−3	75%
7月有阻塞高压年	1954	1970	1974	1980	1986	1988	1989	1993	1996 偏南概率
副热带高压脊线距平	−3	−1	−1	−1	1	−1	−1	−3	2 78%
8月有阻塞高压年	1954	1955	1958	1959	1980	1988			偏南概率
副热带高压脊线距平	4	−5	0	0	−6	−6			83%

(3) 阻塞高压与中国夏季降水

夏季东亚地区阻塞形势建立时，常常导致中纬度西风分支，南支锋区南压，西太平洋副热带高压位置偏南，这种形势往往有利于我国夏季主要雨带位置偏南。夏季东亚阻塞高压的持续发展是造成我国出现Ⅲ类雨型，即长江流域多雨的主要原因之一。

8.2.4 影响中国汛期降水的外部因子

(1) ENSO 与海温

1970 年代中国科学院大气物理研究所就研究了秋、冬季黑潮的海温对我国长江梅雨及盛夏华北降水的关系。此后，很多研究表明不同海域的海温与我国夏季降水有一定的关系，并尝试应用到业务预测中。特别是 ENSO 现象是目前公认的影响全球大气环流和世界气候的强信号。

① 厄尔尼诺和拉尼娜事件与中国夏季雨型

厄尔尼诺事件的发生有利于夏季中国主要雨带位置偏南；反之，拉尼娜事件则有利于主要雨带的位置偏北。因厄尔尼诺事件和拉尼娜事件与中国夏季雨型之间的关系在第4章中已有介绍，这里就不再赘述。但必须清楚，由于影响夏季雨带位置的因子很多，因此对于具体年份来说，情况很复杂。

② 厄尔尼诺和拉尼娜事件与长江中下游梅雨

据统计，夏季以前发生的厄尔尼诺事件对应当年长江中下游地区的梅雨偏弱；夏季以后发生的厄尔尼诺事件则常对应长江中下游地区的梅雨偏强（表8.2.8）。厄尔尼诺年长江中下游地区入梅、出梅日期均偏晚，概率分别为80%、73%；在拉尼娜年情况正好相反，长江中下游地区的入梅、出梅日期偏早，偏早的概率分别是64%、73%（表8.2.9）。

表8.2.8 厄尔尼诺事件发生时间的早晚与长江中下游地区梅雨强度（陈兴芳等，2000）

夏季以前开始的厄尔尼诺年	1953	1957	1963	1965	1972	1976	1991	1993	1994	1997
当年长江中下游的梅雨强度趋势	正常	正常	弱	弱	弱	正常	强	弱	弱	正常
夏季以后开始的厄尔尼诺年	1951/52	1968/69	1979/80	1982/83	1986/87					
次年长江中下游的梅雨强度趋势	弱	强	强	强	强					

表8.2.9 厄尔尼诺和拉尼娜年长江中下游地区入梅、出梅日期（陈兴芳等，2000）

El Niño 年	1951/52	1953	1957	1963	1965	1968/69	1972	1976	1979/80	1982/83	1986/87	1991	1993	1994	1997
入梅日期	7.02	6.19	6.19	6.23	7.08	6.23	6.20	6.21	6.09	6.19	7.01	6.02	6.20	6.07	6.23
出梅日期	7.16	6.29	7.10	6.30	7.08	7.21	6.30	7.16	7.22	7.19	8.01	7.13	7.09	6.14	7.16
La Niña 年	1954	1962	1964	1967	1970/71	1973/74	1975	1978	1981	1984/85	1988				
入梅日期	6.12	6.17	6.23	6.23	6.09	6.10	6.16	6.08	6.25	6.22	6.10				
出梅日期	8.01	7.09	6.30	7.10	6.15	7.19	7.17	6.15	7.02	7.07	6.23				

③厄尔尼诺和拉尼娜事件与华北雨季

当赤道东太平洋海温偏高或厄尔尼诺发生时，华北雨季长度正常或偏短；反之，赤道东太平洋海温偏低或拉尼娜事件发生时，华北雨季偏强，雨期偏长。统计结果（表8.2.10）表明，厄尔尼诺年，华北雨季长度正常或偏短（≤4个旬）的年份占87%，雨季强度等级正常到偏弱（≥3）的概率为67%，主汛期7月下旬到8月上旬的降水偏少的年份占87%。拉尼娜年，华北雨季长度偏长的年份占73%，雨季强度等级正常到偏强的概率为100%。

也有研究根据厄尔尼诺和拉尼娜事件发生和结束时间的不同分类，分析El Niño和La Niña与长江中下游梅雨和华北雨季的关系。其主要结论是：第一，El Niño发生在秋冬季时，无论当年或次年长江中下游地区梅雨量均偏多；El Niño发生在春夏季时，无论当年或次年长江中下游地区梅雨量都偏少；相关概率达79%。第二，El Niño开始的年份和次年夏季后结束的年份，华北雨季偏弱（71%）；而La Niña开始的年份和次年夏季后结束的年份，华北雨季偏强（60%）。显然，尽管统计标准不一样，但与前面分析的结论大体上是一致的，这也表明海温与我国南北方雨季关系的统计事实是可信的。

表8.2.10 厄尔尼诺和拉尼娜年华北雨季长度（旬）及强度（等级）（陈兴芳等，2000）

El Niño 年	1951/52	1953	1957	1963	1965	1968/69	1972	1976	1979/80	1982/83	1986/87	1991	1993	1994	1997
雨季长度	1	4	2	4	1	6	2	5	1	2	2	2	4	4	0
降水距平(%)	−4	18	−53	201	−46	−16	−16	−27	−59	−17	−66	−8	−23	−5	−61
雨季强度	4	2	4	1	4	4	4	2	4	4	4	3	3	2	4

La Niña 年	1954	1962	1964	1967	1970/1971	1973/1974	1975	1978	1981	1984/1985	1988
雨季长度	8	3	7	6	3	6	3	6	5	6	5
雨季强度	1	3	1	2	3	2	3	2	3	2	2

注：表中雨季强度1最强，4最弱

(2) 地温

如第5章中描述的，土壤温度与土壤湿度对短期气候变化有重要影响，但考虑到短期气候预测中的应用,这里仅介绍地温。地温具有很好的持续性,且其振动周期愈往深处愈长,1.6 m 深处地温距平同符号持续期大致是半年左右,3.2 m 则长达 1~2 年,所以深层地温有可能用来制作更长时间的预报。据统计,冬季地温与夏季降水有较好的关系,冬季地温的高(低)值轴线与夏季降水的高(低)值轴线相对应,即冬季的高地温区对应夏季的多雨区,低地温区对应少雨区。从 1954—1983 年的 30 年中,在我国东部(100°E 以东)共分析主要雨带和次要雨带 49 条,其中与冬季 1.6 m 高温轴线相距在 1°纬距以内者占 71%,相距在 1~2 个纬距者占 20%,大于 2 个纬距者只占 9%。汤懋苍设计了一个简单的热力学模式,利用冬季地温预报汛期降水,这个模式一直在汛期预测中使用。

(3)冰雪覆盖

在我国汛期预测业务中主要考虑青藏高原的积雪,当青藏高原冬春积雪多时,东亚夏季风来得晚,初夏主要雨带徘徊在华南至江南南部一带,长江中下游少雨。另有研究指出,东亚冬季雪盖面积大时,长江中下游地区出梅早,梅期短,少雨干旱,黄河上游、华北北部和东北的部分地区多雨;反之亦然。

据 1961—1992 年 32 年青藏高原冬季积雪日数资料统计的多雪年和少雪年中国夏季主要雨型(表 8.2.11),青藏高原冬季多雪年,中国夏季主要雨带位置偏南,出现 Ⅱ、Ⅲ 类雨型的概率为 75%;反之,青藏高原冬季少雪年,夏季中国主要雨带位置偏北,出现 Ⅰ、Ⅱ 类雨型的概率为 81%。

(4)太阳活动、天文条件和地球物理因子

太阳活动的异常将影响到大气环流异常,进而影响到气候异常。太阳黑子是太阳活动异常的重要指标。太阳黑子越多,太阳辐射越弱,以致地球大气接收的辐射能越少。目前关于我国夏季降水关系的研究结果主要表现在以下几个方面:第一,太阳活动与西太平洋副热带高压之间存在着良好的对应关系,太阳黑子低值期,盛夏 7 月副高偏北,我国夏季主要雨带位置也相应偏北;太阳黑子高值期,盛夏 7 月副高偏南,我国夏季主要雨带也偏南。第二,太阳黑子的下降期是长江流域大涝的高频期,统计结果表明,1885 年以来长江流域出现的 21 个大涝年,仅 3 年(1915 年、1916 年、1980 年)处于太阳黑子的上升期,其余 18 年(1885 年、1887 年、1889 年、1896 年、1901 年、1906 年、1908 年、1909 年、1910 年、1911 年、1919 年、1921 年、1931 年、1954 年、1962 年、1969 年、1983 年、1991 年)均出现在太阳黑子的下降期,概率达 90% 左右。

表 8.2.11　青藏高原冬季多雪年和少雪年中国夏季雨型(陈兴芳等,2000)

冬季多雪年	雪日距平(d)	夏季雨型	冬季少雪年	雪日距平(d)	夏季雨型
1965—1966	5	Ⅰ	1961—1962	−5	Ⅱ
1967—1968	7	Ⅲ	1962—1963	−33	Ⅱ

续表

冬季多雪年	雪日距平(d)	夏季雨型	冬季少雪年	雪日距平(d)	夏季雨型
1972—1973	16	I	1963—1964	−2	I
1974—1975	17	II	1964—1965	−16	II
1977—1978	21	I	1966—1967	−1	I
1979—1980	9	III	1968—1969	−12	III
1981—1982	2	II	1969—1970	0	III
1982—1983	20	III	1970—1971	−9	II
1983—1984	6	II	1971—1972	−23	II
1984—1985	5	I	1973—1974	−4	III
1985—1986	10	III	1975—1976	0	I
1986—1987	6	III	1976—1977	−4	I
1988—1989	14	II	1978—1979	−1	II
1989—1990	7	II	1980—1981	−5	I
1990—1991	1	II	1987—1988	−1	I
1992—1993	17	III	1991—1992	0	I
	II、III类雨型 75%			I、II类雨型 81%	

8.3 中国夏季降水的预测

8.3.1 夏季降水预测的现状

夏季降水预测是气象工作者非常重视的课题,我国早在1950年代就开始了预测业务。几十年来,在中国夏季降水的变化规律、影响因子及形成原因和夏季降水预测方法方面取得了重要进展。

目前,在中国夏季降水预测中,主要应用的方法有物理统计方法、动力数值方法和动力—统计相结合的方法。众所周知,动力数值预测方法是短期气候预测发展的主要方向。早在1988年中国科学院大气物理研究所在国际上率先利用气候模式开展了我国夏季降水跨季度气候预测,经过不断努力,已经取得很好的进展。此后,国家气候中心引进并研制了相关气候预测模式,用于业务预测中,对预测效果有明显的改进。近年来,南京信息工程大学也引进并发展了区域气候模式,用以预测我国夏季降水,取得了可喜的效果。但是,应该看到,现阶段动力统计学方法的评分比动力数值预测要高一些;用统计学方法制作月、季、年的气候预测仍旧是当前短期气候预测业务的主要方法,而且可以预见,短期内这种情况不会彻底改变。

为了提高短期气候预测的科学水平和预测效果,首要任务是深入研究短期气候变化的规律、影响因子和形成机理,这是提高短期气候预测水平的基础。在这个基础上,积极改进动力数值模式、加强动力统计相结合方法探索、提高统计学方法的物理基础,是发展短期气候预测的有效途径。

中国夏季降水是短期气候预测最困难的问题之一,预测水平有待于改进。这一节将根据国家气候中心的业务预测思路,介绍我国夏季降水的预测方法。

8.3.2 雨型预测的概念模型

夏季降水雨型预测的概念模型是指以夏季三类雨型为预测对象,在分析三类雨型的气候特征、环流成因及其影响因子基础上建立的汛期旱涝预测方法。

(1) 影响中国汛期降水的主要因子

从影响我国短期气候变化的物理因子入手,分析影响我国夏季降水的因子,有10个方面的因子需要考虑。环流因子:西太平洋副热带高压、季风、阻高、NPO(SO)、QBO、高原高度场;外部因子:海温(ENSO 为主)、地温、冰雪、太阳活动(太阳黑子)。这 10 个因子与中国夏季降水的基本关系综合反映在图 8.3.1 中。

我国科学家经过多年的研究和业务实践,总结出东、西、南、北、中五个方面的 5 大主要因子,即:东面的海洋,反映赤道东太平洋和暖池海温异常(ENSO 现象和热带对流活动异常);西面的青藏高原,反映高原积雪和位势高度异常;南面的季风,反映赤道辐合带、热带和南半球环流异常;北面的阻塞高压,反映中高纬度环流异常和冷空气活动情况;中间的副高,与中国夏季季风雨带关系十分密切,反映副热带环流异常(图 8.3.2)。

图 8.3.3 给出了这些因子与中国夏季降水的一般关系:当前期冬春季青藏高原积雪偏多、高原上的位势高度正异常、赤道中东太平洋海温偏高时,后期夏季东亚中高纬度阻塞高压异常频繁、东亚夏季风偏弱,西太平洋副高容易偏南,东亚从高纬到低纬将盛行"＋－＋"的异常遥相关型,对应我国夏季主要雨带的位置将偏南,长江流域降水将偏多;反之,我国夏季主要雨带的位置将偏北,长江流域降水将偏少。

20 世纪 70 年代末以前,赤道东太平洋海温偏低(西风漂流区海温偏高),青藏高原冬季积雪偏少,东亚冬季风偏强,夏季东亚阻塞高压出现的频率相对较低,西太平洋副热带高压偏弱;70 年代末以后,赤道东太平洋海温偏高(西风漂流区海温偏低),青藏高原冬季积雪偏多,东亚冬季风偏弱,夏季东亚阻塞高压出现的频率相对较高,西太平洋副热带高压偏强。西太平洋副高脊线位置与其强弱变化的年代际振荡趋势也大体一致,副高偏弱阶段位置偏北,偏强阶段位置偏南。赤道东太平洋海温、青藏高原冬季积雪、亚洲季风、东亚阻塞高压和西太平洋副热带高压异常,在夏季北半球

500 hPa,高度场上都对应有一个东亚遥相关型。即:当赤道东太平洋海温偏高(西风漂流区和暖池海温偏低)、青藏高原冬季多雪、亚洲夏季风偏弱、夏季东亚出现阻塞高压时,东亚地区从高纬到低纬呈现出"＋－＋"的距平波列,东亚中纬度地区西风分支,锋区南压,经向环流发展,导致西太平洋副高位置偏南。反之,当赤道东太平洋海温偏低(西风漂流区和暖池海温偏高)、青藏高原冬季少雪、亚洲夏季风偏强、夏季东亚无阻塞形势建立时,东亚地区从高纬到低纬呈现出"－＋－"的距平波列,纬向环流发展,西太平洋副高位置偏北。

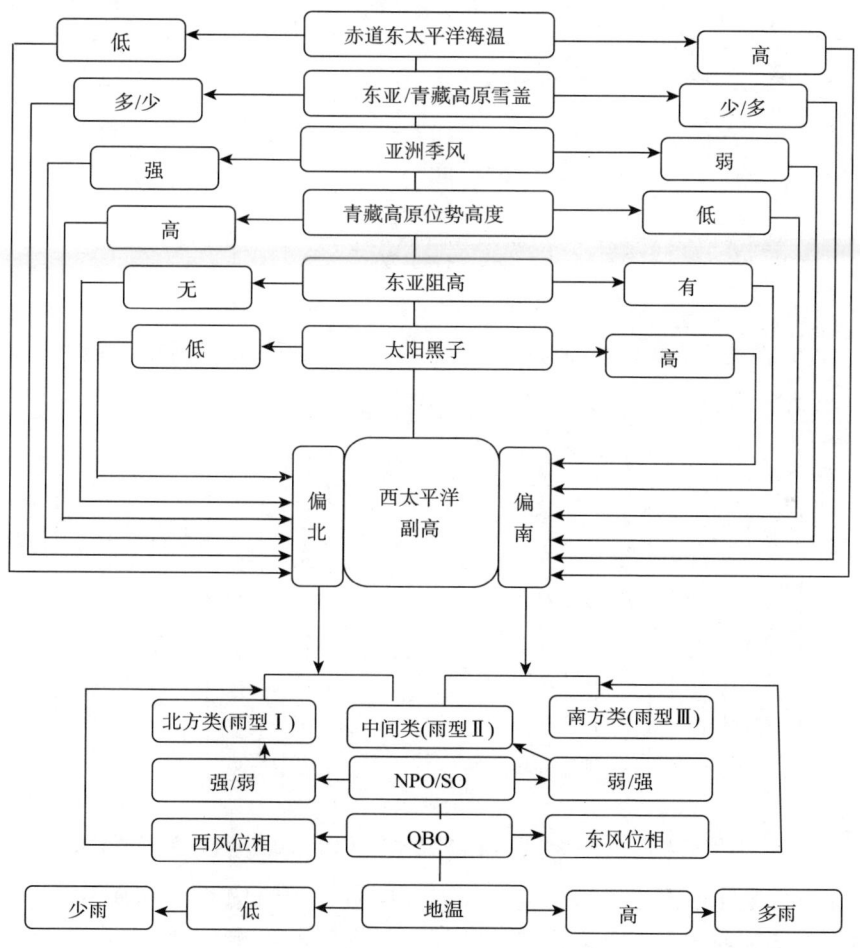

图 8.3.1 影响中国夏季降水的基本因子及其关系示意图(陈兴芳和赵振国,2000)

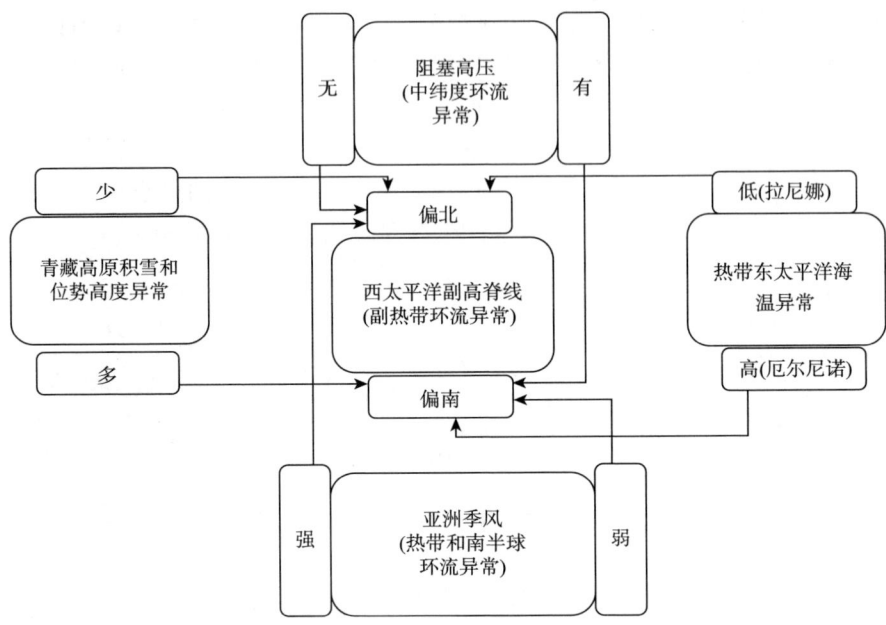

图 8.3.2 影响中国夏季降水的五大因子及其关系示意图(引自 陈兴芳和赵振国 2000)

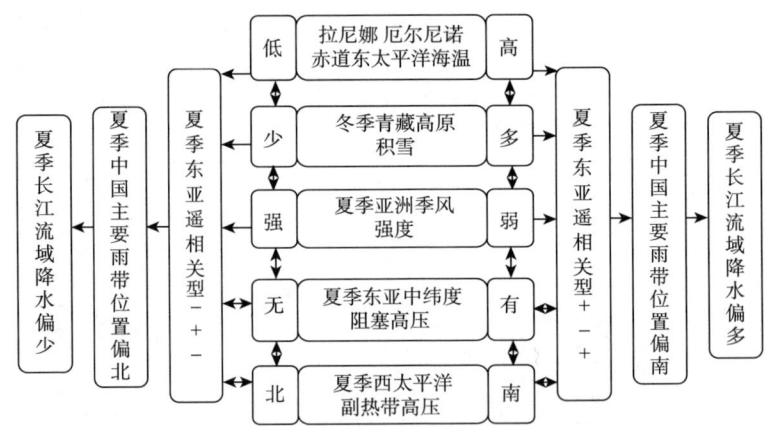

图 8.3.3 五大主要因子与夏季长江流域降水的关系示意图(陈兴芳和赵振国,2000)

环流异常是影响夏季降水的直接原因,以上几大因子中的亚洲夏季风、夏季东亚出现阻塞形势和西太平洋副高位置异常都是同期影响因子,只有其中的外强迫因子如与 ENSO 有关的赤道东太平洋(西风漂流区)海温、青藏高原冬季积雪等与中国夏季降水之间存在前期关系,对中国夏季降水的预测具有指示性意义。当赤道东太平洋海温偏高以及西风漂流区和暖池海温偏低(厄尔尼诺位相)、青藏高原冬季多雪时,亚洲夏季风偏弱、夏季东亚出现阻塞形势、西太平洋副高位置偏南,对应中国夏季主要季风雨带位置偏南,主要多雨区位于长江流域及其以南地区。反之,当赤道东太平洋海温偏低以及西风漂流区和暖池海温偏高(拉尼娜位相)、青藏高原冬季少雪,亚洲夏季风偏强、夏季东亚无阻塞形势建立、西太平洋副高位置偏北,对应中国夏季主要季风雨带位置容易偏北,主要多雨区位于长江以北地区。

(2)雨型预测的概念模型

①模型的基本思路

图 8.3.4 所示的概念模型是气候中心业务上使用多年的预测模型。该模型根据前期环流和海温的异常特征,首先判断第Ⅲ类雨型是否可能发生,如果第Ⅲ类雨型发生的信号不明显,则根据两类判据预测第Ⅰ、Ⅱ类雨型发生的可能性。第Ⅲ类雨型是夏季东亚大气环流发生异常,特别是西太平洋副热带高压异常偏南的产物。夏季东亚大气环流发生异常的因子主要有两个方面:一是上年夏季以后出现了厄尔尼诺现

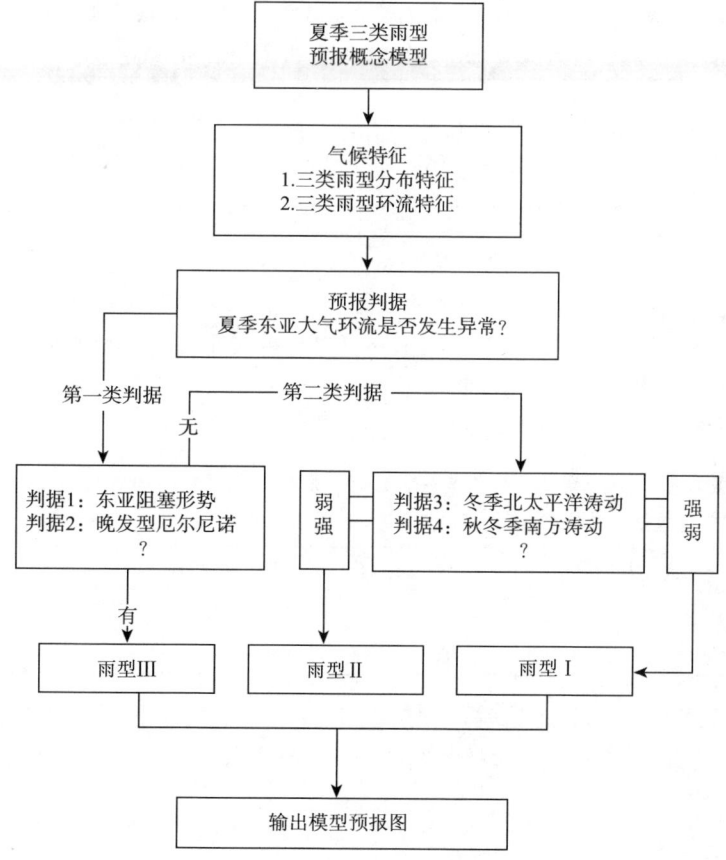

图 8.3.4 夏季三类雨型预测概念模型框图(陈兴芳和赵振国,2000)

象,当年仍维持强盛状态,暖池附近对流活动明显偏弱,导致夏季副高异常偏南,产生第Ⅲ类雨型。二是冬季欧亚地区极涡向南扩张,经向环流发展,阿留申地区低槽活动频繁,盛夏东亚地区可能有阻塞形势建立和维持,导致副热带锋区异常偏南,出现第Ⅲ类雨型。上述两个条件有一个出现,就预测第Ⅲ类雨型。如果两个条件都不满足,则意味着夏季东亚大气环流发生异常出现第Ⅲ类雨型的可能性较小。在这种情况下,则主要根据秋冬季南方涛动的位相和北太平洋涛动的强弱来判断Ⅰ、Ⅱ类雨型。如果秋冬季南方涛动处于负位相,北太平洋涛动偏强,则预测第Ⅰ类雨型;反之,如果秋冬季南方涛动处于正位相,北太平洋涛动偏弱,则预测第Ⅱ类雨型。

②模型预测判据

判据1:上年夏季以后发生了厄尔尼诺事件,预测当年夏季西太平洋副高偏南,出现第Ⅲ类雨型(表8.3.1)。

表 8.3.1 (判据1):上年夏季以后发生了厄尔尼诺现象,当年夏季副高偏南,出现Ⅲ类雨型(陈兴芳等,2000)

上年夏季以后发生的厄尔尼诺	1951/52	1968/69	1979/80	1982/83	1986/87
当年6—8月副高脊线距平	−1	−3	−2	−4	−3
当年中国夏季雨型	Ⅲ	Ⅲ	Ⅲ	Ⅲ	Ⅲ

判据2:1月欧亚地区(1、4区)及3月亚洲地区(1区)500 hPa极涡面积指数距平和≥10,2—3月鄂霍次克海——阿留申地区(2月:45°—55°N,140°—170°W;3月:50°—60°N,135°—165°E)500 hPa高度距平和为负,表示冬春季欧亚地区极涡向南扩展,经向环流发展,西风漂流区多低槽活动,预示着盛夏(7月)东亚地区可能有阻塞形势建立,副高偏南,出现第Ⅲ类雨型(表8.3.2)。

表 8.3.2 (判据2):上半年冬季欧亚—太平洋地区经向环流异常发展,7月东亚阻塞形势建立,副高偏南,出现第Ⅲ类雨型(陈兴芳等,2000)

7月有阻高年	1954	1968	1969	1970	1974	1980	1986	1993	1996
7月副高脊线距平	−4	−6	−2	−3	−1	−2	−1	−3	(2)
中国夏季雨型	Ⅲ	Ⅲ	Ⅲ	Ⅲ	Ⅲ	Ⅲ	Ⅲ	Ⅲ	Ⅲ

上述两个判据有一个满足就预测Ⅲ类雨型。如果夏季Ⅲ类雨型的判据不成立时,则根据冬季北太平洋涛动和秋冬季南方涛动的强弱判断第Ⅰ、Ⅱ类雨型。

表 8.3.3 （判据1、2综合）：符合判据1和判据2的年份及雨型（陈兴芳等，2000）

年份	1952	1954	1968	1969	1970	1974	1980	1983	1986	1987	1993	1996
条件	2	1	1	1—2	1	1	1—2	2	1	2	1	1
雨型	Ⅲ	Ⅲ	Ⅲ	Ⅲ	Ⅲ	Ⅲ	Ⅲ	Ⅲ	Ⅲ	Ⅲ	Ⅲ	Ⅲ

判据3：冬季(12—2月)北太平洋涛动偏强，用1月北太平洋区（2区）极涡面积指数表示其距平值≥0。预测夏季出现Ⅰ类雨型；反之，预测Ⅱ类雨型。

判据4：秋冬季(9—2月)南方涛动偏弱，即9月+1月的南方涛动指数≤0，预测夏季出现Ⅰ类雨型；反之，预测Ⅱ类雨型。

用上述两条判据组成预测夏季Ⅰ、Ⅱ类雨型的列联表。

③历年预测效果检查

根据国家气候中心气候预测室原来的评分方法，对该模型预测效果进行了评定（表8.3.4）。其中，1989—1990年为试报，1991—1997年为正式预测。

表 8.3.4　1989—1997年预测效果检查（陈兴芳等，2000）

年份	1989	1990	1991	1992	1993	1994	1995	1996	1997	平均
预测雨型	Ⅱ	Ⅱ	Ⅱ	Ⅰ	Ⅰ	Ⅰ	Ⅰ	Ⅱ	Ⅱ	
实况雨型	Ⅱ	Ⅱ	Ⅱ	Ⅰ	Ⅲ	Ⅰ	Ⅰ	Ⅲ	Ⅲ	
雨型评定	对	对	对	对	错	对	对	错	错	67%
预测评分	83	74	81	84	65	80	74	65	62	74%

从上述预测效果看，1993、1996和1997年3年预测失误，这3年分别预测Ⅰ、Ⅱ、Ⅱ类雨型，但都出现了Ⅲ类雨型。造成1993和1996年Ⅲ类雨型的主要原因是盛夏东亚阻塞形势发展的结果，但该模型对这两年阻塞形势都没有预测出来。因为该模型预测盛夏阻塞形势主要是根据冬季环流的特点，即根据冬季欧亚到太平洋地区经向环流是否发展来预测盛夏东亚地区有无阻塞高压的建立的。这个模型研制于20世纪90年代前，虽然它对1952—1988年37年的拟合关系非常好，但80年代中期以来我国连续十几个暖冬，东亚地区冬季一直盛行纬向环流，因此仅根据冬季环流很难报出盛夏的阻塞形势。

(3)夏季降水的业务预测

就目前短期气候预测业务的现状来讲，假如要对某一年的夏季降水进行预测，可以从以下几个方面考虑。

①对预测对象的自身演变和年代际背景进行分析

预测对象的自身演变如第7章中叙述的周期性、持续性、年际及年代际变化等。如根据图1.3.7，我国夏季华北地区的降水在20世纪70年代后转为少雨期，当前则处于向多雨期转换阶段,而长江中下游地区的降水则可能由多雨期向少雨阶段转换。考虑到这一因子,我们预测华北地区的降水时,要考虑该地区的降水可能比前些年略有增加,长江流域的降水则有可能要减少,即降水异常的幅度将减少。

②应用概念模型预测夏季雨型

在进行预测之前,先对前期各圈层的主要物理因子进行诊断分析,然后根据物理因子异常的特征及其与预测对象之间的关系,运用已有的概念模型对降水进行预测。如对汛期降水进行预测,先分析前期冬季东亚大气环流是否发生异常,或者是否有晚发型的 EL Nino 发生,如果有,则根据判据 1 和判据 2 确定次年夏季东亚可能有阻塞高压发生,对应为Ⅲ类雨型;如果前期冬季东亚大气环流没有发生异常,且没有晚发型的 El Nino 发生,则对北太平洋极涡面积和北太平洋涛动、南方涛动进行分析,再根据判据 3 和判据 4 预测Ⅰ、Ⅱ类雨型的发生。

目前,随着人们对气候系统认识的深入,更多的物理因子被揭示出来并被补充到汛期概念预测模型中。以上汛期预测模型只是汛期降水预测模型的一种,正如在本章前面介绍的两大类因子有十余个之多,这些因子均可用于汛期降水的预测。与这些因子有关的概念预测模型也有多种,如汛期概念模型、特征量概念模型、周期回归模型、地温—热力模式、冬季环流模型、热带环流模型、物理量相似模型、积雪模型、阻高模型等。

③应用统计学方法客观定量预测站点降水

首先选择与夏季降水量关系好的物理因子,然后采用一些客观定量化的统计学方法,如相似法、回归分析、典型相关分析、人工神经网络方法、泛相似方法等,建立预报方程或预报方法,预报出站点的降水量或者距平。还可以把预报出来的降水量综合成我国夏季降水量距平预报图,并与概念模型预测的雨型图进行比较对照,检查是否一致。

④参考动力模式预测结果

目前我国应用于业务预测中的动力模式主要有国家气候中心的 CGCM、RegCM,大气物理研究所的 IAP-DCP 模式、IAP-9 层模式等,南京信息工程大学在 2007 年也开始运用 RegCM 和 CAM3 模式嵌套来预测中国夏季降水。限于科技发展的水平,数值模式对降水的预测水平还不高,但可根据模式对于一些环流场要素的预报水平相对较高的特点,建立一些考虑模式预测产品的统计应用预测模型,从而提高模式的预测水平。这就是现在日益被广泛使用的各种动力和统计相结合的降尺度预测方法。

⑤综合集成预测

由于预测方法不同,预测结果的来源不同,所给出的预测结果也会有差异,综合分析各种不同方法和来源给出的预测结果,给出一个统一的预测结果就称为集成预测。

第8章 中国东部夏季降水预测

集成预测是一个困难的科学问题,要对各种预测方法和预报结果来源进行分析研究,在这个基础上归纳综合,给出夏季降水预测。目前业务上使用的方法为:根据各种方法积累的历年预测结果,分析其展示出的预测效果,运用第7章介绍的集成方法对预测结果进行集成。国家气候中心使用的集成方法主要有加权集成和递归集成。

复习思考题

(1)简述我国东部地区夏季降水相关的主要雨季及其特征。
(2)我国东部夏季降水的三类雨型及对应环流的主要特征是什么?
(3)什么叫梅雨?梅雨的开始与结束和西太平洋副高的北跳有何关系?
(4)影响我国夏季降水的主要物理因子有哪些?
(5)简述夏季三类雨型预测概念模型的基本思路。
(6)根据本章内容,请说明短期气候业务预测的主要方法。

第 9 章 预测评估方法

为了对短期气候预测方法以及预测结果进行客观定量的评价,设计了不同的预测评估方法,本章简要介绍目前短期气候预测中常用的预测评估方法。

9.1 预测评估方法

本节主要介绍:预测准确率(P)、距平相关系数(ACC)、预测评分(P_s)、技巧评分(SS)、异常级评分(TS)5种评分。其中距平相关系数主要反映预测距平与实况距平空间分布的一致程度;技巧评分反映了业务预测相对于无技巧预测的预测技巧;异常级评分则主要评估对异常级的预测能力。

(1)预测准确率

预测准确率是最古老、最普遍使用的评分办法,是指预测正确的次(站)数N_p占总次(站)数N的百分比。表达式为:

$$P = \frac{N_p}{N} \times 100 \tag{9.1.1}$$

在正负距平2分类预测中,预测距平和实况距平一致为预测正确,此时$P>50\%$时才有意义。

预测准确率简便易行,但也存在一定不足,有时会受气候概率的影响,可能没有反映真实的预测技术水平。如某地区有十年中九年春旱的气候规律,如果全部预测春旱,也将得到较好的预测准确率。当预测对象分等级时,如预测和实况的级别一致才是正确,级别不一致为预测错误,这时错报的情况中不知道是预测和实况差一级还是一级以上,这两种预测质量是不同的。

(2)距平相关系数

距平相关系数是世界气象组织于1996年11月在意大利召开的第11届工作会议上确定使用的指标,是预测距平和实况距平之间的一种相关系数,反映预测距平与实况距平空间分布上的一致程度,表达式为:

$$ACC = \frac{\sum_{i=1}^{N}(\Delta R_f - \overline{\Delta R_f})(\Delta R_O - \overline{\Delta R_O})}{\sqrt{\sum_{i=1}^{N}(\Delta R_f - \overline{\Delta R_f})^2 \sum_{i=1}^{N}(\Delta R_O - \overline{\Delta R_O})^2}} \tag{9.1.2}$$

其中 N 为评分总的站数，ΔR_f、$\overline{\Delta R_f}$ 为预测距平及其所有台站的平均值，ΔR_O、$\overline{\Delta R_O}$ 为观测值距平及其所有台站的平均值，它是针对某固定时刻整个预测空间场进行的评估。

应用距平相关系数时，预测量应该是连续性的变量，对于一些定性预测或者分级预测并不适用，而且如果统计的样本次数过少，会引起错误的结论。同时应用距平相关系数时还应注意下面的问题：

①距平相关系数的特点是对大的距平比较敏感，一个台站的预测距平与实况距平发生较大的偏离，有时会影响其他所有测站的评估结果。如有 20 个站的观测和预测的温度距平序列，前 19 个站气温距平值都在 ±0.2℃ 之内且预测完全正确，得到的相关系数为较大的正值，第 20 站观测值为 1.0℃，但预测为 −1.0℃，这样总共 20 站序列得到的相关系数却可能为负值，第 20 站的错误预测完全抵消了前面 19 个站的正确预测，使相关系数成为负值。这是个理想的例子，实际情况不会这样突出，但这个例子足以说明相关系数对大距平的敏感性。

②距平相关系数只反映观测和预测距平场之间相对趋势分布的相似度，对于一些系统性的误差或倾向是不敏感的，所以有时不能正确评定预测的优劣。在求相关时，先要对观测和预测的各自距平场求平均，然后各自对其整个场的平均求距平，计算相关系数。如果实际情况是全国降水偏多，且南方偏多得多，北方偏多得少，但预测为全国降水偏少，且南方偏少得少，北方偏少得多。这样计算的预测距平场与观测距平场的相关系数可能为正，即意味着观测与预测场的距平分布图是类似的，但实际上预测的趋势与观测却不一样。当然，实际情况也不会如此，不过这个例子说明，对一个预测场进行评估，计算距平相关系数时，重点考虑的是预测量距平场相对整个场平均的分布情况。由于 500 hPa 月平均高度距平场很少会计算出整个场为正距平或负距平，所以评估高度距平场预测时多采用距平相关系数，而对一个区域的气温距平或降水距平预测评估时多用技巧评分。

③距平相关系数反映了预测与实况距平空间分布上的一致程度。短期气候要素预测中，由于降水距平百分率（或月平均气温距平）预测值和观测值的方差有较大差别，加上目前短期气候预测量级的预测能力较低，因而业务预测中距平相关系数都偏低。

这里举一个应用的例子，用距平相关系数评估 CAM3.0 模式嵌套 RegCM 区域气候模式模拟所得 2004 年全国 160 站夏季降水距平百分率的预测结果。

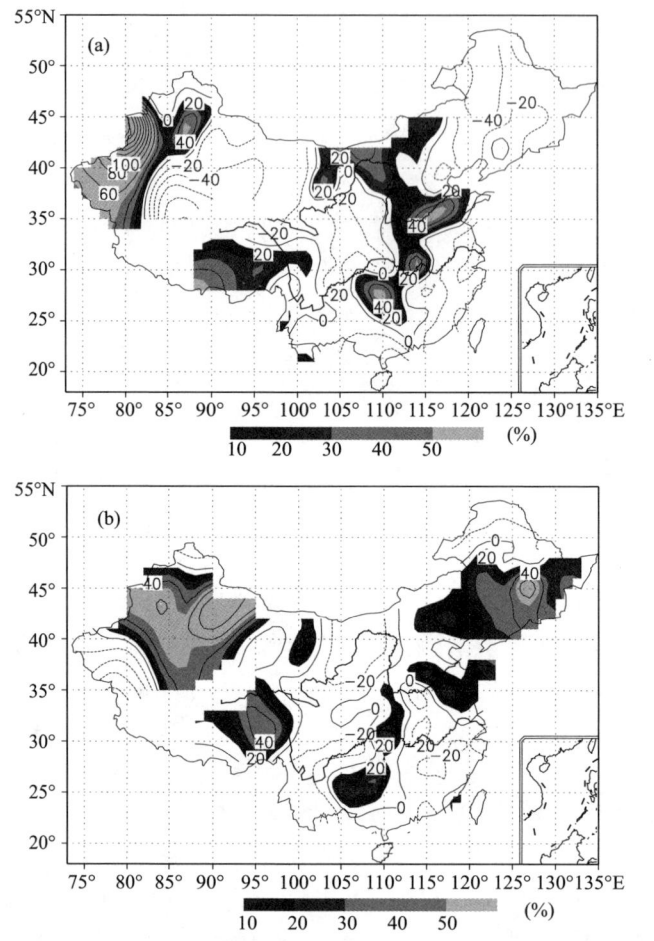

图 9.1.1 观测(a)和模式预测(b)的 2004 年 160 站夏季降水距平百分率

2004 年我国夏季降水距平百分率实况(图 9.1.1a)表明:东北、陕西、川西、东南沿海以及西北部分地区降水偏少,内蒙古中部、山西、山东、湖北、湖南由北向南的地区降水都偏多,西藏和新疆西部地区降水也偏多。模拟结果(图 9.1.1b)表明:降水距平百分率整体分布情况还是模拟出来了,黄淮流域、西藏部分、110°E 长江及其以南地区降水为正异常分布;陕西、川西部分地区、长江中下游及其以南地区的降水偏少情况也模拟出来了,而东北地区和河套的预测效果较差一些。从全国分布情况来看,预测结果和观测结果之间的空间相关系数为 0.05,相关系数还是比较低。

(3)预测评分

预测评分 P_s 在距平符号预测准确率的基础上考虑了异常级加权得分。实际业务中经常将距平的异常程度划分为若干级,异常程度越大,越难预测,给予更多的分

数,用下式表示:

$$P_s = \frac{N_0 + f_1 \times n_1 + f_2 \times n_2}{N + f_1 \times n_1 + f_2 \times n_2} \times 100\% \tag{9.1.3}$$

式中,N 为参加评分范围内的总站数;N_0 为距平符号报对,以及预测和实况虽距平符号不同但都属正常级的站数;n_1、f_1 和 n_2、f_2 分别为一级异常报对和二级异常报对的站数和权重系数。

经常将月或季的降水距平百分率或平均气温距平划分为 5 个等级:特少(低)、偏少(低)、正常、偏多(高)、特多(高)。二级异常对应偏少(低)和偏多(高),一级异常对应特少(低)和特多(高),表 9.1.1 给出了国家气候中心使用的参考定级标准。

表 9.1.1 平均气温距平和降水距平百分率分级标准

		正常级	二级异常	一级异常
平均气温距平(℃)		$|\Delta T| < 0.5℃$	$|\Delta T| \geqslant 0.5℃$	$|\Delta T| \geqslant 1.0℃$
降水距平百分率(%)	月	$|\Delta R\%| < 20\%$	$|\Delta R\%| \geqslant 20\%$	$|\Delta R\%| \geqslant 50\%$
	季	$|\Delta R\%| < 20\%$	$|\Delta R\%| \geqslant 20\%$	$|\Delta R\%| \geqslant 50\%$

一级或二级异常权重系数 $f_i = \dfrac{1}{p_i}$,p_i 为月或季的降水距平百分率或平均气温距平达到一级或二级异常出现的气候概率,根据 1951—1995 年历史资料,按月、季分别统计得到相应的气候概率值 p_i。为方便起见,实际使用时取月或季平均的权重系数的整数值作为固定权重系数。不同月份,不同测站气候概率存在着一定的差异。中国气象局月尺度预测取 $f_1 = 2$,$f_2 = 1$,季节预测 $f_1 = 5$,$f_2 = 2$。

预测评分 P_s 立足于对大范围距平趋势预测能力的评估,用百分制表示,比较直观,由于加上异常级加权得分,对提高异常气候的预测能力有明显的导向作用,当预测和实况完全一致时,预测评分 P_s 为 100;由于这种评分方法来自业务,因此经验性较强。

(4)技巧评分

技巧评分是相对于无技巧对比预测的预测技巧,指预测正确的次(站)数 N_p 与无技巧预测正确的次(站)数 C 进行比较,只有预测正确的次(站)数大于无技巧预测正确的次(站)数时,才可以判断预测是有技巧的。表达式为:

$$S = \frac{N_p - C}{N - C} \tag{9.1.4}$$

其中 N 为预测总次(站)数。当预测正确的次(站)数等于无技巧预测正确的次(站)数时无技巧评分,小于无技巧预测正确的次(站)得负技巧评分,当全部次(站)都预测正确时得满分 100%。

在完全没有预测技术的情况下仍然能正确预测一定的次(站)数,这就是无技巧预测,经常指气候预测、随机预测和持续性预测。气候预测是指通过整理历史资料,求得预测量的气候概率,根据气候概率做预测;随机预测也叫盲目预测,依靠乱猜来做预测,它的成功率是由随机预测准确率决定;持续性预测是指对于一些有一定的时空持续性的气候事件,如 ENSO 事件,可以根据其现在的特征来预测未来的特征。要正确的评定预测技术必须扣除这些因素,才能反映实际的预测技术水平,促进预测水平的提高,方便不同地区、不同季节、不同方法之间进行预测水平的比较。

随机预测遵循预测各等级的概率与实况各等级的概率相同,假设预测对象划分为三级,实况和预测是 1 级的概率都为 0.3,2 级都为 0.4,3 级都为 0.3,由于随机预测与实况是相互独立的,所以各等级的随机预测准确率等于该等级预测概率与实况概率之积,表 9.1.2 中随机预测准确率为 0.34,表明在 100 次预测中随机预测正确的次数为 34 次,实际预测中只有在 34 次之上,才能认为预测有技巧。

表 9.1.2　3 级预测随机预测准确率

观测	预测		
	1 级 0.3	2 级 0.4	3 级 0.3
1 级 0.3	(0.09)	0.12	0.09
2 级 0.4	0.12	(0.16)	0.12
3 级 0.3	0.09	0.12	(0.09)

随机预测准确率随预测对象划分级数的增多而减小,如果把预测对象划分为 5 级,依照我国一贯采用的标准,实况和预测的各等级概率分别都为 $\frac{1}{8},\frac{1}{4},\frac{1}{4},\frac{1}{4},\frac{1}{8}$,如果只有完全报对级别才算预测正确,随机预测准确率为 0.22。

下面介绍正负距平 2 级预测的技巧评分,当预测与实况的距平符号一致视为正确,预测或实况出现零距平均视为正距平,此时预测正确的站数 N_a 相对于随机预测或气候预测的无技巧预测正确的站数 N' 的技巧评分(SS)表达式为:

$$SS = \frac{N_a - N'}{N - N'} \tag{9.1.5}$$

N 为参加评分的总站数。当 $N_a = N'$ 时,$SS = 0$ 分;当 $N_a = N$ 时,技巧评分 $SS = 100\%$;当 $N_a < N'$ 时,技巧评分 $SS < 0$。

式中 $N' = FN$,F 即为随机预测准确率或气候预测准确率,对应 SS 分别得到与随机预测对比的技巧评分(SS1)或与气候预测对比的技巧评分(SS2)。

随机预测准确率定义为:

$$F = (P_1 \times P_1 + P_2 \times P_2)/(P_1 + P_2) \tag{9.1.6}$$

P_1、P_2 分别为预测量正、负距平气候概率,用 1951—1995 年各月或季正、负距平各自的气候概率。

气候预测准确率取 1951—1995 年相应月或季预测量出现正距平的概率。不同地区、不同季节,气候概率会有所不同,表 9.1.3 中给出常用月或季平均气温距平和降水距平百分率的随机预测和气候预测准确率。

表 9.1.3 随机预测和气候预测准确率

	随机预测		气候预测	
	月尺度预测	季节预测	月尺度预测	季节预测
平均气温距平	0.50	0.50	0.54	0.54
降水距平百分率	0.51	0.51	0.41	0.45

(5) 异常级评分

异常级评分主要用来评估预测异常级的能力,通常指达到二级或一级异常,用下式表示:

$$TS = \frac{N_c}{N_o + N_f - N_c} \tag{9.1.7}$$

N_f、N_o 分别表示预测和实况达到异常级的站数,N_c 报对的异常级站数。TS 评分表示报对的异常级站数占预测和实况异常级总站数的百分比,同时考虑了报错的影响。目前预测的降水距平百分率或月平均气温距平出现异常级的概率较小,因此 TS 评分也不容易很高。

9.2 预测评估方法在短期气候预测中的应用

预测评估方法对短期预测方法和预报结果给出了客观和定量的评价,在短期气候预测中有着重要的意义,这里给出预测评估方法在短期气候预测中的具体实例,①1978—2002 年历年的(6—8)月汛期降水距平百分率预测;②1981—1994 年的年度预测,包括当年冬季(12—2月)、第二年春季(3—5月)和夏季(6—8月)的季降水距平百分率预测。

(1) 6—8 月汛期降水距平百分率预测是我国短期气候预测一个非常重要的业务,其预测水平表现出明显的年际差异,近年来有稳定的提高。图 9.2.1 是全国 160 站历年汛期降水距平百分率预测评分曲线,1978—2002 年平均为 65.26,20 世纪 80 年代中期以前大部分年份低于平均水平,自 80 年代中后期至 90 年代,大多数年份都超过了平均水平,其中 1978 年和 1994 年都达到了 81,但 1999 年和 2003 年得分较低。

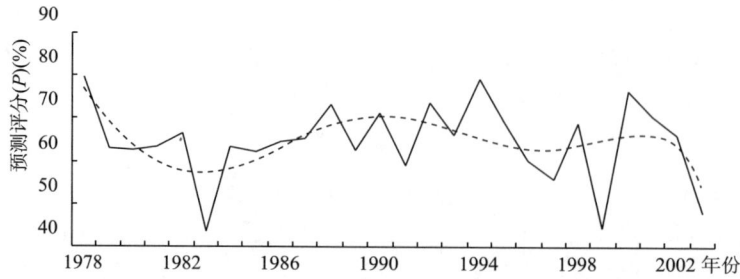

图 9.2.1 国家气候中心历年汛期(6—8月)降水预测评分(实线)及其5年滑动平均(虚线)

(2)年度预测中,预测结果存在明显季节差异和年际变化。图 9.2.2 给出了 1981—1994 年年度预测各季和全年平均的降水距平百分率预测评分。1981—1994 年多年平均预测评分春季最高(68.51),其次夏季(66.15),冬季最低(60.21);冬季有较大的年际变化,在历年各季中最高为 1986/1987 年冬季达 79.52,最低为 1989/1990 年冬季达 37.91。表 9.2.1 给了 1981—1994 年多年平均的全年平均、季节预测结果的技巧评分、距平相关系数和异常级评分。从相对于随机预测技巧评分和相对于气候预测技巧评分来看,仅春季具有正技巧且都为 1‰,冬、夏季以及全年平均都为负技巧。从距平相关系数值看,1981—1994 年间年度预测仅冬季个别年季达到 0.30 以上,多年平均仅冬季为正值,春、夏为负值。从 TS 异常级评分看,年度预测各季多年平均在 6%~10%。

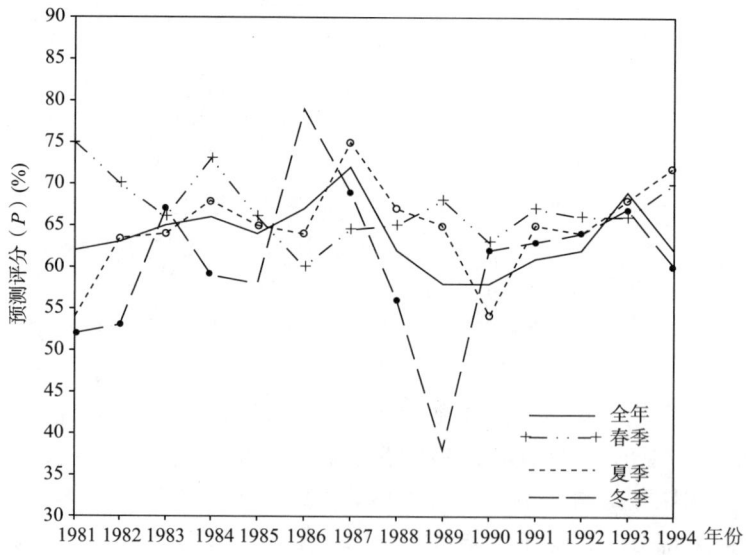

图 9.2.2 1981—1994 年度预测各季降水距平百分率预测评分(陈桂英等,2000)

表 9.2.1 1981—1994 年年度预测降水距平百分率不同评估方法的结果(陈桂英等,2000)

		技巧评分				相关系数		异常级评分	
		SS1(%)		SS2(%)		ACC(%)		TS(%)	
		最高	平均	最高	平均	最高	平均	最高	平均
年度预测	冬	38	−7	44	−7	0.38	0.03	18	8
	春	22	1	31	1	0.16	−0.02	21	10
	夏	18	−5	27	−5	0.15	−0.05	12	6
	均	14	−4	23	−4	0.06	−0.01	12	8

以上仅给了短期气候预测结果评估的两个具体实例,可见预测评分在一定程度上能够反映出短期气候预测的水平。

复习思考题

(1)评述预测准确率评分方法的优缺点。
(2)应用距平相关系数要注意哪些问题?
(3)什么是技巧评分?其优点是什么?
(4)说明异常级评分的定义及其意义。
(5)说明预测评分在短期气候预测中的意义。

第 10 章 年代际与长期气候变化

随着社会的发展和科学的进步，人们不仅需要了解和预测月、季和年时间尺度的气候变化，而且也十分关注更长时间尺度的气候变化和预测。1995 年建立的"气候变率与可预报性研究计划"(CLIVAR)将年代际气候变化列为国际气候研究的重点之一。从科学角度来看，年代际气候变化及其形成原因不仅本身是重要的科学问题，而且是月、季、年气候变化及预测的背景，也影响更长时间尺度的气候变化；从实际需要角度看，年代际气候异常会带来持续十几年至几十年的气象灾害。因此，研究年代际气候变化及其可预报性有重要意义。

另一方面，科学的进步也使得研究年代际气候变化成为可能，不仅已经积累了大量的观测和可代用资料，而且数值模式(特别是耦合模式 CGCM)输出的长期积分结果也可以作为气候长期变化的补充资料。

10.1 年代际气候变化

年代际气候变化是指时间尺度 10～100 年的气候变化，也有人把 10～80 年时间尺度的变化称为年代际气候变化。

根据 CLIVAR—DecCen，年代际气候变化的科学问题主要包括：

(1)在大气—海洋—海平面—海冰系统中，年代际时间尺度变化的特征分布型是什么？

这个问题的重点是如何改进对器测数据和古气候记录的分析，以便能利用现有耦合模式的研究结果，联系水分循环和外部强迫作用，给出大气、海洋和冰盖系统的变化型。

(2)海洋—大气—冰—陆地系统中各个组成部分是如何反作用于其他部分的？

目的是给出气候系统的各个组成部分的作用。由于气候记录的短缺，解决这个问题的方法主要采用模式模拟，研究气候系统各分量的作用。

(3)气候系统中年代际时间尺度变化现象的物理机制是什么？

目的是了解年代际变化过程的物理机制，找出可能导致气候突变的条件。模式模拟和对过去气候变化的分析是重要的分析方法。

(4)年代际时间尺度的可预报程度是多少?

以认识年代际气候变化的物理机制为基础,应用气候指标的统计性质,研究年代际气候变化的可预报程度和气候型的可持续性状态。

10.1.1　20世纪气温和降水的年代际变化

(1)全球气温和降水

一些研究表明气候变化有明显的年代际变化。从IPCC第一工作小组第四次报告给出的1850—2006年期间全球年平均温度变化图(图10.1.1)可以看出,最近12年(1995—2006年)中,有11年位列最暖的12个年份之中。最近100年(1906—2005年)的温度线性趋势为0.74℃(0.56℃至0.92℃),最近50年(1956—2005年)的线性变暖趋势几乎是近100年(1906—2005年)的两倍。20世纪90年代是20世纪最暖的10年。此外,大部分的增温发生在两个时期:1910—1945年和1976—2006年,全球温度普遍升高,北半球较高纬度地区温度升幅较大。20世纪后半叶北半球平均温度很可能高于过去500年中任何一个50年期的平均温度,并且可能至少是过去1300年中的最高值。在过去的100年中,北极温度升高的速率几乎是全球平均速率的两倍。陆地区域的变暖率比海洋快。

图10.1.2给出了1900—2005年全球陆地降水变化。从过去106年变化的线性趋势来看,其总趋势并不显著,而是表现为到1950年代有增加趋势,然后减弱到1990年代初,其后又恢复为增加趋势。表10.1.1给出了六种降水资料计算得到的年代际线性趋势。由于数据来源,资料处理方法上以及所取时间段的不同,因而对全球陆地降水的线性趋势估计上存在着差异。在1951—2005年,各种资料所得的降水序列的线性趋势都是不显著的。各种资料序列所表现出的差异性表明降水在空间和时间上具有较大的变率,对降水的监测是困难的。

表10.1.1　全球陆地降水趋势(mm/10a)(IPCC,2007)

降水序列	降水线性趋势(mm/10a)		
	1901—2005	1951—2005	1979—2005
PREC/L		−5.10±3.25[a]	−6.38±8.78[a]
CRU	1.10±1.50[a]	−3.87±3.89[a]	−0.90±16.24[a]
GHCN	1.08±1.87	−4.56±4.34	4.16±12.44
GPCC VASClimO		1.82±5.32[b]	12.82±21.45[b]
GPCC v.3		−6.63±5.18[a]	−14.64±11.67[a]
GPCP			−15.60±19.84[a]

注:a 表示序列结束于2002年;b 表示序列结束于2000年

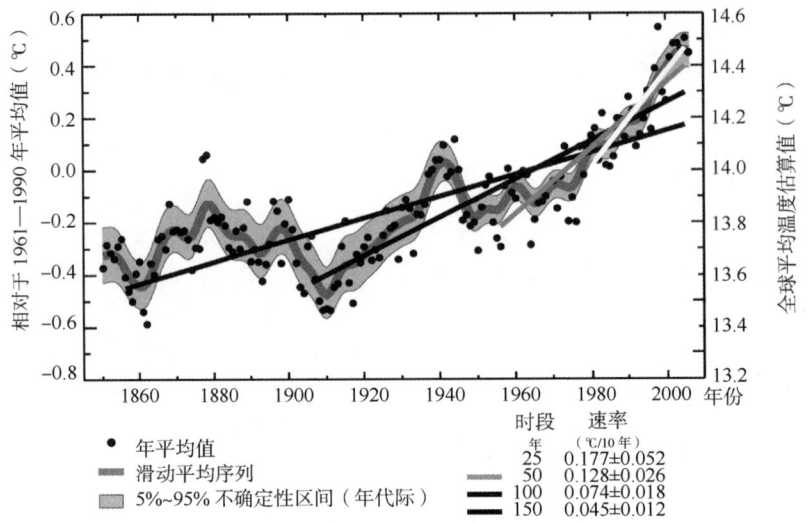

图 10.1.1　1850—2006 年全球年平均地表气温距平图（相对于 1961—1990 年平均）(IPCC,2007)

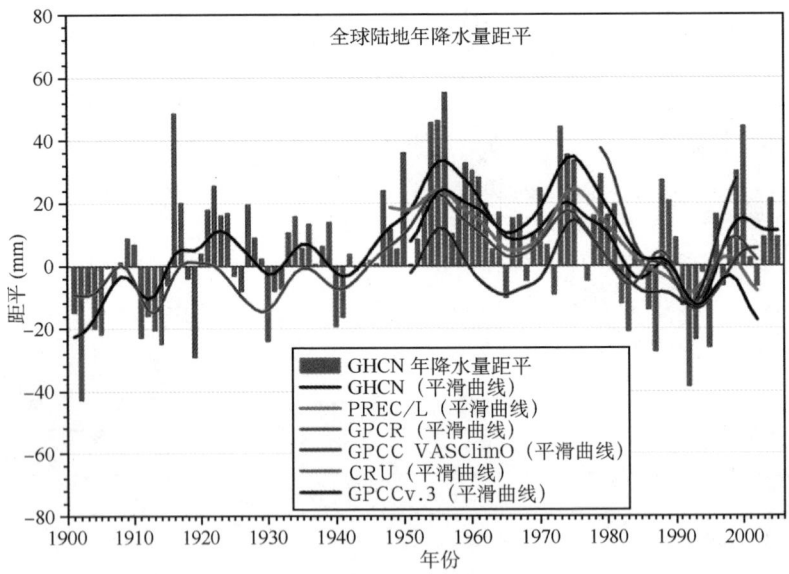

图 10.1.2　1900—2005 年全球陆面降水距平（相对于 1981—2000 年平均）(IPCC,2007)

(2)中国气温和降水

在全球变暖背景下,近 100 年来中国地表年平均气温明显增加,升温幅度大约为 0.5～0.8℃左右,比同期全球升温幅度平均值(0.6±0.2℃)略高。在 20 世纪主要有两个增暖期,分别出现在 20—40 年代与 80 年代中期以后。这两个增暖期的温度上升幅度大致相同。20 世纪 20 年代到 40 年代我国气温持续升高,50 年代到 80 年代初气温有所下降,80年代中期开始又持续增温(图10.1.3)。20世纪50年代以来中国气温变化的特征为中国大陆35°N以北地区80年代早期开始变暖,35°N以南地区则在80年代末期才开始变暖。与全球及北半球平均状况一样,中国近100年的增温也主要发生在冬季和春季,夏季气温变化不明显;与全球变化不同的是,中国20世纪20—40年代增温十分显著。在最近50年,全国年平均地表气温增加1.1℃,增温速率为0.22℃/(10a),明显高于全球或北半球同期平均增温速率。北方和青藏高原增温比其他地区显著。中国西南地区出现降温现象,春季和夏季降温尤为突出。长江中下游地区夏季平均气温也呈降低趋势。

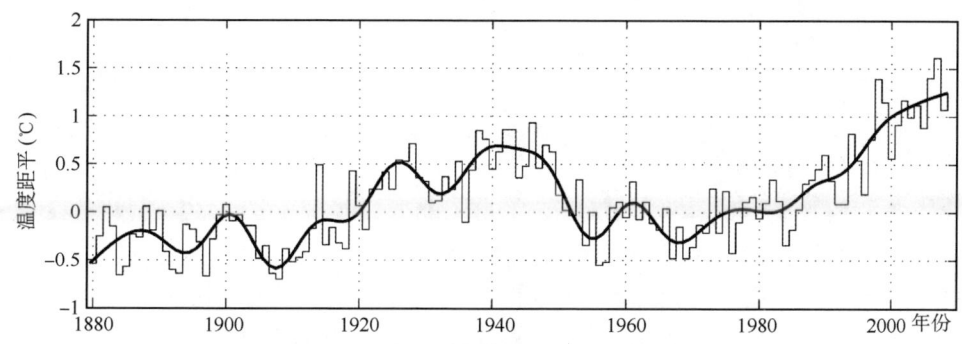

图10.1.3　1880年以来中国年平均气温距平序列
(引自 http://adrem.org.cn/Faculty/GongDY/data/Tempdata.htm)

冬季气温的增加趋势是四季中最大的,1951—1999年间,中国冬季(12月—次年1月)的增暖速度为0.30~0.35℃/(10a),比年平均增暖速度约高出一倍。不同区域的变化特点也各不相同,从20世纪50年代到90年代,东北、西北东部、柴达木盆地、长江中上游,黄河上游和华南等地区冬季都是变暖的,而四川、汉中盆地、湖南和江苏北部却变冷了。中国冬季气温在北方增暖突出而南方气温略有下降与冬季冷高压的强度变化和冬季风的南侵到达的纬度有关。

近100年和近50年中国年降水量变化趋势不明显。20世纪初期和30—50年代年降水量偏多,20年代和60—80年代偏少,近20年降水呈增加趋势。1990年以来,多数年份全国年降水量均高于常年。从季节上看,近100年中国秋季降水量略为减少,而春季降水量稍有增加。近47年(1956—2002年)全国平均的年降水量呈现增加趋势(图10.1.4)。

中国年降水量趋势变化存在明显的区域差异。1956—2000年间,长江中下游和东南地区年降水量平均增加了60~130 mm,西部大部分地区的年降水量也有比较明显的增加,东北北部和内蒙古大部分地区的年降水量有一定程度的增加。但是,华北、西北北部、东北南部等地区年降水量出现下降趋势,其中黄河、海河、辽河和淮河流域平均年降水量 1956—2000 年间约减少 50～120 mm。

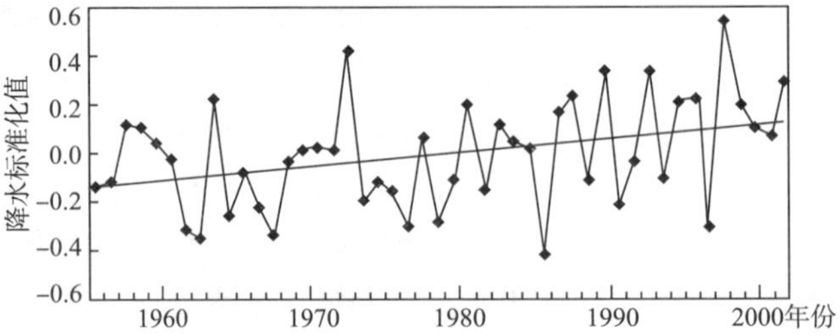

图 10.1.4　1956—2002 年全国平均的逐年降水标准化距平值（丁一汇等，2006）

相对气温来说，降水的年代际变化波动更加明显。中国近百年以来、华北降水存在准 20 年的周期，与北太平洋准 20 年振荡一致。中国华北、长江流域和华南地区的降水存在 80 年左右周期，且该分量在这 3 个地区降水的位相上有密切的关系，华北和华南同位相，与长江流域反位相，华北降水的 80 年振荡与东亚夏季风强度的长期变化有很好的对应关系。

中国降水量的特点是夏季降水在很大程度上决定了全年降水量的多少。中国夏季降水有明显的年代际变化（见第 1 章图 1.3.5）。对于 20 世纪后半期中国区域夏季降水的年代际变化研究发现，我国夏季降水在 1965 年前后发生一次气候跃变，华北地区变干；70 年代中后期发生了另一次跃变，且后者无论在程度或范围上都比前一次跃变要大，华北汛期降水自此以后进入了持续的严重干旱期。

不仅夏季降水量具有年代际变化，夏季降水分布型也存在年代际变化。图 10.1.5 是中国东部夏季降水的年代际分量纬向平均随时间的变化。由图可见，20 世纪 70 年代中期之前，中国东部由北至南夏季降水型表现出"＋、－、＋"的三极分布形态，华北和华南地区为正降水距平，长江流域为负降水距平；70 年代中后期至 80 年代末 90 年代初，中国东部降水型表现出"－、＋、－"的三极分布形态，华北和华南地区为负降水距平，长江流域为正降水距平；80 年代末 90 年代初以后，中国东部夏季降水型表现出"－＋"的偶极分布形态，江淮流域及其以南地区为正降水距平，淮河以北大部分地区为负降水距平。

10.1.2　大气环流的年代际变化

研究表明，某些大气活动中心之间存在显著的负相关，当某个大气活动中心气压偏高时，另一个则偏低，如当亚速尔高压偏强的时候，冰岛低压通常也加深，反之亦然。这种类似跷跷板式的现象被称为"大气涛动"。

（1）南方涛动（SO）

目前一般用 Tahiti 与 Darwin 两站气压差表征为 SO 指数，并根据观测记录把 SO 序列向前延伸到 1860 年代。研究表明 SO 低频变化部分大约 1880—1910 年和 1980 年之后的两段时期为负位相；1910—1940 年和 1950—1980 年两段时期为正位相(图 10.1.6)。

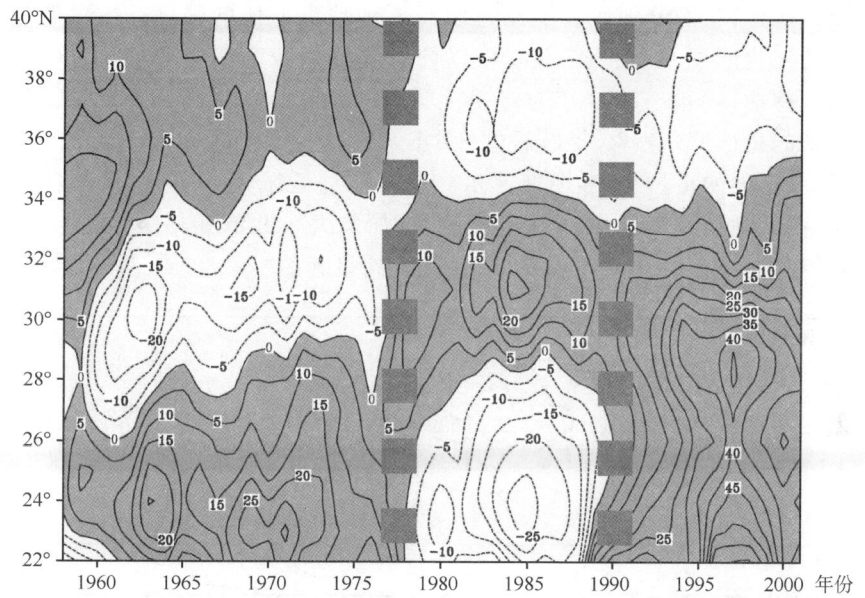

图 10.1.5　11 年滑动平均的中国东部(105°E—122°E)纬向平均夏季降水距平的纬度—时间剖面图(单位:mm)，深、浅阴影表示正、负距平(邓伟涛等，2009)

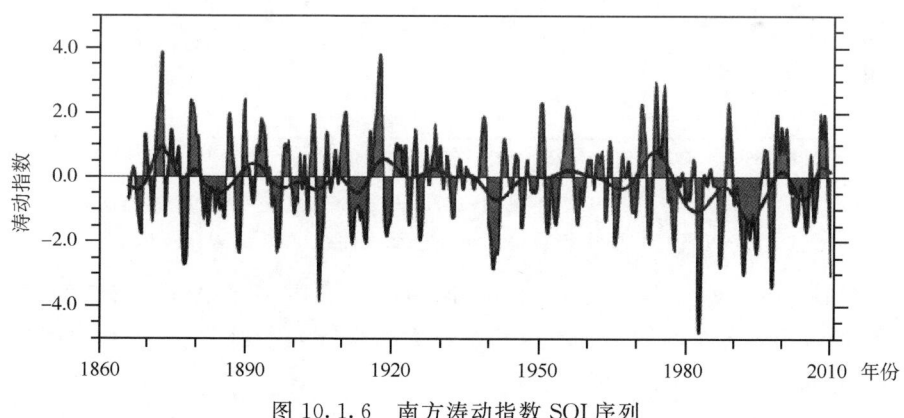

图 10.1.6　南方涛动指数 SOI 序列

(2)北大西洋涛动(NAO)

北大西洋涛动(NAO)通常指北大西洋地区副热带高压(亚速尔高压)和极地低压(冰岛地区)之间大气质量变化的一种大尺度跷跷板结构。它是北大西洋地区大尺度大气环流变化的一种主要模态。一般常用冰岛低压和亚速尔高压之间的气压差来定义 NAO 指数。

图 10.1.7 给出了近 130 年来年平均和冬季的 NAO 指数的变化序列,该 NAO 指数定义为两个代表纬度 35°N 和 65°N 上 80°W—30°E 范围内区域纬向平均的标准化海平面气压差,它们分别代表了亚速尔高压和冰岛低压的强度。可以看出,NAO 具有显著的年代际变化特征。1900 年以前,NAO 指数为相对弱期,1900—1930 年为强的正位相期,1930—1970 年为持续减弱期(其中 1960 年代 NAO 指数为近一个多世纪以来的最低值),1970 年以后的 30 年,NAO 指数呈现强的上升趋势,特别是后 20 多年处于强的正位相,表明亚速尔高压和冰岛低压异常加强,北大西洋上空的西风增强,西欧地区及美国东部呈暖湿冬季,加拿大东北部和格陵兰地区为冷干冬季。NAO 指数具有 50~70 年周期,而且是统计显著的。

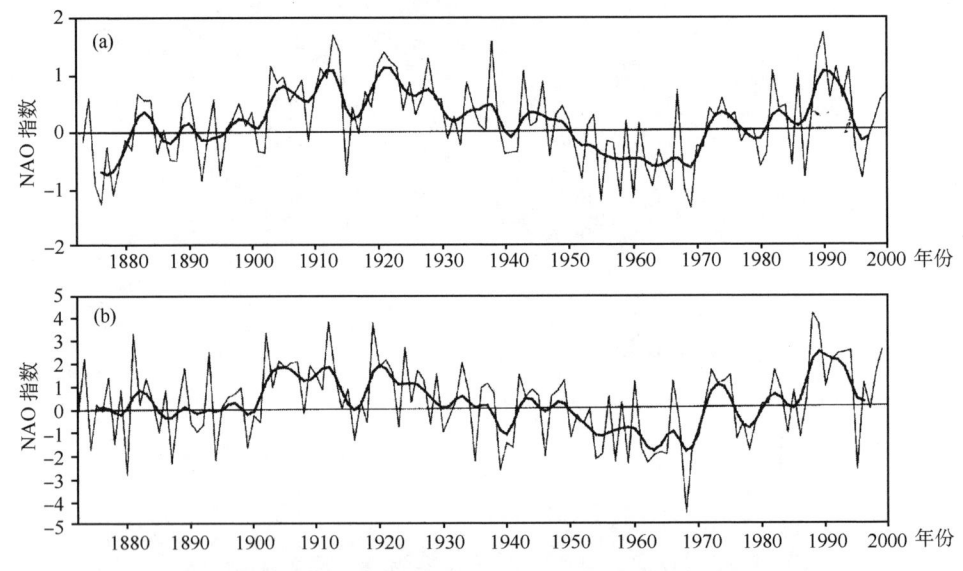

图 10.1.7 NAO 指数序列 (a) 年平均(1873—2000 年);(b)冬季(12 月至次年 3 月)
(1872—1999 年)(图中粗线是 7 年高斯滤波曲线)(Li 和 Wang,2003)

许多研究表明,东亚冬季风的年际和年代际变化与冬季 NAO 有密切的关系,冬季 NAO 通过影响冬季西伯利亚高压和东亚大槽来影响东亚冬季风,对中国冬季气候产生作用。

(3)北极涛动(AO)

北极涛动是指北半球中纬度和高纬度大气质量变化的一种全球尺度的"跷跷板"结构。Thompson 和 Wallace(1998)基于北半球大气环流的分析,提出了北极涛动的概念,根据计算 1900—1995 年 11—4 月的 NAO 和 AO 相关系数达 0.69。AO 与 NAO 反映的都是中纬西风的强弱,只不过 AO 描写环绕北半球的情况,而 NAO 是在北大西洋区域的表现。

图10.1.8给出了冬季、夏季和年平均AO指数序列。由图可见,AO指数有显著的年代际变化。近130年来的冬季AO指数(图10.1.8a)表明:1880—1930年是正位相时期,持续时间长达50余年;1935—1980年是负位相时期;近20多年来处于正位相期间。夏季AO指数(图10.1.8b)表明:100多年以来呈现长期上升趋势,在1975年以前,基本上处于负位相时期,在1880—1890年间达到最低值;1975年以后,处于正位相时期,是是过去100多年来最强的时期。年AO指数的年代际变化比冬、夏季AO指数的年代际变化更清楚,1870—1910年表现为持续上升,1910—1970年持续下降,1970年以后又持续上升,呈现一个50～70年的振荡周期。年的AO指数(图10.1.8c)在1900年以前和20世纪30年代末期至70年代中期为负位相时期,20世纪初至30年代初期和最近30多年是正位相时期。可以看出,在近20多年里AO指数均处于强的正位相时期,表明北半球中纬度地区西风环流异常加强。

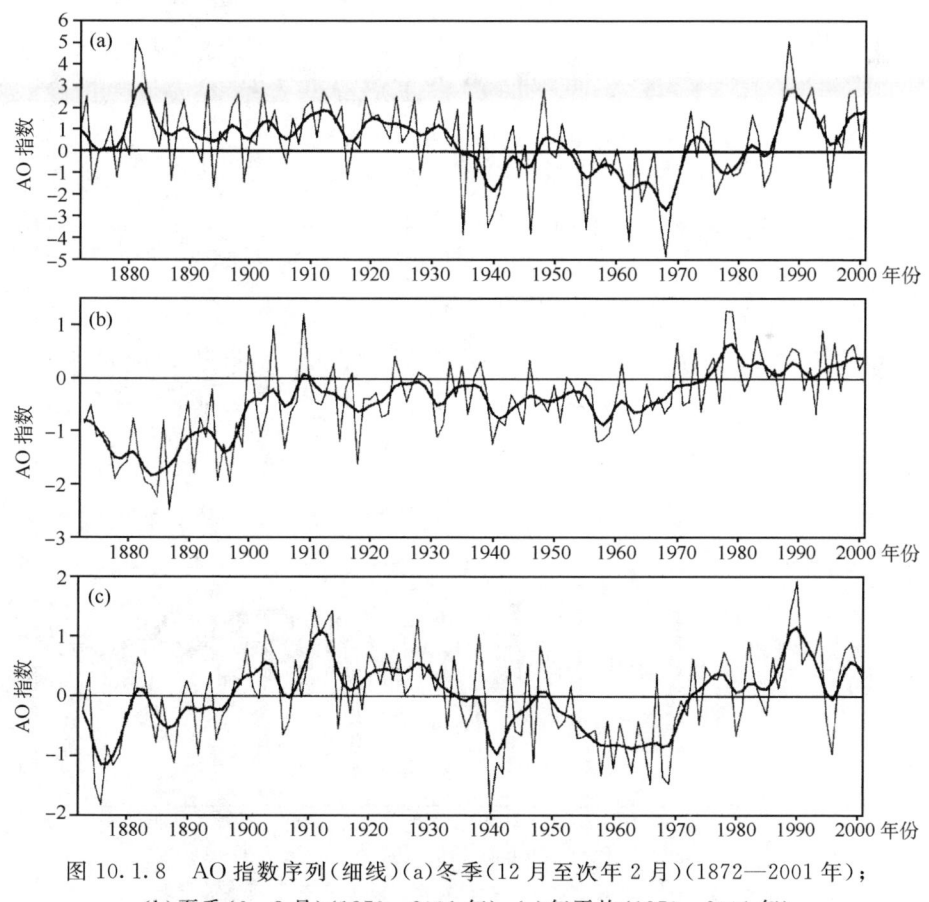

图10.1.8 AO指数序列(细线) (a)冬季(12月至次年2月)(1872—2001年);
(b)夏季(6—8月)(1873—2001年);(c)年平均(1873—2001年)
图中粗线是7年高斯滤波曲线(Li和Wang,2003)

北极涛动对中国气候的年代际变化有重要影响。冬、春、秋 AO 指数与中国大部分地区气温呈正相关关系,其中冬季最为显著。冬季 AO 可能主要是通过影响西伯

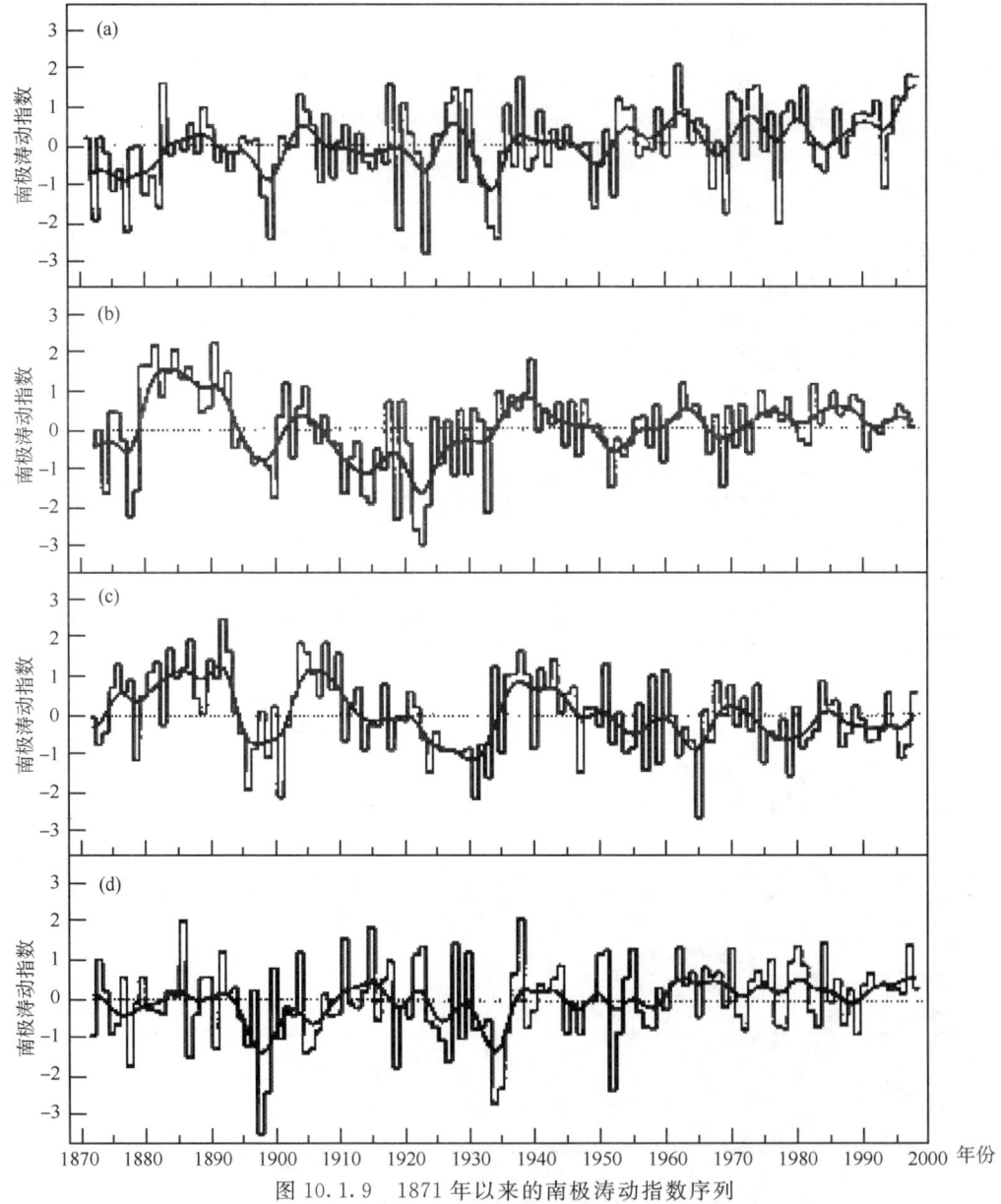

图 10.1.9　1871 年以来的南极涛动指数序列
(a)1月;(b)4月;(c)7月;(d)10月。光滑实线为 9 点高斯滤波低频曲线)
(龚道溢和王绍武,2000)

利亚高压和东亚大槽来影响东亚冬季风,进而对中国冬季气候产生影响。冬季 AO 与西伯利亚高压强度、东亚大槽强度呈反相关关系,而后者与东亚冬季风呈正相关关系。因此,当冬季 AO 处于正位相时,东亚冬季风偏弱,寒潮活动较弱,我国平均气温偏高。

(4)南极涛动(AAO)

南极涛动(AAO)是指南半球中纬度与高纬度大气质量变化的一种全球尺度的"跷跷板"。龚道溢和王绍武(2000)建立了 1871 年以来 1、4、7 和 10 月的南极涛动指数序列(图 10.1.9)。分析发现近百年来 1 月南极涛动有明显增强的趋势,40°S 纬圈平均海平面气压的变化率为 1.17 hPa/100a,7 月则有明显减弱的趋势,气压变化率为 -1.49 hPa/100a,4 月和 10 月的变化趋势不明显。小波分析表明四个月的南极涛动都有 20~30 年左右的准周期波动,表现出显著的年代际尺度的变化。用 1、4、7 和 10 月的平均近似反映南极涛动的年平均指数,可以看出:在 1894—1901 年、1910—1935 年左右是强的负指数时期,1880—1893 年、1936—1945 年左右是较强的正指数时期,1980 年代以来,强的正指数已经持续了近 20 年,且 1990 年代以来还有加强的趋势。研究表明,南极涛动与中国夏季夏季降水存在关系,即当春季 AAO 偏强(弱)时,夏季长江流域降水偏多(少)。

(5)北太平洋涛动(NPO)

北太平洋涛动(NPO)是指太平洋地区中高纬度与低纬地区的大气中心南北向跷跷板式变化。NPO 指数也表现出明显的年代际变化特征。利用(25°—40°N,130°—170°E)地区与(50°—65°N,130°—170°E)地区平均的海平面气压差表示 NPO 指数,其时间变化和子波分析结果如图 10.1.10 所示,年代际变化十分清楚,20 世纪 60 年代之后准十年振荡明显增强,振幅也明显增强。

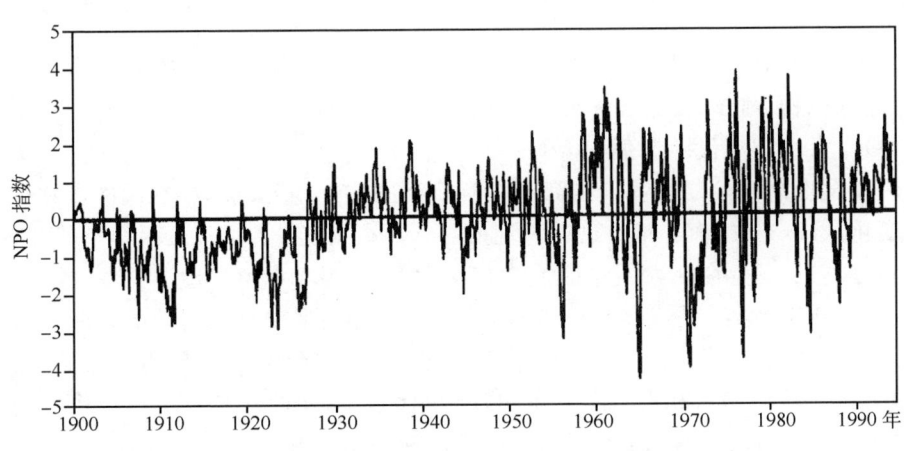

图 10.1.10　NPO 指数的时间变化(李崇银和李桂龙,1999)

(6) 东亚季风环流系统

东亚夏季风具有明显的年代际变化(图10.1.11)。近50年来东亚夏季风出现了明显的由强变弱的过程,年代际突变发生在1970年代末期,东亚夏季风偏强时华北夏季降水偏多,而长江中下游降水偏少,弱夏季风时期的降水分布则相反。

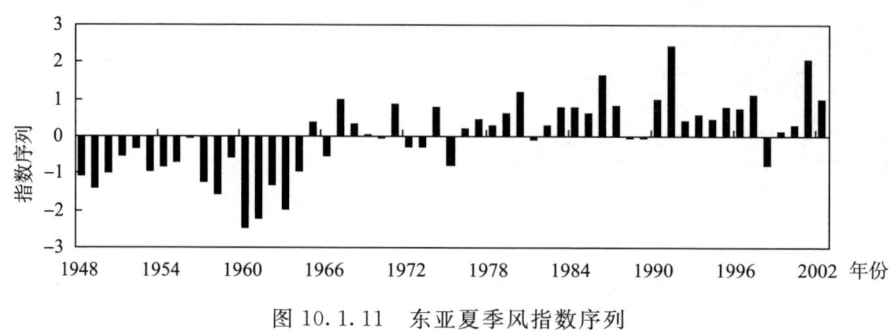

图10.1.11 东亚夏季风指数序列

西北太平洋副热带高压是东亚夏季风系统的重要成员,其强度和北界具有明显的年代际振荡(图10.1.12),其强度和脊线位置在20世纪70年代中后期经历了一次年代际突变过程,表现为突变后的副高南移。同时,亚洲中纬度3个区域(鄂霍次克海区、贝加尔湖区、乌拉尔山区)阻塞高压也具有明显的年代际变化,并在20世纪70年代中后期发生突变,影响着华北夏季降水年代际变化。

东亚冬季风也具有年代际变化特征,20世纪60年代到70年代初期东亚冬季风强度减弱,其后冬季风强度有所增强,80年代初期以后东亚冬季风强度又开始减弱。冬季亚洲大陆东部年代际增温与东亚冬季风的年代际减弱之间可能存在密切的联系。

10.1.3 海洋状况的年代际变化

海洋年代际变化可以从对单站记录、分散的多站记录的分析中得到,也可以对珊瑚、海底沉积物、冰核、海边树木年轮等代用资料的分析得到。

(1) 北大西洋年代际振荡(AMO)

研究发现北大西洋海盆尺度海温具有显著的多10年尺度,存在暖冷位相交替出现的变化。Kerr在2000年将这种海温的年代际变化定义为"北大西洋年代际振荡"(AMO)。它是发生在北大西洋区域具有海盆尺度、多10年尺度SST的异常变化,具有65—80年周期。图10.1.13是1856—2009年逐月AMO指数的时间序列。可以很清晰地看到,19世纪末至20世纪20年代中期、20世纪50年代末至80年代为AMO的两个冷(负)位相期;而20世纪30年代至50年代中期、90年代早期至今为AMO的两个暖(正)位相期。已有研究发现AMO有利于东亚气候的增暖,并在一定程度上增强了东亚夏季风,减弱了东亚冬季风。

第 10 章　年代际与长期气候变化

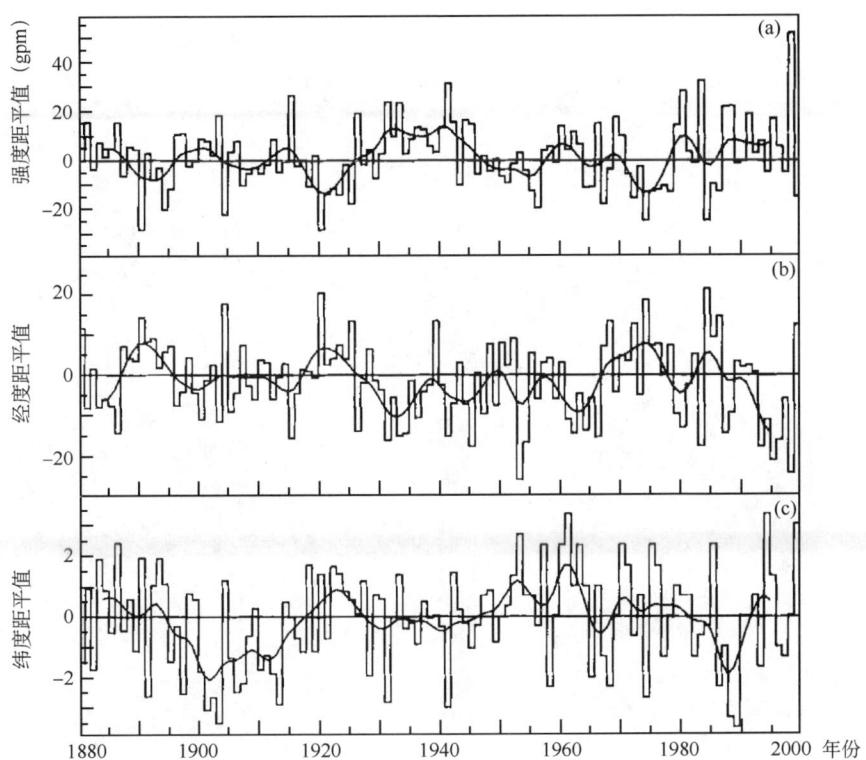

图 10.1.12　1880—1999 年西北太平洋副热带高压(a)强度、(b)西界、(c)北界距平
(图中光滑曲线为 9 年低通滤波值)(慕巧珍等,2001)

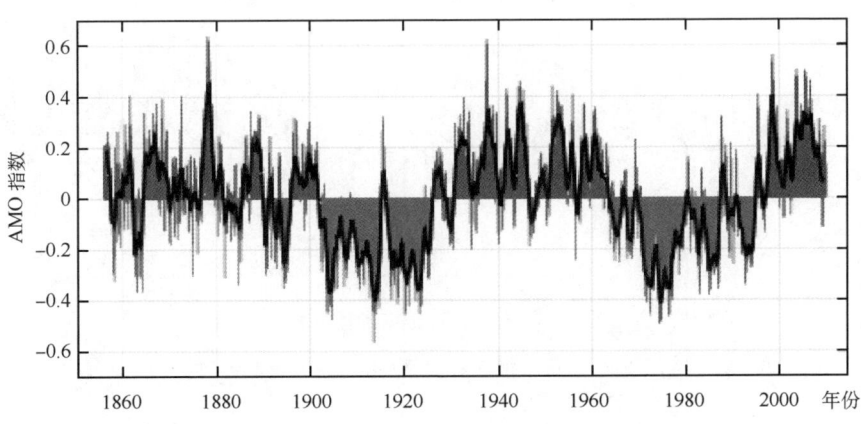

图 10.1.13　1856—2009 年逐月 AMO 指数序列
(引自 http://www.appinsys.com/GlobalWarming/PDO_AMO.htm)

(2) 太平洋涛动(PDO)

太平洋涛动(Pacific Decadal Oscillation)是指太平洋热状况的一种空间分布型，具有年代际尺度振荡现象。若以太平洋海温异常作为定义，PDO 可分为冷、暖位相(图 10.1.14)。在 PDO 暖位相时，热带中东太平洋异常暖，北太平洋中部异常冷，而沿北美西岸却异常暖；反之，则为 PDO 冷位相。PDO 与 ENSO 的区别主要在于：①典型 PDO 事件可持续 20~30 年，持续时间远比 ENSO 事件长；②PDO 主信号在北太平洋，次信号在热带，而 ENSO 事件恰恰相反。20 世纪发生了两个完整的 PDO 循环，即冷位相：1890—1924 年和 1947—1976 年，暖位相：1925—1946 年和 1977—1998 年(图 10.1.14)。PDO 的大气方面对应北太平洋涛动，即 NPO。

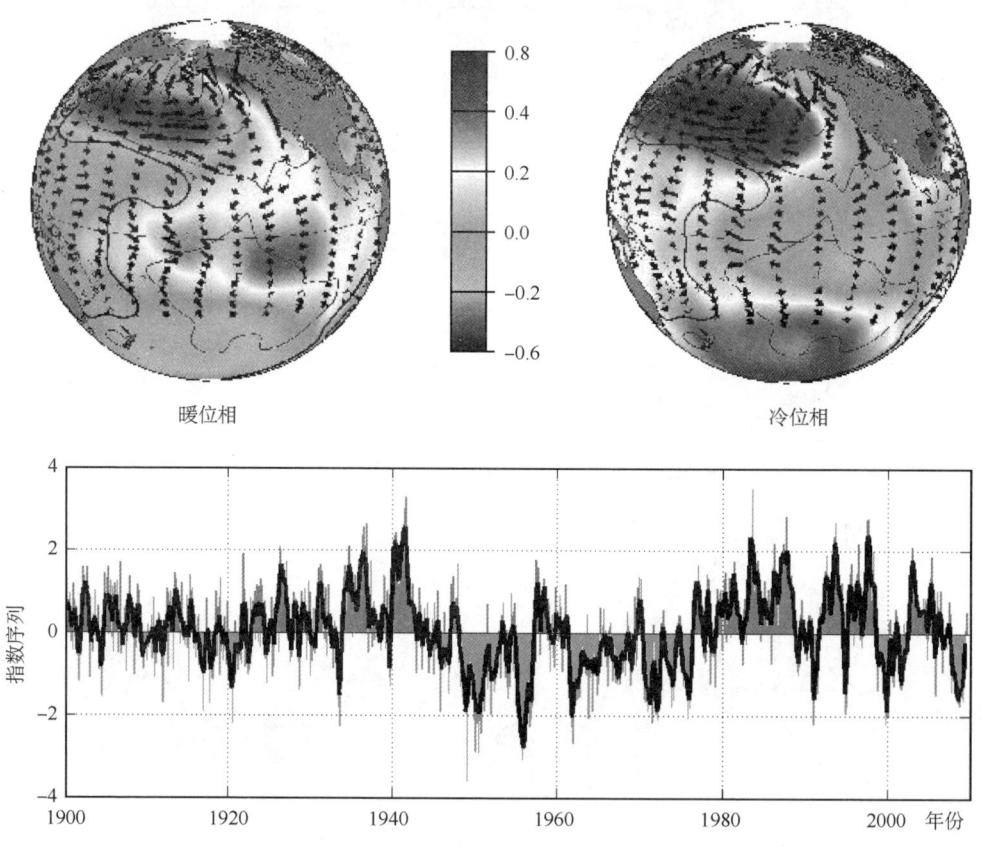

图 10.1.14　1900—2009 年逐月 PDO 指数序列及其冷、暖位相分布
(http://jisao.washington.edu/pdo/)

太平洋涛动年代际振荡通过影响东亚夏季风环流系统，进而影响我国夏季降水的年代际变化。20 世纪 70 年代以后，太平洋 SST 场表现为赤道中、东太平洋偏暖，

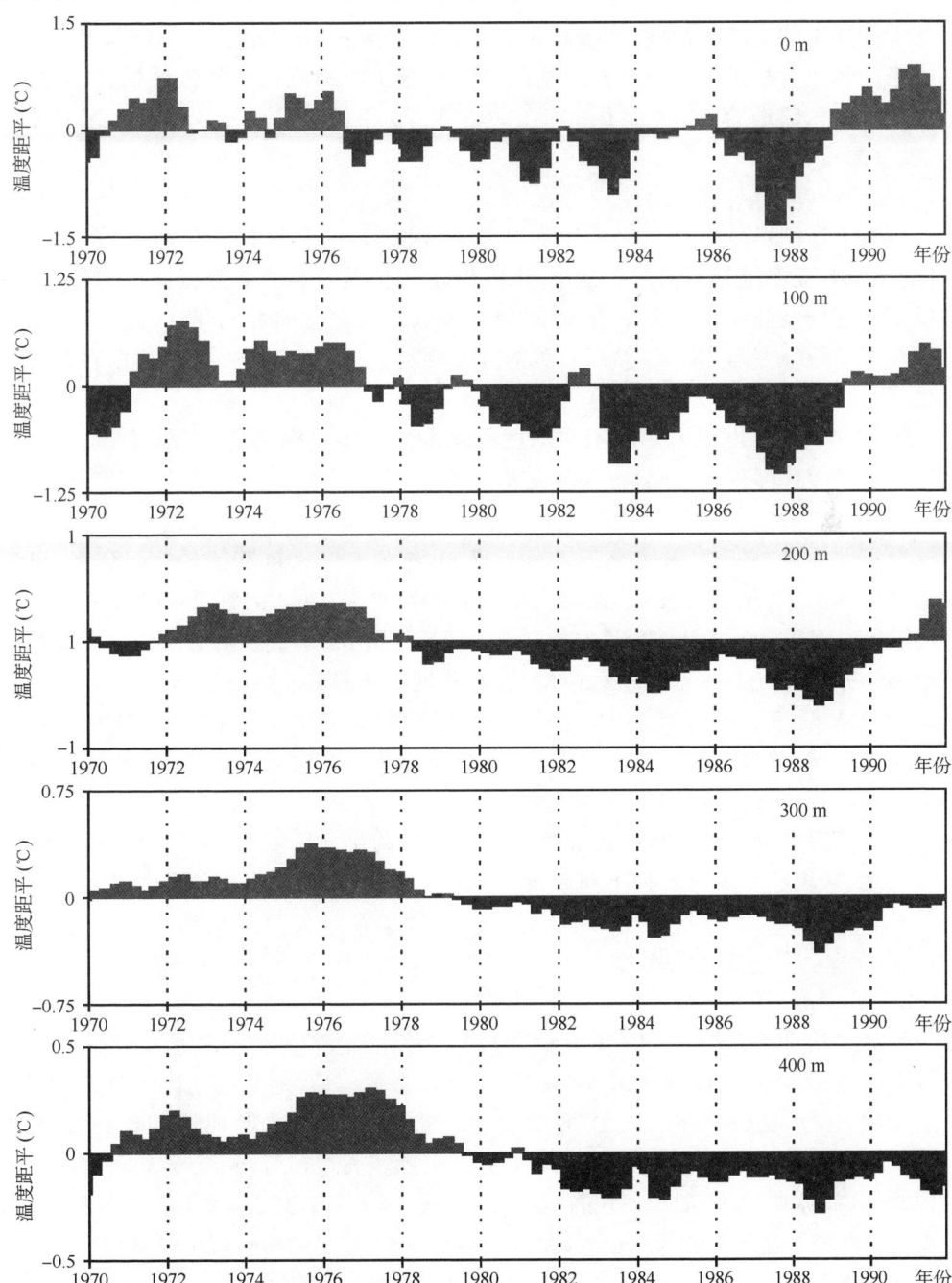

图 10.1.15 中太平洋不同深度的海水温度距平变化(需要注意图中的纵坐标尺度不同)
(Deser 等,1996)

而北太平洋中纬度地区偏冷,处于暖位相。它使得东亚季风减弱,从热带西太平洋输送过来的水汽与从孟加拉湾沿西南季风气流输送来的水汽在长江流域辐合,而华北地区成为水汽输送的辐散区。因此,从20世纪70年代末以后夏季华北地区降水偏少,发生严重干旱。

(3)ENSO的年代际变化

Zhang等(1997)利用1900—1993年近百年的资料,采用不同的诊断方法对ENSO的年代际变率进行了研究。他把SLP、SST等要素分成高频和低频两部分,发现高低频之间的空间结构非常相似,时间分量中低频部分有明显的年代际变化。研究发现热带的特征在与ENSO循环有关的变率中更突出,而热带外的特征则在低频部分更明显一些。

图10.1.15给出中太平洋不同深度海水温度的年代际变化,可以看出,1970年代末发生了年代际变化,而且上层变化早于下层。

(4)海冰

分析北冰洋、格陵兰和冰岛海上冰盖近90年的海冰密度和冰的边界资料,已发现海冰面积的10年尺度变化,尤其在格陵兰和冰岛海,并认为这种起伏变化与北冰洋的其他过程在一个"负反馈圈"中相联系。研究发现,冬季戴维斯海峡海冰面积呈明显增多趋势,且具有较显著的年代际变化,其长期变化趋势、年代际变化与500 hPa高度场的WA型、EU型遥相关、西伯利亚高压及中国北部气温等存在密切的关系。冬季戴维斯海峡海冰在1981年发生突变,突变前后相应高度场、海平面气压场和流场等大气环流场均有显著差异。

有人还研究了一些海域的物理量交换和输送的年代际变化,不仅说明年代际变化对局地、区域和全球有各种不同影响,也说明了海洋年代际变化的重要性。

10.2 长期气候变化

地球大约是4 600 MaBP(46亿年前)由云状宇宙微粒和气态物质聚积而成。而大气在地球形成的前1 000 Ma中形成了。地球形成以后,地球的气候经历了漫长的激烈变化,主要表现为多次大冰期的发生。最后一次大冰期即第四纪冰期始于250 MaBP,以后又经过多次冰期与间冰期的交替和旋迴,目前正处于末次冰盛期后的回暖期(间冰期)。为便于讨论古气候变化,表10.2.1给出了一些地质时代的名称。可以看出即使是地质上的证据也大约只到570 MaBP,更早的时代就十分模糊了。

地球的气候在地质时期有很剧烈的变化,变幅距现代值在+5~-10℃之间。图10.2.1扼要地勾画出了地球的气候记录,但不可能确定1 000 Ma前气候的确切特征。地球记录到的最早冰川时代活动出现于大约2 300 MaBP,到了接近古生代即前

第10章 年代际与长期气候变化

寒武纪晚期,以及在整个古生代可能发生过几次大冰期,对于这些大冰期人们的说法不一。有人认为大约在 970 Ma,760 Ma,430 Ma 及 270 Ma,共发生过 5 次大冰期。然后进入气候暖而干燥的中生代,那时两极附近年平均温度可能达到 8~10℃,所以极地没有永久性冰盖。白垩纪达到暖期的顶峰,温度比现在高出 10℃。直到早中新世约 20 MaBP 才基本形成了现代的格局。中生代之后为第三纪。在第三纪中,气候持续变冷。不同地点的古温度资料表明,从古新世到中新世晚期气温可能下降了 10℃,然后就进入了一个新的大冰期,即气候激烈变动的第四纪。

表 10.2.1　地球气候简史(布德科,1986)

代	纪	世	纪持续时间(×Ma)	纪开始年龄(MaBP)
新生代	第四纪	全新世	2	2
		更新世		
	第三纪	上新世	64	66
		中新世		
		渐新世		
		始新世		
		古新世		
中生代	白垩纪		66	132
	侏罗纪		53	185
	三叠纪		50	235
古生代	二叠纪		45	280
	石炭纪		65	345
	泥盆纪		55	400
	志留纪		35	435
	奥陶纪		55	490
	寒武纪		80	570

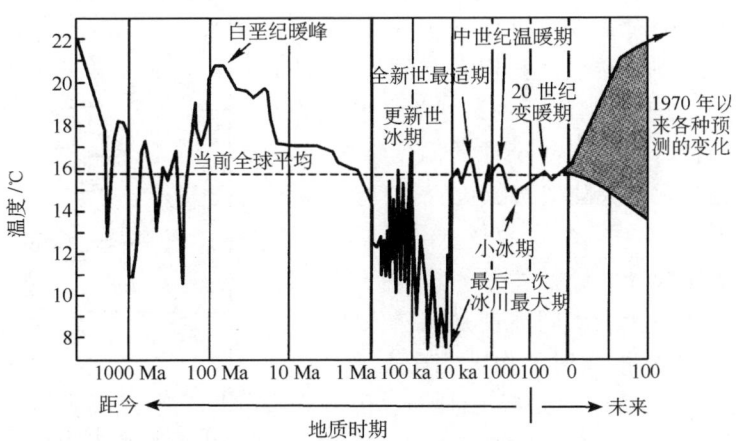

图 10.2.1　地质时期地球的温度记录时间用对数坐标,但在 1 Ma 和现代用的不同比例尺(Bryant,1997)

10.2.1 第四纪气候

(1)更新世气候

自距今 2400000 年到大约 10000 年是第四纪的更新世,其特征是冰期间冰期的 100000 年的旋回。末次冰期最盛时在距今 18000 年,此后气候即逐渐回暖。图 10.2.2 给出由北大西洋深海岩芯得到的近 130000 年温度。可以明显地看出最近一次旋回。距今大约 120000 年是末次间冰期的最暖时期。那时的气温可能比现代高 2~3℃,以后一直到 75000 年为末次间冰期,持续约 50000 年。此后温度呈波动式下降,到距今 18000 年达到最低,持续约 60000 年。从这个资料来看冰期间冰期旋回的长度约 110000 年,气温的振幅约 8~9℃。从这个图可以很明显地看出,现代气候可能处于间冰期的最暖时期之后,尚未开始降冷的时期。过去的大冰期一般都持续几十个 Ma。因此,没有理由认为才仅仅 2.4 Ma 的第四纪冰期即将结束。如果第四纪大冰期尚未结束,而且 100000 年左右的冰期间冰期旋回仍然继续,则在今后的数万年中,气候会逐渐变冷。

直至 20 世纪 60 年代,人们还普遍认为更新世只有 4 次大的冰期。但深海氧同位素记录表明,更新世至少有 20 次大冰期。图 10.2.3 列出了最近 1.1 Ma 以来综合的深海氧同位素 $\delta^{18}O$ 记录,4 个时间序列提供了更新世气候变化总趋势的证据。间冰期时 $\delta^{18}O$ 值(‰)比冰期时要低。曲线上每一个峰旁边的数字标出了习惯上所采用的各个大的气候阶段。冰期和间冰期分别用偶数和奇数来表示。每个阶段内部也会发生温度的剧烈转变。我们目前的气候,即全新世间冰期,列于时间序列的最左端。相比较而言,整个更新世,90% 时间全球的温度都较低,全球海岸线退到现在大陆架边缘位置,只有 10% 的时间气候温和。

当前的温暖气候已经持续了一段时间,为间冰期。从末次冰期转变到间冰期是突然发生的,温度曾经在 3~5 年的短时间内就完全上升到与现在相当的数值。间冰期是异常时期。因为在今天,沿赤道非洲和巴布亚—新几内亚,仍有山岳冰川存在。目前地球上冰川和冰盖的体积只有末次冰盛期时的 25%。所以更新

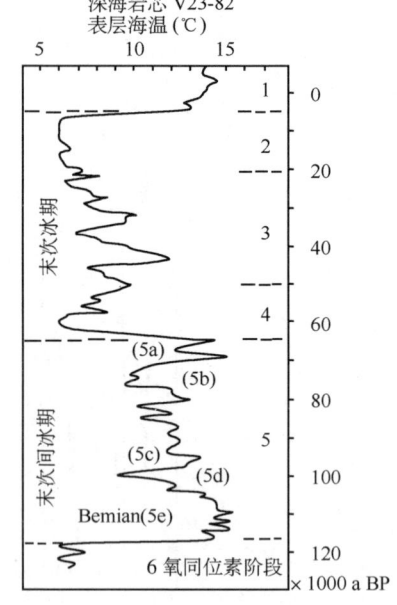

图 10.2.2 末次冰期与间冰期旋回
(Bradley,1985;转引自黄春长,1998)

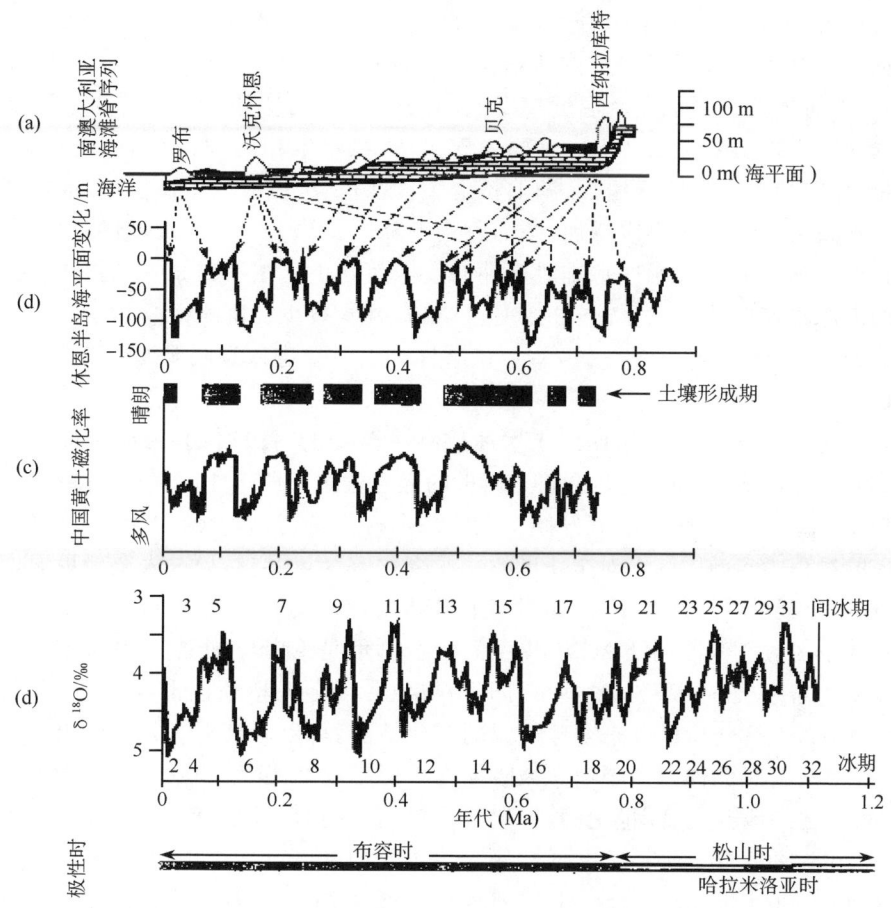

图 10.2.3　过去 0.75~1.1 Ma 时段内各种气候记录和主要极性变化之间的综合对比
(a)南澳大利亚的海岸沙坝;(b)巴布亚—新几内亚休恩半岛珊瑚礁台地
所反映的海平面变化;(c)中国西峰黄土的磁化率;(d)深海 $\delta^{18}O$ 记录
(根据 Pirazzoli 等,1993;Huntley 等,1993;Andersen 和 Borns,1994)

世可以看作是长时间的寒冷时期,其间发生过一些气候变暖和海平面上升的事件。

新仙女木事件(Younger Dryas,简称 YD 事件)在 20 世纪 30 年代得名于西北欧地区,以丹麦 Allened 冰缘沉积物中发现的北极苔原植物仙女木命名,用以表述全球冰川消退、气候回暖过程中发生的气候恶化和严重的环境灾变事件。一般认为,该事件发生于 11~10 ka BP,目前已经证明该事件是一次全球性事件,在全球大部分地区有表现,以北大西洋和格陵兰地区表现最为强烈,北大西洋海水表面温度下降了 10℃,劳伦冰盖再次向南延伸,大西洋中浮冰和海冰可以向南延伸到 45°N,欧洲又回到冰缘环境下并持续了 1.4 ka(注意通常文献中所述的新仙女木事件的 ^{14}C 年代为 11~

10 ka BP)。新仙女木事件在中国各地也均有显著表现,时间在^{14}C 年代 11～10 ka BP 前后,主要表现为不同幅度的快速降温。河西走廊地区的气温下降到较现代低 6～8℃,南海地区则可能冬季温度较今低 1.5～3.3℃。新仙女木事件在中国绝大部分地区同时表现出变干的特点。主要表现包括:风尘堆积增加,如黄土堆积加粗、颗粒变粗、冰芯粉尘含量明显增加、湖泊粉尘大量堆积、沉积粒径明显粗化;孢粉显著减少或草本植被花粉比例再次增加;湖面急剧下降等。约 11.5 ka BP,新仙女木事件随着来自劳伦冰盖的巨大融冰水排泄事件的发生而终止。在不到 20 年的时间内,北大西洋的海冰迅速向北后撒,气候开始变得温和,风暴减少。降水总量增加了 50%,邻近大陆的温度在 50 年内增高了 7℃。该事件结束后即进入温暖湿润的全新世。

(2)全新世气候

全新世(Holocene)是第四纪末次冰期结束至今的一段时期,因而也称作冰后期(Postglacial)。国际第四纪委员会将全新世的起点确定为距今 10 000 ± 300 年。全新世的特点就是气候显著回暖,其气候变化的基本持征是初期转暖,中期达到最暖,后期又转凉的过程。当前国际上对全新世的气候变化有 3 点共识:1)进入全新世温度大幅度回升,中全新世以后逐渐下降,20 世纪由于人类活动的影响全球变暖;2)早全新世北半球亚非季风区气候湿润,5 kaBP 以后逐渐变干,但是 ENSO 加强;3)在以上变化的背景下发生了若干次冷干事件,这些事件开始与结束均较迅速,所以也被称为气候突变。

图 10.2.4 是全新世以来全球气温的变化情况,可以看到近 1 万年中出现了三次暖期,第一次暖期被称做大暖期。大暖期在中国出现在距今 8500～3000 年间。全新世之初,温度一般要比 20 世纪高,但增暖最盛出现的时间因地区而异,在欧洲出现在距今 6000～4800 年,南半球出现在距今 6000～10000 年,中国出现在距今 5000～6000 年及 7000 年前,那时全国平均温度要比今天高 2℃以上。降水变化的资料不多,但有些地区出现洪水显著增加的现象(如美国西南部)。全新世中的第二个暖期是中世纪温暖期,发生在公元 900～1300 年之间。这次暖期的变幅较小,并且从半球尺度看,其出现时间有一定差别。北半球在 11—14 世纪的平均温度只比 15 世纪～19 世纪的小冰期的平均温度高 0.2℃,比 20 世纪中叶的温度要低。对于中国是否存在一个中世纪暖期,科学界是有不同看法的。但至少中国的中世纪温暖期不是一个持续温暖的时期,有科学家认为,其中至少有 3 个暖期和 2 个冷期,并且温暖期主要发生在中国的东部。中世纪暖期之后,是长达 300 多年的小冰期(16 世纪中～19 世纪中)。那时北半球中纬度地区年平均温度的 30 年平均值约比 20 世纪中后期的暖期低 1.0℃左右,北半球高纬度地区可能低 1.5～2.0℃。从 1850 年小冰期结束之后,气温开始突然上升,进入近 140 年的第三次增暖期。虽然这次近代增暖期上升的幅度不及大暖期的温度增幅,但明显超过中世纪温暖期的增温,20 世纪是过去 1000 年中最暖的 100 年。

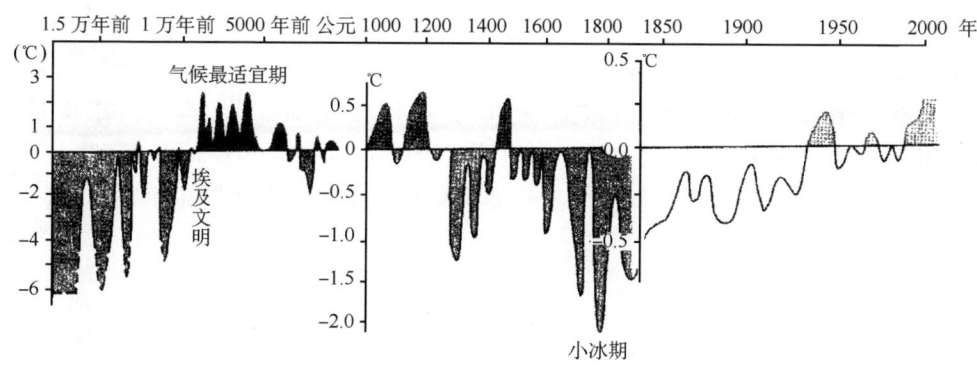

图 10.2.4 近 1 万多年全球气温的变化(注意横坐标的时间尺度不同)(丁一汇等,2003)

如上所述,从全球的气候变迁来看,在距今 8000～3000 年,全球进入一个大暖期。研究表明,此段时间是中国的大暖期。距今 8000 年及距今 3000 年,中国气候与现代接近,而在期间气温显著高于现代,特别是在距今 7500～4500 年的 3000 年期间,气温比现代高 2℃ 左右。其中距今 4500 年,6000 年及 7500 年要更暖一些,最暖在距今 5500～6000 年之间。一般史料涉及不到这段时期,但是中国流传下来的一些神话传说也可能在一定程度上反映了先民对远古气候的记忆。例如,尧时(可能在距今 4200 年前后)"十日并出","草木秋冬不杀",说明那时气温高。但同时"洪水横流、泛滥于天下"。一方面可能气候暖湿,降水多,也可能与气温上升,冰雪融化有关,这样才发生了大禹治水的传说。无论如何,这些传说是与科学的分析相一致的。

10.2.2 中国历史气候

我国著名气象学家竺可桢开创了我国历史气候研究的先河,其代表性论文是 1972 年发表的《中国近五千年来气候变迁的初步研究》,文中引证了大量历史文献记录中的物候资料,系统地总结了中国气候变迁规律,证明我国在近五千年中,最初两千年,年平均温度比现在高 2℃ 左右。在这以后,年平均温度有 2～3℃ 的摆动,寒冷事件出现在公元前 1000 年(殷末周初)、公元 400 年(六朝)、公元 1200 年(南宋)和公元 1700 年(明末清初)时代。汉唐两代则是比较温暖的时代。自竺可桢的开创性工作以来,中国科学家根据冰芯、树木年轮、湖泊沉积、石笋以及历史文献等,对中国近 2000 年的温度和降水重建方面取得了重要进展。

在过去 2000 年温度重建方面,Yang 等(2000)利用已有的冰芯、树轮、湖泊沉积以及历史文献等重建了分辨率为 10 年的中国过去 2000 年温度变化序列;Tan 等(2003)利用北京石花洞的石笋年层厚度建立了分辨率为年的北京过去 2650 年 5—8 月的温度序列;Ge 等(2003)利用历史文献的冷暖记载,特别是物候记载重建了中国东部地区过去 2000 年分辨率为 10～30 年的冬半年(10—4 月)温度距平变化序列。

Ge 等(2003)重建的温度序列是一个采用同一指标校准的、且具有固定时间分辨率的温度距平变化序列,该序列实质上可以代表过去 2000 年中国东部地区的温度变化。分析该序列(图 10.2.5)可以发现,在百年尺度气候波动上,中国东部过去 2000 年共经历了 4 暖 3 冷 7 个时期。它们之间的冷暖交替大多存在 1.0℃以上的升降幅。其中 20 世纪暖期中国东部冬半年温度距平均值虽略高于整个中世纪(公元 8 世纪 30—14 世纪 10 年代)暖期,但分别低于其中的公元 8 世纪 30—12 世纪 00 年代及 13 世纪 00—14 世纪 10 年代等 2 个温暖时段,也低于隋唐(570—770 年代)暖期。

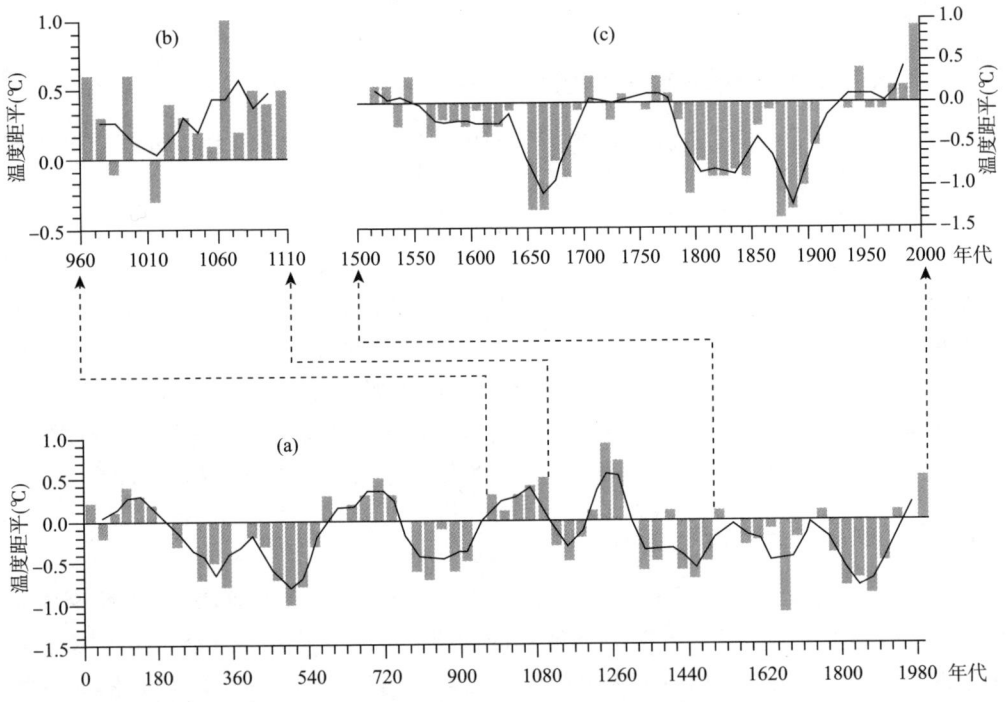

图 10.2.5 中国东部地区过去 2000 年冬半年温度变化序列(实线为 3 点滑动平均)(Ge 等,2003)

丰富的历史文献记载为中国东部 2000 年的降水变化研究提供了大量的代用资料。自 20 世纪 70 年代开始,中国气候工作者根据各地方志中的旱涝灾害记载,整理重建了全国 120 个站 1470 年以来的旱涝等级序列,编制了旱涝图集。张丕远等建立了用于反映整个中国东部地区过去 2000 年降水趋势变化的湿润演化系数序列,并分析了其间旱涝气候变化的阶段性(图 10.2.6a)与突变特征。结果发现:中国东部过去 2000 年干湿变化的总体趋势是公元 3 世纪 80 年代以前,相对湿润;自公元 3 世纪 80 年代开始,逐渐变干;至公元 13 世纪 30 年代以后,维持在一个相对较干的水平上。公元 3 世纪 80 年代和公元 13 世纪 30 年代是中国东部干湿气候变化的最主要突变点。在公元3世纪80年代以前及公元13世纪30年代以后,气候相对稳定,而在公元3世纪80—13世纪30年代期间,气候系统则相对不稳定。然而与冷暖变化不同,即便是在东部地区,干湿变化的区域差异也极大。这不但使得整个东部地区在过去2000年中的干湿变化不同步,如长江以北的江淮地区与华北地区往往存在反相变化(图10.2.6b);而且也使得干湿分异格局在过去2000年中发生了明显改变。以世纪尺度论,2—11世纪,我国东部干湿分异大约以105°E为界,西(西北)干而东(东南)湿;12—15世纪,东西分异与南北分异并存,但仍以东西分异为主;而16—19世纪则演化为南北分异,约以35°N为界,北干南湿。

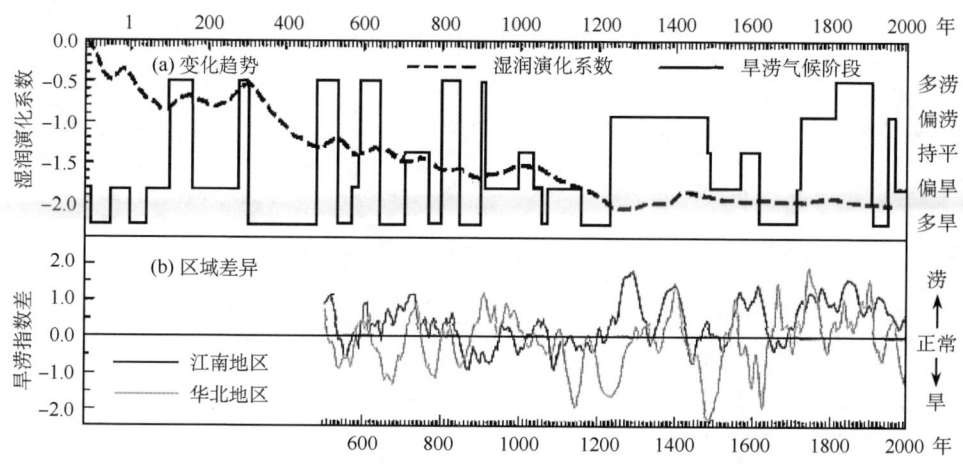

图 10.2.6　过去2000年中国东部降水变化(a)及其区域差异(b)(郑景云等,2005)

10.3　人类活动对气候变化的影响

人类活动引起的气候变化,主要包括人类燃烧矿物燃料、硫化物气溶胶浓度的变化、陆面覆盖和土地利用的变化(如毁林引起的大气中温室气体浓度的增加)以及城市化等。

10.3.1　温室效应

自20世纪中叶以来,全球平均温度的升高很可能是由于温室气体浓度增加所致,因此温室气体对气候变化影响以及如何应对引起了极大关注。

温室气体是指大气中自然或人为产生的气体成分,它们能够吸收和释放地球表面、大气和云发出的热红外辐射光谱内特定波长的辐射,温室气体将热量俘获在地表—对流层系统内,这称为"温室效应"。该特性导致全球气候变暖。温室气体浓度的增加导致大气红外辐射强度上升,从而导致有效辐射从温度较低但位势较高的高度上射入太空。这就形成了一种辐射强迫,因而导致温室效应增强,即所谓的增强的温室效应。

长生命期的温室气体在气候系统辐射强迫中占主导地位,人类活动导致四种长生命周期温室气体的排放:CO_2、甲烷(CH_4)、氧化亚氮(N_2O)和卤烃(一组含氟氯或溴的气体)。自 1750 年以来,由于人类活动,全球大气 CO_2、甲烷(CH_4)和氧化亚氮(N_2O)浓度已明显增加,目前已经远远超过根据冰芯记录测定的工业化前的浓度值。2005 年大气中 CO_2 和 CH_4 的浓度已远远超过了过去 650000 年的自然范围。全球

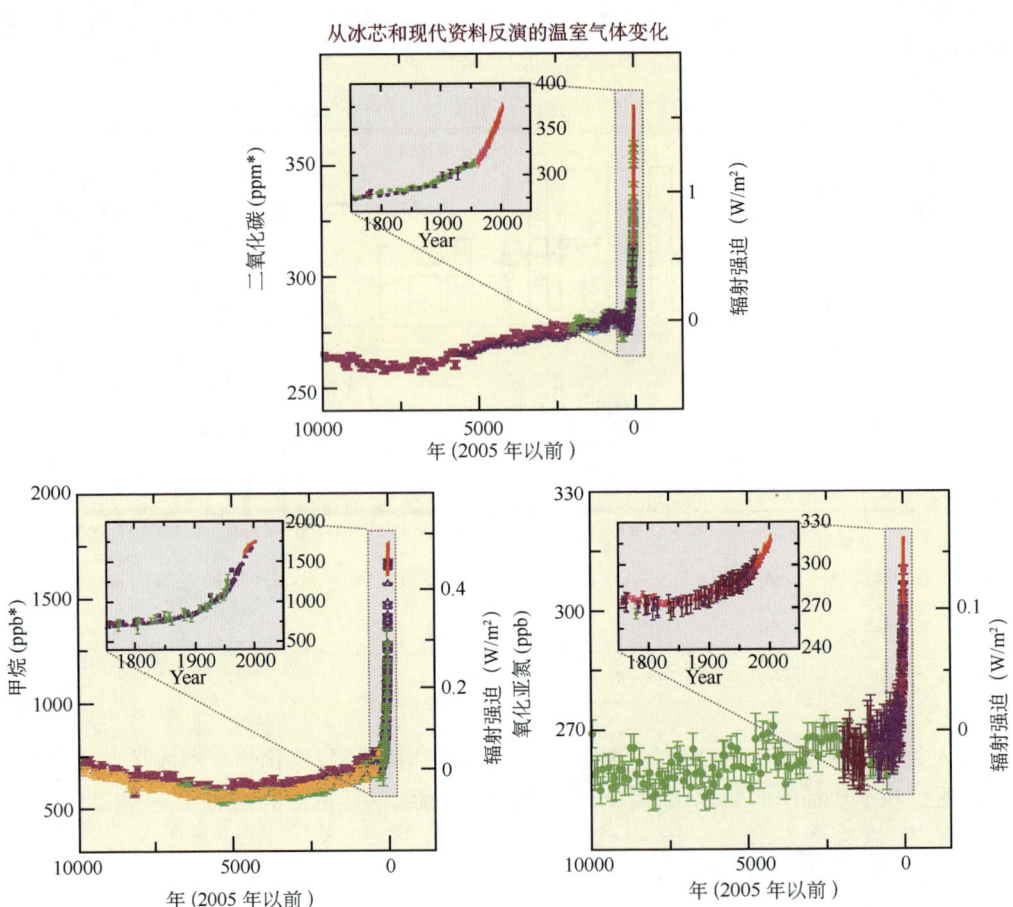

图 10.3.1 在过去一万年(大图)中和自 1750 年(嵌入图)以来,大气中二氧化碳、甲烷和氧化亚氮浓度的变化。图中所示测量值分别取自冰芯(不同颜色的符号表示不同的研究结果)和大气样本(近期观测)。相对于 1750 年的辐射强迫值见大图右侧的纵坐标(IPCC,2007)

---

* 1 ppm$=10^{-6}$;1 ppb$=10^{-9}$。

CO_2 浓度的增加主要是由于化石燃料的使用,同时土地利用变化为此作出了另一种显著但较小的贡献。很可能已观测到的 CH_4 的浓度的增加主要是由于农业和化石燃料的使用。N_2O 浓度的增加主要是由于农业活动。

CO_2 是最重要的人为温室气体,全球大气中 CO_2 浓度已由工业化前时代的约 280 ppm 增加到 2005 年的 379 ppm,年排放量增加了大约 80%,在 2004 年中已占到人为温室气体排放总量的 77%。过去 10 年的 CO_2 浓度(1995—2005 年平均值:每年 1.9 ppm)大于开始观测以来(1960—2005 年平均值:每年 1.4 ppm)的浓度值(见图 10.3.1)。观测结果都清楚地表明(图 10.3.2),CO_2 浓度从 1957 年以来都是直线上升的。中国的瓦里关山本底站也测量到相似的 CO_2 变化曲线(图 10.3.3)。

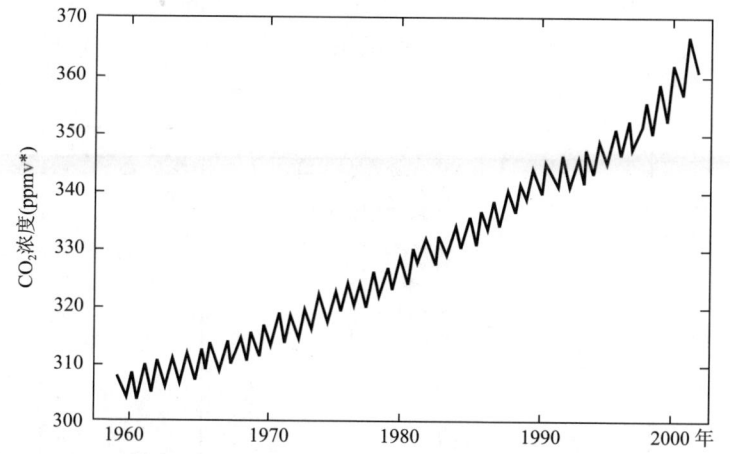

图 10.3.2　夏威夷冒纳罗亚观测站测量的大气 CO_2 浓度变化(IPCC,2001)

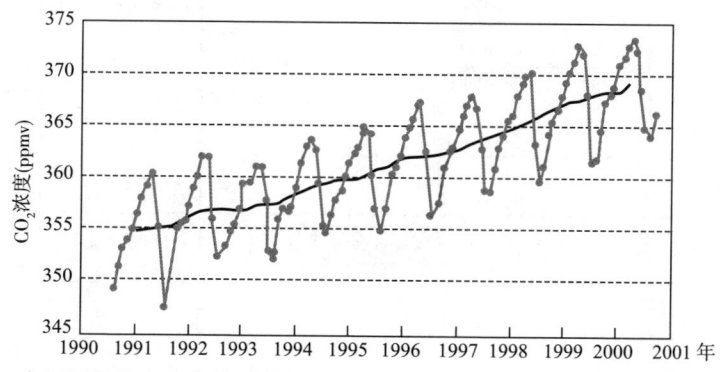

图 10.3.3　中国瓦里关山本底站测量的 CO_2 浓度变化(由中国气象科学研究院提供,2002)

---

* ppmv＝单位容积的百万分之一

全球大气 CH_4 浓度值从工业化前时代的约 715 ppb 增至 20 世纪 90 年代初的 1732 ppb，2005 年增至 1774 ppb。自 20 世纪 90 年代初以来，增长率已有所下降（图 10.3.1）。

全球大气中 N_2O 浓度值已从工业化前时代的约 270 ppb 增至 2005 年的 319 ppb（图 10.3.1）。

由于人类活动，许多卤烃（包括氟氯碳化物）从工业化前时代接近零的本底浓度上已呈现增加的趋势。

温室气体之所以得到重视，是因其能够改变气候系统的能量平衡，从而成为气候变化的驱动因子。IPCC 第四次报告指出，自 1750 年以来，人类活动的净影响已成为变暖的原因之一，具有辐射强迫为 +1.6（+0.6～2.4）W/m^2（图 10.3.4）。由于 CO_2、CH_4 和 N_2O 浓度的增加，综合辐射强迫为 +2.3（+2.1～+2.5）W/m^2，在工业

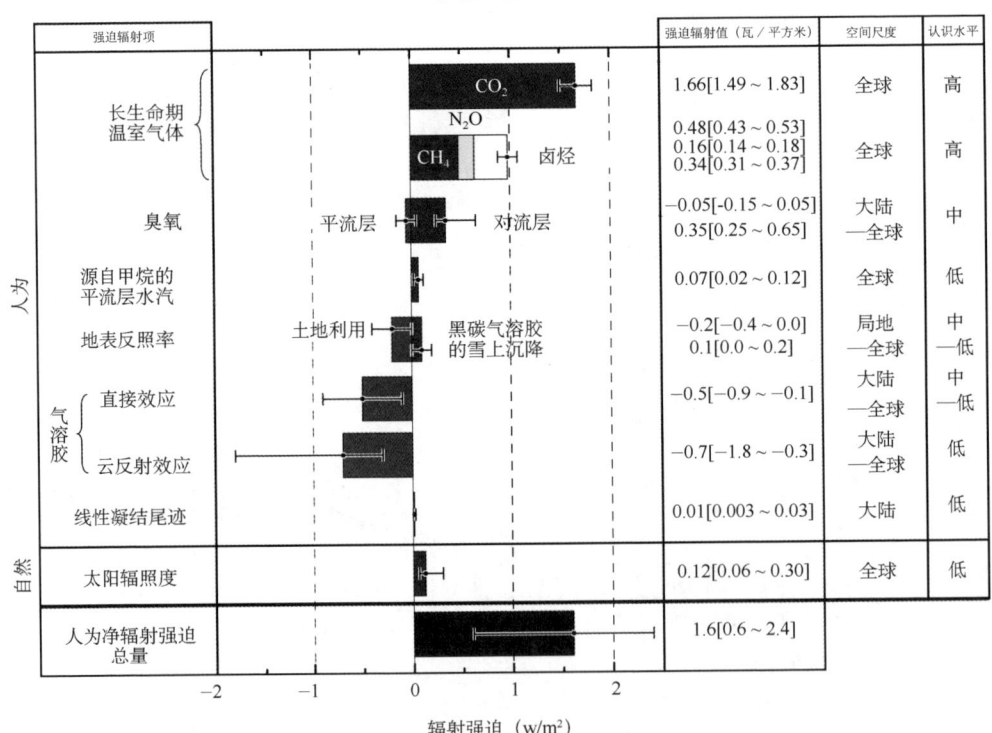

图 10.3.4　相对于 1750 年，2005 年的 CO_2、CH_4、N_2O 和其他重要成分和机制的全球平均辐射强迫（RF）（最佳估值和 5%～95% 的不确定性区间），以及强迫的典型地理范围（空间尺度）和经评估的科学认识水平（LOSU）。爆发性火山喷发在随后几年中另外构成了一个变冷期。
线性凝结尾迹的范围并不包括航空对云可能造成的其他影响（IPCC，2007）

化时代,其增加速率很可能是 10000 多年中前所未有的(图 10.3.1)。在 1995 年到 2005 年期间,CO_2 的辐射强迫增加了 20%,至少在近 200 年中,它是其间任何一个 10 年的最大变化。

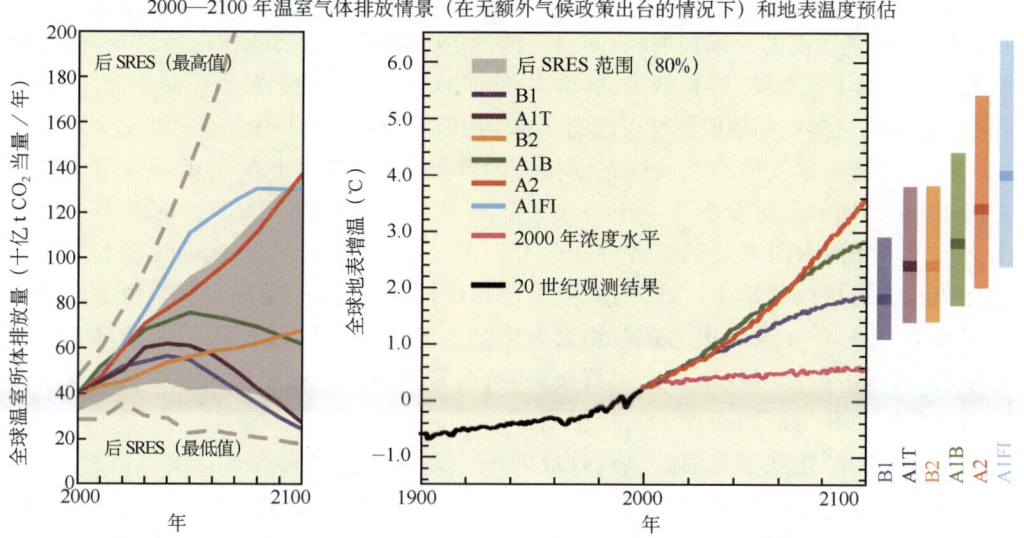

图 10.3.5 (a)在无气候政策出台的情况下,全球温室气体排放量(CO_2 当量):六个解释性 SRES 标志情景(有色线条)和自 SRES 以来(后 SRES)近期公布的情景的第 80 个百分位范围(灰色阴影区)。虚线表示后 SRES 情景的全部范围。排放包括 CO_2,CH_4,N_2O 和含氟气体。(b)实线是 A2、A1B 和 B1 情景下多模式全球平均的地表升温幅度,是 20 世纪模拟的继续。这些预估还考虑了短生命周期温室气体和气溶胶的排放量。粉线不是情景,而是 AOGCM 的模拟结果,在模拟过程中大气浓度稳定在 2000 年的量值水平上。图右侧的条块表示最佳估值(每个条块中的实线),偏差表示相对于 2090—2099 分别按六个 SRES 标志情景评估的可能升温范围。所有温度均相对 1980—1999 年这一时期(IPCC,2007)

根据 IPCC 排放情景特别报告(SRES)预估,若到 2030 年及其以后,在全球混合能源结构配置中化石燃料仍保持其主导地位,全球温室气体排放量在 2000 年至 2030 年期间则会增加 25%~90%(CO_2 当量)。温室气体以当前的或高于当前的速率排放将会引起 21 世纪进一步变暖,并会诱发全球气候系统中的许多变化,这些变化很可能大于 20 世纪期间所观测到的变化(见彩图 10.3.5)。在一系列 SRES 给定的排放情景下,预估未来 20 年将以每 10 年大约 0.2℃速率变暖。即使所有温室气体和气溶胶的浓度稳定在 2000 年的水平不变,预估也会以每 10 年约 0.1℃速率进一步变暖。

10.3.2 阳伞效应

正当大多数人为"温室效应"而忧虑的时候,一些人关注到一个与"温室效应"相反的效应,即"阳伞效应"。悬浮在大气中的气溶胶颗粒,将部分太阳辐射反射回宇宙空间,削弱了到达地面的太阳辐射能;同时吸湿性的气溶胶颗粒又能作为凝结核,促使周围的水汽在其上面凝结,导致低云、雾增多,从而减少了到达地面的太阳辐射能,使地面降温。这种由气溶胶的辐射特性引起的冷却作用因为类似于遮阳伞,故称为"阳伞效应"。

气溶胶是指空气中固态或液态颗粒物的聚集体,通常大小在 $0.01~\mu m$ 至 $10~\mu m$ 之间,能在大气中滞留至少几个小时。气溶胶分为自然源和人为源。前者如火山喷出大量尘埃和海水浪花飞溅将各种盐分带入大气中;后者如工业、交通运输和生活中燃烧化石燃料排放的烟尘。此外,农业生产和植被破坏等,产生许多灰尘由地面进入大气环境,使悬浮在大气中的颗粒物大大增加。气溶胶可以通过几种途径对气候产生影响:通过散射和吸收辐射产生直接影响;在云的形成过程中作为云凝结核或改变云的光学性质和生命期而产生间接影响。

"阳伞效应"体现了气溶胶气候效应的一个方面。整个大气是一个气溶胶系统,气溶胶气候效应估算表明,气溶胶(主要是硫酸盐、有机碳、黑碳、硝酸盐和沙尘)共同产生变冷效应,其直接辐射强迫总量为 $-0.5(-0.9$ 至 $-0.1)\text{W/m}^2$,其间接云反照率强迫为 $-0.79(-1.8$ 至 $-0.3)\text{W/m}^2$(图10.3.4)。

地表因温室气体造成的"温室效应"和因气溶胶颗粒造成的"阳伞效应"是相互联系、相互制约的,在没有人类活动或人类活动影响不大的自然状态时,处在自我调整的动态平衡中。但是,当过量的二氧化碳等温室气体被排入大气,超过限度时,地球的这种调节功能会遭到削弱甚至破坏。

10.3.3 土地利用变化

人类活动影响气候变化的另一因素是土地利用变化。这主要有两个原因,一是陆面物理特征的变化能影响辐射、热量和水的交换;二是植被类型、密度和有关土壤特性的变化通常可引起陆地碳储存和通量的变化,进而使大气 CO_2 含量发生变化。土地利用变化分两种类型,一类是直接由人类活动引起的变化,如毁林、造林、农业灌溉以及城市化、交通等;另一类是间接变化,即气候的变化或 CO_2 含量的变化可使生物群落的植被结构和功能发生变化或者造成生物群落本身的迁移。目前世界上正采用各种手段连续地监测第一类土地利用的变化,研究结果表明,热带森林一旦被退化的草地代替,将会减少蒸散,增加地表温度。但大范围毁林对水循环的影响仍然不清楚。即使在研究很多的南美亚马逊河流域、东南亚与非洲地区也是如此。另一方面,研究表明,大范围的开垦和耕种引起地区性冷却,量级可达 $1\sim2℃$。这是由于蒸散率和冬季反照率增加的结果。雪和植被反照率作用也能明显地影响近地面温度。非洲萨赫勒地区的长期干旱有人也认为与该地区植被或土地利用变化有关。所有上述研究都表明,大范围土地利用的变化能产生明显的区域气候影响。但科学家也认识到,过去 50~100 年间造成的实际土地利用变化对全球气候变化的作用不可能达到与温室气体增加产生的全球气候变化相同的量级。

从中长期气候变化的观点看,第二类陆面的变化可能很重要。例如气候变暖后,高纬生长季延长,从而造成生物质密度、生物化学循环率、光合作用、呼吸和森林火灾等增加,进而造成反照率、蒸散、水文和区域碳收支的明显变化。城市化是另一种土地利用的变化,它通过影响地面粗糙度而影响地方性风场。这是蒸发特征和射出长波辐射改变的结果(如地表放射的长波辐射被高大建筑物拦截)。这种城市化现象对于区域气候影响的量级虽然不大,但它会影响台站仪器的温度记录,因而应消除这种城市化的影响。这也是一个非常复杂的问题。

随着中国社会、经济的快速发展,特别是近 50 年来,中国的土地利用结构发生了显著变化,据统计,20 世纪 90 年代中国的土地利用变化主要表现为耕地面积增加、城乡建设用地增加、林业用地面积减少、草地面积减少、未利用土地面积减少等。由于土地利用变化改变了下垫面植被的分布,改变了地表反照率、土壤湿度、地表粗糙度等地表属性,从而影响地—气系统的能量和水分平衡,对局地、区域气候产生一定的影响。另外,中国近年来开展的大范围植树造林及三峡建坝、南水北调等工程也可能会对区域气候造成一定的影响。近年来,中国科学家利用气候模式开展了一些数值模拟研究工作,模拟结果普遍认为,土地利用变化对中国区域降水、温度有明显的影响。表 10.3.1 给出了中国科学家的数值模拟结果。中国西北荒漠化和草原退化,造成中国大部分地区降水减少,华北和西北干旱加剧,气温则明显升高。但是,中国在相关方面的数值模拟研究还存在一定的不足,如模式中陆面过程方案还不够完善,模式分辨率不够精细,模拟时间也普遍较短,因此,关于土地利用的时空变化对气候影响的研究结果还存在一定的不确定性。

10.3.4 城市化效应

城市化是指将土地由自然状态或人工管理的自然状态(如农业)转变为城市,越来越多的人口移居到城市。城市的发展,包括:土地用途改变,密集建筑发展,热力排放及人类活动等都对城市的气候产生了重要影响,存在着"热岛效应"、"干岛效应"、"暗岛效应"、"混浊岛效应"、"雨岛效应"和"雾岛效应"等。

城市"热岛效应"是指城市中的气温明显高于外围郊区的现象。"热岛效应"的成因,一般认为有两种原因:一是由于城市和郊区地表面性质不同,热力性质差异较大。城区反射率小,吸收热量多,蒸发耗热少,热量传导较快,而辐射散失热量较慢,郊区恰相反；二是城区排放的人为热量和温室气体（如 CO_2 等）。这些因素有助于城市热岛的形成，在夜晚风速一般比白天小，城郊之间的热量交换弱，城市街谷白天蓄热多，夜晚散热慢，其气温下降速度比郊区更慢，因此这时城市"热岛效应"更为显著。

表 10.3.1 土地利用变化对中国气候变化影响的数值模拟试验（丁一汇，2007）

作者	土地利用变化	气候影响模拟的主要结果
周锁铨等（1995）	青藏植被变化	影响大气环流
符淙斌等（1996）	内蒙古草原破坏	中国大部分地区降水减少，尤以华北、西北干旱加剧
Zhao 等（1999）	西北土地荒漠化	中国大部分地区降水减少，气温增加
范广洲等（1998）	西北绿化	影响当地气候变化
吕世华等（1999）	西北植被变化	影响大气环流和当地气候变化
符淙斌等（2001）	土地利用和植被变化	大气环流与东亚季风变化
郑益群等（2002）	内蒙古草原破坏	中国大部分地区降水减少，尤以华北、西北干旱加剧
Wang 等（2003）	土地利用变化	造成中国气候变化
Gao 等（2003）	中国植被状况恶化	西北降水减少，中国大部分地区气温升高
李巧萍等（2004）	(1)内蒙古草原破坏；(2)内蒙古植树	(1)中国大部分地区降水减少，尤以华北、西北干旱加剧；(2)黄河流域降水增加，冬暖夏凉
综合评估	上述研究	荒漠化和砍伐森林使得气候变暖、变干

"混沌岛效应"是指城市市区由于厂矿企业集中、人口密集，致使排出的污染气体和空气中的尘埃等混沌程度都大大高于周边地区，形成"混沌岛"。在相同强度的太阳辐射下，混浊空气中的散射粒子多，其散射辐射比干洁空气强，直接辐射则大为削弱。城市中因工业生产、交通运输和居民炉灶等排放出的烟尘污染物比郊区多。这些污染物又大都是善于吸水的凝结核。城市中垂直湍流比较强，因此有利于低云的发展。大量观测资料证明，城区的低云量多于附近郊区，这就使得城市的散射辐射比郊区强，直接辐射比郊区弱，大气的混浊度显著大于郊区。以上海为例，根据近 27 年的辐射资料统计平均上海的混浊度比同时期十个郊区的混浊度平均要大 15.8%。在上海混浊度分布图上，城区呈现出一个明显的混浊岛，在国外许多城市都有类似现象。"混沌岛效应"的影响主要有：一是减少城市日照；二是降低能见度；三是出现低湿的城市"灰霾"；四是市区降水酸度及酸雨频率大于郊区。

城市"雨岛效应"是指随着城市中的高楼大厦密度不断地增加，尤其一到盛夏，建筑物空调、汽车尾气更加重了热量的超常排放，使城市上空形成热气流，热气流越积越厚，最终导致降水形成。这种效应被称之为"雨岛效应"。"雨岛效应"集中出现在汛期和暴雨之时，易形成大面积积水，甚至形成城市内涝。城市雨岛形成的条件是在大气环流较弱，有利于在城区产生降水的大尺度天气形势下，由于城市热岛所产生的局地气流的辐合上升，有利于对流雨的发展；下垫面粗糙度大，对移动滞缓的降雨系统有阻障效应，使其移速更为缓慢,延长城区降雨时间;再加上城区空气中凝结核多,其化学组分不同,粒径大小不一,当有较多大核存在时有促进暖云降水作用,上述种种因素的影响,会"诱导"暴雨最大强度的落点位于市区及其下风方向,形成城市雨岛。美国曾在其中部平原密苏里州的圣路易斯城及其附近郊区设置了稠密的雨量观测网,运用先进技术进行持续5年的观测研究,证实了城市及其下风方向确有"雨岛效应"。

城市"干岛效应"和"湿岛效应"常与"热岛效应"相伴存在。城市对大气湿度的影响比较复杂。在白天太阳照射下,下垫面通过蒸散(含蒸发和植物蒸腾)过程而进入低层空气中的水汽量,城区却小于郊区,特别是在盛夏季节,郊区农作物生长茂密,城、郊之间自然蒸散量的差值更大。城区由于下垫面粗糙度大(建筑群密集、高低不齐),又有"热岛效应",其机械湍流和热力湍流都比郊区强。通过湍流的垂直交换,城区低层水汽向上层空气的输送量又比郊区多,这两者都导致城区近地面的水汽压小于郊区,形成城市"干岛"。到了夜晚,风速减小,空气层结稳定,郊区气温下降快,饱和水汽压减低,有大量水汽在地表凝结成露水,存留于低层空气中的水汽量少,水汽压迅速降低,城区因有"热岛效应",其凝露量远比郊区少,夜晚湍流弱,与上层空气间的水汽交换量小,城区近地面的水汽压仍高于郊区,出现"城市湿岛"。这种由于城郊凝露量不同而形成的城市湿岛称为凝露湿岛。它大都在日落后1~4 h内形成,在日出后因郊区气温升高,露水蒸发,很快又转变成城市"干岛",在城市"干岛"和"湿岛"出现时必伴有城市"热岛"。

城市"雾岛效应",其原因主要是城市颗粒污染物增加,凝结核过多,引起雾日的增加。如伦敦为国际著名的雾都,重庆为我国的雾都,除了自然条件的原因外,城市"雾岛效应"也是重要因素。伦敦近年来进行了环境治理后,雾日大大减少,就是最好的证明。

综上所述可见城市气候中的"热岛效应"、"干岛效应"、"暗岛效应"、"混浊岛效应"、"雨岛效应"和"雾岛效应"等应是人类在城市化过程中无意识地对局地气候所产生的影响。研究其中规律,不仅有助于城市天气气候预报,并且还可通过一定的人为措施如加强城市绿化,调整能源结构,合理规划城市建设,控制城市大气污染等,有意识地改善城市气候条件,使之向有利于居民生活和生产方向发展。

复习思考题

(1)试说明全球气温和降水的年代际气候变化的主要特点以及中国气温和降水的年代际变化特点。

(2)中国近五千年来的气候变化特点是什么?

(3)人类活动对气候变化的影响主要有哪几个方面?你能提出避免或者减缓人类活动对气候变化影响的措施吗?

参考文献

鲍名,倪允琪,丑纪范. 2004. 相似—动力模式的月平均环流预报试验. 科学通报. **49**(11):
 1112-1115.

蔡学湛,吴滨. 2005. 青藏高原雪盖异常的环流特征及其与我国夏季降水的关系. 应用气象学报.
 16(1):89-95.

曹鸿兴,1979. 统计—动力预报评述. 气象学报. **37**(2):83-89.

巢纪平. 1977. 大尺度海气相互作用和长期天气预报. 大气科学. **1**(3):223-233.

巢纪平. 1993. 厄尔尼诺和南方涛动动力学. 北京:气象出版社,1-309.

陈桂英,艾兑秀. 2000. 权重分布法集成预报试验. 应用气象学报. **11**(增刊):51-57.

陈桂英,赵振国. 2000. 1988—1997年我国月、季、年气候预测业务评估. 短期气候变化的物理过程
 与预测信号的研究. 北京:气象出版社. 12-18.

陈桂英,赵振国. 1998. 短期气候预测评估方法和业务初估. 应用气象学报. **9**(2):178-185.

陈桂英. 1976. 1974年副热带高压特点总结及其预报. 长期天气预报技术经验总结. 中央气象台.
 79-87.

陈桂英. 2000. 我国现有短期气候业务预测方法综述. 应用气象学报. **11**(增刊):11-20.

陈海山,孙照渤,朱伟军. 2003. 欧亚积雪异常分布对冬季大气环流的影响II:数值模拟. 大气科学.
 27(5):847-860.

陈海山,孙照渤. 2003. 欧亚积雪异常分布对冬季大气环流的影响I:观测研究. 大气科学. **27**(3):
 304-316.

陈海山,孙照渤. 2002. 陆气相互作用及陆面模式的研究进展. 南京气象学院学报. **25**(4):277-288.

陈丽娟,李维京,张培群,等. 2003. 降尺度技术在月降水预报中的应用. 应用气象学报. **14**(6):
 648-655.

陈丽娟,李维京. 1999. 月动力延伸预报产品的评估和解释应用. 应用气象学报. **10**(4):486-490.

陈烈庭,阎志新. 1978. 青藏高原冬春季积雪对大气环流和我国南方汛期降水的影响. 1978年长
 办中长期水文气象预报研讨会论文集(第一集). 北京:水利电力出版社. 185-194.

陈烈庭. 1991. 阿拉伯海—南海海温距平纬向差异对长江中下游降水的影响. 大气科学. **15**(1):33-
 42.

陈烈庭. 1999. 华北各区夏季降水年际和年代际变化的地域性特征. 高原气象. **18**(4):477-485.

陈烈庭. 1977. 东太平洋赤道地区海水温度异常对热带大气环流及我国汛期降水的影响. 大气科
 学. **1**(1):1-12.

陈兴芳. 1980. 副热带高压的秋季转换的初步讨论. 大气科学. **4**(3):276-280.

陈兴芳. 1995. 1994年西太平洋副高异常变化及其成因分析. 气象. **21**(12):3-7.

丑纪范,徐明. 2001. 短期气候数值预测的进展和前景. 科学通报. **46**(11):890-895.

丑纪范. 1986. 为什么要动力—统计相结合？——兼论如何结合. 高原气象. 5(4):367-372.
丑纪范. 2003. 短期气候预测的现状:问题与出路(一). 新疆气象. 26(1):1-4.
丑纪范. 2003. 短期气候预测的现状:问题与出路(二). 新疆气象. 26(2):1-5.
戴永久,曾庆存. 1996. 陆面过程研究. 水科学进展. (增刊):40-53.
邓伟涛,孙照渤,曾刚,倪东鸿. 2009. 中国东部夏季降水型的年代际变化及其与北太平洋海温的关系,大气科学. 33(4):835-846.
邓伟涛. 2008. 利用 CAM-RegCM 嵌套模式预测我国夏季降水异常. 南京信息工程大学博士学位论文.
丁士晟. 1985. 中国 MOS 预报的进展. 气象学报. 43(3):332-338.
丁一汇,李清泉,李维京,等. 2004. 中国业务动力季节预报的进展. 气象学报. 62(5):598-612.
丁一汇,刘一鸣,宋永加. 2002. 我国短期气候动力预测模式系统的研究及试验. 气候与环境研究. 7(2):236-246.
丁一汇,任国玉,石广玉等. 2006. 气候变化国家评估报告(I):中国气候变化的历史和未来趋势. 气候变化研究进展. 2(1):3-8.
丁一汇,张锦,徐影,宋亚芳. 2005. 气候系统的演变及预测(第一版). 北京:气象出版社,1-137.
丁一汇. 2007. 中国气候变化科学概论. 北京:气象出版社,1-281.
丁一汇. 2004. 我国短期气候预测业务系统. 气象. 30(12):11-16.
丁一汇. 2005. 高等天气学. 北京:气象出版社,194-308.
丁一汇等. 2005. 植被变化对中国区域气候影响的数值模拟研究. 气象学报. 63(5):613-621.
范广洲,吕世华,罗四维. 1998. 西北地区绿化对该区及东亚、南亚区域气候影响的数值模拟. 高原气象. 17(3):300-309.
范丽军,符淙斌,陈德亮. 2005. 统计降尺度对未来区域气候变化情景预估的研究进展. 地球科学进展. 20(3):320-329.
符淙斌,孙翠霞,张金枝. 1979. 赤道海温异常与大气的垂直环流圈. 大气科学. 3(1):50-57.
符淙斌,魏和林等. 1998. 区域气候模式对中国东部季风雨带演变的模拟. 大气科学. 22(4):522-534.
符淙斌,袁慧玲. 2001. 恢复自然植被对东亚夏季气候和环境影响的一个虚拟试验. 科学通报. 46(8):691-695.
龚道溢,何学兆. 2002. 西太平洋副热带高压的年代际变化及其气候影响. 地理学报. 57(2):185-193.
龚道溢,王绍武. 2000. 北大西洋涛动指数的比较及其年代际变率. 大气科学. 24(2):187-192.
龚道溢,王绍武. 2003. 近百年北极涛动对中国冬季气候的影响. 地理学报. 58(4):559-568.
顾伟宗,陈丽娟,张培群. 2009. 基于月动力延伸预报最优信息的中国降水降尺度预测模型. 气象学报. 67(2):280-287.
郭其蕴,蔡静宁,邵雪梅,等. 2004. 1873—2000 年东亚夏季风变化的研究. 大气科学. 28(2):206-215.
郭其蕴,王继琴. 1986. 青藏高原的积雪及其对东亚季风的影响. 高原气象. 5(2):116-124.

郭维栋,马柱国,王会军.2007.土壤湿度——一个跨季度降水预测中的重要因子及其应用探讨.气候与环境研究.**12**(1):20-28.

国家"九五"重中之重96—908科技项目办公室项目执行专家组.2000.《我国短期气候预测系统的研究》之二:短期气候预测业务动力模式的研制.北京:气象出版社,1-499.

国家"九五"重中之重96—908科技项目办公室项目执行专家组.2000.《我国短期气候预测系统的研究》之三:气候异常对国民经济影响评估业务系统的研究.北京:气象出版社.1-258

国家"九五"重中之重96—908科技项目办公室项目执行专家组.2000.《我国短期气候预测系统的研究》之四:短期气候监测、预测、服务综合业务的研制.北京:气象出版社,1-459.

国家"九五"重中之重96—908科技项目办公室项目执行专家组.2000.《我国短期气候预测系统的研究》之五:区域中心短期气候预测业务系统的建立与产品应用研究.北京:气象出版社,1-511.

国家"九五"重中之重96—908科技项目办公室项目执行专家组.2000.《我国短期气候预测系统的研究》之一:短期气候变化的物理过程与预报信号的研究.北京:气象出版社,1-136.

侯依玲,李栋梁,施雅风等.2005.50a来我国东北及邻近地区年降水量的年代际异常变化.冰川冻土.**27**(6):838-845.

胡娅敏,丁一汇,廖菲.2007.土壤湿度资料同化对中国东部夏季区域气候模拟的改进.科学通报.**54**(16):2388-2394.

胡隐樵.1992.陆面过程野外观测试验的进展.地球科学进展.**7**(3):37-42.

黄建平.1992.理论气候模式.北京:气象出版社,1-184.

黄茂怡,黄嘉佑.2000.CCA对中国夏季降水场的预报试验和诊断分析.应用气象学报.**11**(增刊):31-39.

黄荣辉,岸保勘三郎.1983.关于冬季北半球定常行星波传播另一波导的研究.中国科学(B辑).**10**(10):940-950.

黄荣辉,顾雷,徐予红,等.2005.东亚夏季风爆发和北进的年际变化特征及其与热带西太平洋热状态的关系.大气科学.**29**(1):20-36.

黄荣辉,徐予红,周连童.1999.我国夏季降水的年代际变化及华北干旱化趋势.高原气象.**18**(4):465-476.

黄荣辉.1986.大气行星尺度运动的动力特征.大气科学.**4**(4):348-356.

黄荣辉.2005.大气科学概论.北京:气象出版社,1-450

黄荣辉.2006.我国重大气候灾害的形成机理和预测理论研究.地球科学进展.**21**(6):564-575.

贾建颖,孙照渤,刘向文,谭桂容,徐文明.2009.中国东部夏季降水准两年振荡的长期演变.大气科学.**33**(2):397-407.

贾建颖,孙照渤.2008.中国东部夏季降水准两年振荡的主振荡型分析.高原气象.**27**(6):1240-1248.

蒋全荣,王春红.1995.北极海冰面积变化与大气遥相关型.气象科学.**15**(4):158-165.

金荣花,梅艳,李维京.2006.2003年淮河洪涝西太平洋副热带高压活动的异常特征及成因分析.热带气象报.**22**(1):60-66.

康建成,唐述林,刘雷保. 2005. 南极海冰与气候. 地球科学进展. **20**(7):786-793.
李崇银,李桂龙. 1999. 北大西洋涛动和北太平洋涛动的演变与 20 世纪 60 年代的气候突变. 科学通报. **44**(16):1765-1769.
李崇银,龙振夏,穆明权. 2003. 大气季节内振荡及其重要作用. 大气科学. **27**(4):518-535.
李崇银,朱锦红,孙照渤. 2002. 年代际变化研究. 气候与环境研究. **7**(2):209-219.
李崇银. 1983. 第二类条件不稳定—振荡型对流. 中国科学(B 辑). **10**(9):857-865.
李崇银. 1991. 大气低频振荡. 北京:气象出版社,1-310.
李崇银. 2000. 气候动力学引论(第二版). 北京:气象出版社,1-515.
李春,孙照渤,陈海山. 2002. 华北夏季降水的年代际变化及其与东亚地区大气环流的联系. 南京气象学院学报. **25**(4):455-462.
李春,孙照渤. 2003. 中纬度阻塞高压指数与华北夏季降水的联系. 南京气象学院学报. **26**(4):458-464.
李江萍,王式功. 2008. 统计降尺度法在数值预报产品释用中的应用. 气象. **34**(6):41-45.
李麦村,陈烈庭,林学椿. 1979. 海温异常影响长期天气过程研究的进展. 大气科学. **3**(3):247-255.
李培基. 1996. 北极海冰与全球气候变化. 冰川冻土. **18**(1):72-80.
李巧萍,丁一汇,董文杰. 2007. 土壤湿度异常对区域短期气候影响的数值模拟试验. 气象学报. **18**(1):1-11.
李巧萍等. 2004. 植被覆盖变化对区域气候影响的研究进展. 南京气象学院学报. **27**(1):131-140.
李双林,王彦明,郜永祺. 2009. 北大西洋年代际振荡(AMO)气候影响的研究评述. 大气科学学报. **32**(3):458-465.
李维京,陈丽娟. 1999. 动力延伸预报产品释用方法的研究. 气象学报. **57**(3):338-344.
李维京,张培群,李清泉,等. 2005. 动力气候模式预测系统业务化及其应用. 应用气象学报. **16**(增刊):1-11.
李维京等. 2005. 动力气候模式预测系统业务化及其应用. 应用气象学报. **16**(增刊):1-11.
李晓东著. 1997. 气候物理学引论. 北京:气象出版社,1-233.
李晓燕,翟盘茂,任福民. 2005. 气候标准值改变对 ENSO 事件划分的影响. 热带气象学报. **21**(1):72-88.
李晓燕,翟盘茂. 2000. ENSO 事件指数与指标研究. 气象学报. **58**(1):102-109.
李忠贤,孙照渤. 2004. 1 月份黑潮海温异常与我国夏季降水的关系. 南京气象学院学报. **27**(3):374-380.
梁建茵,吴尚森. 2001. 广东省汛期旱涝成因和前期影响因子探讨. 热带气象学报. **17**(2):97-108.
梁乐宁,陈海山. 2010. 华南春季土壤湿度异常与中国夏季降水的可能联系. 大气科学学报. 2010, **33**(5)(待发表).
梁平德. 1987. 华北平原夏季干旱的天气气候分析. 北方文集(6). 北京:北京大学出版社. 138-151.
廖荃荪,陈桂英,陈国珍. 1981. 北半球西风带环流和我国夏季降水. 长期天气预报文集. 北京:气象出版社. 103-114.
廖荃荪,王永光. 1998. 赤道平流层 QBO 与我国 7 月雨型的关联. 应用气象学报. **9**(1):104-108.

廖荃荪,赵振国. 1990. 东亚阻塞形势与西太平洋副高的关系及其对我国降水的影响.《长期天气预报文集》. 北京:气象出版社,125-135

廖荃荪,赵振国. 1992. 我国东部夏季降水的季度预报方法. 应用气象学报. 3(增刊):1-10.

林本达,黄建平. 1994. 动力气候学引论. 北京:气象出版社,1-233.

林朝晖,李旭,赵彦,等. 1998. IAP PSSCA 的改进及其对 1998 年全国汛期旱涝形势的预测. 气候与环境研究. 3(4):339-348.

林朝晖,刘辉志,谢正辉等. 2008. 陆面水文过程研究进展. 大气科学. 32(4):935-949.

林朝晖,赵彦,周广庆,等. 2002. 2000 年中国夏季降水异常的数值预测. 自然科学进展. 12(7):771-774.

林学椿,于淑秋. 1987. 中国干旱的 22 年周期与太阳磁周. 气象科学研究院院刊. 2(1):43-50.

刘鸿波,张大林,等. 2006. 区域气候模拟研究及其应用进展. 气候与环境研究. 11(5):649-668.

刘华强,孙照渤,朱伟军. 2003. 青藏高原积雪与亚洲季风环流年代际变化的关系. 南京气象学院学报. 26(6):733-739.

刘娜,周秋林,管兆勇等. 2008. 北半球对流层气候异常对热带印度洋海温偶极子型振荡的响应及动力机制解释. 自然科学进展. 18(6):668-673.

刘术艳,梁信忠,等. 2008. 气候天气研究及预报模式(CWRF)在中国的应用:区域优化. 大气科学. 32(3):457-468.

刘晓东,罗四维,钱永甫. 1989. 青藏高原地表热状况对夏季大气环流影响的数值试验. 高原气象. 8(3):205-216.

刘永强,叶笃正,季劲钧. 1992. 土壤湿度和植被对气候的影响—I. 短期气候异常持续性的理论分析. 中国科学 B 辑. 22(4):441-448.

刘永强,叶笃正,季劲钧. 1992. 土壤湿度和植被对气候的影响—II. 短期气候异常持续性的数值试验. 中国科学 B 辑. 22(5):554-560.

陆其峰,潘晓玲,等. 2003. 区域气候模式研究进展. 南京气象学院学报. 26(4):557-565.

陆日宇. 2002. 华北汛期降水量变化中年代际和年际尺度的分离. 大气科学. 26(5):611-624.

鹿世瑾. 1990. 华南气候. 北京:气象出版社,1-336.

吕俊梅,任菊章,琚建华. 2004. 东亚夏季风的年代际变化对中国降水的影响. 高原气象. 20(1):73-80.

吕世华,陈玉春. 1999. 西北植被覆盖对我国区域气候变化影响的数值模拟. 高原气象. 18(3):416-424.

罗哲贤. 1985. 植被覆盖对干旱气候影响的数值研究. 地理研究. 4(2):1-8.

马慧,陈桢华,毛文书等. 2009. 华南前汛期降水异常及其环流特征分析. 热带气象学报. 25(1):89-96.

马柱国,魏和林,符淙斌. 1999. 土壤湿度与气候变化关系的研究进展与展望. 地球科学进展. 14(3):299-305.

马柱国,魏和林,符淙斌. 2000. 中国东部区域土壤湿度的变化及其与气候变率的关系. 气象学报. 8(3):278-287.

毛睿,龚道溢等.2008.欧亚大陆春季植被状况与东亚夏季大气环流的显著联系.气象学报.66(4):592-598

牟惟丰.1986.预测评分方法述评和方案建议.气象.12(2):45-49.

慕巧珍,王绍武,朱锦红,龚道溢.2001.近百年夏季西太平洋副热带高压的变化.大气科学.25(6):787-797.

穆明权,李崇银.2000.大气环流的年代际变化Ⅰ:观测资料的分析.气候变化与环境.5(3):233-241.

倪东鸿,孙照渤,赵玉春.2000.ENSO不同位相对东亚夏季风的影响.南京气象学院学报.23(1):48-54.

倪允琪.1993.气候动力学.北京:气象出版社.1-641.

牛国跃,洪钟祥,孙淑芬.1997.陆面过程研究的现状与发展趋势.地球科学进展.12(1):20-25.

潘华盛,魏松林.1981.冬季黑潮加热对东北区夏季(6—8月)温度关系的初步分析.海洋学报.3(2):211-217.

彭公炳,李倩,钱步东.1992.气候与冰雪覆盖.北京:气象出版社,1-349.

彭加毅,孙照渤.1999.70年代末大气环流及中国旱涝分布的突变.南京气象学院学报.22(3):300-304.

钱永甫,王谦谦,等.1993.青藏高原等大地形和下垫面的动力和热力强迫在东亚和全球气候变化中作用的新探索.气象科学.15(4):8-16.

钱永甫.1988.大尺度气候数值模拟的一些情况.高原气象.7(1):70-93.

强学民,杨修群,孙成艺.2008.华南前汛期降水开始和结束日期确定方法综述.气象.34(3):10-15.

强学民,杨修群.2008.华南前汛期开始和结束日期的划分.地球物理学报.51(5):1333-1345.

秦大河.2005.中国气候与环境演变:气候与环境变化的影响与适应、减缓对策(上下卷).北京:科学出版社,1-1024.

任宏利,丑纪范.2005.统计—动力相结合的相似误差订正法.气象学报.63(6):988-993.

任宏利,丑纪范.2007.动力相似预报的策略和方法研究.中国科学(D辑).37:1101-1109.

任宏利,丑纪范.2007.数值模式的预报策略和方法研究进展.地球科学进展.22(4):376-385.

任宏利.2007.短期气候预测中基于预报因子的误差订正方法研究.自然科学进展.17(12):1651-1656.

施晓晖,徐祥德.2007.东亚冬季风年代际变化可能原因的模拟研究.应用气象学报.18(6):775-782.

史学丽.2001.陆面过程模式研究简评.应用气象学报.12(1):102-112.

司东.2010.中国降水的年代和年际尺度变化及其模拟检验的研究.南京信息工程大学博士学位论文.

孙丞虎,李维京,张祖强,等.2005.淮河流域土壤湿度异常的时空分布特征及其与气候异常关系的初步研究.应用气象学报.16(2):129-138.

孙淑清,高守亭.2005.现代天气学概论.北京:气象出版社,1-207.

孙菽芬,金继明.1997.陆面过程模式研究中的几个问题.应用气象学报.**8**(增刊):50-57.
孙菽芬.2005.陆面过程的物理,生化机理和参数化模型.北京:气象出版社,1-307.
孙菽芬.2002.陆面过程研究的进展.新疆气象.**25**(6):1-6.
孙照渤,谭桂容,赵振国.1998.人工神经网络方法在夏季降水预报中的应用.南京气象学院学报.**21**(1):47-52.
孙照渤,曾煜.1995.1月中国地温异常与北半球500 hPa高度场异常关系的合成分析.南京气象学院学报.**18**(4):471-477.
孙照渤,章基嘉,Folland C K.1990.准九个月振荡的统计特征及其与SST的关系.长期天气预报论文集.北京:气象出版社.
孙照渤.1992.热带外大气中40—60天振荡的统计特征.长期天气预报论文集.北京:海洋出版社.29-35.
覃武,孙照渤,丁宝善等.1994.华南前汛期雨季开始期的降水及环流特征.南京气象学院学报.**17**(4):455-461.
谭桂容,孙照渤,陈海山.2003.华北夏季旱涝的环流特征分析.气象科学.**23**(2):134-143.
谭桂容,孙照渤,林朝晖,贾建颖.2008.贝加尔湖南侧大陆高压与东亚夏季风和中国夏季气候的关系.气候与环境.**13**(6):791-799.
谭桂容,孙照渤,闵锦忠.2009.朱艳峰.北太平洋海温异常的空间模态及其与东亚环流异常的关系.大气科学.**33**(5):1038-1046.
谭桂容,孙照渤,赵振国.1998.我国东部夏季降水型与北半球大气环流和北太平洋海温的关系.南京气象学院学报.**21**(1):1-7.
谭桂容,孙照渤,朱伟军,苗春生.2009.2007年夏季降水异常成因及其预测分析.大气科学学报.**32**(3).
谭桂容,孙照渤,朱艳峰.2007.江淮夏季降水与西北太平洋海温关系的诊断分析和数值试验.南京气象学院学报.**30**(4):472-478.
谭桂容,孙照渤.2003.华北夏季旱涝与同期500 hPa高度异常.南京气象学院学报.**26**(4):532-537.
谭桂容,孙照渤.2004.西太平洋副高与华北旱涝的关系.热带气象学报.**20**(2):206-211.
谭言科等.1999.欧亚冬季雪盖对北半球夏季大气环流的影响及其与东亚太平洋型遥相关的可能联系.大气科学.**23**(2):152-160.
汤懋苍.1989.理论气候学引论.北京:气象出版社,1-229.
汤懋苍等.1982.下垫面热量储存与天气变化.高原气象.**1**(1):24-33.
唐卫亚,孙照渤.2007.印度洋海温异常与中国气温异常的可能联系.南京气象学院学报.**30**(5):667-673.
陶诗言,徐淑英.1962.夏季江淮流域持久性旱涝现象的环流特征.气象学报.**32**(1):1-10.
田武文,吴素良,王娜.2010.气候预测PS评分对业务影响.应用气象学报.**21**(6):379-384.
王会军,孙建奇,郎咸梅等.2008.几年来我国气候年际变异和短期气候预测研究的一些新成果.大气科学.**32**(4):806-814.

王会军,张颖,郎咸梅.2010.短期气候预测的对象问题.气候与环境研究.**15**(3):225-228.
王会军,周广庆,林朝晖.2002.我国近年来短期气候预测研究的若干进展.气候与环境研究.**7**(2):220-226.
王会军.1997.试论短期气候预测的不确定性.气候与环境研究.**2**(4):333-338.
王兰宁,郑庆林,宋青丽.2002.青藏高原下垫面对中国夏季环流影响的研究.南京气象学院学报.**25**(2):186-191.
王盘兴,何金海.1991.西太平洋区域海气异常的一个重要联系.南京气象学院学报.**14**(3)增刊:394-398.
王琼,张铭.2003.中国及周边地区气温年代际变化的研究.气候与环境研究.**8**(4):451-456.
王绍武,龚道溢,叶瑾琳等.2000.1880年以来中国东部四季降水量序列及其变率.地理学报.**55**(3):281-293.
王绍武,林本达,等.1993.气候预测与模拟研究.北京:气象出版社,1-346.
王绍武,王日昇.1990.1470年以来我国华东四季与年平均温度变化的研究.气象学报.**48**(1):26-35.
王绍武,叶谨林,龚道溢等.1998.近百年中国年气温序列的建立.应用气象学报.**9**(4):392-401.
王绍武,赵宗慈,陈振华.1983.月平均环流异常的持续性与韵律性和海气相会作用.气象学报.**41**(1):33-42.
王绍武,赵宗慈,龚道溢,周天军.2005.现代气候学概论.北京:气象出版社,1-241.
王绍武,赵宗慈.1979.我国旱涝36年周期及其产生机制.气象学报.**37**(1):64-73.
王绍武,赵宗慈.1987.长期天气预报基础.上海:上海科学技术出版社,1-201.
王绍武,朱锦红.1999.国外关于年代际气候变率的研究.气象学报.**57**(3):376-383.
王绍武,朱锦红.2000.短期气候预测的评估问题.应用气象学报.**11**(增刊):1-10.
王绍武.1983.冰雪覆盖与气候变化.地理研究.**2**(3):73-86.
王绍武.1990.公元1380年以来我国华北气温序列的重建.中国科学(B辑).(5):553-560.
王绍武.2001.现代气候学研究进展.北京:气象出版社,1-458.
王绍武.2009.全新世气候.气候变化研究进展.**5**(4):247-248.
王绍武.2010.大气涛动.气候变化研究进展.**6**(3):233-234.
王绍武.1994.气候系统引论.北京:气象出版社,1-250.
王绍武等.2005.现代气候学概论.北京:气象出版社,1-241.
王万秋.1991.土壤温湿异常对短期气候影响的数值模拟试验.大气科学.**15**(5):115-123.
王学忠.2004.北极海冰气候变率的模拟研究.南京气象学院博士学位论文.
王永波,施能.2001.近45 a冬季北大西洋涛动异常与我国气候的关系.南京气象学院学报.**24**(3):315-322.
韦志刚,罗四维.1993.中国西部积雪对我国汛期降水的影响.高原气象.1993.**12**(4):347-353.
卫捷,陈红,孙建华,等.2007.2006年夏季中国的异常气候—中国科学院大气物理研究所短期气候预测检验.气候与环境.**12**(1):1-7.
魏凤英,黄嘉佑.2010.大气环流降尺度因子在中国东部夏季降水预测中的作用.大气科学.**34**

(1):202-212.

魏凤英.1999.全国夏季降水区域动态权重集成预报试验.应用气象学报.10(4):402-409.

吴国雄,李建平,周天军等.2006.影响我国短期气候异常的关键区:亚印太交汇区.地球科学进展.21(11):1109-1118.

吴国雄,刘屹岷.2000.热力适应、过流、频散和副高.I:热力适应和过流.大气科学.24(4):433-446.

吴国雄,毛江玉,段安民等.2004.青藏高原影响亚洲夏季气候研究的最新进展.气象学报.62(5):528-540.

吴国雄等.1995.青藏高原化雪迟早的辐射效应对季节变化的影响.甘肃气象.13(1):1-8.

武炳义,黄荣辉.1999.冬季北大西洋涛动极端异常变化与东亚冬季风.大气科学.23(6):641-651.

项静恬,陈国诊,刘海波等.1999.一种气候预测综合决策的方法——递归正权综合决策法.大气科学.23(5):551-558.

肖子牛,晏红明,李崇银.2002.印度洋地区异常海温的偶极振荡与中国降水及温度的关系.热带气象学报.18(4):335-344.

肖子牛.2010.我国短期气候监测预测业务进展.气象.36(7):21-25.

徐桂玉,杨修群,孙旭光.2005.华北降水年代际、年际变化特征与北半球大气环流的联系.地球物理学报.48(3):511-518.

徐国昌.1994.青藏高原雪盖异常对我国环流和降水的影响.应用气象学报.5(1):62-67.

徐建军,朱乾根.1998.印度洋—太平洋海温长期变化的周期性及其年代际变化.热带气象学报.14(4):351-358.

徐群.1998.近46年江淮下游梅雨期的划分和演变特征.气象科学.18(4):316-329.

晏红明,肖子牛.2000.印度洋海温异常对亚洲季风区天气气候影响的数值模拟研究.热带气象学报.16(2):18-27.

杨秋明.2002.梅雨期间长江中下游降水与北半球环流的耦合相关.气象科学.21(1):81-87.

杨修群,谢倩,朱益民,等.2005.华北降水年代际变化特征及相关的海气异常型.地球物理学报.48(4):789-797.

杨修群,朱益民,谢倩,等.2004.太平洋年代际振荡的研究进展.大气科学.28(6):979-992.

叶笃正,高由禧.1979.青藏高原气象学.北京:科学出版社,1-279.

叶笃正,黄荣辉.1990.旱涝气候研究进展.北京:气象出版社,1-156.

叶笃正,罗四维,朱抱真.1957.西藏高原及其附近的流场结构和对流层大气的热量平衡.气象学报.28(2):108-121.

叶笃正,曾庆存,郭裕福.1991.当代气候研究.北京:气象出版社,1-353.

叶笃正,张捷迁.1974.青藏高原加热作用对夏季东亚大气环流影响的初步模拟.中国科学.8(1):301-326.

叶笃正,朱抱真.1958.大气环流的若干基本问题.北京:科学出版社,1-157.

于淑秋,林学椿,徐祥德.2003.中国气温的年代际振荡及其未来趋势.气象科技.31(3):136-139.

余志豪,杨修群,任黎秀.2002.厄尔尼诺.南京:河海大学出版社,1-141.

臧恒范,王绍武.1984.赤道东太平洋水温对低纬大气环流的影响.海洋学报.6(1):16-24.

曾刚,倪东鸿,李忠贤,李春晖.2009.东亚夏季风年代际变化研究进展.气象与减灾研究.**32**(3):1-7.

曾刚,孙照渤,林朝晖,倪东鸿.2010.不同海域海表温度异常对西北太平洋副热带高压年代际变化影响的数值模拟研究.大气科学.**34**(2):307-322.

曾刚,孙照渤,闵锦忠.2004.冬季戴维斯海冰年代际变化与大气环流关系.南京气象学院学报.**27**(4):511-518.

曾刚,孙照渤,闵锦忠.2001.冬季戴维斯海峡的海冰面积年际变化与东亚气候关系研究.南京气象学院学报.**24**(4):476-482.

曾刚,孙照渤,王维强等.2007.东亚夏季风年代际变化—基于全球观测海表温度驱动NCAR Cam3的模拟分析.气候与环境研究.**12**(2):211-224.

曾庆存,丑纪范.2003.气候系统的动力理论、模型和预测研究.北京:气象出版社,1-251.

曾庆存,郭裕福.1999.可问天机——气候动力学和气候预测理论的研究.长沙:湖南科学技术出版社,1-158.

曾庆存,林朝晖等.2003.跨季度动力气候预测系统IAP DCP—Ⅱ.大气科学.**27**(3):289-303.

曾庆存,袁重光,王万秋,张荣华.1990.跨季度气候距平数值预测试验.大气科学.**14**(1):10-15.

曾煜,孙照渤.1996.1月中国地温异常与北半球500 hPa高度异常关系的奇异值分解.南京气象学院学报.**19**(1):24-30.

翟盘茂,李晓燕,任福民.2003.厄尔尼诺.北京:气象出版社,1-180.

张井勇,董文杰,叶笃正,符淙斌.2003.中国植被覆盖对夏季气候影响的新证据.科学通报.**48**(1):91-95.

张培群,贾小龙,王永光.2009.2008年海洋和大气环流异常及对中国气候的影响.气象.**35**:112-117

张丕远,王铮.1994.中国近2000年来气候演化的阶段性.中国科学(B辑).**24**(9):998-1008

张丕远.1996.中国历史气候变化.济南:山东科学技术出版社.195-440.

张庆云,陶诗言.1999.夏季西太平洋副热带高压北跳及异常的研究.气象学报.**57**(5):539-547.

张庆云.1999.1880年以来华北降水及水资源的变化.高原气象.**18**(4):486-495.

张琼,钱永甫,张学洪.2000.南亚高压的年际和年代际变化.大气科学.**24**(1):67-78.

张先恭,魏凤英.1996.太平洋海表温度与中国降水准3.5年周期变化.八五长期天气预报理论和方法的研究.北京:气象出版社.169-175.

张先恭.1988.厄尔尼诺与太阳活动的关系.气象.**14**(2):41-43.

张欣,杨秋明,赵永玲等.2000.1997年江淮梅雨的分析.气象科学.**20**(1):79-89.

张耀存.1994.干旱半干旱地区植被气候效应的数值研究.气象科学.**14**(2):99-105.

章基嘉,葛玲,孙照渤.1994.中长期天气预报基础(修订版).北京:气象出版社,1-864.

章基嘉,葛玲.1983.中长期天气预报基础.北京:气象出版社,1-445.

章基嘉,孙国武,陈葆德.1991.青藏高原大气低频变化的研究.北京:气象出版社.

章基嘉.1979.海洋的变化和海气相互作用.南京气象学院学报.**1**(附刊):34-46.

赵汉光.1986.副高与海温相互作用的时空特征分析及预报.气象.**12**(7):1-23.

赵汉光.1994.华北的雨季.气象.**20**(6):3-8.
赵汉光等.1996.东亚季风和我国夏季雨带的关系.气象.**22**(4):8-12.
赵声蓉,宋正山.1999.华北汛期旱涝与中高纬环流异常.高原气象.**18**(4):535-540.
赵彦,郭裕福.2002.短期气候数值预报中的集合个数问题.大气科学.**26**(2):279-288.
赵彦,李旭,袁重光,等.1999.IAP短期气候距平预测系统的定量评估及订正技术的改进研究.气候与环境研究.**4**(4):353-364.
赵彦,林朝晖,李旭,袁重光.2000.IAP PSSCA 两组预测试验的评估及比较 I:降水部分.大气科学.**24**(2):215-222.
赵振国,刘海波.2003.我国短期气候预测的业务技术发展.浙江气象.**24**(3):1-6.
赵振国.1999.中国夏季旱涝及环境场.北京:气象出版社,1-297.
赵振国.1992.冬季北太平涛动和我国夏季降水.气象.**18**(2):11-16.
赵振国.1996.厄尔尼诺现象对北半球大气环流和中国降水的影响.大气科学.**20**(4):422-428.
赵宗慈,罗勇.1998.二十世纪九十年代区域气候模拟研究进展.气象学报.**56**(2):225-246.
赵宗慈,王绍武,陈振华.1982.韵律与长期天气预报.气象学报.**40**(4):464-474.
赵宗慈,王绍武,郭裕福.1983.韵律与长期天气预报.气象学报.**40**(4):464-474.
郑景云,王绍武.2005.中国过去2000年气候变化的评估.地理学报.**60**(1):21-31.
郑景云,张丕远,葛全胜,等.2001.过去2000a中国东部干湿分异的百年际变化.自然科学进展.**11**(1):65-70.
郑益群,钱永甫,苗曼倩,等.2002.植被变化对中国区域气候的影响Ⅰ:初步模拟结果.气象学报.**60**(1):1-16.
郑益群,钱永甫,苗曼倩,等.2002.植被变化对中国区域气候的影响Ⅱ:机理分析.气象学报.**60**(1):17-30.
中国科学院大气物理研究所.1978.海气相互作用与旱涝长期预报.北京:科学出版社,1-129.
中科院大气所长期预报组.1973.太平洋海水温度变异对东亚大气环流和我国旱涝影响的若干事实.气象科技资料.3:14-23.
中央气象局气象科学研究院.1981.中国近500年旱涝分布图集.北京:地图出版社,1-332.
中央气象台长期预报组.1974.淮河流域夏季降水前期环流特征的初步分析及其长期预报.气象科技.(6):11-17.
中央气象台长期预报组.1976.长期天气预报技术经验总结(附录).中央气象台.1-20.
周定文,范广洲,华维,等.2009.我国春季降水与青藏高原东南部冬季归一化植被指数变化的关系.大气科学.**33**(3):649-656.
周家斌,张海福.2000.一种汛期降水分布的客观集成预报方法.应用气象学报.**11**(增刊),93-97.
周建玮,王咏青,等.2007.区域气候模式RegCM3应用研究综述.气象科学.**25**(4):702-708.
周静亚,杨大升.1994.海洋气象学.北京:气象出版社,1-394.
周连童,黄荣辉.2003.关于我国夏季气候年代际变化特征及其可能成因的研究.气候与环境研究.**8**(3):274-290.
周锁铨,陈万隆.1995.青藏高原植被下垫面对东亚大气环流影响的数值试验.南京气象学院学报.

18(4):536-542.

周秀骥,陆龙骅. 1996. 南极与全球气候环境相互作用和影响的研究. 北京:气象出版社,1-402.

周曾奎. 1996. 江淮梅雨. 北京:气象出版社,1-210.

朱锦红,王绍武,慕巧珍. 2003. 华北夏季降水80年振荡及其与东亚夏季风的关系. 自然科学进展. **13**(11):1205-1209.

朱乾根,林锦瑞,寿绍文,唐东昇. 2005. 天气学原理和方法. 北京:气象出版社,266-599.

朱伟军,孙照渤,倪东鸿等. 2001. 1998年夏季500 hPa行星尺度环流系统对长江流域"二度梅"的影响. 南京气象学院学报. **24**(1):1-7.

朱玉祥,丁一汇. 2007. 青藏高原积雪对气候影响的研究进展和问题. 气象科技. **35**(1):1-8.

竺可桢. 1973. 中国近五千年来气候变迁的初步研究. 中国科学.(2):168-189.

左志燕,张人禾. 2007. 中国东部夏季降水与春季土壤湿度的联系. 科学通报. **52**(14):1722-1724.

左志燕,张人禾. 2008. 中国东部春季土壤湿度的时空变化特征. 中国科学D辑. **38**(11):1428-1437.

Barnett T P,et al. 1988. The effect of Eurasian snow cover on global climate. *Science*. **239**:504-507.

Barnett T P,et al. 1989. The effect of Eurasian snow cover on regional and global climate variation. *J. Atmos. Sci.*. **46**:661-685.

Battisti D S,Hirst A C. 1988. Interannual variability in the tropical atmosphere/ocean system:Influence of the basic ocean geometry and nonlinearity. *J Atmos Sci*.. **46**:1687-1712.

Bjerknes J. 1969. Atmospheric teleconnection from the equatorial Pacific. *Mon. Wea. Rev.*. **97**:163-172.

Bjerknes J. 1974. 赤道热量输送的变化所引起的大尺度海洋与大气的相互作用. 章淹译. 气象科技资料. 增刊:32-38.

Blackmon M L. 1976. A climatological spectral study of the geopotential height of the North Hemisphere. *J. Atmos. Sci.*. **33**(8):1607-1623.

Blackmon M L,Wallace J M,Lau N-c and et al. 1977. An observational study of the North Hemisphere wintertime circulation. *J. Atmos. Sci.*. **34**(7):1040-1053.

Blackmon M L,Geisler J E and Pitcher E J. 1983. A general circulation model study of January climate anomaly patterns associated with interannual variation of equatorial Pacific sea surface temperature. *J. Atmos. Sci.*. **40**:1410-1425.

Blackmon M L,Lee Y,Wallace J M. 1984. Horizontal structure of 500 mb height fluctuation with short,intermediate and long time scale. *J. Atmos. Sci.*. **41**(6):961-980.

Blackmon M L,Lee Y,Wallace J M,et al. 1984. Variation of 500 mb height fluctuation with long,intermediate and short time scale as deduced from lag-correlation statistics. *J. Atmos. Sci.*. **41**(6):981-991.

Blanford H F. 1884. On the connection of Himalayan snowfall with dry winds and seasons of drought in India. *Proc. Soc. London*. **37**:3-22.

Bonan G B. 1996. The NCAR land surface model(LSM version 1.0)coupled to the NCAR Community Climate Model,NCAR Technical Note NCAR/TN－429＋STR. National Center for Atmospheric Research,Boulder,Colorado. 171 pp.

Bryan K. 1963. A numerical investigation of a nonlinear model of a wind-driven ocean. *J. Atmos. Sci.*. **20**:594-606.

Bryan K. 1969. A numerical method for the study of the circulation of the World Ocean. *Journal of Computational Physics*. **4**:347-376.

Bryant E. 1997. 气候过程与气候变化. 刘东生等译. 北京:科学出版社,1-244

Campbell W J. 1964. *On the steady-state flow of sea ice*. Department of Atmospheric Sciences. University of Washington,Seattle. 167pp.

Chahine T M. 1992. The hydrological cycle and its influence on climate. *Nature*. **359**:373-380.

Chang C P,Zhang Y S,Li T. 2000. Interannual and interdecadal variations of the East Asian summer monsoon and tropical Pacific SSTs. Part I:Roles of the subtropical ridge. *J. Climate*. **13**:4310-4325.

Chang J. 1987. 大气环流模式. 史久恩,史国宁等译. 北京:气象出版社.

Charney J G *et al*. 1975. Dynamics of deserts and drought in the Sahel. *Quart. J. R. Meteor. Soc.* **101**:193-202.

Charney J G,QuirkW J,Chow S H,*et al*. 1977. A comparative study of the effects of albedo change on drought in semi-arid regions. *J Atmos Sci*.,**34**(9):366-385.

Chen H,Lin Z H. 2006. A correction method suitable for dynamical seasonal prediction. *Adv. Atmos. Sci.*. **23**(6):425-430.

Chervin R E. 1979. Response of the NCAR general circulation model to changed land surface Albedo,*Report of the JOC Study Conference on Climate Models*:*Performance*,*Intercomparision and Sensitivity Studies*,GARP Publ. Series. 22,1:563-581Washington D. C,3-7,April,1978.

Coon M D. 1980. A review of AIDJEX modeling. *Sea Ice Processes and Models*. R S Pritchard,Ed.. University of Washington Press,12-25.

Deardorf J W. 1978. Efficient prediction of ground surface temperature and moisture,with inclusion of a layer of vegetation . *J. Geophys. Res.*. **83**(C4):1889-1903.

Dickinson R E. 1984. Modeling evapotranspiration for three-dimensional global climate models. *Geophys. Monograph*. **29**:58-72.

Dickinson R E,Henderson-Sellers A,Kennedy P J and Wilson M F. 1986. Biosphere-Atmosphere Tansfer Scheme(BATs) for the NCAR Community Climate Model. NCAR Techn. Note-275＋STR.

Dickinson R E and Henderson-Sellers A. 1988. Modeling tropical deforestation:A study of GCM land-surface parameterizations. *Quart. J. Roy. Meteor. Soc.*,**114**:439-462.

Dickinson R E,Errico R M,Giorgi F,*et al*. 1989. A regional climate model for the western United States. *Climate Change*. **15**:383-422.

Dickinson R E, Henderson-Sellers A, Kennedy P J. 1993. Biosphere-Atmosphere Tansfer Scheme (BATs) Version 1e as coupled to the NCAR Community Climate Model, NCAR Techn. Note-378+STR.

Flohn H. 1957. Large-scale aspects of the summer monsoon in south and east Asia. *J Meteor Soc Japan*. **75**:180-186.

Ge Q S, Zheng J Y, Fang X Q et al. 2003. Temperature changes of winter-half-year in eastern China during the past 2000 years. *The Holocene*. **13**(6):933-940.

Gill A E. 1980 Some simple solutions for heat-induced tropical circulation. *Quart. J. Roy. Meteor. Soc.*. **106**(449):447-462.

Giorgi F and Bates G T. 1989. The climatological skill of a regional model over complex terrain. *Mon. Wea. Rev.*. **117**:2325-2347.

Glantz M H. 1998. 变化的洋流—厄尔尼诺对气候和社会的影响. 王绍武, 周天军等译. 北京:气象出版社.

Gong D Y, Wang S W. 2001. Decadal variability of the Antarctic Oscillation. *Acta Meteorologica Sinica*. **15**(2):178-190.

Gong D Y, Wang S W, Zhu J H. 2001. Flooding 1990s along the Yangtze River, has it concern of global warming? *Journal of Geographical Sciences*. **11**(1):43-52.

Gong D Y, Ho C H. 2002. Shift in the summer rainfall over the Yangtze River valley in the late 1970s. *Geophysical Research Letters*. **29**(10):10.1029/2001GL014523.

Gray W M. 1996. Forecast of global circulation characteristics in the next 25~30 years. *Proceedings of the Twenty-First Annual Climate Dignostics and Prediction Workshop*, Oct. 28-Nov. 1, 1996, U. S. Department of Commerce, NOAA:219-222.

Grotjahn R. 1993. *Global Atmospheric Circulation*. New York:Oxford University Press. 1-217

Guan Z Y, Yamagata T. 2003. The unusual summer of 1994 in East Asia: IOD teleconnections. *Geophys Res Lett*. **30**(10):1544.

Hansen J E and Takahashi T. 1984. *Climate processes and climate sensitivity*. American Geophysical Union.

Henderson Sellers A, Gornitz V. 1984. Possible climate impacts of land cover transformations, with particular emphasis on tropical deforestation. *Climate Change*. **6**(3-4):231-258.

Henderson-Sellers A, Yang Z L, Dickinson R E. 1993. The project for intercomparison of land-surface parameterization schemes. *Bull. Amer. Meteor. Soc.*. **74**(7):1335-1349.

Herman G F and Johnson W T. 1978. The sensitivity of the general circulation to Arctic sea-ice boundaries. *Mon. Wea. Rev.* **106**:1649-1664.

Hibler III W D. 1979. A dynamic thermodynamic sea ice model. *J. Phys. Oceanogr.*. **9**:815-846.

Holton J R. 2004. *An Introduction to Dynamic Meteorology*. Academic Press. 314-447.

Horel J D, Wallace J M. 1981. Planetary sacle atmospheric phenomena associated with Southern Oscillation. *Mon. Wea. Rev.*. **109**(10):2080-2092.

Hoskins B J, Karoly D J. 1981. The study linear response of a spherical atmosphere to thermal and orographic forcing. *J. Atmos. Sci.*. **38**:1179-1196.

Hoskins B J. 1983. Dynamical processes in the atmosphere and the use of model. *Quart. J. Roy. Meteor. Soc.*. **109**(459):1-21.

Hoskins B J, Pearce R. 1987. 大气中的大尺度动力过程. 孙照渤等译. 北京:气象出版社.

Houghton J T, G J Jenkis and Ehpraums. 1990. *Climate change. The IPCC Scientific Assessment*, Cambridge University Press.

Huang G. 2004. An Index Measuring the Interannual Variation of the East Asian Summer Monsoon—The EAP Index. *Adv. Atmos. Sci.*. **21**(1):41-52.

Huang R H. 1986. Physical mechanism of influence of heat source anomaly over low latitudes on general circulation over Northern Hemisphere in winter. *China Scientia Sinica*(*Series B*). **29**(9):970-985.

Huang R H, Sun F Y. 1992. Impact of the tropical western Pacific on the East Asian summer monsoon. *J. Meteor. Soc. Japan.*. **70**(1B):243-256.

Huffman G J, *et al*. 1997. The Global Precipitation Climatology Project(GPCP)combined precipitation dataset. *Bulletin of the American Meteorological Society*. **78**(1):5-20.

IPCC. *Climate Change* 2001:*The Scientific Basis*. Houghton J T, *et al* . eds. Cambridge :Cambridge University Press. 2001. 1-881.

IPCC. 2007. 气候变化 2007:综合报告。政府间气候变化专门委员会第四次评估报告第一、第二和第三工作组的报告[核心撰写组、Pachauri, R. K 和 Reisinger, A.（编辑）]。IPCC, 瑞士, 日内瓦, 2007, 1-104.

James I N. 1994. *Introduction to Circulating Atmospheres*. UK: Cambridge University Press. 164-341.

Jin F F. 1996. Tropical ocean-atmosphere interaction, the Pacific Cold Tongue and the El Niño/Southern Oscillation. *Science*. **274**:76-78.

Jin F F. 1997. An equatorial recharge paradigm for ENSO, I: Conceptual model. *J Atmos Sci.*. **54**:811-829.

Joyce T M, Robbins P. 1996. The Long-Term Hydrographic Record at Bermuda. *J. Climate*. **9**:3121-3131.

Kerr R A. 2000. A North Atlantic climate pacemaker for the centurie. *Science*. **288**:1984-1986.

Kim J-E, Hong S-Y. 2007. Impact of Soil Moisture Anomalies on Summer Rainfall over East Asia: A Regional Climate Model Study. *J. of Climate*. **20**:5732-5743.

Knutson T R, *et al*. 1987. 30-60 day atmospheric oscillation: Composite life evelones of convection and circulation anomalies. *Mon. Wea. Rev.*. **115**(7):1407-1436.

Knutson T R, Manabe S. 1998. Model assessment of decadal variability and trends in the tropical Pacific Ocean. *J. Climate*. **11**:2273-2296.

Krishnamurti T N. 1979. Tropical Meteorology. *Compendium of Meteorology*. **11**(4):WMO-364.

Latif M et al. 1996. A mechanism for decadal climate variaility. In *Decadal Climate Variability: Dynamics & Variability*, volume 44 of NATO ASI series, Series I: *Global Environmental Change*. 263-292. Springer, 1996.

Latif M and Barnett T P. 1996. Decadal climate variability over the North Pacific and North America: Dynamics and predictability. *J. Climate*. **9**: 2407-2423.

Lean J and Warrilow D A. 1989. Simulation of the regional climatic impact of Amazon deforestation. *Nature*. **342**: 411-413.

Lee E, Chase T N and Rajagopalan B. 2008. Highly improved predictive skill in the forecasting of the East Asian summer monsoon. *Water Resour. Res.*. **44**: W10422, doi: 10.1029/2007WR006514.

Li C Y. 1996. ENSO cycle and anomalies of winter monsoon in East Asia, *Workshop on El Nino, Southern Oscillation and Monsoon*. ICTP. SMR/930-I8. Trieste. 15-26 July.

Li C Y. 1998. The Quasi-decadal oscillation of air-sea system in the northwestern Pacific region. *Adv. Atmos. Sci.*. **15**: 31-40.

Li C Y, Wu J B. 2000. On the onset of the South China Sea summer monsoon in 1998. *Adv. Atmos. Sci.*. **17**(2): 193-204.

Li J P, Wang J X L. 2003a. A new North Atlantic Oscillation index and its variability. *Adv. Atmos. Sci.*. **20**(5): 661-676.

Li J P, Wang J X L. 2003b. A modified zonal index and its physical sense. *Geophys. Res. Lett*. **30**(12): 1632, doi: 10.1029/2003GL017441.

Livezey R E. 1990. Variability of skill of long-range forecasts and implications for their use and value. *Bull. Amer. Meteor. Soc.*. **71**: 300-309.

Lorenz E N. 1976. 大气环流的性质和理论. 北京大学地球物理系气象专业译. 北京: 科学出版社.

Madden R A, Julian P R. 1972. Description of global scale circulation cell in the tropics with a 40-50 day period. *J. Atmos. Sci.*. **29**(6): 1109-1123.

Mantua N J, Hare S R, Zhang Y, et al. 1997. A Pacific interdecadal climate oscillation with impacts on salmon production. *Bull. Am. Metor. Soc.*. **78**(6): 1069-1079.

Manabe S. 1969. Climate and the ocean circulation: 1 The atmospheric circulation and the hydrology of the earth's surface. *Mon. Wea. Rev.*. **97**(12): 739-774.

Manabe S and Bryan K. 1969. Climate Calculations with a Combined Ocean-Atmosphere Model. *Journal of the Atmospheric Sciences*. **26**: 786-789.

Maykut G A and Untersteiner N. 1971. Some results from a time dependent thermodynamic model of sea ice. *J. Geophys. Res*. **76**(6): 1550-1575.

Maylut G A and Untersteiner N. 1969. Numerical prediction of the thermodynamic response of Arctic sea ice to Enviromental Changes. Rand Corp. Memo. RM-6093-PR, Santa Monica, California, 173pp.

Miyakoda K, Shukla J, Ploshay J. 1986. One month forecast experiments-without anomaly boundary forcings. *Mon. Wea. Rev.*. **114**: 2363-2401.

Murakami T. 1979. Large-scale aspects of deep convective activity over GATE area. *Mon. Wea. Rev.*, **107**(8):994-1013.

Murakami T, Nakazawa T, He J. 1984. On the 40-50 day oscillation during 1979 northern hemisphere summer. Part Ⅰ:Phase propagation. *J. Meteor. Soc. Japan.*, **62**(5):440-468.

Murakami T, Nakazawa T. 1984. Tropical 45 day oscillation during the 1979 northern hemisphere summer. *J. Atmos. Sci.*, **42**(7):1107-1122.

Namias J. 1958. Persistence of mid-tropospheric circulations between adjacent months and seasons. In:*Rossby Memorial Volume*. Rockefeller Institute Press and Oxford University Press, 1958: 240-248.

Namias J. 1963. Surface-atmosphere interactions as fundamental causes of droughts and other climatic fluctuations. *Arid Zone Research*. **20**:345-359.

Namias J. 1969. Seasonal interactions between the North Pacific ocean and the atmosphere during the 1960's. *Mon Wea Rev.*, **97**:173-192.

Namias J. 1974. 海表温度在长期天气预报中的应用. 李鸿洲译. 气象科技资料增刊. 39-42.

Nan S L, Li J P. 2003. The relationship between summer precipitation in the Yangtze River valley and the boreal spring Southern Hemisphere Annular Mode. *Geophys. Res. Lett.* **30**(24):2266, doi:10.1029/2003GL018381.

Nicholson S E, Tucker C J and Ba M B. 1998. Desertification, drought, and surface vegetation:An example from the West African Sahel. *Bull. Amer. Meteor. Soc.*, **79**:815-829.

Nitta Ts. 1987. Convective activities in the tropical western Pacific and their impact on the Northern Hemisphere summer circulation. *J. Meteor. Soc. Japan.* **64**:373-390.

Nitta Ts, Hu Z Z. 1996. Summer climate variability in China and its association with 500 hPa height and tropical convections. *J. Meteor. Soc. Japan.* **74**(4):425-445.

Nobre C, Sellers P J and Shukla J. 1991. Amazonian deforestation and regional climate change. *J. Climate.* **4**:957-988.

Oleson K W, Dai Y J, *et al.* 2004. Technical description of Community Land Model(CLM). NCAR Technical Note NCAR/TN－461＋STR. National Center for Atmospheric Research, Boulder, CO.

Palmer T N, Sun Z B. 1985. A modeling and observational study of the relationship between sea surface temperature in the Northwest Atlantic and the atmospheric general circulation. *Quart. J. Roy. Met Soc.*, **111**:947-975.

Palmer T N. 1988. Medium and extended range prediction and stability of the PNA mode. *Quart. J. Roy. Meteor. Soc.*, **114**(481):1109-1123.

Parkinson C L and Washington W M. 1979. A large-scale numerical model of sea ice. *J. Geophys. Res.*, **84**(C1):311-337.

Peixoto J P, Oort A H. 1995 气候物理学. 吴国雄, 刘辉等译. 北京:气象出版社. 1-376

Phillips N A. 1956. The General Circulation of the Atmosphere:A Numerical Experiment. *Quar-*

terly *Journal of the Royal Meteorological Society*. **82**:123-164.

Pitman A J. 2003. The evolution of, and revolution in, land surface schemes designed for climate models. *Int. J. Clim.* . **23**:479-510.

Qu W et al. 1998. Sensitivity of Latent Heat Flux from PILPS Land-Surface Schemes to Perturbations of Surface Air Temperature. . *Journal of the Atmospheric Science*. **55**(11):1909-1927.

Ramage C S. 1971. *Monsoon Meteorology*. Academic Press. pp239.

Randall D A. 2000. *General Circulation Model Development*, Academic Press.

Rasmusson E M, Carpenter T H. 1982. Variations in tropical sea surface temperature and surface wind fields associated with the Southern Oscillation/El Nino, *Mon. Weather Rev.*. **110**:354-384.

Rasmusson E M, Wallace J M. 1983. Meteorological aspects of the El Nino/Southern Oscillation, *Science*. **222**:1195-1202.

Rayner N A, Horton E B, Parker D E, Folland C K and Hackett R B. 1996. Version 2. 2 of the Global Sea-Ice and Sea Surface Temperature dataset, 1903-1994. CRTN Rep. 74. HCCPR, Bracknell, United Kingdom.

Ren B H, Lu R Y, Xiao Z N. 2004. A possible linkage in the interdecadal variability of rainfall over North China and the Sahel. *Adv. Atmos. Sci.* **21**(5):699-707.

Robertson A W. 1996. Interdecadal variability over the North Pacific in a multi-century climate simulation. *Clim. Dyn.*. **12**:227-241.

Rothrock D A. 1975. The energetics of the plastic deformation of pack ice by ridging. *Journal of Geophysical Research*. **80**(33):4514-4519.

Saji N H, Goswami B N, Viayachandrom P N, et al. 1999. A dipole mode in the tropical Indian Ocean. *Nature*. **401**:360-363.

Sarkisyan A S. 1966. Fundamentals of the theory and calculation of Ocean currents. Gidrometeoizdat, Moscow.

Sausen R, Barthels K, Hasselmann K. 1988. Coupled ocean-atmosphere models with flux correction. *Climate Dyn.* **2**:154-163.

Sellers P J, et al. 1986. A Simple Biosphere scheme for use within GCMs. *J. Atmos. Sci.* **43**:505-531.

Sellers P J. 1992. Biophysical models of land surface processes In Trenberth K E(ed)*Climate System Modeling*. Cambridge University Press. 1992:451-490.

Sellers P J, Randall D A, Collatz G J, et al. 1996. A revised land-surface parameterization(SiB2)for atmospheric GCMs. Part 1: Model formulation . *J. Climate*. **9**(4):676-705.

Sellers P J, Los S O, Tucker C J, et al. 1996. A revised land-surface parameterization(SiB2)for atmospheric GCMs. Part 2: The generation of global fields of terrestrial biophysical parameters from satellite data. *J. Climate*. **9**(4):706-737.

Sellers P J, Dickinson R E, Randall D A, Betts A K, Hall F G, Berry J A, Collatz G J, Denning A S,

Mooney H A, Nobre C A, Sato N, Field C B, Henderson-Sellers A. 1997. Modeling the exchanges of energy, water, and carbon between continents and the atmosphere. *Science*. **275**: 502-509.

Semtner A J. 1976. A model for the thermodynamic growth of sea ice in numerical investigations of climate. *J. Phys. Oceanogr.*. **6**:379-389.

Semtner A J Jr. 1984. On modelling the seasonal thermodynamic cycle of sea ice in studies of climate change. *Climatic Change*. **6**:27-38.

Shukla J and Mintz Y. 1982. Influence of land-surface evapotranspiration on the earth's climate. *Science*. **215**:1498-1501.

Shukla J, Wallace J M. 1983. Numerical Simulation of the Atmospheric Response to Equatorial Pacific Sea Surface Temperature Anomalies. *J. Atmos. Sci.* **40**:1613-1630.

Shukla J, Nobre C and Sellers P J. 1990. Amazon deforestation and climate change. *Science*. **247**: 1322-1325.

Simmonds I. 1981. The effect of sea-ice on a general circulation model of the southern hemisphere. In: Allison I(Ed) *Sea Level, Ice and Climate Change*. Int Assoc Hydrol Sci. Iahs Publ No **131**: 193-206.

Simmons A J, Wallace J M, Branstator G W. 1983. Barotropic wave propagation and instability and stmospheric teleconnection patterns. *J. Atmos. Sci.*. **40**(6):1363-1392.

Stocker T F. 1996. An overview of climatic variability on the decadal-to-century time scale: Models and mechanisms. In: *Decadal Climate Variability: Dynamics and Predictability*, D. L. T. Anderson and J. Willebrand(eds). NATO ASI I44,379-406.

Suarez M J, Schopf P S. 1988. A delayed oscillator for ENSO. *J Atmos Sci*. **45**:3283-3287.

Sun Z B, Zh J J, Palmer T N. 1988. The correlations between SST and summer precipitation over eastern China, and the effect of the SST anomaly in the South China Sea on the Summer monsoon and precipitation. *Acta Meteor. Sinica*. **2**(4):426-435.

Sun Z B, Wallace J M. 1990. An attempt on predicting the tendency of equatorial east Pacific SST during the cold season. WMO/TD. **363**:181-184.

Sun Z B, Folland C K, Neuman M. Some observational characteristics of 40-60 day variations in Central England temperature and atmospheric vaiables. Branch Memorandom, 117, Met. O13, Met. Office, UK.

Tan M, Liu T S. 2003. Cyclic rapid warm ing on centennial-scale revealed by a 2650-year stalagm ite record of warm season temperature. *Geophys. Res. Lett.* **30**(20):1617. doi: 10.1029/2003GL017352.

Tao S Y, Chen L X. 1987. A review of recent research on the East Asian summer monsoon in China. Chang, C. P., Krishnamurti, T. N. (Ed.). *Monsoon Meteorology*. Oxford: Oxford University Press, 60-92.

Thompson D W J, Wallace J M. 1998. The Arctic Oscillation signature in the wintertime geopotential height and temperature fields. *Geophys. Res. Lett.*, **25**(9): doi: 10.1029/98GL00**950**: 1297-1300.

Thompson D W J, Wallace J M. 2000. Annular modes in the extratropical circulation, Part I: Month-to-month variability. *J. Climate.* **13**: 1000-1016.

Thorndike A S, Rothrock D A, Maykut G A and Colony R. 1975. The thickness distribution of sea ice. *Journal of Geophysical Research*. **80**(33): 4501-4513.

Trenberth K E, Shea D J. 1987. On the evolution of the Southern Oscillation. *Mon. Wea. Rev.*, **115**(12): 3078-3096.

Trenberth K E. 1993. *Climate System Modeling*, Cambridge University Press.

Trenberth K E and Hurrell J W. 1995. Decadal coupled atmosphere-ocean variations in the North Pacific Ocean. In *Climate change and northern fish populations*. Canad. Spec. Publ. Fisheries Aquatic Sciences. R. J. Beamish(Ed.)**121**: 15-24.

Trenberth K E, Hurrell J W. 1995. Decadal climate variations in the Pacific. *J. G. Res.* 472-482.

Troup A J. 1965. The southern oscillation. *Q. J. R. Meteorol. Soc.*, **91**: 490-506.

Walker G T. 1910. On the meteorological evidence for supposed changes of climate in India. *Mem. Indian Meteor.* **21**: 1-21.

Walker J, Rowntree P R. 1977. The effect of soil moisture on circulation and rainfall in a tropical model. *Quart J Roy Meteorol Soc*. **103**: 29-46.

Wallace J M, Gutzler D S. 1981. Teleconnection in the geopotential height field during in Northern Hemisphere winter. *Mon. Wea. Rev.*, **109**(4): 784-812.

Wallace J M, Hobbs P V. 2006. *Atmospheric Science*. New York: Academic Press. 1-460.

Wang B. 1995. Interdecadal changes in El Niño onset in the last four decades, *J. Climate.* **8**: 267-285.

Wang S W. 1992. Reconstruction of El Nino event chronology for the last 600 year period, *Acta. Meteor. Sinica*. **6**(1): 5-57.

Wang S W, Zhu J H, Cai J N. 2004. Interdecadal variability of temperature and precipitation in China since 1880. *Adv. Atmos Sci*. **21**(3): 307-313.

Wang Y, Leung L R, McCregor J L, et al. 2004. Regional climate modeling: Progress, challenges, and prospects. *J Meteor Soc Japan*. **82**: 1599-1628.

Washinton W M, Parkinson C L. 1991. 三维气候模拟引论. 马淑芬, 朱福康等译. 北京: 气象出版社.

Webster P, Yang S. 1992. Monsoon and ENSO: Selectively interactive systems, *Q. J. R. Meteor. Soc.* **118**: 877-926.

Wetherald R T and Manabe S. 1975. The effects of changing the solar constant on the climate of a general circulation model. *Journal of the Atmospheric Sciences*. **32**(11): 2044-2059.

Williams J. 1975. The influence of snow cover on the atmospheric circulation and its role in climatic change: A analysis based on results form the NCAR global circulation model. *J. Appl. Meteor.* **14**:137-152.

Wu G X, Zhang Y S. 1998. Tibetan Plateau Forcing and the Timing of the Monsoon Onset over South Asia and the South China Sea. *Monthly Weather Review.* **126**:913-927.

Wu G X, LiuY M, Wang T M, et al. 2007. The Influence of Mechanical and Thermal Forcing by the Tibetan Plateau on Asian Climate. *J. Hydrometeorology-special section*, **8**:770-789.

Wu R G, Hu Z Z, Kirtman B P. 2003. Evolution of ENSO-Related Rainfall Anomalies in East Asia. *Journal of Climate.* **16**(22):3742-3758.

Xie S P and Tanimoto Y. 1998. A pan-Atlantic decadal climate oscillation. *Geophys. Res. Letter.* **25**(2):2185-2188.

Yang S, et al., 1994. Linkage between Eurasian snow cover and regional Chinese summer rainfall. *Int. J. Climatol.*. **14**:737-750.

Xue Y, Shukla J. 1993. The influence of land surface properties on Sahel climate. Part I: Desertification. *J. Climate.* **6**:2232-2245.

Yang B, Braeuning A, Johnson K R, et al. 2002. General characteristics of temperature variation in China during the last two millennia. *Geophys. Res. Lett..* **29**(9):381-384.

Yang S et al. 1994. Linkage between Eurasian snow cover and regional Chinese summer rainfall. *Int. J. Climatol..* **14**:737-750.

Yasunari T. 2007. Role of land-atmosphere interaction on Asian monsoon climate. *J. Meteor. Soc. Japan.* **85**B:55-75.

Yeh T C, Wetherald R T and Manabe S. 1983. A model study of the short-term climatic and hydrologic effects of sudden snow-cover removal. *Mon. Wea. Rev.* **111**(5):1013-1024.

Yeh T C, Wetherald R T and Manabe S. 1984. The effect of soil moisture on the short-term climate and hydrology change—A numerical experiment. *Mon. Wea. Rev..* **112**(3):474-490.

Yukimoto S. 1999. The decadal variability of the Pacific with the MRI coupled models. In: *Beyond El Niño: Decadal and Interdecadal Climate Variability* [Navarra, A. (ed)]. Springer-Verlag, Berlin, 205-220.

Zebiak S E, Cane M. 1987. A model El Niño/Southern Oscillation. *Mon. Weather Rev.* **115**:2262-2278.

Zeng G, Sun Z B, Wang W C, et al. 2007. Interdecadal variability of the East Asian summer monsoon and associated atmospheric circulations. *Adv. Atmos. Sci..* **24**(5):915-926.

Zeng Q C. 1983. The evolution of Rossby-wave packet in a three dimensional baroclinic atmosphere. *J. Atmos. Sci..* **40**(1):73-84.

Zhang R H, Levitus S. 1997. Structure and cycle of decadal variability of upper-ocean temperature in the North Pacific. *J. Climate.* **10**:710-727.

Zhang Y, Wallace J M, Battisti D S. 1997. ENSO-Like decadal-to-century scale variability: 1900-93. *J. Climate.* **10**(5):1004-1020.

Zhou T J, Gong D Y, Li J *et al*. 2009. Detecting and understanding the multi-decadal variability of the East Asian Summer Monsoon-Recent progress and state of affairs. *Meteorologische Zeitschrift*. **18**(4):455-467.

Zhu J H and Wang S W. 2001. 80a-oscillation of summer rainfall over the east part of China and east-Asian summer monsoon. *Adv Atmos Sci.*. **18**(5):1043-1051.

实 习

实习1 大气环流状况的表征

在短期气候预测中,经常用大气环流场的时间平均图、距平图及纬偏图来表征大气环流的基本状况。下面以 500 hPa 高度场的时间平均图、距平图及纬偏图为例,学习大气环流的基本状态的表征及分析方法。

(1) 目的和要求

要求学生回顾 FORTRAN 语言和 GRADS 气象绘图系统的相关知识,在了解资料格式(特别要注意的是所读取资料的范围)基础上,应用 FORTRAN 语言编写程序,正确读写资料,计算 500 hPa 高度场的时间平均、距平及纬偏值,并使用 GRADS 编写数据描述文件以及执行文件,对计算结果进行绘图并完成实习报告。目的是掌握大气环流基本状况的表征及分析方法。

(2) 实习内容

计算 1948—2007 年(60 年)1 月的平均高度场,绘制环流平均图;

计算 2008 年 1 月的高度距平,绘制环流距平图(相对于 1948—2007 年共 60 年的平均);

计算 2008 年 1 月的高度场纬偏值,绘制环流纬偏图。

(3) 步骤

1)熟悉资料

资料为 NCEP/NCAR 61 年(1948—2008 年)1—12 月的 500 hPa 月平均高度场资料,资料范围为(90°S—90°N;0°E—360°E),网格距为 2.5°×2.5°,纬向格点数为 144,经向格点数为 73。资料为 GRD 格式,按照从南到北、自西向东的顺序排列,每月为一个记录,按年逐月排放,注意读取方式以及记录长度。

本次实习应用 NCEP/NCAR 1948—2008 年 1 月 500 hPa 的平均高度场资料。

2)方法

① 求时间平均

$$\overline{H}(i,j) = \frac{1}{m}\sum_{k=1}^{m}H_k(i,j),$$

其中 (i,j) 为经、纬格点,m 为样本长度,k 为年份。

② 求距平

距平图就是用给定时段的平均图减去同时段的多年平均图所得的差值图。距平图表示这时段的平均状况对其多年平均状况的偏差。

$$HA_{k'}(i,j) = H_{k'}(i,j) - \frac{1}{m}\sum_{k=1}^{m}H_k(i,j),$$

其中 (i,j) 为经、纬格点,m 为样本长度,k 为年份。

③ 求纬偏

纬偏图是用给定时段的平均图减去同时段的纬圈平均图所得的差值图。纬偏图上的槽脊位置与该时段的平均槽脊位置一致,且两者沿纬圈的相对强弱也是定性一致的。

$$HLA_k(i,j) = H_k(i,j) - \frac{1}{m}\sum_{i=1}^{m}H_k(i,j)$$

其中 (i,j) 为经、纬格点,m 为纬圈格点数,k 为年份。

3)编写程序

编写计算 1948—2007 年(共 60 年)1 月 500 hPa 高度平均程序;编写计算 2008 年 1 月 500 hPa 高度场距平程序(相对于 1948—2007 年共 60 年的平均);以及编写 2008 年 1 月 500 hPa 高度场纬向平均和偏差程序;编写 GRADS 数据描述文件及执行文件。

4)结果输出

通过 GRADS 绘制图形。其中包括 1948—2007 年(共 60 年)1 月 500 hPa 高度平均图;2008 年 1 月 500 hPa 高度场距平图;2008 年 1 月 500 hPa 高度场纬偏图。

5)完成实习报告

① 说明所用资料方法;

② 绘制环流平均图、距平图及纬偏图;

③ 用所学的知识分析图表。

实习 2　大气环流分型

为了更充分地描述环流场,短期气候预测中利用自然函数正交展开(EOF)方法来分析环流的结构特征。下面以欧亚地区 500 hPa 高度场进行 EOF 方法为例,来学习大气环流的模态法。

(1) 目的和要求

目的是要掌握大气环流分型的基本方法。要求学生熟悉 EOF 方法以及相关程序的应用;使用 GRADS 完成图形的绘制,并能正确分析结果数据,完成实习报告。

(2) 实习内容

对 1948—2008 年 1 月份欧亚地区($20°-70°$N;$40°-140°$E)500 hPa 高度场进行自然正交展开(EOF),输出 EOF 的前三个特征向量,以及主要参数指标;绘制环流型图。

(3) 步骤

1)熟悉资料

资料为 NCEP/NCAR 61 年(1948—2008 年)1—12 月的 500 hPa 月平均高度场资料,资料范围为($90°$S—$90°$N;$0°$E—$360°$E),网格距为 $2.5°×2.5°$,纬向格点数为 144,经向格点数为 73。资料为 GRD 格式,按照从南到北、自西向东的顺序排列,每月为一个记录,按年逐月排放,注意读取方式以及记录长度。

本次实习应用 NCEP/NCAR 再分析资料中($20°-70°$N;$40°-140°$E 欧亚范围内)1948—2008 年 1 月 500 hPa 的平均高度场资料。

2)方法(自然正交函数分解 EOF)

具体方法介绍参见第 2 章。应用步骤主要包括:

① 资料预处理(距平或标准化处理)
② 计算协方差矩阵
③ 用 Jacobi 方法计算协方差矩阵的特征值与特征向量
④ 将特征值从大到小排列
⑤ 计算特征向量的时间系数
⑥ 计算每个特征向量的方差贡献
⑦ 结果输出

3)编写程序

FORTRAN 程序参见附录 EOF.for

编写 GRADS 数据描述文件和执行文件

4) 结果输出

通过 GRADS 绘制图形,绘制 EOF 的前三个特征向量场。并通过表格形式给出前三个特征向量场各自的方差贡献和总的方差贡献。

5) 完成实习报告

① 说明所用资料方法;

② 绘制前三个特征向量场;给出前三个特征向量场各自的方差贡献和总的方差贡献;

③ 用所学的知识分析图表资料,讨论它们各自代表的空间型的物理意义。

实习3 大气遥相关

大气中存在低频变化,它的水平结构表现为遥相关型,大气遥相关指数可以定量来表征遥相关型。本实习主要以大气遥相关指数的计算来表征大气遥相关,并分析遥相关型的空间分布特征以及大气遥相关与我国气候变化的关系。

(1) 目的和要求

要求运用资料,计算北半球 1 月遥相关指数,并分析它与环流和我国气候变化的关系;用图形输出指数年际变化曲线、遥相关的空间分布以及与我国气温的相关系数分布,正确分析结果数据,完成实习报告。目的是掌握大气环流中遥相关型指数的计算及其与大气环流和我国气候关系的分析。

(2) 实习内容

选择计算一个遥相关指数,输出 1 月该指数年际变化的时间序列;

计算该遥相关指数与同期环流场(500 hPa 高度场或海平面气压场)的相关系数;

计算该遥相关指数与同期我国气温的相关系数。

(3) 步骤

1) 熟悉资料

资料为 NCEP/NCAR 61 年(1948—2008 年)1—12 月的海平面气压(SLP)和 500 hPa 月平均高度场资料,资料范围为(90°S—90°N;0°E—360°E),网格距为 2.5°×2.5°,纬向格点数为 144,经向格点数为 73。资料为 GRD 格式,按照从南到北、自西向东的顺序排列,每月为一个记录,按年逐月排放,注意读取方式以及记录长度。

国家气候中心整编的我国160站月平均气温资料。

本次实习应用以上资料中1月份的数据。

2）方法

① 海平面气压定义的遥相关型有 NAO、NPO、SO 等；

② 500 hPa 高度场定义的冬季遥相关型有 PNA、WA、EA、EU 和 WP。

具体的定义方法参见第3章。

3）编写程序

编写计算 1948—2008 年（共 61 年）1月某遥相关型指数的程序；编写计算该遥相关型指数与大气环流场（500 hPa 高度场或海平面气压场）的同期相关系数的程序；编写计算该遥相关型指数与我国气温的同期相关系数的程序；编写 GRADS 数据描述文件及执行文件。

4）结果输出

通过 GRADS 绘制图形，绘制1月某遥相关指数年际变化的时间序列；绘制该遥相关指数与大气环流场的同期相关系数分布图；绘制该遥相关指数与我国气温的同期相关系数分布图。

5）完成实习报告

① 说明所用资料方法；

② 绘制遥相关指数曲线；

③ 绘制遥相关指数与大气环流场的同期相关系数分布图，并用所学的知识分析图表；

④ 绘制遥相关指数与我国气温的同期相关系数分布图，并用所学的知识分析图表。

实习4 预测因子的选择（1）——合成分析方法

短期气候预测统计方法中一个非常重要的步骤就是选择合适的预测因子，它会直接影响预测结果的好坏。考虑预测的时效性，应该选取其前期物理因子作为预测因子。本实习以合成分析方法为例，来学习预测因子的选择。

（1）目的和要求

要求通过实习，掌握短期气候预测因子的分析和选择，加深对夏季降水分布、环流异常、海温场异常等短期气候预测中物理机制的认识；熟悉资料和方法程序（提供部分子程序）；使用 GRADS 对结果进行绘图输出和文字分析，完成实习报告。目的是掌握利用合成方法来选择预测因子。

(2) 实习内容

计算 1952—2001 年夏季三类雨型合成图；

计算前期 12 月北太平洋海温 I 和 II 类雨型合成差值、I 和 III 类合成差值、II 和 III 类合成差值及 t 检验，确定关键区；

计算各类雨型的前期冬季高度场合成图，指出可能出现的遥相关型。

(3) 步骤

1) 熟悉资料

资料为 NCEP/NCAR 61 年(1948—2008 年)1—12 月的 500 hPa 月平均高度场资料，资料范围为(90°S—90°N；0°E—360°E)，网格距为 2.5°×2.5°，纬向格点数为 144，经向格点数为 73。资料为 GRD 格式，按照从南到北、自西向东的顺序排列，每月为一个记录，按年逐月排放，注意读取方式以及记录长度。海温为北太平洋 5°×5° 网格点资料。

国家气候中心整编的我国 6、7、8 月 160 站月平均降水资料(1951—2001 年)。

1952—2001 年雨型分类表。

2) 方法

① 降水距平百分率

$$RP_i = \frac{R_i - \bar{R}}{\bar{R}} \times 100\%$$

其中 R_i 为某年夏季降水量，$\bar{R}$ 为 1952—2001 年夏季降水 50 年平均值。

② 合成分析的 t 检验

合成分析的信度检验：检验两组样本序列平均值差异的显著性，两序列样本个数分别为：N_1 和 N_2，两个序列的平均值分别表示为：$\overline{x_1}$ 及 $\overline{x_2}$。原假设 $H_0: \mu_0 - \mu_1 = 0$，定义一个统计量为

$$t = \frac{\overline{x_1} - \overline{x_2}}{\sqrt{\frac{(N_1-1)S_1^2 + (N_2-1)S_2^2}{N_1 + N_2 - 2}} \sqrt{\frac{1}{N_1} + \frac{1}{N_2}}}$$

显然 $t \sim t(N_1 + N_2 - 2)$ 分布，给出显著性水平 α，查表可以得到临界值 t_α，计算 t 后在 H_0 下比较 t 与 t_α，当绝对值 t 大于等于 t_α，否定原假设 H_0，即说明其存在显著性差异；当 t 小于 t_α，则接受原假设。

构造检验总体均值的 t 统计量：

$$t = \frac{\bar{x} - \mu_0}{s} \sqrt{n}$$

其中 $\bar{x}$ 和 s 分别代表样本均值和标准差，μ_0 为总体均值；n 为样本量。在确定显著性水平 α 之后，根据自由度 $n-1$ 查表可以得到临界值 t_α，当绝对值 t 大于等于 t_α，否定原假设 H_0，即说明其存在显著性差异；当 t 小于 t_α，则接受原假设。

3）编写程序

① 夏季三类雨型的合成（可参考附录 ra.for）；

② 12 月的太平洋海温合成及其 t-检验（参照前面的程序，自己编写）；

③ 前期冬季高度场合成及其 t-检验（参照前面的程序，自己编写）；

④ 自己编写 GRADS 数据描述文件及执行文件。

4）结果输出

① 夏季三类雨型的合成图；

② 12 月的太平洋海温 I 和 II 类雨型合成差值、I 和 III 类合成差值、II 和 III 类合成差值图；

③ 三类雨型的前期冬季高度场距平合成图。

5）完成实习报告

① 说明所用资料方法；

② 绘制 1952—2001 年夏季三类年雨型合成图；

③ 绘制前期 12 月北太平洋海温 I 和 II 类雨型合成差值、I 和 III 类合成差值、II 和 III 类合成差值图；

④ 三类雨型的前期冬季高度场距平合成图，指出可能存在的遥相关型环流特征。

实习 5　预测因子的选择（2）——奇异值分解方法

上个实习我们以合成分析为例来进行预测因子的选取，本实习则利用奇异值分解（SVD）方法为例，来学习预测因子的选择。

(1) 目的和要求

要求掌握 SVD 方法的基本原理和求解步骤，熟悉其在短期气候研究与预测分析中的应用，并能对方法运行的结果进行正确的分析。实习过程中，能运用提供的资料和方法子程序，输出要求的奇异值分解结果，绘出奇异向量图，并分析其物理意义。目的是掌握利用 SVD 方法来选择预测因子。

(2) 实习内容

熟悉奇异值分解方法的原理及其使用，运用 SVD 方法对 1952—2001 年我国东部夏季降水和前期冬季 500 hPa 高度场进行分析，输出奇异值分解的主要表征参数和主要奇异向量,并对降水与环流场匹配关系的物理意义进行分析。

(3) 步骤

1) 熟悉资料

使用 NCEP/NCAR 整编的 1952—2001 年北半球 500 hPa 冬季平均高度资料(网格距为 $5°×10°$),范围为 $10°—85°N$,计算时取 $10°×10°$。夏季降水资料为中国 160 个站降水资料,本文从中取 $105°E$ 以东、$40°N$ 以南的 90 个站。

2) 方法

SVD 方法介绍详见第 7 章。

3) 编写程序

SVD 方法的程序(参考附录 SVD.FOR),自己编写 GRADS 数据描述文件及执行文件。

4) 结果输出

输出 SVD 方法的参数表(见表 A.5.1),输出前三对左右奇异向量图。

5) 完成实习报告

① 说明所用资料方法;

② 简单介绍 SVD 方法;

③ 输出奇异值分解结果(表 A.5.1);

④ 绘出奇异值分解得到的前 3 个特征向量图,并进行深入分析,说明哪些地区的大气环流场可用来当做预测因子。

表 A.5.1 奇异值分解结果

	第一对	第二对	第三对
高度奇异向量			
降水奇异向量			
总方差比			
累加总方差比			
时间系数间的相关系数			

实习 6 我国夏季降水雨型的预测

在短期气候预测的统计方法中,相关相似法一直被受到广泛应用,本实习以相关相似法为例,学习利用统计方法来预测我国夏季降水的雨型。

(1) 目的和要求

要求了解我国夏季降水的业务预测思路和方法,掌握建立物理统计的短期气候预测方法的基本步骤。并能运用提供的资料和方法子程序,熟悉预测方法及其建立过程,输出实验要求的相应结果,并就方法对降水预测的效果进行分析。目的是熟悉短期气候预测中的物理统计方法。

(2) 实习内容

掌握短期气候预测统计方法的基本步骤;应用相似分析方法,通过寻找夏季前期冬季因子的相似年,依次对1992—2001年夏季降水进行预测试验;分析雨型预测的效果;输出不同参数得出的与2001年对应的相似年夏季降水距平百分率并绘图,对照2001年夏季降水距平百分率图分析各参数预测的效果。

(3) 步骤

1) 熟悉资料

运用1952—2001年三类雨型表(DDI),所用的160站降水为国家气候中心整编资料,1952—2001年冬季(12、1、2月)北太平洋海温场(ss01、ss02、ss12)及NCEP/NCAR再分析资料中的500 hPa高度场(以上资料同实习4)。

2) 方法

短期气候预测统计方法的基本步骤:①确定预测对象;②分析预测因子;③建立预测模型;④后报试验;⑤独立试报试验;⑥业务试运行;⑦改进提高(详见第7章)。

其中根据前面实习的结果发现前期冬季影响我国夏季降水异常的主要环流有PNA型;北太平洋海温关键区主要在赤道东太平洋和西风漂流区。因此,本实习将运用这些因子和客观相似方法,对夏季雨型进行季节预测。预测因子个数为5个,其中海温因子为(40°—50°N,180°—140°W)和(10°S—10°N,175°—150°W)处的冬季太平洋海温标准化距平;高度场因子分别为(35°N—60°N,150°E—150°W)与(10°—30°N,150°E—150°W)、(10°—30°N,100°—150°E)与(30°—60°N,100°—150°W)、(10°—30°N,100°—150°E)与(40°—60°N,70°—110°E)区域的距平差值的标准化量。五个因子分别依次反映西风漂流区和赤道中东太平洋的海温距平、北太平洋涛动的强弱、北太平洋环流经向风的大小及欧亚阻塞形势。

计算相似应用三种参数:计算入选因子的历年值与预测年因子值之间的相似系数、绝对欧氏距离、相似离度;其中除相似系数以最大值确定相似年外,绝对欧氏距离、相似离度则以最小值确定相似年。

① 相似系数（SC）

$$\cos\theta_{ij} = \frac{\sum_{k=1}^{m} X_{ik} X_{jk}}{\sqrt{\sum_{k=1}^{m} X_{ik}^2} \sqrt{\sum_{k=1}^{m} X_{jk}^2}}$$

② 相似距离（SD）

$$d_{ij} = \sqrt{\sum_{k=1}^{m}(X_{ik} - X_{jk})^2}$$

③ 相似离度（SDE）

$$D_{ij} = \frac{1}{2}(S_{ij} + E_{ij})$$

$$S_{ij} = \frac{1}{m}\sum_{k=1}^{m}|X_{ijk} - F_{ij}|$$

$$E_{ij} = \frac{1}{m}\sum_{k=1}^{m}|X_{ijk}|$$

$$X_{ijk} = X_{ik} - X_{jk}$$

$$F_{ij} = \frac{1}{m}\sum_{k=1}^{m}X_{ijk}$$

其中：'X'：因子场；'Y'：预测量场；$k=1,\cdots m$：入选因子的维数；$p=1,\cdots n$：样本长度；i：试预测年的序数；j：因子样本序数。

3）编写程序

参考附录程序 SIMIAR.FOR。

4）结果输出

对 1992—2001 年夏季降水进行预测试验，输出不同的方法预测的雨型结果；根据用不同参数得到的 2001 年夏季降水的相似年，并输出 2001 年预测和观测降水距平百分率图。

5）完成实习报告

① 说明所用资料方法；

② 计算方法介绍；

③ 输出雨型预测试验效果（表 A.6.1），并就相关参数预测的效果进行分析；

④ 根据用不同参数得到的 2001 年夏季降水的相似年，输出 2001 年夏季降水距平百分率图（包括预测和观测结果）；并分析各参数的预测效果。

表 A.6.1 1992—2001 年夏季预测相似年及雨型

		1992	1993	1994	1995	1996	1997	1998	1999	2000	2001
观测雨型											
预测雨型	SC										
	SD										
	SDE										

实习 7 夏季区域降水的定量预测

依据短期气候预测的物理统计方法步骤,利用多元回归分析方法,对我国华北区域夏季降水量进行定量预测。根据这个例子,使得学生对预测方法和步骤有直接的认识。

我国属于季风气候,降水量的季节差异很大,年降水量的大部分集中在夏半年。影响我国夏季降水的物理因子很多,根据多年的研究,在业务预测中常考虑的有副热带高压和季风活动、中高纬阻塞与冷空气的活动、海温特别是与 ENSO 相联系的赤道太平洋海温等。这里将应用国家气候中心经多年的研究和业务实践整理的部分环流特征量及前面分析的关键区域海温作为预测因子,采用多元回归分析,建立区域降水的预测方程。

(1) 目的和要求

要求掌握运用物理统计方法建立区域夏季降水预测的基本步骤,并能运用提供的资料和方法子程序,编写或补充完成程序中的部分片断,了解区域降水的预测方法及其建立过程,输出实验要求的相应结果,并就方法对区域降水的拟合及试验预测效果进行分析。目的是掌握短期气候预测中物理统计预测的基本步骤。

(2) 实习内容

利用前期 1 月的海温关键区(Nino3.4 指数)和环流特征量(西太平洋副高脊线、西太平洋副高西伸脊点、亚洲极涡面积、南方涛动指数)等前期冬季预测因子;运用多元回归方法,对 1952—1991 年华北夏季降水(图 A.7.1 为华北区域站点分布)建立预测方程;

对 1992—2001 年进行多元回归预测试验;

分析预测结果并完成读书报告。

(3) 步骤

1) 熟悉资料

资料预测因子(factor.dat)和降水量(hbrain.dat),依次按列排放,都是从1952—2008年,其中因子序列包括前期1月的Nino3.4指数(来自美国气候预测中心CPC)、西太平洋副高脊线、西太平洋副高西伸脊点、亚洲极涡面积、南方涛动指数(来自中国气象局整编的74个环流指数);夏季华北区域10站的平均降水量,华北地区站点分布见图A.7.1。

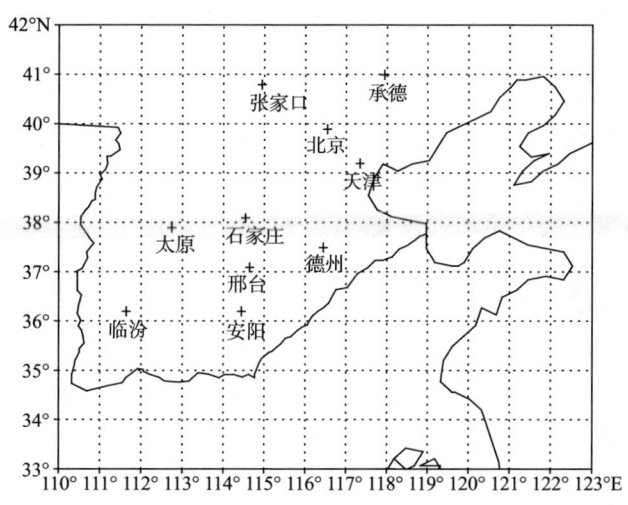

图 A.7.1 华北站点分布

2) 方法

多元线性回归方法,方法介绍详见第7章。回归拟合效果的参数包括以下几种:① 残差平方和;② 标准差;③ 复相关系数;④ 偏相关系数;⑤ 回归方差。

3) 编写程序

根据本实习的具体情况,参考regress.for主程序(见附录)读入资料和预测量文件,建立回归方程并输出相关的参数与回归系数;然后根据拟合的系数,编写程序计算1952—2001年拟合估计值和对2002—2008年进行预测试验的预测值。

4) 结果输出

得到回归效果的参数及回归系数,拟合预测与观测资料的对比数据,独立预测试验与观测资料的对比数据。

5) 完成实习报告

① 说明所用资料方法;

② 计算方法的简单介绍；

③ 输出反映回归效果的参数及回归系数，并就相关参数分析回归效果；

④ 输出独立预测试验的观测与预测值（表 A.7.1）；

表 A.7.1 2002—2008 年夏季降水预测试验结果

	2002	2003	2004	2005	2006	2007	2008
观测							
预测							

⑤ 预测量与回归方程计算的估计值和观测值的历年曲线变化图，并附简单的说明。

实习 8 数值模式结果在短期气候预测中的应用

动力数值预测方法是短期气候预测的一个重要方法，也是今后业务上发展的方向。其中集合预报是短期气候预测中的一个重要的应用。本实习以集合预报为例，让大家能够了解动力数值预测结果的应用。

(1) 目的和要求

要求了解短期气候预测的数值预测方法的基本步骤，掌握模式结果后处理的方法，理解集合预报的基本原理和方法，给出最后的预测结果。目的是掌握集合预报的概念和了解模式结果的后处理步骤。

(2) 实习内容

由于模式结果一般都是网格点资料，将网格点资料插值成需要预测站点的资料；利用等权平均法将不同初值的模式结果进行集合平均。最后绘制出预测结果图形。

(3) 步骤

1) 熟悉资料

CAM－RegCM 模式预测的 9 个不同初值 1998 年夏季降水的预测结果；模式结果区域内的网格点经、纬度数据，我国 160 站的经、纬度数据以及夏季降水量观测数据。

2) 方法

在利用动力模式进行短期气候预测时，基本步骤主要包括：①熟悉模式，设计模式，使其能够正确运行；②准备需要的初始场资料，经过前处理，生成与模式匹配的数据;③运行模式,将模式长时间进行积分;④经过模式的后处理过程,将模式产生的数据转化成需要的数据;⑤然后利用模式数据进行解释应用;⑥结果的分析。

在本次实习集合预报中,9个不同初值的预测结果采用等权平均方法。

3)编写程序

参考附录中模式结果插值成站点数据的程序(CHAZHI.FOR);编写集合平均的程序;编写 GRADS 数据描述文件及执行文件。

4)结果输出

输出我国160站1998年夏季降水距平百分率预测和观测数据,并绘制成图形。

5)完成实习报告

① 说明所用资料方法;

② 绘制1998年夏季降水距平百分率预测结果的图形;

③ 与1998年我国夏季降水距平百分率的观测结果进行对比,讨论该年预测效果;

实习9 预测评分

预测评分是用来评价预测结果的一个指标,它是短期气候预测的一个重要部分。我国业务预测中的主要短期气候预测评估方法有预报准确率(P)、预测评分(P_S)、技巧评分(SS)、距平相关系数(ACC)、异常级评分(TS)5种方法。本实习以我国的几种预测评估方法为例,来对预测结果进行评估。

(1) 目的和要求

要求掌握我国业务预测中的几种评估办法,运用提供的评分子程序,对预测结果进行评估。目的是掌握预测评分的概念。

(2) 实习内容

运用预报准确率(P)、预测评分(P_S)、技巧评分(SS)、距平相关系数(ACC)、异常级评分(TS)对预测结果进行评估。

(3) 步骤

1)熟悉资料

国家气候中心整编的月平均降水量(6、7、8月资料)和我国夏季降水预测值(1984—2000年),依160站顺序排放。

2) 方法

预报准确率(P)、预测评分(P_S)、技巧评分(SS)、距平相关系数(ACC)、异常级评分(TS)的具体方法详见第 9 章。

3) 编写程序

详见参考程序(附录)。

4) 结果输出

预报准确率(P)、预测评分(P_S)、技巧评分(SS)、距平相关系数(ACC)、异常级评分(TS)的评估数据。

5) 完成实习报告

① 说明所用资料方法；

② 介绍各预测评分的方法；

③ 输出评分结果，绘制图形，并进行简单的分析。

附　录　实习参考程序

实习 2 参考程序

EOF. FOR

要求编写一段程序,从三维场数据变成二维场数据。注意子程序 JCB(N,A,S,EPS)调用时,其中的参数 N 为 MNH,**EPS 为 0.00001**。

```
      PROGRAM EOF
C     THIS PROGRAM USES EOF FOR ANALYSING TIME SERIES OF METEOROLOGICAL FIELD
C     M:LENTH OF TIME SERIES !!!!!!!!!! m:时间序列长度
C     N:NUMBER OF GRID-POINTS !!!!!!!!!! n:格点数
C     KS=-1:SELF;KS=0:DEPATURE;KS=1:STANDERDLIZED DEPATURE
C     KV:NUMBER OF EIGENVALUES WILL BE OUTPUT
C     KVT:NUMBER OF EIGENVECTORS AND TIME SERIES WILL BE OUTPUT
C     MNH=MIN(M,N)
C     EGVT=EIGENVACTORS,ECOF=TIME COEFFICIENTS FOR EGVT.
C     ER(KV,1)=LAMDA,LAMDA EIGENVALUE
C     ER(KV,2)=ACCUMULATE LAMDA
C     ER(KV,3)=THE SUM OF COMPONENTS VECTORS PROJECTEDONTO
C     EIGENVACTOR.
C     ER(KV,4)=ACCUMULATE ER(KV,3)
C
      PARAMETER(M=61,N=41*21,MNH=61,KS=1,KV=8,KVT=8,pi=3.1415926)
C
      DIMENSION F(N,M),A(MNH,MNH),S(MNH,MNH),ER(MNH,4),
     *  DF(N),V(MNH),AVF(N),EGVT(N,KVT),ECOF(M,KVT)
      dimension hh(144,73,12,61),h(41,21,61)

      open(10,file='hgt500.grd',form='binary')   ! 改变数据路径
      open(20,file='egvt.grd',form='binary')    ! 改变数据路径
```

```
      open(30,file='t.grd',form='binary')   ! 改变数据路径
      open(16,file='eof.txt')    ! 改变数据路径

ccccccccccccccc 读数据
      do it=1,61
      do k=1,12
      do j=1,73
      do i=1,144
      read(10)hh(i,j,k,it)
      enddo;enddo;enddo;enddo
        write(*,*)'read data ok'
ccccccccccccccc 处理数据 从 hh 到 h 的转换,再从 h 到 f 的转换
ccccccccccccccc 需要编程

CCCCCCCCCCCCCCCCINPUT DATA   CCCCCCCCCCCCCCCCCC
      CALL TRANSF(N,M,F,AVF,DF,KS)
      CALL FORMA(N,M,MNH,F,A)
      CALL JCB(MNH,A,S,0.00001)
      CALL ARRANG(KV,MNH,A,ER,S)
      CALL TCOEFF(KVT,KV,N,M,MNH,S,F,V,ER)
      CALL OUTER(KV,ER,MNH)
      CALL OUTVT(KVT,N,M,MNH,S,F,EGVT,ECOF)
ccccccccccc 存储数据
      do j=1,m
      do i=1,kvt
      write(30)ecof(j,i)
      enddo;enddo

      do it=1,kvt
      do j=1,n
      write(20)egvt(j,it)
      enddo;enddo
        write(*,*)'ok 8'
ccccccccccc
      END

ccccccccccccccccccccccccc 子程序

      SUBROUTINE TRANSF(N,M,F,AVF,DF,KS)
C     THIS SUBROUTINE PROVIDES INITIAL F BY KS
```

```
      DIMENSION F(N,M),AVF(N),DF(N)
      DO 5 I=1,N
      AVF(I)=0.0
    5 DF(I)=0.0
      IF(KS)30,10,10
   10 DO 14 I=1,N
      DO 12 J=1,M
   12 AVF(I)=AVF(I)+F(I,J)
      AVF(I)=AVF(I)/M
      DO 14 J=1,M
      F(I,J)=F(I,J)-AVF(I)
   14 CONTINUE
      IF(KS.EQ.0)THEN
      RETURN
      ELSE
      DO 24 I=1,N
      DO 22 J=1,M
   22 DF(I)=DF(I)+F(I,J)*F(I,J)
      DF(I)=SQRT(DF(I)/M)
      DO 24 J=1,M
      F(I,J)=F(I,J)/DF(I)
   24 CONTINUE
      ENDIF
   30 CONTINUE
      RETURN
      END

      SUBROUTINE FORMA(N,M,MNH,F,A)
C     THIS SUBROUTINE FORMS A BY F
      DIMENSION F(N,M),A(MNH,MNH)
      IF(M-N)40,50,50
   40 DO 44 I=1,MNH
      DO 44 J=I,MNH
      A(I,J)=0.0
      DO 42 IS=1,N
   42 A(I,J)=A(I,J)+F(IS,I)*F(IS,J)
      A(J,I)=A(I,J)
   44 CONTINUE
      RETURN
   50 DO 54 I=1,MNH
```

```
      DO 54 J=I,MNH
      A(I,J)=0.0
      DO 52 JS=1,M
   52 A(I,J)=A(I,J)+F(I,JS)*F(J,JS)
      A(J,I)=A(I,J)
   54 CONTINUE
      RETURN
      END

      SUBROUTINE JCB(N,A,S,EPS)
C     THIS SUBROUTINE COMPUTS EIGENVALUES AND standard EIGENVECTORS OF A
      DIMENSION A(N,N),S(N,N)
      DO 30 I=1,N
      DO 30 J=1,I
      IF(I-J)20,10,20
   10 S(I,J)=1.
      GO TO 30
   20 S(I,J)=0.
      S(J,I)=0.
   30 CONTINUE
      G=0.
      DO 40 I=2,N
      I1=I-1
      DO 40 J=1,I1
   40 G=G+2.*A(I,J)*A(I,J)
      S1=SQRT(G)
      S2=EPS/FLOAT(N)*S1
      S3=S1
      L=0
   50 S3=S3/FLOAT(N)
   60 DO 130 IQ=2,N
      IQ1=IQ-1
      DO 130 IP=1,IQ1
      IF(ABS(A(IP,IQ)).LT.S3)GOTO 130
      L=1
      V1=A(IP,IP)
      V2=A(IP,IQ)
      V3=A(IQ,IQ)
      U=0.5*(V1-V3)
      IF(U.EQ.0.0)G=1.
```

```
      IF(ABS(U).GE.1E-10)G=-SIGN(1.,U)*V2/SQRT(V2*V2+U*U)
      ST=G/SQRT(2.*(1.+SQRT(1.-G*G)))
      CT=SQRT(1.-ST*ST)
      DO 110 I=1,N
      G=A(I,IP)*CT-A(I,IQ)*ST
      A(I,IQ)=A(I,IP)*ST+A(I,IQ)*CT
      A(I,IP)=G
      G=S(I,IP)*CT-S(I,IQ)*ST
      S(I,IQ)=S(I,IP)*ST+S(I,IQ)*CT
110   S(I,IP)=G
      DO 120 I=1,N
      A(IP,I)=A(I,IP)
120   A(IQ,I)=A(I,IQ)
      G=2.*V2*ST*CT
      A(IP,IP)=V1*CT*CT+V3*ST*ST-G
      A(IQ,IQ)=V1*ST*ST+V3*CT*CT+G
      A(IP,IQ)=(V1-V3)*ST*CT+V2*(CT*CT-ST*ST)
      A(IQ,IP)=A(IP,IQ)
130   CONTINUE
      IF(L-1)150,140,150
140   L=0
      GO TO 60
150   IF(S3.GT.S2)GOTO 50
      RETURN
      END

      SUBROUTINE ARRANG(KV,MNH,A,ER,S)
C     THIS SUBROUTINE PROVIDES A SERIES OF EIGENVALUES
C         FROM MAX TO MIN
      DIMENSION A(MNH,MNH),ER(MNH,4),S(MNH,MNH)
      TR=0.0
      DO 200 I=1,MNH
      TR=TR+A(I,I)
200   ER(I,1)=A(I,I)
      MNH1=MNH-1
      DO 210 K1=MNH1,1,-1
      DO 210 K2=K1,MNH1
      IF(ER(K2,1).LT.ER(K2+1,1))THEN
      C=ER(K2+1,1)
      ER(K2+1,1)=ER(K2,1)
```

```
      ER(K2,1)=C
      DO 205 I=1,MNH
      C=S(I,K2+1)
      S(I,K2+1)=S(I,K2)
      S(I,K2)=C
205   CONTINUE
      ENDIF
210   CONTINUE
      ER(1,2)=ER(1,1)
      DO 220 I=2,KV
      ER(I,2)=ER(I-1,2)+ER(I,1)
220   CONTINUE
      DO 230 I=1,KV
      ER(I,3)=ER(I,1)/TR
      ER(I,4)=ER(I,2)/TR
230   CONTINUE
      WRITE(*,250)TR
250   FORMAT(/5X,'TOTAL SQUARE ERROR=',F20.5)
      RETURN
      END


      SUBROUTINE TCOEFF(KVT,KV,N,M,MNH,S,F,V,ER)
C     THIS SUBROUTINE PROVIDES STANDARD EIGENVECTORS(M.GE.N,SAVED IN S;
C        M.LT.N,SAVED IN F)AND ITS TIME COEFFICENTS SERIES(M.GE.N,
C        SAVED IN F;M.LT.N,SAVED IN S)
      DIMENSION S(MNH,MNH),F(N,M),V(MNH),ER(MNH,4)

      IF(N.LE.M)THEN
      DO 390 J=1,M
      DO 370 I=1,N
      V(I)=F(I,J)
      F(I,J)=0.
370   CONTINUE
      DO 380 IS=1,KVT
      DO 380 I=1,N
380   F(IS,J)=F(IS,J)+V(I)*S(I,IS)
390   CONTINUE
      ELSE
      DO 410 I=1,N
      DO 400 J=1,M
```

```
          V(J)=F(I,J)
          F(I,J)=0.
      400 CONTINUE
          DO 410 JS=1,KVT
          DO 410 J=1,M
          F(I,JS)=F(I,JS)+V(J)*S(J,JS)
      410 CONTINUE
          DO 430 JS=1,KVT
          DO 420 J=1,M
          S(J,JS)=S(J,JS)*SQRT(ER(JS,1))
      420 CONTINUE
          DO 430 I=1,N
          F(I,JS)=F(I,JS)/SQRT(ER(JS,1))
      430 CONTINUE
          ENDIF
          RETURN
          END

          SUBROUTINE OUTER(KV,ER,MNH)
C     THIS SUBROUTINE PRINTS ARRAY ER
C     ER(KV,1)FOR SEQUENCE OF EIGENVALUE FROM BIG TO SMALL
C     ER(KV,2)FOR EIGENVALUE FROM BIG TO SMALL
C     ER(KV,3)FOR SMALL LO=(LAMDA/TOTAL VARIANCE)
C     ER(KV,4)FOR BIG LO=SUM OF SMALL LO)
          DIMENSION ER(MNH,4)
          WRITE(16,510)
      510 FORMAT(/10X,'EIGENVALUE AND ANALYSIS ERROR')
          WRITE(16,520)
      520 FORMAT(10X,1HH,8X,5HLAMDA,10X,6HSLAMDA,11X,2HPH,12X,3HSPH)
          WRITE(16,530)(IS,(ER(IS,J),J=1,4),IS=1,KV)
      530 FORMAT(1X,I10,4F15.5)
          WRITE(16,540)
      540 FORMAT(//)
          RETURN
          END

          SUBROUTINE OUTVT(KVT,N,M,MNH,S,F,EGVT,ECOF)
C     THIS SUBROUTINE PRINTS STANDARD EIGENVECTORS
C           AND ITS TIME-COEFFICIENT SERIES
          DIMENSION F(N,M),S(MNH,MNH),EGVT(N,KVT),ECOF(M,KVT)
```

```
      WRITE(16,560)
 560  FORMAT(10X,'STANDARD EIGENVECTORS')
      WRITE(16,570)(IS,IS=1,KVT)
 570  FORMAT(3X,10i7)
      DO 550 I=1,N
      IF(M.GE.N)THEN
      WRITE(16,580)I,(S(I,JS),JS=1,KVT)
 580  FORMAT(1X,I3,10F7.3,/)
      DO 11 JS=1,KVT
      EGVT(I,JS)=S(I,JS)
 11   CONTINUE
      ELSE
      WRITE(16,590)I,(F(I,JS),JS=1,KVT)
 590  FORMAT(1X,I5,10F7.3)
      DO 12 JS=1,KVT
      EGVT(I,JS)=F(I,JS)
 12   CONTINUE
      ENDIF
 550  CONTINUE
C     WRITE(16,590)I,(F(I,JS),JS=1,KVT)
!     WRITE(20)((F(I,JS),i=1,n),JS=1,KVT)
      WRITE(16,720)
 720  FORMAT(//)
      WRITE(16,610)
 610  FORMAT(10X,'TIME-COEFFICENT SERIES OF S. E.')
      WRITE(16,620)(IS,IS=1,KVT)
 620  FORMAT(3X,5i12)
      DO 600 J=1,M
      IF(M.GE.N)THEN
      WRITE(16,630)J,(f(is,j),is=1,kvt)
 630  FORMAT(1X,I3,5F12.3)
      DO 13 IS=1,KVT
      ECOF(J,IS)=F(IS,J)
 13   CONTINUE
      ELSE
      WRITE(16,640)J,(S(J,IS),IS=1,KVT)
 640  FORMAT(1X,I3,10F12.3)
      DO 14 IS=1,KVT
      ECOF(J,IS)=S(J,IS)
 14   CONTINUE
```

```
        ENDIF
600 CONTINUE
C       WRITE(30)((S(J,IS),j=1,m),IS=1,KVT)
        RETURN
        END
```

实习 4 参考程序

RA. FOR　（降水距平百分率的合成分析）

```
        parameter(kk=50,n=160)
        dimension ss(n),h1(n),h2(n),t(n),ss1(n),ss2(n)
        dimension xu(n,kk),x(n,kk+1),h(n)
        dimension tz(kk,3)
        CHARACTER JJ*5,mn(3)*2
        DATA  JJ/'r1606'/
        data mn/'06','07','08'/
        open(1,file='dd')！读入雨型数据表
        read(1,*)((tz(i,j),j=1,3),i=1,kk)
        close(1)

        Do 2 I=1,n
        Do 2 j=1,kk
        Xu(I,j)=0
2       continue
        do 10 K=1,3
        JJ(4:5)=mn(K)(1:2)
        open(3,file=jj)！读入降水量数据
        read(3,*)((X(i,J),i=1,N),J=1,kk+1)
        close(3)
        do 11 i=1,n
        do 11 j=1,kk
11      xu(i,j)=xu(i,j)+x(i,j+1)
10      continue

        do 62 i=1,n
        ss(i)=0.
        do 61 k=1,kk
61      ss(i)=ss(i)+xu(i,k)
```

```
        ss(i)=ss(i)/real(kk)
        do 101 k=1,kk
101     xu(i,k)=(xu(i,k)-ss(i))*100/ss(i)        ! 求降水距平百分率
62      continue
CCCCCCCCCCCCCCCCCCCCCCCCC   M
        call   fcc(n,kk,xu,tz,n1,ss1,h1,3)       ! 合成分析(对于第三类雨型)

        num=0
        do i=1,kk
        if(tz(i,3).eq.1)num=num+1
        enddo
CCCCCCCCCCCCCCCCCCCCCCCCCCC

        do 60 i=1,n
        if(ss1(i).eq.0)then
        t(i)=-9.99E+33
        else
        t(i)=h1(i)/(sqrt(ss1(i)/num))
        endif
60      continue

        CALL STN(h1,t)            ! 站点输出数据
        end

cccccccccccccccccccccccccccccccccccccccc
        subroutine stn(h,t)
        parameter(n=160)
        real lat(N),lon(N),h(n),t(n)
        character*8 stid(N)
        open(20,file='ll160.stn')
        read(20,*)(lon(k),lat(k),k=1,N)
        close(20)
        do 2 i=1,n
2       stid(i)=char(i)
        OPEN(9,FILE='rc3.grd',form='binary')
        TIM=0.0
        NLEV=1
        NFLAG=1
        IREC=1
        DO 40 I=1,n
```

```
      WRITE(9)STID(I),LAT(I),LON(I),TIM,NLEV,NFLAG
    #                ,h(i),t(i)
 40 continue
      NLEV=0
      WRITE(9,rec=i)STID(I-1),LAT(I-1),LON(I-1),TIM,NLEV,NFLAG
      Close(9)
        return
      end
ccccccccccccccccccccccccccccccccc
      subroutine fcc(n,m,x,tl,n1,ss,h,l)
      dimension x(n,m),tl(m,3),ss(n),h(n)
      l0=0
      do 1 i=1,m
      if(tl(i,l).eq.1)l0=l0+1
  1   continue
      write(*,*)l0
      n1=l0-1
      s1=0.0
      do 11 i=1,n
      do 15 k=1,m
      s1=s1+x(i,k)*tl(k,l)
 15   continue
      s1=s1/float(l0)
      h(i)=s1
      s=0.
      do 12 k=1,m
 12   s=s+(x(i,k)*tl(k,l)-s1)*(x(i,k)*tl(k,l)-s1)
      ss(i)=(s/(float(l0)))
      s1=0.0
 11   continue
      return
      end
```

实习 5 参考程序

SVD. FOR

———————————————————主要子程序文件———————————————————

      CALL CACOR(YSVD,ZSVD,X,N,IP,IT)　计算协方差矩阵
      CALL SSVDC(X,LDX,N,IP,S,E,U,LDU,V,LDV,WORK,11,INFO)　奇异值分解列出奇异向量
      CALL TCFC(U,N,TC1,ZSVD,AM1,IT)　计算左奇异向量的时间系数
      CALL TCFC(V,IP,TC2,YSVD,AM2,IT)　计算右奇异向量的时间系数
      CALL TCHXG(R,TC1,TC2,M,IT)　计算截取的向量之间的相关系数及方差等
      call ygrd0(v,ip,'y.grd')　写出左奇异向量
      call Zgrd(u,n,'z.grd')　写出右奇异向量

参考主程序(范例)

```
        PROGRAM SVD. FOR
        PARAMETER(N=288,IP=90,IT=45,n0=160)
        DIMENSION X(N,IP),U(N,N),V(IP,IP),E(N),WORK(N),S(N),
     *   TC1(N,IT),TC2(IP,IT),R(16),AM1(N),AM2(IP),
     *   YSVD(IP,IT),ZSVD(N,IT),sx(45),
     *   xa(n0),ya(n0),x6(n0,it),
     *   h6(n,it)
C       读入资料右场,维数较少的场;资料右场文件名为 r160s.dat
        call red('r160s.dat',x6,it,n0)
        open(2,file='ll160.stn')
        read(2,*)(xa(k),ya(k),k=1,160)
        close(2)
        l0=0
        do 10 i=1,n0
        if(xa(i).ge.105.and.ya(i).le.40)then
        l0=l0+1
        do 9 j=1,it
9       ssta(l0,j)=x6(i,j)
        endif
10      continue
        write(*,*)l0
C       读入资料左场,维数较多的场;资料左场文件名为 wh5.dat
        call redh('wh5.dat',ZSVd,it,n)
```

```
              write(*,*)YSVd(ip,45),ZSVd(n,45)
       LDX=288
       LDU=288
       LDV=90
       m=16
       CALL CACOR(YSVD,ZSVD,X,N,IP,IT)
       CALL SSVDC(X,LDX,N,IP,S,E,U,LDU,V,LDV,WORK,11,INFO)
       CALL TCFC(U,N,TC1,ZSVD,AM1,IT)
       CALL TCFC(V,IP,TC2,YSVD,AM2,IT)
       CALL TCHXG(R,TC1,TC2,M,IT)
       W=0.0
       DO 21 I=1,N
    21 W=W+S(I)*S(I)
       DO 22 I=1,10
    22 S(I)=S(I)*S(I)/W
       call ygrd0(v,ip,'y.grd')
       call Zgrd(u,n,'z.grd')
     C 输出特征向量、时间系数及解释方差;文件名为 svdrh.DAT'
       open(11,file='svdrh.DAT')
       write(11,*)'u=left'
       write(11,101)((u(i,j),j=1,5),i=1,n)
       write(11,*)'v=right'
       write(11,101)((v(i,j),j=1,5),i=1,ip)
       write(11,*)'tc1=left'
       write(11,101)((tc1(i,j),i=1,5),j=1,it)
       write(11,*)'tc2=right'
       write(11,101)((tc2(i,j),i=1,5),j=1,it)
       write(11,*)'s(i)='
       write(11,100)(s(i),i=1,10)
       write(11,*)'am1='
       write(11,100)(am1(I),I=1,10)
       write(11,*)'am2='
       write(11,100)(am2(I),I=1,10)
       write(11,*)'r(i)='
       write(11,100)(r(I),I=1,10)
   101 format(5f10.3)
   100 format(10f7.3)
       STOP
       END
Cccccccccccccccccc 降水场读入 ccccccccccccccccccccccccccccccccccccccccc
```

```
      subroutine red(e,x,m,n)
      character e*9
      real x(n,m)
      open(11,file=e,status='old')
      read(11,*)((x(i,j),i=1,n),j=1,m)
      close(11)
      return
      end
cccccccccccccccc 高度场读入 ccccccccccccccccccccccccccccccccccccccc
      subroutine redh(e,x,m,n)
      character e*7
      real x(n,m),x0(576,45)
      open(11,file=e)
      read(11,*)((x0(i,j),i=1,576),j=1,45)
      close(11)
      do 6 i=1,36
      do 17 k=1,15,2
      do 7 j=1,m
c     x(i+k/2*36,j)=x0(k*36+i,j)
      x(i+k/2*36,j)=x0(k*36+i,j)*sin(45*3.141596/180)
     $   /sin((90-(k+1)/2*10)*3.141596/180)
7     continue
17    continue
6     continue
      return
      end
      SUBROUTINE SSVDC(X,LDX,N,P,S,E,U,LDU,V,LDV,WORK,JOB,INFO)
      INTEGER LDX,N,P,LDU,LDV,JOB,INFO
      REAL X(LDX,LDV),S(LDU),E(LDU),U(LDU,LDU),V(LDV,LDV),WORK(LDU)
      INTEGER I,ITER,J,JOBU,K,KASE,KK,L,LL,LLS,LM1,LP1,LS,LU,M,MAXIT,
     *        MM,MM1,MP1,NCT,NCTP1,NCU,NRT,NRTP1
      REAL SDOT,T
      REAL B,C,CS,EL,EMM1,F,G,SNRM2,SCALE,SHIFT,SL,SM,SN,SMM1,T1,TEST,
     *        ZTEST
      LOGICAL WANTU,WANTV
      MAXIT=30
      WANTU=.FALSE.
      WANTV=.FALSE.
      JOBU=MOD(JOB,100)/10
      NCU=N
```

```
      IF(JOBU.GT.1)NCU=MIN0(N,P)
      IF(JOBU.NE.0)WANTU=.TRUE.
      IF(MOD(JOB,10).NE.0)WANTV=.TRUE.
      INFO=0
      NCT=MIN0(N-1,P)
      NRT=MAX0(0,MIN0(P-2,N))
      LU=MAX0(NCT,NRT)
      IF(LU.LT.1)GO TO 170
      DO 160 L=1,LU
      LP1=L+1
      IF(L.GT.NCT)GO TO 20
      S(L)=SNRM2(N-L+1,X(L,L),1)
      IF(S(L).EQ.0.0E0)GO TO 10
      IF(X(L,L).NE.0.0E0)S(L)=SIGN(S(L),X(L,L))
      CALL SSCAL(N-L+1,1.0E0/S(L),X(L,L),1)
      X(L,L)=1.0E0+X(L,L)
   10 CONTINUE
      S(L)=-S(L)
   20 CONTINUE
      IF(P.LT.LP1)GO TO 50
      DO 40 J=LP1,P
      IF(L.GT.NCT)GO TO 30
      IF(S(L).EQ.0.0E0)GO TO 30
      T=-SDOT(N-L+1,X(L,L),1,X(L,J),1)/X(L,L)
      CALL SAXPY(N-L+1,T,X(L,L),1,X(L,J),1)
   30 CONTINUE
      E(J)=X(L,J)
   40 CONTINUE
   50 CONTINUE
      IF(.NOT.WANTU .OR. L.GT.NCT)GO TO 70
      DO 60 I=L,N
      U(I,L)=X(I,L)
   60 CONTINUE
   70 CONTINUE
      IF(L.GT.NRT)GO TO 150
      E(L)=SNRM2(P-L,E(LP1),1)
      IF(E(L).EQ.0.0E0)GO TO 80
      IF(E(LP1).NE.0.0E0)E(L)=SIGN(E(L),E(LP1))
      CALL SSCAL(P-L,1.0E0/E(L),E(LP1),1)
      E(LP1)=1.0E0+E(LP1)
```

```
   80 CONTINUE
      E(L)=-E(L)
      IF(LP1.GT.N.OR.E(L).EQ.0.0E0)GO TO 120
      DO 90 I=LP1,N
      WORK(I)=0.0E0
   90 CONTINUE
      DO 100 J=LP1,P
      CALL SAXPY(N-L,E(J),X(LP1,J),1,WORK(LP1),1)
  100 CONTINUE
      DO 110 J=LP1,P
      CALL SAXPY(N-L,-E(J)/E(LP1),WORK(LP1),1,X(LP1,J),1)
  110 CONTINUE
  120 CONTINUE
      IF(.NOT.WANTV)GO TO 140
      DO 130 I=LP1,P
      V(I,L)=E(I)
  130 CONTINUE
  140 CONTINUE
  150 CONTINUE
  160 CONTINUE
  170 CONTINUE
      M=MIN0(P,N+1)
      NCTP1=NCT+1
      NRTP1=NRT+1
      IF(NCT.LT.P)S(NCTP1)=X(NCTP1,NCTP1)
      IF(N.LT.M)S(M)=0.0E0
      IF(NRTP1.LT.M)E(NRTP1)=X(NRTP1,M)
      E(M)=0.0E0
      IF(.NOT.WANTU)GO TO 300
      IF(NCU.LT.NCTP1)GO TO 200
      DO 190 J=NCTP1,NCU
      DO 180 I=1,N
      U(I,J)=0.0E0
  180 CONTINUE
      U(J,J)=1.0E0
  190 CONTINUE
  200 CONTINUE
      IF(NCT.LT.1)GO TO 290
      DO 280 LL=1,NCT
      L=NCT-LL+1
```

```
          IF(S(L).EQ.0.0E0)GO TO 250
          LP1=L+1
          IF(NCU.LT.LP1)GO TO 220
          DO 210 J=LP1,NCU
          T=-SDOT(N-L+1,U(L,L),1,U(L,J),1)/U(L,L)
          CALL SAXPY(N-L+1,T,U(L,L),1,U(L,J),1)
 210      CONTINUE
 220      CONTINUE
          CALL SSCAL(N-L+1,-1.0E0,U(L,L),1)
          U(L,L)=1.0E0+U(L,L)
          LM1=L-1
          IF(LM1.LT.1)GO TO 240
          DO 230 I=1,LM1
          U(I,L)=0.0E0
 230      CONTINUE
 240      CONTINUE
          GO TO 270
 250      CONTINUE
          DO 260 I=1,N
          U(I,L)=0.0E0
 260      CONTINUE
          U(L,L)=1.0E0
 270      CONTINUE
 280      CONTINUE
 290      CONTINUE
 300      CONTINUE
          IF(.NOT.WANTV)GO TO 350
          DO 340 LL=1,P
          L=P-LL+1
          LP1=L+1
          IF(L.GT.NRT)GO TO 320
          IF(E(L).EQ.0.0E0)GO TO 320
          DO 310 J=LP1,P
          T=-SDOT(P-L,V(LP1,L),1,V(LP1,J),1)/V(LP1,L)
          CALL SAXPY(P-L,T,V(LP1,L),1,V(LP1,J),1)
 310      CONTINUE
 320      CONTINUE
          DO 330 I=1,P
          V(I,L)=0.0E0
 330      CONTINUE
```

```
          V(L,L)=1.0E0
340   CONTINUE
350   CONTINUE
      MM=M
      ITER=0
360   CONTINUE
      IF(M.EQ.0)GO TO 620
      IF(ITER.LT.MAXIT)GO TO 370
      INFO=M
      GO TO 620
370   CONTINUE
      DO 390 LL=1,M
      L=M-LL
      IF(L.EQ.0)GO TO 400
      TEST=ABS(S(L))+ABS(S(L+1))
      ZTEST=TEST+ABS(E(L))
      IF(ZTEST.NE.TEST)GO TO 380
      E(L)=0.0E0
      GO TO 400
380   CONTINUE
390   CONTINUE
400   CONTINUE
      IF(L.NE.M-1)GO TO 410
      KASE=4
      GO TO 480
410   CONTINUE
      LP1=L+1
      MP1=M+1
      DO 430 LLS=LP1,MP1
      LS=M-LLS+LP1
      IF(LS.EQ.L)GO TO 440
      TEST=0.0E0
      IF(LS.NE.M)TEST=TEST+ABS(E(LS))
      IF(LS.NE.L+1)TEST=TEST+ABS(E(LS-1))
      ZTEST=TEST+ABS(S(LS))
      IF(ZTEST.NE.TEST)GO TO 420
      S(LS)=0.0E0
      GO TO 440
420   CONTINUE
430   CONTINUE
```

```
440 CONTINUE
    IF(LS.NE.L)GO TO 450
    KASE=3
    GO TO 470
450 CONTINUE
    IF(LS.NE.M)GO TO 460
    KASE=1
    GO TO 470
460 CONTINUE
    KASE=2
    L=LS
470 CONTINUE
480 CONTINUE
    L=L+1
    GO TO(490,520,540,570),KASE
490 CONTINUE
    MM1=M-1
    F=E(M-1)
    E(M-1)=0.0E0
    DO 510 KK=L,MM1
    K=MM1-KK+L
    T1=S(K)
    CALL SROTG(T1,F,CS,SN)
    S(K)=T1
    IF(K.EQ.L)GO TO 500
    F=-SN*E(K-1)
    E(K-1)=CS*E(K-1)
500 CONTINUE
    IF(WANTV)CALL SROT(P,V(1,K),1,V(1,M),1,CS,SN)
510 CONTINUE
    GO TO 610
520 CONTINUE
    F=E(L-1)
    E(L-1)=0.0E0
    DO 530 K=L,M
    T1=S(K)
    CALL SROTG(T1,F,CS,SN)
    S(K)=T1
    F=-SN*E(K)
    E(K)=CS*E(K)
```

```
          IF(WANTU)CALL SROT(N,U(1,K),1,U(1,L-1),1,CS,SN)
  530 CONTINUE
          GO TO 610
  540 CONTINUE
          SCALE=AMAX1(ABS(S(M)),ABS(S(M-1)),ABS(E(M-1)),ABS(S(L)),
         *            ABS(E(L)))
          SM=S(M)/SCALE
          SMM1=S(M-1)/SCALE
          EMM1=E(M-1)/SCALE
          SL=S(L)/SCALE
          EL=E(L)/SCALE
          B=((SMM1+SM)*(SMM1-SM)+EMM1**2)/2.0E0
          C=(SM*EMM1)**2
          SHIFT=0.0E0
          IF(B.EQ.0.0E0.AND.C.EQ.0.0E0)GO TO 550
          SHIFT=SQRT(B**2+C)
          IF(B.LT.0.0E0)SHIFT=-SHIFT
          SHIFT=C/(B+SHIFT)
  550 CONTINUE
          F=(SL+SM)*(SL-SM)-SHIFT
          G=SL*EL
          MM1=M-1
          DO 560 K=L,MM1
          CALL SROTG(F,G,CS,SN)
          IF(K.NE.L)E(K-1)=F
          F=CS*S(K)+SN*E(K)
          E(K)=CS*E(K)-SN*S(K)
          G=SN*S(K+1)
          S(K+1)=CS*S(K+1)
          IF(WANTV)CALL SROT(P,V(1,K),1,V(1,K+1),1,CS,SN)
          CALL SROTG(F,G,CS,SN)
          S(K)=F
          F=CS*E(K)+SN*S(K+1)
          S(K+1)=-SN*E(K)+CS*S(K+1)
          G=SN*E(K+1)
          E(K+1)=CS*E(K+1)
          IF(WANTU.AND.K.LT.N)
         * CALL SROT(N,U(1,K),1,U(1,K+1),1,CS,SN)
  560 CONTINUE
          E(M-1)=F
```

```
         ITER=ITER+1
         GO TO 610
  570  CONTINUE
         IF(S(L).GE.0.0E0)GO TO 580
         S(L)=-S(L)
         IF(WANTV)CALL SSCAL(P,-1.0E0,V(1,L),1)
  580  CONTINUE
  590  IF(L.EQ.MM)GO TO 600
         IF(S(L).GE.S(L+1))GO TO 600
         T=S(L)
         S(L)=S(L+1)
         S(L+1)=T
         IF(WANTV.AND.L.LT.P)
        *CALL SSWAP(P,V(1,L),1,V(1,L+1),1)
         IF(WANTU.AND.L.LT.N)
        *CALL SSWAP(N,U(1,L),1,U(1,L+1),1)
         L=L+1
         GO TO 590
  600  CONTINUE
         ITER=0
         M=M-1
  610  CONTINUE
         GO TO 360
  620  CONTINUE
         RETURN
         END

         INTEGER FUNCTION ISAMAX(N,SX,INCX)
         REAL SX(1),SMAX
         INTEGER I,INCX,IX,N
         ISAMAX=0
         IF(N.LT.1)RETURN
         ISAMAX=1
         IF(N.EQ.1)RETURN
         IF(INCX.EQ.1)GO TO 20
         IX=1
         SMAX=ABS(SX(1))
         IX=IX+INCX
         DO 10 I=2,N
         IF(ABS(SX(IX)).LE.SMAX)GO TO 5
```

```
          ISAMAX=I
          SMAX=ABS(SX(IX))
   5      IX=IX+INCX
  10      CONTINUE
          RETURN
  20      SMAX=ABS(SX(1))
          DO 30 I=2,N
          IF(ABS(SX(I)).LE.SMAX)GO TO 30
          ISAMAX=I
          SMAX=ABS(SX(I))
  30      CONTINUE
          RETURN
          END

          REAL FUNCTION SASUM(N,SX,INCX)
          REAL SX(1),STEMP
          INTEGER I,INCX,M,MP1,N,NINCX
          SASUM=0.0E0
          STEMP=0.0E0
          IF(N.LE.0)RETURN
          IF(INCX.EQ.1)GO TO 20
          NINCX=N*INCX
          DO 10 I=1,NINCX,INCX
          STEMP=STEMP+ABS(SX(I))
  10      CONTINUE
          SASUM=STEMP
          RETURN
  20      M=MOD(N,6)
          IF(M.EQ.0)GO TO 40
          DO 30 I=1,M
          STEMP=STEMP+ABS(SX(I))
  30      CONTINUE
          IF(N.LT.6)GO TO 60
  40      MP1=M+1
          DO 50 I=MP1,N,6
          STEMP=STEMP+ABS(SX(I))+ABS(SX(I+1))+ABS(SX(I+2))
         *+ABS(SX(I+3))+ABS(SX(I+4))+ABS(SX(I+5))
  50      CONTINUE
  60      SASUM=STEMP
          RETURN
```

```
      END

      SUBROUTINE SAXPY(N,SA,SX,INCX,SY,INCY)
      REAL SX(1),SY(1),SA
      INTEGER I,INCX,INCY,IX,IY,M,MP1,N
      IF(N.LE.0)RETURN
      IF(SA.EQ.0.0)RETURN
      IF(INCX.EQ.1.AND.INCY.EQ.1)GO TO 20
      IX=1
      IY=1
      IF(INCX.LT.0)IX=(-N+1)*INCX+1
      IF(INCY.LT.0)IY=(-N+1)*INCY+1
      DO 10 I=1,N
      SY(IY)=SY(IY)+SA*SX(IX)
      IX=IX+INCX
      IY=IY+INCY
   10 CONTINUE
      RETURN
   20 M=MOD(N,4)
      IF(M.EQ.0)GO TO 40
      DO 30 I=1,M
      SY(I)=SY(I)+SA*SX(I)
   30 CONTINUE
      IF(N.LT.4)RETURN
   40 MP1=M+1
      DO 50 I=MP1,N,4
      SY(I)=SY(I)+SA*SX(I)
      SY(I+1)=SY(I+1)+SA*SX(I+1)
      SY(I+2)=SY(I+2)+SA*SX(I+2)
      SY(I+3)=SY(I+3)+SA*SX(I+3)
   50 CONTINUE
      RETURN
      END
      SUBROUTINE SCOPY(N,SX,INCX,SY,INCY)
      REAL SX(1),SY(1)
      INTEGER I,INCX,INCY,IX,IY,M,MP1,N
      IF(N.LE.0)RETURN
      IF(INCX.EQ.1.AND.INCY.EQ.1)GO TO 20
      IX=1
      IY=1
```

```
          IF(INCX.LT.0)IX=(-N+1)*INCX+1
          IF(INCY.LT.0)IY=(-N+1)*INCY+1
          DO 10 I=1,N
          SY(IY)=SX(IX)
          IX=IX+INCX
          IY=IY+INCY
    10    CONTINUE
          RETURN
    20    M=MOD(N,7)
          IF(M.EQ.0)GO TO 40
          DO 30 I=1,M
          SY(I)=SX(I)
    30    CONTINUE
          IF(N.LT.7)RETURN
    40    MP1=M+1
          DO 50 I=MP1,N,7
          SY(I)=SX(I)
          SY(I+1)=SX(I+1)
          SY(I+2)=SX(I+2)
          SY(I+3)=SX(I+3)
          SY(I+4)=SX(I+4)
          SY(I+5)=SX(I+5)
          SY(I+6)=SX(I+6)
    50    CONTINUE
          RETURN
          END

          REAL FUNCTION SDOT(N,SX,INCX,SY,INCY)
          REAL SX(1),SY(1),STEMP
          INTEGER I,INCX,INCY,IX,IY,M,MP1,N
          STEMP=0.0E0
          SDOT=0.0E0
          IF(N.LE.0)RETURN
          IF(INCX.EQ.1.AND.INCY.EQ.1)GO TO 20
          IX=1
          IY=1
          IF(INCX.LT.0)IX=(-N+1)*INCX+1
          IF(INCY.LT.0)IY=(-N+1)*INCY+1
          DO 10 I=1,N
          STEMP=STEMP+SX(IX)*SY(IY)
```

```
           IX=IX+INCX
           IY=IY+INCY
    10     CONTINUE
           SDOT=STEMP
           RETURN
    20     M=MOD(N,5)
           IF(M.EQ.0)GO TO 40
           DO 30 I=1,M
           STEMP=STEMP+SX(I)*SY(I)
    30     CONTINUE
           IF(N.LT.5)GO TO 60
    40     MP1=M+1
           DO 50 I=MP1,N,5
           STEMP=STEMP+SX(I)*SY(I)+SX(I+1)*SY(I+1)+
          * SX(I+2)*SY(I+2)+SX(I+3)*SY(I+3)+SX(I+4)*SY(I+4)
    50     CONTINUE
    60     SDOT=STEMP
           RETURN
           END

           REAL FUNCTION SNRM2(N,SX,INCX)
           INTEGER NEXT
           REAL SX(1),CUTLO,CUTHI,HITEST,SUM,XMAX,ZERO,ONE
           DATA  ZERO,ONE/0.0E0,1.0E0/
           DATA  CUTLO,CUTHI/4.441E-16,1.304E19/
           IF(N.GT.0)GO TO 10
           SNRM2=ZERO
           GO TO 300
    10     ASSIGN 30 TO NEXT
           SUM=ZERO
           NN=N*INCX
           I=1
    20     GO TO NEXT,(30,50,70,110)
    30     IF(ABS(SX(I)).GT.CUTLO)GO TO 85
           ASSIGN 50 TO NEXT
           XMAX=ZERO
    50     IF(SX(I).EQ.ZERO)GO TO 200
           IF(ABS(SX(I)).GT.CUTLO)GO TO 85
           ASSIGN 70 TO NEXT
           GO TO 105
```

```
    100 I=J
        ASSIGN 110 TO NEXT
        SUM=(SUM/SX(I))/SX(I)
    105 XMAX=ABS(SX(I))
        GO TO 115
     70 IF(ABS(SX(I)).GT.CUTLO)GO TO 75
    110 IF(ABS(SX(I)).LE.XMAX)GO TO 115
        SUM=ONE+SUM*(XMAX/SX(I))**2
        XMAX=ABS(SX(I))
        GO TO 200
    115 SUM=SUM+(SX(I)/XMAX)**2
        GO TO 200
     75 SUM=(SUM*XMAX)*XMAX
     85 HITEST=CUTHI/FLOAT(N)
        DO 95 J=I,NN,INCX
        IF(ABS(SX(J)).GE.HITEST)GO TO 100
     95 SUM=SUM+SX(J)**2
   vSNRM2=SQRT(SUM)
        GO TO 300
    200 CONTINUE
        I=I+INCX
        IF(I.LE.NN)GO TO 20
        SNRM2=XMAX*SQRT(SUM)
    300 CONTINUE
        RETURN
        END

        SUBROUTINE SROT(N,SX,INCX,SY,INCY,C,S)
        REAL SX(1),SY(1),STEMP,C,S
        INTEGER I,INCX,INCY,IX,IY,N
        IF(N.LE.0)RETURN
        IF(INCX.EQ.1.AND.INCY.EQ.1)GO TO 20
        IX=1
        IY=1
        IF(INCX.LT.0)IX=(-N+1)*INCX+1
        IF(INCY.LT.0)IY=(-N+1)*INCY+1
        DO 10 I=1,N
        STEMP=C*SX(IX)+S*SY(IY)
        SY(IY)=C*SY(IY)-S*SX(IX)
        SX(IX)=STEMP
```

```
              IX=IX+INCX
              IY=IY+INCY
   10    CONTINUE
         RETURN
   20    DO 30 I=1,N
              STEMP=C*SX(I)+S*SY(I)
              SY(I)=C*SY(I)-S*SX(I)
              SX(I)=STEMP
   30    CONTINUE
         RETURN
         END

         SUBROUTINE SROTG(SA,SB,C,S)
         REAL SA,SB,C,S,ROE,SCALE,R,Z
         ROE=SB
         IF(ABS(SA).GT.ABS(SB))ROE=SA
         SCALE=ABS(SA)+ABS(SB)
         IF(SCALE.NE.0.0)GO TO 10
         C=1.0
         S=0.0
         R=0.0
         GO TO 20
   10    R=SCALE*SQRT((SA/SCALE)**2+(SB/SCALE)**2)
         R=SIGN(1.0,ROE)*R
         C=SA/R
         S=SB/R
   20    Z=1.0
         IF(ABS(SA).GT.ABS(SB))Z=S
         IF(ABS(SB).GE.ABS(SA).AND.C.NE.0.0)Z=1.0/C
         SA=R
         SB=Z
         RETURN
         END

         SUBROUTINE SSCAL(N,SA,SX,INCX)
         REAL SA,SX(1)
         INTEGER I,INCX,M,MP1,N,NINCX
         IF(N.LE.0)RETURN
         IF(INCX.EQ.1)GO TO 20
         NINCX=N*INCX
```

```
      DO 10 I=1,NINCX,INCX
      SX(I)=SA*SX(I)
10    CONTINUE
      RETURN
20    M=MOD(N,5)
      IF(M.EQ.0)GO TO 40
      DO 30 I=1,M
      SX(I)=SA*SX(I)
30    CONTINUE
      IF(N.LT.5)RETURN
40    MP1=M+1
      DO 50 I=MP1,N,5
      SX(I)=SA*SX(I)
      SX(I+1)=SA*SX(I+1)
      SX(I+2)=SA*SX(I+2)
      SX(I+3)=SA*SX(I+3)
      SX(I+4)=SA*SX(I+4)
50    CONTINUE
      RETURN
      END

      SUBROUTINE SSWAP(N,SX,INCX,SY,INCY)
      REAL SX(1),SY(1),STEMP
      INTEGER I,INCX,INCY,IX,IY,M,MP1,N
      IF(N.LE.0)RETURN
      IF(INCX.EQ.1.AND.INCY.EQ.1)GO TO 20
      IX=1
      IY=1
      IF(INCX.LT.0)IX=(-N+1)*INCX+1
      IF(INCY.LT.0)IY=(-N+1)*INCY+1
      DO 10 I=1,N
      STEMP=SX(IX)
      SX(IX)=SY(IY)
      SY(IY)=STEMP
      IX=IX+INCX
      IY=IY+INCY
10    CONTINUE
      RETURN
20    M=MOD(N,3)
      IF(M.EQ.0)GO TO 40
```

```
      DO 30 I=1,M
      STEMP=SX(I)
      SX(I)=SY(I)
      SY(I)=STEMP
   30 CONTINUE
      IF(N.LT.3)RETURN
   40 MP1=M+1
      DO 50 I=MP1,N,3
      STEMP=SX(I)
      SX(I)=SY(I)
      SY(I)=STEMP
      STEMP=SX(I+1)
      SX(I+1)=SY(I+1)
      SY(I+1)=STEMP
      STEMP=SX(I+2)
      SX(I+2)=SY(I+2)
      SY(I+2)=STEMP
   50 CONTINUE
      RETURN
      END

      SUBROUTINE TCFC(UV,M,TC,X,AM,N)
      DIMENSION UV(M,M),TC(M,N),AM(M),X(M,N)
      DO 11 I=1,M
      DO 11 J=1,N
      C=0.0
      DO 12 K=1,M
   12 C=C+UV(K,I)*X(K,J)
   11 TC(I,J)=C
      DO 14 I=1,M
      D=0.0
      DO 15 K=1,N
   15 D=D+TC(I,K)*TC(I,K)
   14 AM(I)=D
      E=0.0
      DO 16 II=1,M
      E=E+AM(II)
   16 CONTINUE
      DO 17 II=1,M
      AM(II)=AM(II)/E
```

```
      17  CONTINUE
          RETURN
          END

          SUBROUTINE TCHXG(R,TC1,TC2,M,N)
  c       TCHXG(R,TC1,TC2,M,IT)
          DIMENSION R(M),XC(16),XC1(16),XC2(16),
         *          T(16),TC1(288,45),TC2(90,45)! 需要根据实际资料进行订正
          DO 19 I=1,M
          T(I)=0.0
          DO 20 J=1,N
          T(I)=T(I)+TC1(I,J)
      20  CONTINUE
          T(I)=T(I)/REAL(N)
      19  CONTINUE
          DO 21 I=1,M
          DO 21 J=1,N
          TC1(I,J)=TC1(I,J)-T(I)
      21  CONTINUE
          DO 22 I=1,M
          T(I)=0.0
          DO 23 J=1,N
          T(I)=T(I)+TC2(I,J)
      23  CONTINUE
          T(I)=T(I)/REAL(N)
      22  CONTINUE
          DO 24 I=1,M
          DO 24 J=1,N
          TC2(I,J)=TC2(I,J)-T(I)
      24  CONTINUE
          DO 25 I=1,M
          XC(I)=0.0
      25  CONTINUE
          DO 26 I=1,M
          DO 27 J=1,N
          XC(I)=XC(I)+TC1(I,J)*TC2(I,J)
      27  CONTINUE
      26  CONTINUE
          DO 28 I=1,M
          XC1(I)=0.0
```

```
        XC2(I)=0.0
28   CONTINUE
     DO 29 I=1,M
     DO 30 J=1,N
     XC1(I)=XC1(I)+TC1(I,J)*TC1(I,J)
     XC2(I)=XC2(I)+TC2(I,J)*TC2(I,J)
30   CONTINUE
29   CONTINUE
     DO 31 I=1,M
     R(I)=XC(I)/SQRT(XC1(I)*XC2(I))
31   CONTINUE
     WRITE(6,'(5X,2HRC)')
     WRITE(6,66)(R(I),I=1,16)
66   FORMAT(1X,16F8.4)
     RETURN
     END

     SUBROUTINE CACOR(SSTA,H5A,X,N,IP,IT)
     DIMENSION SSTA(IP,IT),H5A(N,IT),X(N,IP)
     DO 100 I=1,N
     DO 100 K=1,IP
     C=0.0
     DO 95 J=1,IT
95   C=C+H5A(I,J)*SSTA(K,J)
     X(I,K)=C/REAL(IT)
100  CONTINUE
     RETURN
     END

     SUBROUTINE nomal(N,X,XX)
     DIMENSION X(N),XX(N)
     PX=0.
     DO 10 I=1,N
10   PX=PX+X(I)
     PX=PX/FLOAT(N)
     S=0.
     DO 20 I=1,N
20   S=S+(X(I)-PX)**2
     S=SQRT(S/FLOAT(N))
     DO 30 I=1,N
```

```
30      XX(I)=(X(I)-PX)/S
        RETURN
        END


        subroutine Zgrd(u,nn,ee)
        PARAMETER(M=36,N=8,L=3)
        character*8 ee*5
        DIMENSION h(M,N,L),u(nn,nn)
        DO 11 I=1,n
        DO 12 J=1,m
        DO 10 K=1,L
10      h(j,i,K)=u(j+(i-1)*36,k)
12      continue
11      CONTINUE
        OPEN(14,FILE=ee,ACCESS='DIRECT',
     &  FORM='UNFORMATTED',RECL=M*N*4)
        IREC=1
        DO 40 K=1,L
        WRITE(14,REC=IREC)((h(I,J,K),I=1,M),J=1,N)
        IREC=IREC+1
40      CONTINUE
        CLOSE(14)
        END


        subroutine ygrd0(x,n,ee)
        real xa(160,3),x(n,n),lon0(160),lat0(160)
        character*8 stid(160),ee*5
        open(2,file='/ll160.stn')
        read(2,*)(lon0(k),lat0(k),k=1,160)
        close(2)
        l0=0
        do 10 i=1,160
        if(lon0(i).ge.105.and.lat0(i).le.40)then
        l0=l0+1
        do 11 k=1,3
11      xa(i,k)=x(l0,k)
        else
        do 12 k=1,3
12      xa(i,k)=999.0
        endif
```

```
    10  continue
        do 2 i=1,160
    2   stid(i)=char(i)
        OPEN(9,FILE=ee,FORM='UNFORMATTED',
      $            ACCESS='DIRECT',RECL=10*4)
        TIM=0.0
        NLEV=1
        NFLAG=1
        IREC=1
        DO 40 I=1,n
        WRITE(9,rec=IREC)STID(I),LAT0(I),LON0(I)
       #,          TIM,NLEV,NFLAG,xa(i,1),xa(i,2),xa(i,3)
    40  IREC=IREC+1
cccc    On end of file write last time group terminator.
        NLEV = 0
        WRITE(9,rec=i)STID(I-1),LAT0(I-1),LON0(I-1),TIM,NLEV,NFLAG
        close(9)
        return
        end
```

实习 6 参考程序

SIMILIAR. FOR

```
c     PROGRAM 相似预测
c     N:因子个数;M:虚拟样本长度;nl0:实际样本长度;
c         X0():预测年因子;d():距离;
c         ir(3,2):不同参数得到的相似年和相反年.
c         '1' 为欧氏距离,'2' 相似系数;'3' 相似离度;
c         a():因子序列;
c     PROGRAM 相似
        parameter(N=5,M=65)
        DIMENSION X0(N),d(M,3),a(n,m)
      $ ,ir(3,2)
        n10=50
```

c   主程序大家编写,给出子程序供大家参考

SIMILAR. FOR

ccccccccccccccccccccc 各种参数的距离计算程序 ccccccccccccccccccccccccccccccc

```
      subroutine dd(n,m,a,d,x0,l,lm)
      real a(n,lm),d(lm,l),x0(n)
      data sa/0.0/
      sl=0.0
      sx=0.0
      sy=0.0
      do 1 i=1,n
1     sx=sx+x0(i)*x0(i)
      sij=0.0
      xij=0.0
      eij=0.0
      sy=0.0
      sl=0.0
      sa=0.0
      do 20 k=1,m
      do 30 i=1,n
      sy=sy+a(i,k)*a(i,k)
      sl=x0(i)*a(i,k)+sl
      xij=xij+x0(i)-a(i,k)
      eij=eij+abs(x0(i)-a(i,k))
30    sa=sa+(x0(i)-a(i,k))*(x0(i)-a(i,k))
      d(k,1)=sqrt(sa)
      d(k,2)=sl/(sqrt(sx*sy))
      fk=xij/n
      Ek=eij/n
      do 2 i=1,n
2     sij=sij+abs(x0(i)-a(i,k)-fk)
      sk=sij/m
      d(k,3)=(sk+ek)/2.0
      sij=0.0
      xij=0.0
      eij=0.0
      sy=0.0
      sl=0.0
      sa=0.0
20    continue
      return
      end
```

实习 7 参考程序

CHAZHI. FOR

```
c      用于将格点数据转成160站点数据(降水为%原值)
       Program main
       parameter(ist=160)
       parameter(imark=1)!! im=1:rain;im=2:temp
         integer begin_year,end_year,year_count
         reaL ispj(ist),ispi(ist)
       real last(ist,9)! 9 ensemble
         character year*4
       character*8 id(160)

       common /tim/begin_year,end_year
       common /gau/ispi,ispj,store_month
         open(2,file='lon_lat.txt')! 160 station lat lon
       do i=1,160
       read(2,17)ispj(i),ispi(i)
17     format(f5.2,f8.2)
       enddo

          open(25,file='160data.grb',form='binary')! 160 station data

       begin_year=1
       end_year=9
       year_count=end_year-begin_year+1

       call trans(imark,year_count,last)       ! read forecast
       print *,'imark=',imark,'ist=',ist

       do it=1,9
       do j=1,160
       id(j)=char(j)
       tim=0.0
       nlev=1
       nflag=1
       write(25)id(j),ispj(j),ispi(j),tim,nlev,nflag,last(j,it)
```

```fortran
      enddo

      tim=0.0
      nlev=0
      nflag=1
      write(25)id(j-1),ispj(j-1),ispi(j-1),tim,nlev,nflag
      enddo

      end
cccccccccccccccccccccccccccccccccccccccc
      subroutine trans(im,ny,last)
      parameter(ix=71,iy=41,ist=160)
      integer begin_year,end_year
      real rain(ix,iy),rain_all(ix,iy,130),rain160(ist),last(ist,ny)
      real ispj(ist),ispi(ist)
      character month*2,year*4,filename1*50
     &             ,filename2*50,filename_out*50
      common /tim/begin_year,end_year
      common /gau/ispi,ispj,store_month

      open(11,file='model.grd',form='binary')   ! model data
      do k=begin_year,end_year
      kk=k-begin_year+1
      read(11)((rain_all(i,j,kk),i=1,ix),j=1,iy)
      enddo
      close(11)

      do 100 iyear=begin_year,end_year ! from begin_year to end_year
      iye=iyear-begin_year+1
      if(im.eq.1)then
      do i=1,ix
      do j=1,iy
         rain(i,j)=rain_all(i,j,iye)       ! for rainfall
      enddo
      enddo
      else if(im.eq.2)then
      do i=1,ix
      do j=1,iy
      rain(i,j)=rain_all(i,j,iye)! for temperature
         enddo
```

```
        enddo
      else
        stop
      end if

      call gst160(rain,ispj,ispi,rain160,ist,ix,iy)!!!! model to 160
      do i=1,ist
        last(i,iye)=rain160(i)
      enddo
100   continue
      end


      SUBROUTINE GST160(HINT,DLAT,DLON,TSN,NST,LXH,LYH)
      DIMENSION HINT(LXH,LYH),DLON(NST),DLAT(NST),TSN(NST)

      do k=1,nst
        call biline(hint,dlat(k),dlon(k),tsn(k),lxh,lyh)
      end do

      return
      end


      SUBROUTINE BILINE(HINT,ALAT,ALON,H,LXH,LYH)
      DIMENSION HINT(LXH,LYH)

      LONF0=LXH
      LATG0=LYH-1

      LON=LONF0
      DGI=1.0
      DO 1 I=1,LON
      GLON=70.0+DGI*FLOAT(I-1)! model:(70-140E,15-55N)
      IF(GLON.GT.ALON)GO TO 11
1     CONTINUE
11    I=I-1
      X=ALON-(70.0+DGI*FLOAT(I-1))
c              ！离要插值最近的那个格点(前面那个)的纬度差
      X=X/DGI
      LAT=LATG0+1
      DGJ=1.0
```

```
      DO 2 J=1,LAT
      GLAT=15.0+DGJ*FLOAT(J-1)
      IF(GLAT.GT.ALAT)GO TO 22
 2    CONTINUE
 22   J=J-1
      Y=ALAT-(15.0+DGJ*FLOAT(J-1))
      Y=Y/DGJ

      IF(I.LT.LONF0)THEN

      H1=HINT(I+1,J)+(1.0-X)*(HINT(I,J)-HINT(I+1,J))
      H2=HINT(I+1,J+1)+(1.0-X)*(HINT(I,J+1)-HINT(I+1,J+1))
      H=H2+(1.0-Y)*(H1-H2)

      if(x.gt.1.or.y.gt.1)
     &write(*,*)alat,alon,i,j,glat,glon,x,y,dgi,dgj,lon,lat,'wrong'

      ELSE

      H1=HINT(1,J)+(1.0-X)*(HINT(I,J)-HINT(1,J))
      H2=HINT(1,J+1)+(1.0-X)*(HINT(I,J+1)-HINT(1,J+1))
      H=H2+(1.0-Y)*(H1-H2)
      ENDIF
C
      RETURN
      END
```

实习8参考程序

REGRESS.FOR

参考主程序(范例)
C 样本长度:N;因子个数:K;

```
      PROGRAM MAIN
      INTEGER,PARAMETER::N=50
      INTEGER,PARAMETER::K=4
      REAL,DIMENSION(K,N)::X
      REAL,DIMENSION(N)::Y
      REAL,DIMENSION(K+1)::A
```

```
         REAL,DIMENSION(K+1,K+1)::B
         REAL,DIMENSION(K)::V
         REAL Q,S,R,U
C     OPEN THE INPUT DATA FILE
         OPEN(10,FILE='data.TXT')
C     READ THE DATA
         DO I=1,N
         READ(10,*)ji,Y(I),X(1,I),X(2,I),X(3,I),X(4,I)
         END DO
         CLOSE(10)
         MM=K+1
C     调用回归子程序
         call DYHG(X,Y,K,MM,N,A,Q,S,R,V,U,B,DYY)
         write(*,88)A(1)
      88 format(/1x,'b 0=',f9.5)
         do 89 j=2,MM
      89 write(*,100)j-1,A(j)
     100 format(1x,'b',i2,'=',f9.5)
         write(*,20)Q,S,R
      20 format(1x,'Q=',f13.6,3x,'S=',f13.6,3x,'R=',f13.6)
         write(*,22)U,DYY
      22 format(1x,'U=',f13.6,3x,'DYY=',f13.6)
         write(*,30)(i,V(i),i=1,K)
      30 format(1x,'V(',i2,')=',f13.6)
         write(*,40)U
      40 format(1x,'U=',f13.6)
C     输出回归系数及相关参数
         open(6,file='table')
         write(6,180)
     180 format(/2x,'regression coefficients:')
         write(6,88)A(1)
         do 189 j=2,MM
     189 write(6,100)j-1,A(j)
         write(6,200)
     200 format(/1x,'Generic Analysis of Variance Table for the Multiple
        * Linear Regression')
         write(6,202)
     202 format(/1x,'--------------------------
        * --------------------')
         write(6,204)
```

```
  204 format(/3x,'Source      df      SS      MS)
      write(6,202)
      write(6,206)       N－1,DYY
  206 format(/1x,'Total     n－1=',i2,'     SST=',f13.4)
      u2=U/real(K)
      write(6,208)K,U,U2
  208 format(/1x,'Regression    K=',i2,'     SSR=',f13.4,'    MSR=SSR/K='
     * ,f13.4)
      q2=q/real(n－k－1)
      write(6,209)    n－k－1,q,q2
  209 format(/1x,'Residual   n－k－1=',i2,'   SSE=',f13.4,'   MSE=SSE/(n－k－1)
     * =',f13.4)
      f=(U/real(K))/(Q/real(N－K－1))
      write(6,220)f
  220 format(/1x,'         F=MSR/MSE=',f13.4)
      write(6,202)
      close(6)
      stop
      end
c""""""""""""""""多元回归子程序""""""""""""""""""""""""""""
      subroutine DYHG(x,y,m,mm,n,a,q,s,r,v,u,b,dyy)
      dimension x(m,n),y(n),a(mm),b(mm,mm),v(m)
      b(1,1)=n
      do 20 j=2,mm
      b(1,j)=0.0
      do 10 i=1,n
   10 b(1,j)=b(1,j)+x(j－1,i)
      b(j,1)=b(1,j)
   20 continue
      do 50 i=2,mm
      do 40 j=i,mm
      b(i,j)=0.0
      do 30 k=1,n
   30 b(i,j)=b(i,j)+x(i－1,k)*x(j－1,k)
      b(j,i)=b(i,j)
   40 continue
   50 continue
      a(1)=0.0
      do 60 i=1,n
   60 a(1)=a(1)+y(i)
```

```
      do 80 i=2,mm
      a(i)=0.0
      do 70 j=1,n
   70 a(I)=a(i)+x(i-1,j)*y(j)
   80 continue
      call CHOLESKY(b,mm,1,a,l)
      yy=0.0
      do 90 i=1,n
   90 yy=yy+y(i)/n
      q=0.0
      dyy=0.0
      u=0.0
      do 110 i=1,n
      p=a(1)
      do 100 j=1,m
  100 p=p+a(j+1)*x(j,i)
      q=q+(y(i)-p)*(y(i)-p)
      dyy=dyy+(y(i)-yy)*(y(i)-yy)
      u=u+(yy-p)*(yy-p)
  110 continue
      s=sqrt(q/n)
      r=sqrt(1.0-q/dyy)
      do 150 j=1,m
      p=0.0
      do 140 i=1,n
      pp=a(1)
      do 130 k=1,m
      if(k.ne.j)pp=pp+a(k+1)*x(k,i)
  130 continue
      p=p+(y(i)-pp)*(y(i)-pp)
  140 continue
      v(j)=sqrt(1.0-q/p)
  150 continue
      return
      end
```

C ! **Perform the CHOLESKY Decomposition**

```
      subroutine CHOLESKY(a,n,m,d,l)
      dimension a(n,n),d(n,m)
      l=1
```

```
        if(a(1,1)+1.0.eq.1.0)then
          l=0
          write(*,30)
          return
        endif
        a(1,1)=sqrt(a(1,1))
        do 10 j=2,n
10      a(1,j)=a(1,j)/a(1,1)
        do 100 i=2,n
        do 20 j=2,i
20      a(i,i)=a(i,i)-a(j-1,i)*a(j-1,i)
        if(a(i,i)+1.0.eq.1.0)then
          l=0
          write(*,30)
          return
        endif
30      format(1x,'fail')
        a(i,i)=sqrt(a(i,i))
        if(i.ne.n)then
        do 50 j=I+1,n
        do 40 k=2,i
40      a(i,j)=a(i,j)-a(k-1,i)*a(k-1,j)
50      a(i,j)=a(i,j)/a(I,i)
        endif
100     continue
        do 130 j=1,m
        d(1,j)=d(1,j)/a(1,1)
        do 120 i=2,n
        do 110 k=2,i
110     d(i,j)=d(i,j)-a(k-1,i)*d(k-1,j)
        d(i,j)=d(i,j)/a(i,i)
120     continue
130     continue
        do 160 j=1,m
        d(n,j)=d(n,j)/a(n,n)
        do 150 k=n,2,-1
        do 140 i=k,n
140     d(k-1,j)=d(k-1,j)-a(k-1,i)*d(i,j)
        d(k-1,j)=d(k-1,j)/a(k-1,k-1)
150     continue
```

```
        160 continue
            return
            end
```

实习 9 参考程序

ASSESS. FOR(国家气候中心用于业务预测评估的方法程序,由艾婉秀提供)

```
子程序 subroutine assess(imonth1,imonth2,iyear,cfin,kk,P,RATC,CLTC,ACC,TS)计算评分
子程序 subroutine readfcst(cfilefcst,irf)读入 160 站资料的预报值
子程序 subroutine readob(iyear,imonth1,imonth2,iro,idx)读入 160 站资料的观测值
c       idx=1 for r160
c       idx=2 for t160
c       计算年份,读入观测值,所有月份 160 站资料在一起的文件
C       irf()    预报值
C       iro()    观测值
子程序 datat(iy,ii,mm,rr1)              温度资料转换
子程序 subroutine datar(iy,imonth,mm,RTH)   降水资料转换
子程序 SUBROUTINE RTTEST(KK,MM,IRF,IRO,P,RATC,CLTC,ACC,TS
      &,kK1,kk2,kf20,kk5,kf50)       计算评分 P
C       KK=1 MONTHLY DR%.
C       KK=3 SEASONLY DR%.
子程序 subroutine TcTEST(MM,irf,iro,kK,RATC,CLTC)计算预报技巧分
C       NOTICE:TCKK1 IS PARAMATERS OF RANDOM FORECAST FOR Tc ACCURACE.
C       TCKK2 IS PARAMATERS OF CLIMATE FORECAST FOR Tc ACCURACE.
C       KK=1 MONTHLY DR%.
C       KK=3 SEASONLY DR%.
C       RATC IS Tc of random forecast.
C       CLTC IS Tc of climate forecast.
子程序 SUBROUTINE SACC(MM,irf,iro,ACC)计算距平相关系数 ACC
子程序 SUBROUTINE TSTEST(MM,irf,iro,KK,TS)计算异常级 TS
C       KK=1 MONTHLY DR%.
C       KK=3 SEASONLY DR%.


        program main
!       USE DFPORT
        character cfin*80,CFOUT*80,cyear*4,cmonth*2
        CHARACTER CMETHOD*3,CPATH*80,CFILEBEGIN*2
                IYEARBEGIN=2000
```

```
                IYEAREND=2002
                IMONTHBEGIN=6
                IMONTHEND=8
C       PRINT *,'>>>>> KK=1 MONTHLY DR%.'
C       PRINT *,'>>>>> KK=2 MONTHLY DT.'
C       PRINT *,'>>>>> KK=3 SEASONLY DR%.'
C       PRINT *,'>>>>> KK=4 SEASONLY DT.'
        KK=3
C       PRINT *,'>>>>>PLEASE INPUT THE FILEBEGIN(FT/FR):'
C       READ(*,*)CFILEBEGIN
              CFILEBEGIN='FR200068.ROC
C       READ(*,*)CMETHOD
              CMETHOD='ROC
C       READ(*,*)CPATH
        CPATH='
        ISTRIDX=LNBLNK(CPATH)
        CFOUT=CFILEBEGIN//'_'//CMETHOD//'.DAT'
        OPEN(19,FILE=CFOUT)
          DO iyear=IYEARBEGIN,IYEAREND
          write(cyear,'(i4.4)')iyear
            IF(IMONTHBEGIN.NE.IMONTHEND)THEN
            IF(IMONTHBEGIN.EQ.12)CMONTH='12'
            IF(IMONTHBEGIN.EQ.6)CMONTH='68'
            IF(IMONTHBEGIN.EQ.3)CMONTH='35'
        ELSE
          Write(cmonth,'(i2.2)')imonthBEGIN
        ENDIF
        cfin=CPATH(1:ISTRIDX)//CFILEBEGIN//cyear//cmonth//'.'//CMETHOD
        call assess(imonthBEGIN,imonthEND,iyear,cfin,kk,
     &P,RATC,CLTC,ACC,TS)
        write(*,'(3A6,i6,4f8.2)')
            &CMETHOD,CYEAR,CMONTH,nint(p),ratc,cltc,acc,ts
              write(19,'(3A6,i6,4f8.2)')
            &CMETHOD,CYEAR,CMONTH,nint(p),ratc,cltc,acc,ts
            enddo
        CLOSE(19)
        end

subroutine assess(imonth1,imonth2,iyear,cfin,kk,
     &P,RATC,CLTC,ACC,TS)
```

```
      DIMENSION irf(160),iro(160)
     &,PP(50),RATc(50),CLTc(50),ACC(50),TTss(50)
      character cfin*80
      mm=160
      if(kk.eq.1)idxrt=1
      if(kk.eq.2)idxrt=2
      if(kk.eq.3)idxrt=1
      if(kk.eq.4)idxrt=2
      call readfcst(cfin,irf)
      call readob(iyear,imonth1,imonth2,iro,idxrt)
      call rttest(kk,MM,irf,iro,p,RATc,CLTc,Acc,Ts
     &,kK1,kk2,kF20,KK5,kf50)
      end


      subroutine readfcst(cfilefcst,irf)
      dimension irf(160)
      character cfilefcst*80
      open(1,file=cfilefcst,status='old')
      read(1,*)irf
      close(1)
      end


      subroutine readob(iyear,imonth1,imonth2,iro,idx)
      dimension iro(160)
      iy=iyear-1950
      call DATA(iy,imonth1,imonth2,iro,160,idx)
      end



      SUBROUTINE DATA(IY,iMONTH1,iMONTH2,IRO,mm,idx)
      DIMENSION RR1(mm,iy+1),RR2(mm,40),IRO(MM),rrmean(mm)
      dimension rr(mm)
      imeanbegin=1961-1950
      imeanend=1990-1950
      rrmean=0
      rr=0
      if(imonth1.eq.imonth2)then
          if(idx.eq.1)call datar(iy,imonth1,mm,rr1)
          if(idx.eq.2)call datat(iy,imonth1,mm,rr1)
          if(idx.eq.1)call datar(imeanend,imonth1,mm,rr2)
```

```
        if(idx. eq. 2)call datat(imeanend,imonth1,mm,rr2)
        do i=1,mm
        rr(i)=rr1(i,iy)
        do j=imeanbegin,imeanend
        rrmean(i)=rrmean(i)+rr2(i,j)/30.0
        enddo
        enddo
    else
    if(imonth1. eq. 3. and. imonth2. eq. 5)then
        do ii=3,5
    rr1=0
    rr2=0
        if(idx. eq. 1)call datar(iy,ii,mm,rr1)
    if(idx. eq. 2)call datat(iy,ii,mm,rr1)
    if(idx. eq. 1)call datar(imeanend,ii,mm,rr2)
    if(idx. eq. 2)call datat(imeanend,ii,mm,rr2)
    do i=1,mm
        rr(i)=rr(i)+rr1(i,iy)/3
        do j=imeanbegin,imeanend
        rrmean(i)=rrmean(i)+rr2(i,j)/30/3
        enddo
    enddo
    enddo
    endif
    if(imonth1. eq. 6. and. imonth2. eq. 8)then
        do ii=6,8
        if(idx. eq. 1)call datar(iy,ii,mm,rr1)
    if(idx. eq. 2)call datat(iy,ii,mm,rr1)
    if(idx. eq. 1)call datar(imeanend,ii,mm,rr2)
    if(idx. eq. 2)call datat(imeanend,ii,mm,rr2)
        do i=1,mm
        rr(i)=rr(i)+rr1(i,iy)/3
        do j=imeanbegin,imeanend
        rrmean(i)=rrmean(i)+rr2(i,j)/30/3
        enddo
    enddo
    enddo
    endif
    if(imonth1. eq. 12. and. imonth2. eq. 2)then
        if(idx. eq. 1)call datar(iy,12,mm,rr1)
```

```
if(idx.eq.2)call datat(iy,12,mm,rr1)
if(idx.eq.1)call datar(imeanend,12,mm,rr2)
if(idx.eq.2)call datat(imeanend,12,mm,rr2)
do i=1,mm
   rr(i)=rr(i)+rr1(i,iy)/3
   do j=imeanbegin,imeanend
   rrmean(i)=rrmean(i)+rr2(i,j)/30/3
   enddo
enddo
   if(idx.eq.1)call datar(iy+1,1,mm,rr1)
if(idx.eq.2)call datat(iy+1,1,mm,rr1)
if(idx.eq.1)call datar(imeanend,1,mm,rr2)
if(idx.eq.2)call datat(imeanend,1,mm,rr2)
do i=1,mm
   rr(i)=rr(i)+rr1(i,iy+1)/3
   do j=imeanbegin,imeanend
   rrmean(i)=rrmean(i)+rr2(i,j)/30/3
   enddo
enddo
if(idx.eq.1)call datar(iy+1,2,mm,rr1)
if(idx.eq.2)call datat(iy+1,2,mm,rr1)
if(idx.eq.1)call datar(imeanend,2,mm,rr2)
if(idx.eq.2)call datat(imeanend,2,mm,rr2)
do i=1,mm
   rr(i)=rr(i)+rr1(i,iy+1)/3
   do j=imeanbegin,imeanend
   rrmean(i)=rrmean(i)+rr2(i,j)/30/3
   enddo
enddo
endif
endif
if(idx.eq.1)then
   do i=1,mm
iro(i)=nint((rr(i)-rrmean(i))/rrmean(i)*100)
enddo
else
   do i=1,mm
iro(i)=nint(rr(i)-rrmean(i))
enddo
endif
```

```
      end
      subroutine datat(iy,imonth,mm,RTH)
      dimension rth(mm,IY)
      character * 2 LL(12),name1 * 3,name2 * 50
      character path * 6
      data LL/'01','02','03','04','05','06','07','08','09','10'
     &,'11','12'/
      name1='t16'
      name2=name1//LL(imonth)
      open(9,file=name2,status='old')
      read(9, * ,err=10)rth
      close(9)
      return
10    print * ,'read error! '
      end


      subroutine datar(iy,imonth,mm,RTH)
      dimension rth(mm,IY)
      character * 2 LL(12),name1 * 3,name2 * 50,path * 6
      data LL/'01','02','03','04','05','06','07','08','09','10'
     &,'11','12'/
!     print * ,month
      name1='r16'
      name2=name1//LL(imonth)
      open(9,file=name2,status='old')
      read(9, * ,err=10)rth
      close(9)
      return
10    print * ,'read error'
      end


      SUBROUTINE RTTEST(KK,MM,IRF,IRO,P,RATC,CLTC,ACC,TS
     &,kK1,kk2,kf20,kk5,kf50)
      DIMENSION IRF(MM),IRO(MM)
      CALL PPTEST(MM,irf,iro,kk,p
     &,kK1,kk2,kF20,KK5,kf50)
      CALL TCTEST(MM,irf,iro,kK,RATC,CLTC)
      CALL SACC(MM,irf,iro,ACC)
      CALL TSTEST(MM,irf,iro,KK,TS)
      END
```

```
subroutine PPTEST(MM,irf,iro,kk,p
&,kK1,kk2,kf20,kk5,kf50)
    dimension irf(MM),iro(MM),ma01(160),ma02(160)
    dimension KF(4),K20(4),K50(4),kF2(4),KF5(4)
    data kF/15,4,13,4/
    data K20/20,5,20,5/
    data K50/50,10,50,10/
    data kF2/1,1,2,2/
    data kF5/2,2,5,5/
    kK1=KF(kk)
    kk2=k20(kk)
    kk5=k50(kk)
    kK11=kK1*(-1)
    kk22=kk2*(-1)
    kk55=kk5*(-1)
    kf20=kf2(kk)
    kf50=kf5(kk)
    NN=0
    l1=0
    p1=0
    p2=0
    p20=0
    p50=0
    do 100 i=1,MM
    if(irf(i).eq.999.or.iro(i).eq.999)goto 100
    NN=NN+1
    if(irf(i)*iro(i).gt.0)then
    p1=p1+1.0
    l1=l1+1
    ma01(l1)=i
    goto 100
    end if
    if(irf(i).LE.kK1.and.irf(i).GE.kK11)then
    if(iro(i).LE.kK1.and.iro(i).GE.kK11)p2=p2+1.0
    end if
100 continue
    l3=0
    do 200 i=1,l1
    l2=ma01(i)
```

```
        if(irf(l2).ge.kk2.and.iro(l2).ge.kk2)then
        p20=p20+1.0
        l3=l3+1
        ma02(l3)=l2
        end if
        if(irf(l2).le.kk22.and.iro(l2).le.kk22)then
        p20=p20+1.0
        l3=l3+1
        ma02(l3)=l2
        end if
200     continue
        do 300 i=1,l3
        l2=ma02(i)
        if(irf(l2).ge.kk5.and.iro(l2).ge.kk5)p50=p50+1.0
        if(irf(l2).le.kk55.and.iro(l2).le.kk55)p50=p50+1.0
300     continue
        pkf20=kf20*p20
        pkf50=kf50*p50
        IF(NN.EQ.0)THEN
        P=0
        GOTO 400
        END IF
        p=100.0*((p1+p2+pkf20+pkf50)/real(NN+pkf20+pkf50))
400     CONTINUE
        end

        subroutine TcTEST(MM,irf,iro,kK,RATC,CLTC)
        dimension irf(MM),iro(MM),TCKK1(4),TCKK2(4)
        DATA  TCKK1/0.51,0.50,0.51,0.50/
        DATA  TCKK2/0.42,0.54,0.45,0.54/
        NN=0
        p1=0
        do 100 i=1,MM
        if(irf(i).eq.999.or.iro(i).eq.999)goto 100
        NN=NN+1
        if(irf(i).GE.0.AND.iro(i).gE.0)p1=p1+1.0
        if(irf(i).LT.0.and.irO(i).LT.0)P1=P1+1.0
100     continue
        RATC=(P1-NN*TCKK1(KK))/(NN-NN*TCKK1(KK))
        CLTC=(P1-NN*TCKK2(KK))/(NN-NN*TCKK2(KK))
```

```
      end
      SUBROUTINE SACC(MM,irf,iro,ACC)
      DIMENSION irf(MM),iro(MM),LT(576)
      NN=0
      HAM=0.
      FAM=0.
      I1=0
      DO 10 I=1,MM
      if(irf(i).gt.900.0.OR.iro(I).gt.900.0)GOTO 10
      I1=I1+1
      LT(I1)=I
      nn=nn+1
      HAM=HAM+irf(I)
      FAM=FAM+iro(I)
10    CONTINUE
      if(nn.eq.0)then
      acc=999.0
      goto 30
      end if
      HAM=HAM/real(NN)
      FAM=FAM/real(NN)
      SFH=0.
      SF=0.
      SH=0.
      DO 20 I=1,NN
      I1=LT(I)
      DFA=iro(I1)-FAM
      DHA=irf(I1)-HAM
      SFH=SFH+DFA*DHA
      SF=SF+DFA**2
      SH=SH+DHA**2
20    CONTINUE
      if(sf.eq.0.0.or.sh.eq.0.0)then
      acc=999.0
      goto 30
      end if
      ACC=SFH/SQRT(SF*SH)
30    continue
      END
```

```
SUBROUTINE TSTEST(MM,irf,iro,KK,TS)
DIMENSION irf(MM),iro(MM),KF(4)
DATA  KF/20,5,20,5/
KF20=KF(KK)
KF202=KF20*(-1)
S1=0.0
S2=0.0
S3=0.0
DO 10 I=1,MM
if(irf(i).gt.900.0.OR.iro(I).gt.900.0)GOTO 10
IF(ABS(IRF(I)).GE.KF20)S1=S1+1.0
IF(ABS(IRO(I)).GE.KF20)S2=S2+1.0
IF(IRF(I).GE.KF20.AND.IRO(I).GE.KF20)S3=S3+1.0
IF(IRF(I).LE.KF202.AND.IRO(I).LE.KF202)S3=S3+1.0
10      CONTINUE
TS=S3/(S1+S2-S3)
END
```